高职高专"十二五"规划教材

高等数学

——信息化分级教材

主　编　赵明才　姜　晓

副主编　陈尔健

编　者　陈保华　李忠杰　孙寿尧　杨　婷

北　京

冶金工业出版社

2014

内 容 提 要

本教材为高职高专类高校公共基础课教材,内容共 7 章,包括极限与连续、导数与微分、导数的应用、不定积分、定积分、线性代数、概率与数理统计等章节。本教材按教学要求每节都设置了习题,每章都设置了复习题。

本教材的特点是在讲授高等数学的知识体系基础上,根据高职高专类高校重点培养应用性、技能型人才的需要,重点讲授了高等数学在工程实践中应用的方法,以及与其相关工程软件的使用。

本教材十分适合各类高职高专类院校"高等数学"教学使用,也可作为本科类院校相关专业师生及其他相关专业人员的参考用书。

图书在版编目(CIP)数据

高等数学/赵明才,姜晓主编 . —北京:冶金工业出版社,2014.9

信息化分级教材　高职高专"十二五"规划教材

ISBN 978-7-5024-6743-2

Ⅰ. ①高…　Ⅱ. ①赵…　②姜…　Ⅲ. ①高等数学—高等职业教育—教材　Ⅳ. ①O13

中国版本图书馆 CIP 数据核字(2014)第 206053 号

出 版 人　谭学余

地　　址　北京市东城区嵩祝院北巷 39 号　邮编　100009　电话　(010)64027926

网　　址　www.cnmip.com.cn　电子信箱　yjcbs@cnmip.com.cn

责任编辑　张　卫　美术编辑　杨　帆　版式设计　孙跃红

责任校对　郑　娟　责任印制　牛晓波

ISBN 978-7-5024-6743-2

冶金工业出版社出版发行;各地新华书店经销;三河市双峰印刷装订有限公司印刷

2014 年 9 月第 1 版,2014 年 9 月第 1 次印刷

787mm×1092mm　1/16;18.75 印张;453 千字;289 页

40.00 元

冶金工业出版社　投稿电话　(010)64027932　投稿信箱　tougao@cnmip.com.cn

冶金工业出版社营销中心　电话　(010)64044283　传真　(010)64027893

冶金书店　地址　北京市东四西大街 46 号(100010)　电话　(010)65289081(兼传真)

冶金工业出版社天猫旗舰店　yjgy.tmall.com

(本书如有印装质量问题,本社营销中心负责退换)

前　言

当今世界，科技信息飞速发展，我们应该具备科学发展观，本教材开发目的在于将信息化科技引入到高等数学中，完成分级教学教材的开发，填补我国在分级教学和信息化教材方面的缺憾。我们在 Mathcad Prime 2.0 的基础上开发本教材。它的面世是值得庆幸的，我们应该感谢这个飞速发展的时代，感谢我院课程改革的教学实践。

1. 本教材有三个特点：

(1) 信息化。Mathcad 使得高等数学实现了自动化运算，这种教学理念目前是先进的，是符合时代发展特点的。这首先需要我们有突破性思维和善于变革的心态。Mathcad 信息化实验教学引入到高等数学中，这改变了以往的教学观念，首先，教师的教育理念要改变，教师要提高自身的信息化教学能力，另外，对学生和学校在硬件上有了新的要求，我们刚刚起步，面临许多困难，但我们毕竟欣喜地迈出了第一步，科学将会为高等数学的科学教育迎来新的曙光。还有许多方面需要我们去完善，我们要跟上时代的步伐。

(2) 教学模式。为了适合高职院校学生的特点，我们采取了分级教学模式，而一直困扰我们的是没有分级教材，这是我们课程开发的主要目的。要确定优良的分级教学教材，对于分级教学来说，方向应该是正确的，关键看我们怎样落实。信息化实验教学的目的一方面是适应现代化的教学要求，另外一方面也是为了解决分级教学本身的问题。

(3) 信息化教学是未来的方向。以信息化促进职业教育的现代化是国家 2011~2020 年教育发展的顶层设计规划。本教材的教学理念已被 2013 年山东省第一届课程信息化大赛和国家第四届信息化大赛的专家充分肯定。本教材的课程信息化设计理念获得山东省课程信息化设计大赛一等奖和国家信息化大赛二等奖。我们应该提倡老师和同学们，在学习高等数学的时候充分借助 Mathcad 的功能，使用 Mathcad Prime 让我们学习高等数学变得轻松愉快，使用

Mathcad 让我们的高等数学插上了科学的翅膀，使用 Mathcad 让我们从繁琐沉重的高等数学计算中解放出来。此时此刻我们想起了那位可敬老人的至理名言："科学技术是第一生产力"，让我们伴着数学信息化的脚步一起迅跑。

2. 本教材的使用说明：

（1）本教材分 A、B、C 三级设计。C 级的教学内容不标示，而 B 级、A 级的内容加以标示，即：例题有例 A、例 B 字样，习题有 AT、BT 字样，内容有 A、B 等标示，而不加标示的内容是基本内容，都需要掌握。A、B、C 的分级等级是递减的，即 A、B、C 的教学内容和难度是依次递减的，高一级难度的内容应该囊括低一级的所有内容。

（2）手动计算与 Mathcad 计算。教材设计了手动计算与 Mathcad 计算，手动计算主要针对 A、B 级的学生，特别是 A 级教学的学生，而对于 B、C 级的学生原则上我们要求熟练使用 Mathcad 计算。我们这样考虑的主要意图是：对于 A 级的学生，我们主要是为了满足他们继续求学，参加自学考试或专升本考试的需求。仅就科学计算的实用角度来讲，我们觉得 Mathcad 自动计算就足够了。对于 Mathcad 计算，我们建议 B、C 级的学生照样可以计算 A 级分级内容中的相关例题或习题。

（3）Mathcad 不仅解决了高等数学的计算问题，同时，还可以帮助我们对问题进行分析，使我们无需记忆众多的公式，就可以轻松地解决各类数学计算。我们应该把由此节省出的时间用于对问题本质的研究以及对类型的区分上。

3. 本教材一般不设答案，因为多数情况下 Mathcad 可以快速给出计算结果，我们这样设计的目的也是让大家增强 Mathcad 的使用和推广，正如山东省的数学专家所说："这（Mathcad）的确是个好东西"。

本教材主要供高职院校的师生使用，也可作为本科院校师生在分级教学模式和信息化教学方面的参考书。本教材在使用范围方面有三个特性：通用、分级、信息化。通用是指可以作为高职院校的普遍使用教程，各院校可以根据自己的需要选择性使用教程内容。分级是指可以作为分级教学模式的分级教程，这样会很好地解决不同数学素养的学生对数学的学习要求，有特色地分类对待，做到因材施教。信息化是指高等数学的自动化计算，是高等教育数字化的重要体现，符合以信息化促进高职教育现代化的职业教育发展方向，是以全新的视角和理念对待高等数学的教学。山东商务职业学院的高等数学教学已经在日常教学中实现了高等数学的自动化运算，并配备了四个标准的高等数学实验室，在高等数学的信息化方面走在了全省乃至全国的前面。

本书在编写过程中得到了各方面的大力支持和帮助，在此真诚地感谢清华大学程建刚教授在第四届全国信息化大赛上所做的信息化报告，感谢宋光艾博士对本书出版的指导与鼓励，感谢微软公司对我院高等数学实验室建设所提供的大力支持和帮助，感谢李艳敏教授对本教材的开发与出版所做出的殷切的关怀和帮助，感谢王凤玲教授对信息化教学推广的大力支持，感谢高晓燕老师对高等数学信息化的无私奉献。感谢我的数学教学团队的同事们，他们是陈宝华教授、李忠杰副教授、王九福副教授，讲师姜晓、陈尔建、孙寿尧，教师杨婷等；感谢范彩荣老师给予的鼓励与支持；感谢冶金工业出版社的社长和编辑们为了本书出版所作出的巨大努力，一并感谢的还有荆清霞、张燕、张杰、孙路敏等老师。特别要感谢的有：李淑君、都秀娟、陈明、王洪景、陈建军、杜敏、刘晓平、刘禹修、孙天水等，他们对本书给予了极大的关注，并提供了众多的技术参考和资料；感谢我的学生们在校本教材使用过程中提出的宝贵建议。谢谢！

免责声明：凡是使用本信息化教程的个人、团体和学校，都应该使用微软PTC公司的正版软件 Mathcad Prime 2.0（或 3.0），我们支持正版软件，若使用非法盗版软件所引起的纠纷，本教材编写组概不负责。

由于编写时间仓促及编者水平所限，书中难免存在不妥之处，恳请专家及广大读者批评指正。

祝同学们学习愉快，天天进步！

赵明才

2014 年 7 月

目　录

Mathcad Prime 2.0 简介

1　什么是 Mathcad Prime 2.0

Mathcad Prime 2.0 是 PTC 公司于 2012 年 12 月 30 日推出的数学工程软件。

Mathcad 可以解决初等数学和高等数学所有的计算问题：如：代数运算、函数运算、因式分解；一元函数或二元函数的极限运算、导数运算、不定积分运算、定积分运算；解决线性代数的行列式、矩阵、逆矩阵、求矩阵方程，初等变换、化为行简化阶梯型矩阵、解线性方程组，解高次方程，曲线拟合；解决数理统计运算等。Mathcad 可以方便地作图，可以做出 2D、3D 图形，可以做出极坐标图形等。

Mathcad 可以进行符合书写习惯的编程，Mathcad 后台编程功能让我们大开眼界。

Mathcad 操作简单，不用编程，直接输入即可。

Mathcad 实现了高等数学教学学习的自动化，是高等数学信息化的重要工具。

Mathcad 可以发布文档，也有现成的文档可以方便使用。

Mathcad 计算已具有国际化标准，可以进行大型数据库运算。

Mathcad 具有方便的编辑功能和集成功能。Mathcad 可以与 Word、PPT、Excel、Mathlab 等集成，具有多种功能软件扩展包。

Mathcad 功能强大，易于操作学习，是大众化的数学学习软件，是学习高等数学\工程计算、会计计算、普通计算的有力助手。

2　Mathcad Prime 2.0 安装

（1）安装 Mathcad 2.0 Prime 2.0 M010 Win32/Win64

Mathcad Prime 2.0 需要 Microsoft NET Framework 4 或更高版本，在安装过程中，Mathcad 将会检查 . Net Framework，并会在必要时提示您下载此软件。也可以手动下载并安装，下载地址：http：//www. microsoft. com/zh-cn/download/details. aspx？id＝17718

从 M010 开始，安装程序采用了全新的 PTC 2012 Creo 版本的 PTC. Setup 安装程序和界面，以在 Win7 64 位版本下安装为例。

解压安装光盘，右击"setup. exe"，以管理员身份运行"setup. exe"。

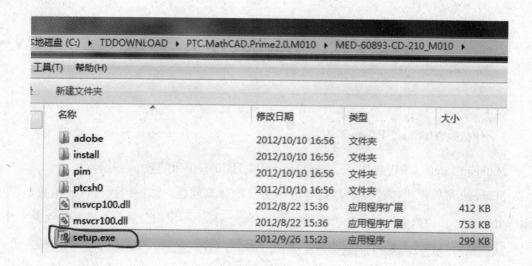

进入全新 2012 年版 PTC. Setup 安装界面：

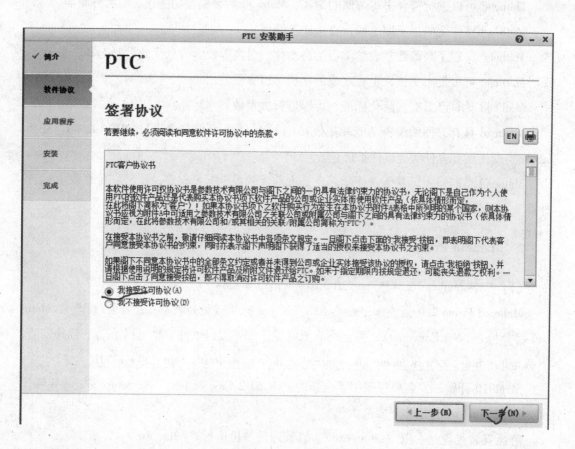

默认是安装在 "C：\"。

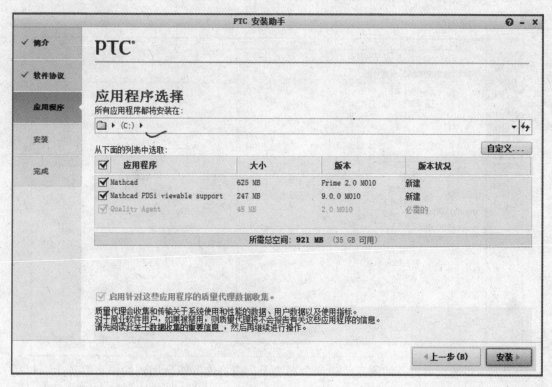

要改变默认安装目录，例如装在"C:\ptc"目录里，鼠标双击"（C：）"处改变，设好按回车确认即可。

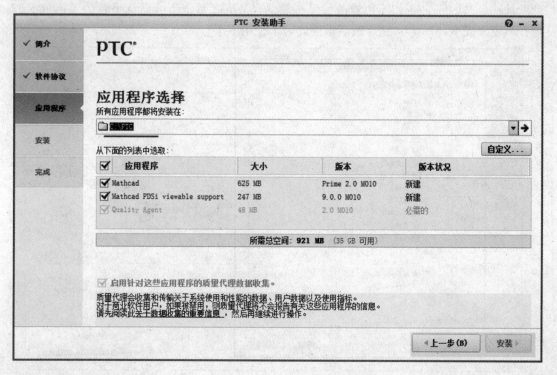

　　改好安装目录后，上面就改成了默认装在 "C：\ptc" 里，改变安装语言，则点击 "自定义…"。

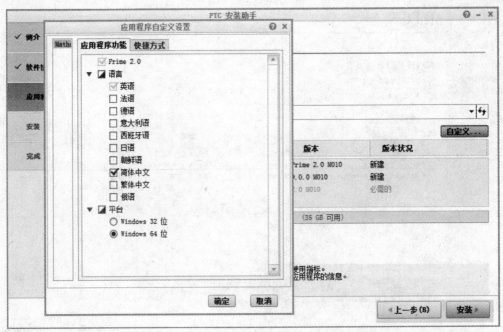

　　根据需要选择要支持的语言，建议全部选上，或将你可能会用到的语言都选上，以后可以很方便地切换语言。后面我会教你如何装完快速切换使用你想用的语言界面。

　　选好后确认，我把语言全选上了，因示例是在 Windows7 Win64 位系统下安装的，因此默认平台 Windows 64 位不用修改，保持默认（Win32 系统下会默认平台为 Windows 32 位，不要改成 Windows 64 位，改后即使安装了也用不了）。

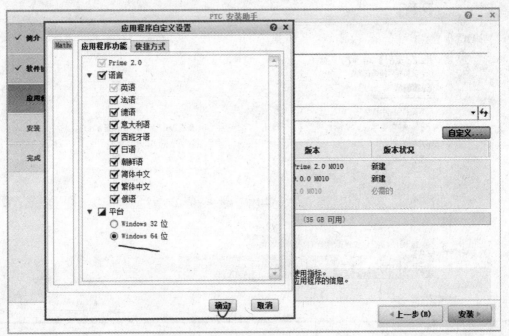

在"自定义…"里设好后，确认完成，点击"安装"进行安装。

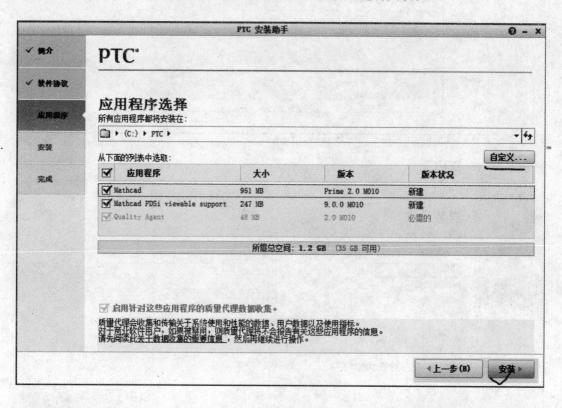

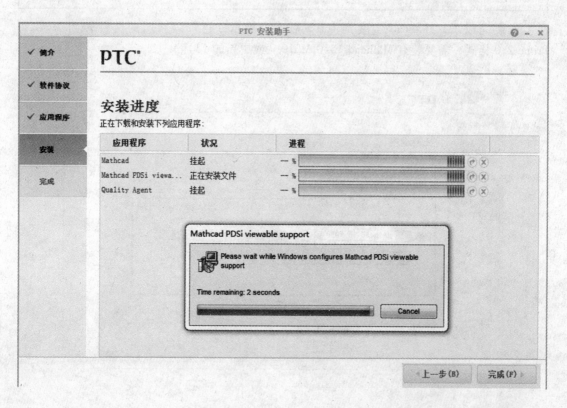

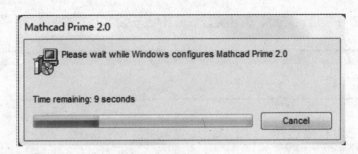

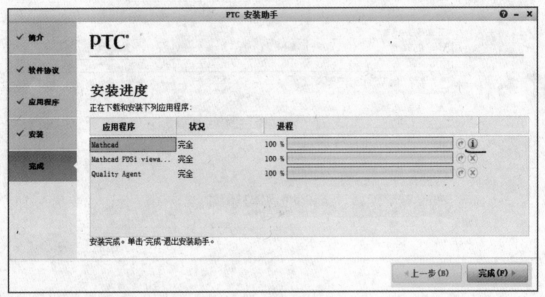

　　安装完成了，Mathcad 进度到 100% 后有个提示，打开以后旧的文件转为 Mathcad Prime 2.0 格式，需要装有 Mathcad 15.0 M010（或更新的 15）。

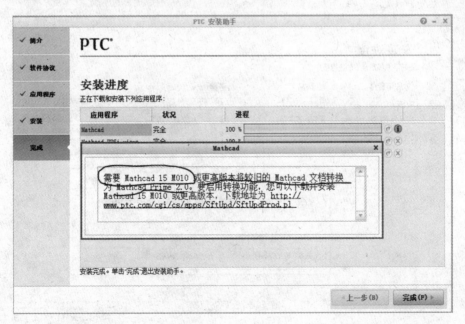

点击"完成",完成安装。上面把 Mathcad Prime 2.0 M010 Win64 位版安装在了
"C：\PTC\MATHCAD\Mathcad Prime 2.0"。

（2）修改启动语言界面

中文系统上装的默认是中文界面，上面安装时如果你在"自定义…"里勾选安装了多
种语言，则多种语言界面可以随心更换，方法如下：

在桌面的 Mathcad Prime 2.0 启动图标上右击：

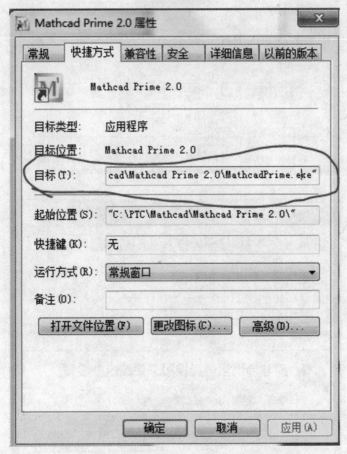

目标栏默认是"C：\ptc\Mathcad\Mathcad Prime 2.0\MathcadPrime. exe"，表示用默
认系统语言界面，中文 Windows 安装完默认是中文，英文的系统则默认是英文，若要指
定，如中文的系统上启动是英文界面，则修改上图目标处，即把默认的"C：\ptc\Math-
cad\Mathcad Prime 2.0\MathcadPrime. exe"后面加上语言指定参数行命令"/culture：en-
US"，改好后变成："C：\ptc\Mathcad\Mathcad Prime 2.0\MathcadPrime. exe/culture：en-
US"。

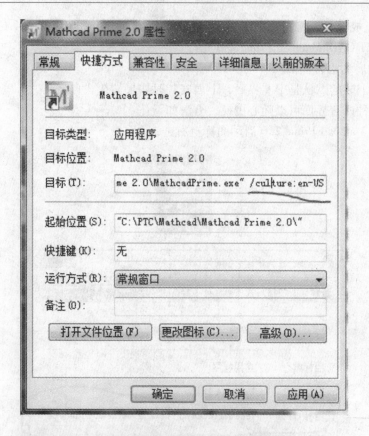

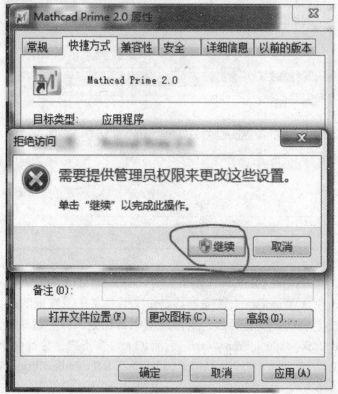

改好后再启动界面就会变成英文了。

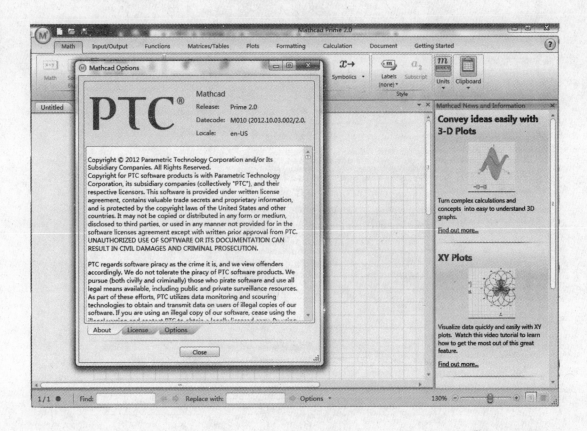

"C：\ptc\Mathcad\Mathcad Prime 2.0\MathcadPrime. exe/culture：en-US" 后面的 "en-US" 就是用美国英语界面，各语言这里写得不同就会使用不同语言界面，即：

简体中文   zh-CN

繁体中文   zh-TW

俄语   ru-RU

日语   ja-JP

韩语   ko-KR

法语   fr-FR

德语   de-DE

西班牙语   es-ES

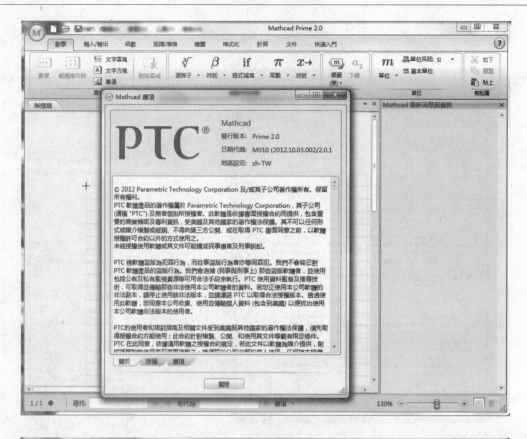

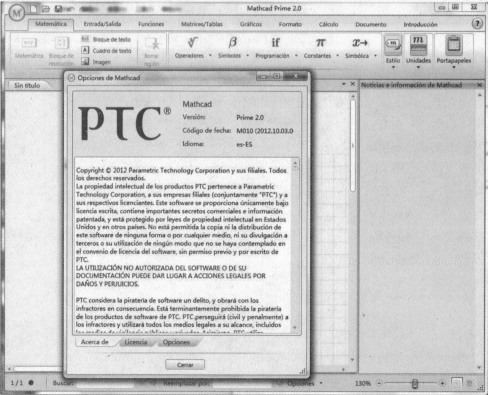

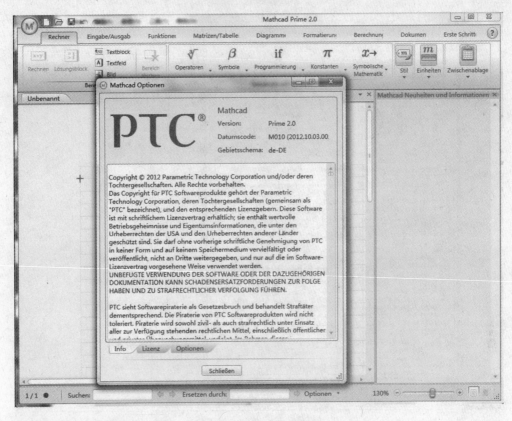

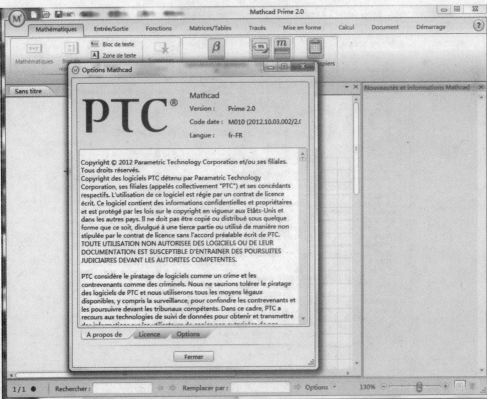

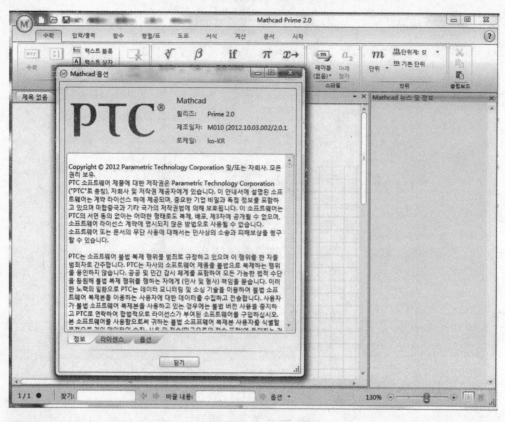

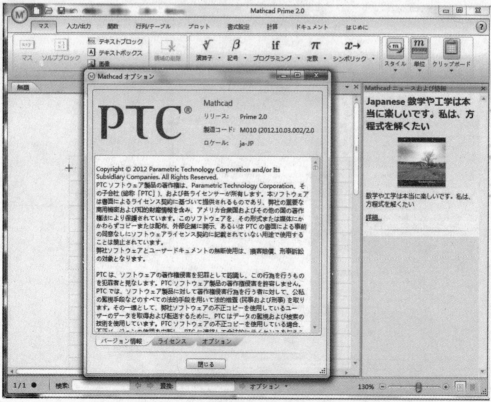

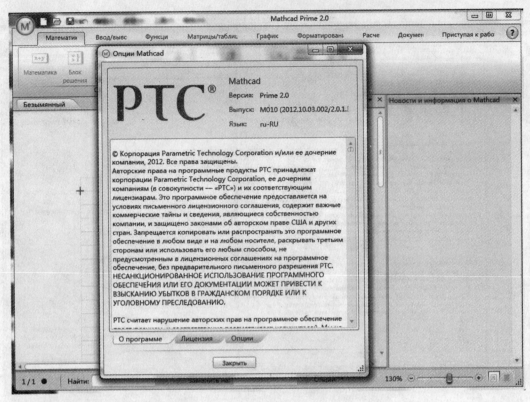

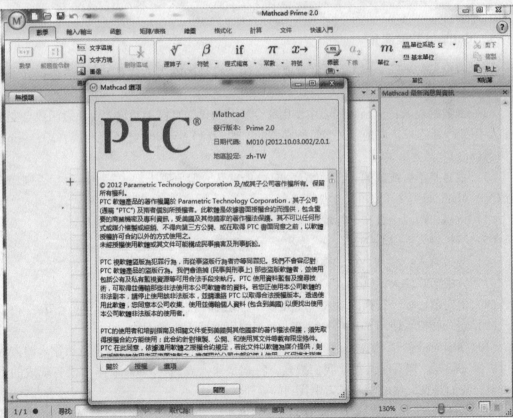

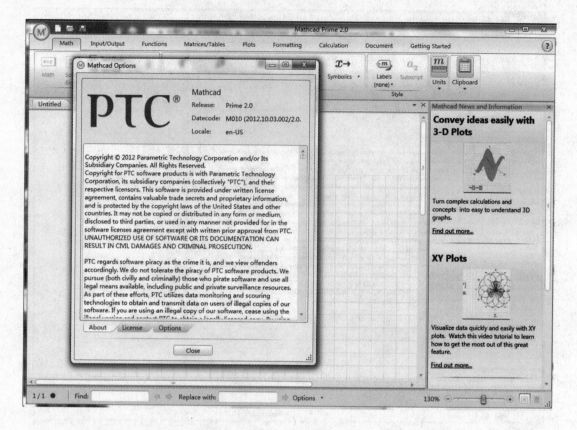

3　Mathcad 功能简介

（1）赋值符"：＝"，这是非常重要的。这个符号的输入方式是 Shift＋"："，它相当于等号"＝"。

（2）函数的输入：从函数列表中使用命令集。如果是自己手动输入要注意函数自变量一定要用括号括起来，这是定义变量所必需的。如：$f(x)：＝\sin(x)$ 不能写成 $f(x)＝\sin x$。又如：$f(x,y)：＝x^2＋y^2$。

（3）乘号是不可或缺的。有时候 Mathcad 能默认，但原则上要求写上乘号。否则，有些情况下 Mathcad 是不允许的。

（4）方幂、指数函数和上标输入：使用 Shift＋"∧"。

（5）下标输入：Ctrl＋"－"。

（6）分数输入：/（加、减、乘对应键盘上的 ＋、－、＊）。

（7）方根运算输入：Ctrl＋"\"。

（8）绝对值、模、行列式输入：Shift＋"\"。这个键在退格键 Back space 下方。

（9）矩阵转值：使用 Ctrl＋Shift＋T，而不能用方幂运算输入法。

（10）Mathcad 的学习基本上很简单，在 Mathcad 工作区，基本上按照自然输入的方式就可以解决问题。但有时候需要我们摸索，特别是输入方式，Mathcad 学习没有现成的系统资料，我们是在大量的学习摸索中找到的规律性。

Mathcad 的联机帮助是学习 Mathcad 的有利助手，Mathcad 网站中心是 Mathcad 学习的好地方。

下面我们主要介绍微积分和线性代数的几个常用的输入方式和命令。学好这些虽然不能说学好了 Mathcad，因为 Mathcad 的内容实在太多，我们不能一一列举，但是，基本上能够解决我们高等数学的 Mathcad 的学习问题。需要强调的是 Mathcad 输入都可以用面板菜单输入解决，这里我们要说的是快捷键。

（11）极限输入：使用 Ctrl + L 快捷键。这里要强调的是，负无穷大的输入，负号"－"输入在无穷大符号的前面，正无穷大的"＋"号输入在无穷大符号的右上方。

（12）导数输入：使用 Ctrl + Shift + D。

（13）不定积分和定积分的输入：都可以用 Ctrl + Shift + I，二重积分的输入需要两次按键 Ctrl + Shift + I。

（14）线性代数基本上可以按照自然输入方式。其中解决线性代数的一个重要的命令为 *rref* 命令，是初等行变化命令，可以把一个矩阵化为行简化阶梯型矩阵。

（15）Mathcad 面板菜单的矩阵选项卡下的"$M^{<j>}$"命令可以取出矩阵的第 j 列。这个命令与 *rref* 命令结合可以给出未知矩阵 X 的值。

（16）解方程也可以使用 Mathcad 求解器，使用"*find*"函数。

（17）"*factor*"是因式分解命令。

（18）"*float*，n"是精度要求函数，通常可以写在运算符箭头的上面。$\xrightarrow{float,3}$ 是精确到小数点后第 3 位，这个命令我们经常用到。

（19）"*simplify*"命令是化简命令，通常可以认为是等号命令，会给出表达式的运算结果，它通常比箭头运算符好用。

（20）运算符"＝"通常理解为以下几种形式："＝"、"$\longrightarrow$"、"$\xrightarrow{simplify}$"、"$\xrightarrow{float,n}$""Ctrl + ·"。

其中"＝"可以用在数值运算中，或者表达相等意义下的连接符，此时没有运算的含义。多数情况下用"$\xrightarrow{simplify}$"就可以了。

（21）max、min 分别是最大值和最小值函数功能，可以求出函数的最大值和最小值。

（22）Mathcad 有强大的作图功能。可以方便地做出 2D、3D、极坐标图形，也可以形成直方图等。3D 图形用鼠标拖动图像可以从不同角度观看空间曲面形态。通常我们作图的时候，可以运用 Mathcad 作图、PPT 绘图和 QQ 剪切，以及文本框功能可以做出我们需要的图形，文本框的功能可以使我们的图形放在需要的地方，便于文本编辑。图片可以粘贴在文本框中，文本框去掉边框，点击右键，选择设置对象格式，将颜色设置为无颜色；要遮蔽图片中的某一部分，可以使用文本框，选择白色，或与图片同色方案。

（23）Mathcad 可以与 Excel 集成，可以导入 Excel 数据，可以具备 Excel 所有功能。

（24）编辑功能强大，可以任意摆放想编辑的内容，具有类似"卡片"编辑排放功能。当许多内容重叠在一块时，点击右键，选择垂直或水平排列功能，可以迅速排好相关内容。

（25）Mathcad 的选定功能非常简单，用鼠标拖动一个区域包含所选内容就可以，此时，可以选择复制、粘贴、去除功能。其中去除可以用 Backspace 退格键。

（26）Mathcad 的右下角有副页功能，可以便于自己记忆一些东西，而打印时副页内容不会显示。

以上内容大致可以让我们掌握高等数学的微积分和线性代数的主要内容，这些内容我们在后面章节学习的时候能够记住，或用到的时候回来查找就可以了。Mathcad 相关实验内容请见校园网数学课程学习网站。

第一章 极限与连续

极限是数学中的一个重要的基本概念，它是学习微积分学的理论基础。本章将在复习和加深函数有关知识的基础上，讨论一元、二元函数的极限和函数的连续性等问题。值得一提的是 Mathcad 计算功能应该引起大家的重视。

第一节 函 数

一、一元函数的有关概念

1. 一元函数的定义

定义 设 D 是一个实数集，如果对属于 D 的每一个数 x，按照某种对应关系 f，都有确定的数值 y 和它对应，那么 y 就叫做定义在数集 D 上的 x 的函数，记作 $y = f(x)$。x 叫做**自变量**，数集 D 叫做函数的**定义域**，当 x 取数值 $x_0 \in D$ 时，与 x_0 对应的 y 的数值称为函数在点 x_0 处的函数值，记做 $f(x_0)$，当 x 取遍 D 中的一切实数值时，与它对应的函数值的集合 $M = \{y \mid y = f(x), x \in D\}$ 叫做函数值的**值域**。

在函数的定义中，如对于每一个 $x \in D$，都有唯一确定的 y 与它对应，那么这种函数称为单值函数，否则称为多值函数。如无特别说明，我们以后研究的函数都指单值函数。

2. 一元函数的定义域

研究函数时，必须注意函数的定义域。在实际问题中，应根据问题的实际意义来确定定义域。对于用数学式子表示的函数，它的定义域可由函数表达式本身来确定，即要使运算有意义，一般应考虑以下几点：

（1）分式中，分母不能为零；

（2）在根式中，负数不能开偶次方根；

（3）在对数式中，真数不能为零和负数；

（4）在三角函数式中，$k\pi + \dfrac{\pi}{2}(k \in Z)$ 不能取正切，$k\pi(k \in Z)$ 不能取余切；

（5）在反三角函数式中，要符合反三角函数的定义域；

（6）如函数表达式中含有分式、根式、对数式或反三角函数式，则应取各部分定义域的交集。

例1 求下列函数的定义域：

（1B）$y = \dfrac{1}{4 - x^2} + \sqrt{x + 2}$；　（2B）$y = \lg \dfrac{x}{x - 1}$；　（3A）$y = \arcsin \dfrac{x + 1}{3}$。

解 （1B）$\because 4 - x^2 \neq 0, \therefore x \neq \pm 2$；$\because x + 2 \geqslant 0, \therefore x \geqslant -2$，所以函数的定义域为

$(-2,2) \cup (2, +\infty)$。

(2B) $\because \dfrac{x}{x-1} > 0$, $\therefore x > 1$ 或 $x < 0$, 所以函数的定义域为 $(-\infty,0) \cup (1, +\infty)$。

(3A) $\because -1 \leqslant \dfrac{x+1}{3} \leqslant 1$, $\therefore -3 \leqslant x+1 \leqslant 3$, $-4 \leqslant x \leqslant 2$, 所以函数的定义域为 $[-4,2]$。

两个函数只有当它们的定义域和对应关系完全相同时, 这两个函数才认为是相同的。

例如, 函数 $y = \sin^2 x + \cos^2 x$ 与 $y = 1$, 是两个相同的函数。又如, 函数 $y = \dfrac{x^2 - 1}{x - 1}$ 与 $y = x + 1$, 是两个不同的函数。

3. 一元函数的表示法

表示函数的方法, 常用的有公式法 (解析法)、表格法和图像法三种。有时, 会遇到一个函数在自变量不同的取值范围内用不同的式子来表示。例如: 函数 $f(x) = \begin{cases} \sqrt{x} & (x \geqslant 0) \\ -x & (x < 0) \end{cases}$, 是定义在区间 $(-\infty, +\infty)$ 内的一个函数。在定义域的不同范围内用不同的式子来表示的函数称为**分段函数**。

4. 一元函数的几种特性

我们已学过函数的四种特性, 即奇偶性、单调性、有界性、周期性, 将这四个特性作了归纳, 见表1-1。

表 1-1

特　性	定　义	几　何　特　性
奇偶性	如果函数 $f(x)$ 的定义域关于原点对称, 且对任意的 x, 如果 $f(-x) = -f(x)$, 那么 $f(x)$ 为奇函数; 　如果 $f(-x) = f(x)$, 那么 $f(x)$ 为偶函数	 奇函数的图像关于原点对称, 偶函数的图像关于 y 轴对称
单调性	对于任意的 $x_1, x_2 \in (a,b)$, 且 $x_1 < x_2$, 如果 $f(x_1) < f(x_2)$, 那么 $f(x)$ 在 (a,b) 内单调增加; 如果 $f(x_1) > f(x_2)$, 那么 $f(x)$ 在 (a,b) 内单调减少	 单调增函数图像沿 x 轴正向上升, 单调减函数图像沿 x 轴正向下降

特　性	定　义	几 何 特 性
有界性	对于任意的 $x \in (a,b)$，存在 $M > 0$，有 $\mid f(x) \mid \leqslant M$，那么 $f(x)$ 在 (a,b) 内有界；如这样的数 M 不存在，那么 $f(x)$ 叫做在区间 (a,b) 内无界	 区间 (a,b) 内的有界函数的图像全部夹在直线 $y = M$ 与 $y = -M$ 之间
周期性	对于任意的 $x \in D$，存在正数 l，使 $f(x+l) = f(x)$，那么 $f(x)$ 为 D 上的周期函数，l 叫做这个函数的周期	 一个以 l 为周期的周期函数的图像在定义域内每隔长度为 l 的区间上有相同的形状

5. 一元函数的反函数

定义　设函数 $y = f(x)$，它的定义域是 D，值域为 M，如果对值域 M 中任意一个值 y，都能由 $y = f(x)$ 确定 D 中唯一的 x 值与之对应，由此得到以 y 为自变量的函数叫做 $y = f(x)$ 的反函数，记作 $x = f^{-1}(y), y \in M$。

在习惯上，自变量用 x 表示，函数用 y 表示，所以又将它改写成 $y = f^{-1}(x), x \in M$。

由定义可知，函数 $y = f(x)$ 的定义域和值域分别是其反函数 $y = f^{-1}(x)$ 的值域和定义域。函数 $y = f(x)$ 和 $y = f^{-1}(x)$ 互为反函数。

例 2B　求函数 $y = 5x - 4$ 的反函数。

解　由 $y = 5x - 4$ 解得 $x = \dfrac{y+4}{5}$ 将 x 与 y 互换，得 $y = \dfrac{x+4}{5}$，所以 $y = 5x - 4(x \in$ R$)$ 的反函数是 $y = \dfrac{x+4}{5}(x \in$ R$)$。

另外，函数 $y = f(x)$ 和它的反函数 $y = f^{-1}(x)$ 的图像关于直线 $y = x$ 对称。

6. 基本初等函数

幂函数 $y = x^{\alpha}(\alpha \in$ R$)$、指数函数 $y = a^x(a > 0$ 且 $a \neq 1)$、对数函数 $y = \log_a x(a > 0$ 且 $a \neq 1)$、三角函数和反三角函数统称为**基本初等函数**。

现把一些常用的基本初等函数的定义域、值域、图像和特性见表1-2。

表 1-2

函数类型	函 数	定义域与值域	图 像	特 性
幂函数	$y = x$	$x \in (-\infty, +\infty)$ $y \in (-\infty, +\infty)$		奇函数，单调增加
	$y = x^2$	$x \in (-\infty, +\infty)$ $y \in [0, +\infty)$		偶函数，在 $(-\infty, 0)$ 内单调减少，在 $(0, +\infty)$ 内单调增加
	$y = x^3$	$x \in (-\infty, +\infty)$ $y \in (-\infty, +\infty)$		奇函数，单调增加
	$y = x^{-1}$	$x \in (-\infty, 0) \cup (0, +\infty)$ $y \in (-\infty, 0) \cup (0, +\infty)$		奇函数，在 $(-\infty, 0)$ 内单调减少，在 $(0, +\infty)$ 内单调减少
	$y = x^{\frac{1}{2}}$	$x \in [0, +\infty)$ $y \in [0, +\infty)$		单调增加
指数函数	$y = a^x$ $(a > 1)$	$x \in (-\infty, +\infty)$ $y \in (0, +\infty)$		单调增加
	$y = a^x$ $(0 < a < 1)$	$x \in (-\infty, +\infty)$ $y \in (0, +\infty)$		单调减少

函数类型	函　数	定义域与值域	图　像	特　性
对数函数	$y = \log_a x$ $(a > 1)$	$x \in (0, +\infty)$ $y \in (-\infty, +\infty)$		单调增加
	$y = \log_a x$ $(0 < a < 1)$	$x \in (0, +\infty)$ $y \in (-\infty, +\infty)$		单调减少
三角函数	$y = \sin x$	$x \in (-\infty, +\infty)$ $y \in [-1, 1]$		奇函数，周期为 2π，有界，在 $\left(2k\pi - \dfrac{\pi}{2}, 2k\pi + \dfrac{\pi}{2}\right)$ 内单调增加，在 $\left(2k\pi + \dfrac{\pi}{2}, 2k\pi + \dfrac{3\pi}{2}\right)$ 内单调减少
	$y = \cos x$	$x \in (-\infty, +\infty)$ $y \in [-1, 1]$		偶函数，周期为 2π，有界，在 $(2k\pi, 2k\pi + \pi)$ 内单调减少，在 $(2k\pi + \pi, 2k\pi + 2\pi)$ 内单调增加
	$y = \tan x$	$x \neq k\pi + \dfrac{\pi}{2} (k \in Z)$ $y \in (-\infty, +\infty)$		奇函数，周期为 π，在 $\left(k\pi - \dfrac{\pi}{2}, k\pi + \dfrac{\pi}{2}\right)$ 内单调增加
	$y = \cot x$	$x \neq k\pi (k \in Z)$ $y \in (-\infty, +\infty)$		奇函数，周期为 π，在 $(k\pi, k\pi + \pi)$ 内单调减少
反三角函数	$y = \arcsin x$	$x \in [-1, 1]$ $y \in \left[-\dfrac{\pi}{2}, \dfrac{\pi}{2}\right]$		奇函数，单调增加，有界

续表1-2

函数类型	函 数	定义域与值域	图 像	特 性
	$y = \arccos x$	$x \in [-1,1]$ $y \in [0,\pi]$		单调减少，有界
反三角函数	$y = \arctan x$	$x \in (-\infty, +\infty)$ $y \in \left(-\dfrac{\pi}{2}, \dfrac{\pi}{2}\right)$		奇函数，单调增加，有界
	$y = \text{arccot}\, x$	$x \in (-\infty, +\infty)$ $y \in (0,\pi)$		单调减少，有界

7. 复合函数

定义　设 y 是 u 的函数 $y = f(u)$；而 u 又是 x 的函数 $u = \varphi(x)$，其定义域为数集 A。如果在数集 A 或 A 的子集上，对于 x 的每一个值所对应的 u 值，都能使函数 $y = f(u)$ 有定义，那么 y 就是 x 的函数，这个函数叫做函数 $y = f(u)$ 与 $u = \varphi(x)$ 复合而成的函数，简称为 x 的**复合函数**，记为 $y = f[\varphi(x)]$。其中 u 叫做中间变量，其定义域为数集 A 或 A 的子集。

例如，$y = \sin^2 x$ 是由 $y = u^2$ 与 $u = \sin x$ 复合而成的函数；函数 $y = \ln(x-1)$ 是 $y = \ln u$ 与 $u = x - 1$ 复合而成的函数，它们都是 x 的复合函数。

注意　（1）不是任何两个函数都可以复合成一个复合函数的。如 $y = \arcsin u$ 与 $u = 2 + x^2$ 就不能复合成一个复合函数。

（2）复合函数也可以有两个以上的函数经过复合构成，如 $y = 2^u$，$u = \sin v$，$v = \dfrac{1}{x}$，

由这三个函数可得复合函数 $y = 2^{\sin\frac{1}{x}}$，这里 u 和 v 都是中间变量。

例3　指出下列各复合函数的复合过程：

（1B）$y = \sqrt{1 + x^2}$；　（2B）$y = \arcsin(\ln x)$；　（3A）$y = e^{\sin x^2}$。

解　（1B）$y = \sqrt{1 + x^2}$ 是由 $y = \sqrt{u}$ 与 $u = 1 + x^2$ 复合而成。

（2B）$y = \arcsin(\ln x)$ 是由 $y = \arcsin u$ 与 $u = \ln x$ 复合而成。

（3A）$y = e^{\sin x^2}$ 是由 $y = e^u$，$u = \sin v$，$v = x^2$ 复合而成。

8. 初等函数

定义　由基本初等函数和常数经过有限次四则运算和开方运算以及有限次的复合步骤所构成的，并能用一个式子表示的函数称为**初等函数**。

例如，$y = \ln\cos^2 x$，$y = \sqrt[3]{\tan x}$，$y = \dfrac{2x^3 - 1}{x^2 + 1}$，$y = e^{2x}\sin(2x + 1)$ 都是初等函数。

在初等函数的定义中，明确指出是用一个式子表示的函数，如果一个函数必须用几个式子表示时，那么它就不是初等函数。例如：

$$g(x) = \begin{cases} 2\sqrt{x} & (0 \leq x \leq 1) \\ 1 + x & (x > 1) \end{cases}$$

就不是初等函数，而称为非初等函数。

二、二元函数的有关概念

自变量多于一个的函数称为多元函数。多元函数微积分是一元函数微积分的推广与发展。而二元函数是最简单的多元函数，它具有多元函数的特性，在很多方面与一元函数有着本质的不同，它是多元函数的代表，因此，对于多元函数微积分，本节仅以二元函数微积分为主进行讨论研究，有关结论均可推广到多元函数上。

1. 邻域的概念

设 $P_0(x_0, y_0)$ 是 xoy 平面上一点，δ 是某一正数，xoy 平面上所有与点 P_0 的距离小于 δ 的点的集合，称为点 P_0 的 δ 邻域，记作 $U(P_0, \delta)$，即：

$$U(P_0, \delta) = \{P \mid |P_0 P| < \delta\}$$

或 $$U(P_0, \delta)\{(x, y) \mid \sqrt{(x - x_0)^2 + (y - y_0)^2} < \delta\}$$

点 P_0 的去心 δ 邻域，记作 $\overset{\circ}{U}(P_0, \delta)$，即：

$$\overset{\circ}{U}(P_0, \delta) = \{P \mid 0 < |P_0 P| < \delta\}$$

几何上，$U(P_0, \delta)$ 就是以 P_0 为圆心，δ 为半径的圆的内部，所以 δ 又叫做邻域的半径。有时在讨论问题时，若不需要强调邻域的半径，点 P_0 的邻域可简记为 $U(P_0)$。

2. 区域的概念

平面点集：坐标平面上满足某种条件 P 的点组成的集合，称为平面点集，记为：

$$E = \{(x, y) \mid (x, y) \text{ 满足条件 } P\}$$

内点：如果存在点 P 的某个领域 $U(P)$，使得 $U(P) \subset E$，则称 P 为 E 的内点（如图 1-1 中，P_1 为 E 的内点）。

外点：如果存在点 P 的某个领域 $U(P)$，使得 $U(P) \cap E = \phi$，则称 P 为 E 的外点（如图 1-1 中，P_2 为 E 的外点）。

边界点：如果点 P 的任一领域内既含有属于 E 的点，又含有不属于 E 的点，则称 P 为 E 的边界点（如图 1-1 中，P_3 为 E 的边界点）。

边界：E 的边界点的全体，称为 E 的边界，记为 ∂E。

E 的内点必属于 E；E 的外点必定不属于 E；而 E 的边界点可能属于 E，也可能不属于 E。

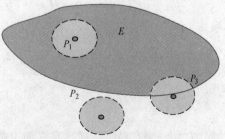

图 1-1

开集：如果点集 E 的点都是 E 的内点，则称 E 为开集。

闭集：如果点集 E 的边界 $\partial E \subset E$，则称 E 为闭集。

例如：集合 $\{(x,y) \mid 1 < x^2 + y^2 < 2\}$ 是开集；集合 $\{(x,y) \mid 1 \leqslant x^2 + y^2 \leqslant 2\}$ 是闭集；而集合 $\{(x,y) \mid 1 < x^2 + y^2 \leqslant 2\}$ 既非开集也非闭集。

连通集：如果点集 E 内任何两点，都可用折线连接起来，且该折线上的点都属于 E，则称 E 为连通集。

区域（或开区域）：连通的开集称为区域或开区域。

闭区域：开区域连同它的边界一起所构成的点集称为闭区域。

例如：集合 $\{(x,y) \mid 1 < x^2 + y^2 < 2\}$ 是区域；而集合 $\{(x,y) \mid 1 \leqslant x^2 + y^2 \leqslant 2\}$ 是闭区域。

有界区域：一个区域 E，如果能包含在一个以原点为圆心的圆内，则称 E 是有界区域，否则称 E 是无界区域。

例如：区域 $\{(x,y) \mid 1 < x^2 + y^2 < 2\}$；闭区域 $\{(x,y) \mid 1 \leqslant x^2 + y^2 \leqslant 2\}$ 都是有界区域。

3. 二元函数

定义　设 D 是 xoy 坐标平面上的一个点集，如果按照某种对应法则 f，对于 D 中每一点 $P(x,y)$，都有唯一确定的实数 z 与之对应，则称 z 是定义在 D 上关于 x，y 的二元函数，记为 $z = f(x,y)$，$(x,y) \in D$ 或 $z = f(P)$，$P \in D$，其中称 D 为函数的定义域，与 $P(x,y)$ 所对应的 z 值称为函数在点 $P(x,y)$ 的函数值，记为 $z = f(x,y)$，函数值的全体称为 f 的值域，记为 $f(D)$，通常称 x，y 为函数的自变量，z 为因变量。

二元函数 $z = f(x,y)$ 的图像通常是空间中的一张曲面，该曲面在 xoy 平面上的投影就是函数 $f(x,y)$ 的定义域 D，当函数关系 $z = f(x,y)$ 由解析式给出时，其定义域就是使式子有意义的点 (x,y) 的全体。

同一元函数一样，对应法则与定义域也是二元函数的两个要素。类似的可以定义三元函数，进而推广至 n 元函数。二元及二元以上的函数统称为多元函数。二元函数的定义域的几何表示往往是一个平面区域。

例4B　某企业生产某种产品的产量 Q 与投入的劳动力 L 和资金 K 有下面的关系：

$$Q = AL^{\alpha} \cdot K^{\beta}$$

其中 A、α、β 均为正常数，则产量 Q 是劳动力投入 L 和资金投入 K 的函数。在经济学理论中，这一函数称为柯布-道格拉斯函数。根据问题的经济意义，函数的定义域为

$$D = \{(L,K) \mid L \geqslant 0, K \geqslant 0\}$$

值域为

$$Z = \{Q \mid Q = AL^{\alpha} \cdot K^{\beta}, (L,K) \in D\}$$

例5B　求函数 $y = \dfrac{\arcsin(3 - x^2 - y^2)}{\sqrt{x - y^2}}$ 的定义域。

解　要使函数有意义，变量 x、y 必须满足 $\begin{cases} |3 - x^2 - y^2| \leqslant 1 \\ x - y^2 > 0 \end{cases}$，这就是所求函数的定义域，它是一个有界闭区域，是平面上的点集，可记为 $\{(x,y) \mid 2 \leqslant x^2 + y^2 \leqslant 4, x > y^2\}$，如图 1-2 所示。

例 6B 求函数 $z = \sin xy$ 的定义域。

解 要是函数有意义，必须满足：$xy \in R$，所以函数的定义域为：$\{(x, y) \mid x \in R, y \in R\}$，这是一个无界开区域，如图 1-3 所示。

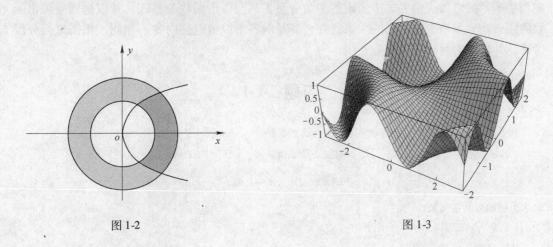

图 1-2   图 1-3

三、建立函数关系举例

在解决实际问题时，通常要先建立问题中的函数关系，然后进行分析和计算。下面举一些简单的实际问题，说明建立函数关系的过程。

例 7B 某工厂生产人造钻石，年生产量为 $x$kg，其固定成本为 312 万元，每生产 1kg 人造钻石，可变成本均匀地增加 50 元，试将总成本 $C_{总}$（单位：元）和平均单位千克成本 $C_{均}$（单位：元/kg）表示成产量 x（单位：kg）的函数。

解 由于总成本 = 固定成本 + 可变成本，平均成本 = 总成本 ÷ 产量，所以

$$C_{总} = 3120000 + 50x, \quad C_{均} = \frac{3120000 + 50x}{x} = \frac{3120000}{x} + 50$$

例 8B 某运输公司规定货物的吨千米运价为：在 a 千米以内，每千米 k 元；超过 a 千米时超过部分每千米 $\frac{4}{5}k$ 元。求运价 m 与里程 s 之间的函数关系。

解 根据题意可列出函数关系如下：

$$m = \begin{cases} ks & (0 < s \leqslant a) \\ ka + \dfrac{4}{5}k(s - a) & (s > a) \end{cases}$$

这里运价 m 和里程 s 的函数关系是用分段函数表示的，定义域为 $(0, +\infty)$。

例 9B 将直径为 d 的圆木料锯成截面为矩形的木材（见图 1-4），列出矩形截面两条边长之间的函数关系。

解 设矩形截面的一条边长为 x，另一条边长为 y，由勾股定理，得 $x^2 + y^2 = d^2$。解出 $y = \pm\sqrt{d^2 - x^2}$，由于 y 只能取正值，所以 $y = \sqrt{d^2 - x^2}$，这就是矩形截面的两条边长之间的函数关系，它的定义域为 $(0, d)$。

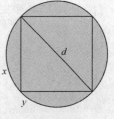

图 1-4

一般地，建立函数关系式应根据题意，先分析在问题中哪些是变量，哪些是常量；在变量中，哪个是自变量，哪个是函数，并用不同的字母表示；再根据问题中给出的条件，运用数学、物理等方面的知识，确定等量关系；必要时，还须根据所给条件，确定关系式中需要确定的常数或消去式中出现的多余变量，从而得出函数关系式，并根据题意写出函数的定义域。如果变量之间的关系式在自变量的各个取值范围内各不相同，则需进行分段考察，并将结果写成分段函数。

习题　1-1

1. 下列各题中所给的两个函数是否相同？为什么？

(1) $y = x$ 和 $y = \sqrt{x^2}$；　　　　　(2) $y = x$ 和 $y = (\sqrt{x})^2$；

(3) $y = 2 - x$ 和 $y = \dfrac{4 - x^2}{2 + x}$；　　(4) $y = \ln \sqrt{x - 1}$ 和 $y = \dfrac{1}{2}\ln(x - 1)$。

2. 求下列函数的定义域：

(1) $y = \sqrt{3x + 4}$；　　　　　　(2) $y = \sqrt{1 - |x|}$；

(3) $y = \dfrac{2}{x^2 - 3x + 2}$；　　　(4) $y = \lg \dfrac{1 + x}{1 - x}$；

(5) $y = \sqrt{2 + x} + \dfrac{1}{\lg(1 + x)}$；　　(6) $y = \arccos \sqrt{2x}$。

3. 设 $f(x) = ax + b$，$f(0) = -2$，$f(3) = 5$，求 $f(1)$ 和 $f(2)$。

4. 已知 $f(x - 1) = x^2 - 3x + 2$，求 $f(x)$。

5. 判断下列函数的奇偶性：

(1) $f(x) = x^4 - 2x^2 + 3$；　　　(2) $g(x) = x^2 \cos x$；

(3) $f(x) = \dfrac{1}{2}(e^x + e^{-x})$；　　(4) $g(x) = \dfrac{x}{a^x - 1}$。

6. 证明函数 $y = \dfrac{1}{x}$ 在区间 $(-1, 0)$ 内单调减少。

7. 将下列各题中的 y 表示为 x 的函数：

(1) $y = \sqrt{u}$，$u = x^2 - 1$；　　(2) $y = e^u$，$u = \sin v$，$v = \ln x$。

8. 火车站收取行李费的规定如下：当行李不超过 50kg 时，按基本运费计算，每公斤收费 0.15 元；当超过 50kg 时，超重部分按每公斤 0.25 元收费，试求运费 y(元) 与重量 x(kg) 之间的函数关系式，并作出这个函数的图像。

9. 拟建一个容积为 8000 立方米、深为 8 米的长方体水池，池底造价比池壁造价贵一倍，假定池底每平方米的造价为 a 元，试将总造价表示成底的一边长的函数，并确定此函数的定义域。

10. 求下列各函数的函数值：

(1) $f(x, y) = \left[\dfrac{\arctan(x + y)}{\arctan(x - y)} \right]^2$，求 $f\left(\dfrac{1 + \sqrt{3}}{2}, \dfrac{1 - \sqrt{3}}{2} \right)$；

(2) $f(x, y) = \dfrac{2xy}{x^2 + y^2}$，求 $f\left(1, \dfrac{y}{x} \right)$；

(3) $f(x, y) = x^2 + y - xy\tan \dfrac{x}{y}$，求 $f(tx, ty)$。

11. 设 $F(x, y) = \ln x \ln y$，证明：

$$F(xy, uv) = F(x, u) + F(x, v) + F(y, u) + F(y, v)$$

12. 求下列函数的定义域:

(1) $z = \ln(y^2 - 2x + 1)$;　　　　　(2) $z = \dfrac{1}{\sqrt{x + y}} + \dfrac{1}{\sqrt{x - y}}$;

(3) $z = \sqrt{x - \sqrt{y}}$;　　　　　　　(4) $z = \ln(y - x) + \dfrac{\sqrt{x}}{\sqrt{1 - x^2 - y^2}}$;

(5) $u = \sqrt{R^2 - x^2 - y^2 - z^2} + \dfrac{1}{\sqrt{x^2 + y^2 + z^2 - r^2}} \ (R > r > 0)$;

(6) $u = \arccos \dfrac{z}{\sqrt{x^2 + y^2}}$。

第二节　数列的极限

一、数列极限的定义

前面已经学过数列的概念。现在进一步考察当自变量 n 无限增大时,数列 $x_n = f(n)$ 的变化趋势,先看下面两个数列:

(1) $\dfrac{1}{2}, \dfrac{1}{4}, \dfrac{1}{8}, \dfrac{1}{16}, \cdots, \dfrac{1}{2^n}, \cdots$;　　(2) $2, \dfrac{1}{2}, \dfrac{4}{3}, \dfrac{3}{4}, \cdots, \dfrac{n + (-1)^{n-1}}{n}, \cdots$。

为清楚起见,把这两个数列的前几项分别在数轴上表示出来(如图 1-5 和图 1-6 所示)。

图 1-5　　　　　　　　　　　　　　图 1-6

由图 1-5 可看出,当 n 无限增大时,表示数列 $x_n = \dfrac{1}{2^n}$ 的点逐渐密集在 $x = 0$ 的右侧,即数列 x_n 无限接近于 0;由图 1-6 可看出,当 n 无限增大时,表示数列 $x_n = \dfrac{n + (-1)^{n-1}}{n}$ 的点逐渐密集在 $x = 1$ 的附近,即数列 x_n 无限接近于 1。

归纳这两个数列的变化趋势,可知当 n 无限增大时,x_n 都分别无限接近于一个确定的常数。一般地,有如下定义:

定义　如果当 n 无限增大时,数列 $\{x_n\}$ 无限接近于一个确定的常数 a,那么 a 就叫做数列 $\{x_n\}$ 当 n 趋向无穷大时的**极限**,记为

$$\lim_{n \to \infty} x_n = a \quad 或当 \quad n \to \infty \ 时, x_n \to a$$

因此,数列(1)和(2)的极限分别记为 $\lim\limits_{n \to \infty} \dfrac{1}{2^n} = 0$ 和 $\lim\limits_{n \to \infty} \dfrac{n + (-1)^{n-1}}{n} = 1$。

例 1B　观察下列数列的变化趋势,写出它们的极限:

(1) $x_n = \dfrac{1}{n}$;　　　　　　　　　(2) $x_n = 2 - \dfrac{1}{n^2}$;

(3) $x_n = (-1)^n \dfrac{1}{3^n}$;　　　　　　　　(4) $x_n = -3$。

解　列表考察这四个数列的前几项，及当 $n \to \infty$ 时，它们的变化趋势见表1-3。

表1-3

n	1	2	3	4	5	...	$\to\infty$
(1) $x_n = \dfrac{1}{n}$	1	$\dfrac{1}{2}$	$\dfrac{1}{3}$	$\dfrac{1}{4}$	$\dfrac{1}{5}$	...	$\to 0$
(2) $x_n = 2 - \dfrac{1}{n^2}$	$2 - \dfrac{1}{1}$	$2 - \dfrac{1}{4}$	$2 - \dfrac{1}{9}$	$2 - \dfrac{1}{16}$	$2 - \dfrac{1}{25}$	...	$\to 2$
(3) $x_n = (-1)^n \cdot \dfrac{1}{3^n}$	$-\dfrac{1}{3}$	$\dfrac{1}{9}$	$-\dfrac{1}{27}$	$\dfrac{1}{81}$	$-\dfrac{1}{243}$	...	$\to 0$
(4) $x_n = -3$	-3	-3	-3	-3	-3	...	$\to -3$

由上表中各数列的变化趋势，根据数列极限的定义可知：

(1) $\lim\limits_{n\to\infty} x_n = \lim\limits_{n\to\infty} \dfrac{1}{n} = 0$;　　　　(2) $\lim\limits_{n\to\infty} x_n = \lim\limits_{n\to\infty}\left(2 - \dfrac{1}{n^2}\right) = 2$;

(3) $\lim\limits_{n\to\infty} x_n = \lim\limits_{n\to\infty}(-1)^n \dfrac{1}{3^n} = 0$;　　(4) $\lim\limits_{n\to\infty} x_n = \lim\limits_{n\to\infty}(-3) = -3$。

注意　并不是任何数列都有极限。

例如，数列 $x_n = 2^n$，当 n 无限增大时，x_n 也无限增大，不能无限接近于一个确定的常数，所以这个数列没有极限。

又如，数列 $x_n = (-1)^{n+1}$，当 n 无限增大时，x_n 在 1 与 -1 两个数上来回跳动，不能无限接近于一个确定的常数，所以这个数列也没有极限。

没有极限的数列，也说数列的极限不存在。

二、数列极限的四则运算

设有数列 x_n 和 y_n，且 $\lim\limits_{n\to\infty} x_n = a, \lim\limits_{n\to\infty} y_n = b$，则

(1) $\lim\limits_{n\to\infty}(x_n \pm y_n) = \lim\limits_{n\to\infty} x_n \pm \lim\limits_{n\to\infty} y_n = a \pm b$;

(2) $\lim\limits_{n\to\infty}(x_n \cdot y_n) = \lim\limits_{n\to\infty} x_n \cdot \lim\limits_{n\to\infty} y_n = a \cdot b$;

(3) $\lim\limits_{n\to\infty} \dfrac{x_n}{y_n} = \dfrac{\lim\limits_{n\to\infty} x_n}{\lim\limits_{n\to\infty} y_n} = \dfrac{a}{b} (b \neq 0)$。

这里（1）和（2）可推广到有限个数列的情形。

推论　若 $\lim\limits_{n\to\infty} x_n$ 存在，C 为常数，$k \in \mathrm{N}$，则

(1) $\lim\limits_{n\to\infty}(C \cdot x_n) = C \cdot \lim\limits_{n\to\infty} x_n$;　　　　(2) $\lim\limits_{n\to\infty}(x_n)^k = \left(\lim\limits_{n\to\infty} x_n\right)^k$。

例 2B　已知 $\lim\limits_{n\to\infty} x_n = 5, \lim\limits_{n\to\infty} y_n = 2$，求：

(1) $\lim\limits_{n\to\infty}(3x_n)$;　　(2) $\lim\limits_{n\to\infty} \dfrac{y_n}{5}$;　　(3) $\lim\limits_{n\to\infty}\left(3x_n - \dfrac{y_n}{5}\right)$。

解　(1) $\lim\limits_{n\to\infty}(3x_n) = 3\lim\limits_{n\to\infty} x_n = 3 \times 5 = 15$;

(2) $\lim\limits_{n\to\infty}\dfrac{y_n}{5}=\dfrac{1}{5}\lim\limits_{n\to\infty}y_n=\dfrac{2}{5}$;

(3) $\lim\limits_{n\to\infty}\left(3x_n-\dfrac{y_n}{5}\right)=\lim\limits_{n\to\infty}(3x_n)-\lim\limits_{n\to\infty}\dfrac{y_n}{5}=15-\dfrac{2}{5}=14\dfrac{3}{5}$。

例3　求下列各极限：

(1B) $\lim\limits_{n\to\infty}\left(4-\dfrac{1}{n}+\dfrac{3}{n^2}\right)$；　(2A) $\lim\limits_{n\to\infty}\dfrac{3n^2-n+1}{1+n^2}$。

解　(1B)　**法一**：$\lim\limits_{n\to\infty}\left(4-\dfrac{1}{n}+\dfrac{3}{n^2}\right)=\lim\limits_{n\to\infty}4-\lim\limits_{n\to\infty}\dfrac{1}{n}+3\lim\limits_{n\to\infty}\dfrac{1}{n^2}=4-0+3\times0=4$

法二：$\lim\limits_{n\to\infty}\left(4-\dfrac{1}{n}+\dfrac{3}{n^2}\right)\to4$（由 Mathcad 计算可得。方法：启动 Mathcad →输入表达式，点击 simplify 或 Ctrl + · →4）

(2A)　**法一**：$\lim\limits_{n\to\infty}\dfrac{3n^2-n+1}{1+n^2}=\lim\limits_{n\to\infty}\dfrac{3-\dfrac{1}{n}+\dfrac{1}{n^2}}{\dfrac{1}{n^2}+1}=\dfrac{\lim\limits_{n\to\infty}3-\lim\limits_{n\to\infty}\dfrac{1}{n}+\lim\limits_{n\to\infty}\dfrac{1}{n^2}}{\lim\limits_{n\to\infty}\dfrac{1}{n^2}+\lim\limits_{n\to\infty}1}$

$$=\dfrac{3-0+0}{0+1}=3$$

法二：$\lim\limits_{n\to\infty}\dfrac{3n^2-n+1}{1+n^2}\to3$（由 Mathcad 计算可得。方法：启动 Mathcad →输入表达式，点击 simplify 或 Ctrl + · →3）

三、无穷递缩等比数列的求和公式

等比数列 $a_1,a_1q,a_1q^2,\cdots,a_1q^{n-1},\cdots$，当 $|q|<1$ 时，称为无穷递缩等比数列。现在来求它的前 n 项的和 s_n 当 $n\to\infty$ 时的极限。

$\because s_n=\dfrac{a_1(1-q^n)}{1-q}$，$\therefore \lim\limits_{n\to\infty}s_n=\lim\limits_{n\to\infty}\dfrac{a_1(1-q^n)}{1-q}=\lim\limits_{n\to\infty}\dfrac{a_1}{1-q}\cdot\lim\limits_{n\to\infty}(1-q^n)=\dfrac{a_1}{1-q}(\lim\limits_{n\to\infty}1-\lim\limits_{n\to\infty}q^n)$

$\because$ 当 $|q|<1$ 时，$\lim\limits_{n\to\infty}q^n=0$ $\therefore \lim\limits_{n\to\infty}s_n=\dfrac{a_1}{1-q}(1-0)=\dfrac{a_1}{1-q}$

我们把无穷递缩等比数列前 n 项的和当 $n\to\infty$ 时的极限叫做这个无穷递缩等比数列的和，并用符号 s 表示，从而有公式

$$s=\dfrac{a_1}{1-q}$$

这个公式叫做无穷递缩等比数列的求和公式。

例4B　求数列 $\dfrac{1}{2},\dfrac{1}{4},\dfrac{1}{8},\cdots,\dfrac{1}{2^n},\cdots$ 各项的和。

解　因为 $|q|=\dfrac{1}{2}<1$，所以它是无穷递缩等比数列，因此有 $s=\dfrac{\dfrac{1}{2}}{1-\dfrac{1}{2}}=1$。

习题　1-2

1. 观察下列数列当 $n \to \infty$ 时的变化趋势，写出极限：

(1) $x_n = \dfrac{1}{2n}$;　　　　(2) $x_n = (-1)^n \dfrac{1}{n}$;　　　　(3) $x_n = 3 + \dfrac{1}{n^2}$;

(4) $x_n = \dfrac{n-1}{n+1}$;　　　(5) $x_n = 1 - \dfrac{1}{10^n}$;　　　(6) $x_n = -5$。

2. 已知 $\lim\limits_{n \to \infty} x_n = \dfrac{1}{2}$, $\lim\limits_{n \to \infty} y_n = -\dfrac{1}{2}$, 求下列各极限：

(1) $\lim\limits_{n \to \infty}(2x_n + 3y_n)$;　　　　(2) $\lim\limits_{n \to \infty} \dfrac{x_n - y_n}{x_n}$。

3. 求下列各极限：

(1) $\lim\limits_{n \to \infty}\left(3 - \dfrac{1}{n}\right)$;　　(2) $\lim\limits_{n \to \infty} \dfrac{5n+3}{n}$;　　(3) $\lim\limits_{n \to \infty} \dfrac{n^2-4}{n^2+1}$;　　(4) $\lim\limits_{n \to \infty} \dfrac{3n^3-2n+1}{8-n^3}$;

(5) $\lim\limits_{n \to \infty}\left(3 - \dfrac{2}{n} + \dfrac{1}{n^2}\right)$;　　(6) $\lim\limits_{n \to \infty}\left(3 - \dfrac{5}{2^n}\right)\left(2 - \dfrac{1}{n}\right)$;　　(7) $\lim\limits_{n \to \infty} \dfrac{2n^2+1}{1-n^2}$;

(8) $\lim\limits_{n \to \infty}\left(\dfrac{n^2-3}{n+1} - n\right)$;　　(9) $\lim\limits_{n \to \infty} \dfrac{2^n+1}{1+2^n}$;　　(10) $\lim\limits_{n \to \infty}\left(\dfrac{1+2+3+\cdots+n}{n+2} - \dfrac{n}{2}\right)$。

4. 求下列无穷递缩等比数列的和：

(1) $3, 1, \dfrac{1}{3}, \dfrac{1}{9}, \cdots$;　　(2) $1, -\dfrac{1}{2}, \dfrac{1}{4}, -\dfrac{1}{8}, \cdots$;　　(3) $1, -x, x^2, -x^3, \cdots(|x| < 1)$。

第三节　函数的极限

这一节将讨论一元函数 $y = f(x)$ 的极限，二元函数 $z = f(x,y)$ 的极限。

一、一元函数的极限

1. 当 $x \to \infty$ 时，函数 $f(x)$ 的极限

先看下面的例子：

考察当 $x \to \infty$ 时，函数 $f(x) = \dfrac{1}{x}$ 的变化趋势。

由图 1-7 可以看出，当 x 的绝对值无限增大时，$f(x)$ 的值无限接近于零。即当 $x \to \infty$ 时，$f(x) \to 0$。

对于这种当 $x \to \infty$ 时，函数 $f(x)$ 的变化趋势，给出下面的定义：

定义 1　如当 x 的绝对值无限增大（即 $x \to \infty$）时，函数 $f(x)$ 无限接近于一个确定的常数 A，那么 A 就叫做函数 $f(x)$ 当 $x \to \infty$ 时的极限，记为

$$\lim_{x \to \infty} f(x) = A \text{ 或当 } x \to \infty \text{ 时，} f(x) \to A$$

根据上述定义可知，当 $x \to \infty$ 时，$f(x) = \dfrac{1}{x}$ 的

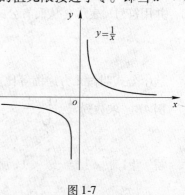

图 1-7

极限是 0，可记为

$$\lim_{x \to \infty} f(x) = \lim_{x \to \infty} \frac{1}{x} = 0$$

注意 自变量 x 的绝对值无限增大指的是 x 既取正值而无限增大（记为 $x \to +\infty$），同时也取负值而绝对值无限增大（记为 $x \to -\infty$）。但有时 x 的变化趋势只能或只需取这两种变化中的一种情形。下面给出当 $x \to +\infty$ 或 $x \to -\infty$ 时函数极限的定义：

定义 2 如果当 $x \to +\infty$（或 $x \to -\infty$）时，函数 $f(x)$ 无限接近于一个确定的常数 A，那么 A 就叫做函数 $f(x)$ 当 $x \to +\infty$（或 $x \to -\infty$）时的极限，记为

$$\lim_{\substack{x \to +\infty \\ (x \to -\infty)}} f(x) = A \text{ 或当 } x \to +\infty \, (x \to -\infty) \text{ 时}, f(x) \to A。$$

例如，如图 1-8 所示，$\lim\limits_{x \to +\infty} \arctan x = \dfrac{\pi}{2}$ 及 $\lim\limits_{x \to -\infty} \arctan x = -\dfrac{\pi}{2}$。

由于当 $x \to +\infty$ 和 $x \to -\infty$ 时，函数 $y = \arctan x$ 不是无限接近于同一个确定的常数，所以 $\lim\limits_{x \to \infty} \arctan x$ 不存在。

一般地，$\lim\limits_{x \to \infty} f(x) = A$ 的充分必要条件是 $\lim\limits_{x \to +\infty} f(x) = \lim\limits_{x \to -\infty} f(x) = A$。

例 1B 求 $\lim\limits_{x \to -\infty} e^x$ 和 $\lim\limits_{x \to +\infty} e^{-x}$。

解 $\lim\limits_{x \to -\infty} e^x = 0$，$\lim\limits_{x \to +\infty} e^{-x} = 0$。

例 2A 讨论当 $x \to \infty$ 时，函数 $y = \text{arccot} x$ 的极限。

解 如图 1-9 所示，可知，因为 $\lim\limits_{x \to +\infty} \text{arccot} x = 0$，$\lim\limits_{x \to -\infty} \text{arccot} x = \pi$，虽然 $\lim\limits_{x \to +\infty} \text{arccot} x$ 和 $\lim\limits_{x \to -\infty} \text{arccot} x$ 都存在，但不相等，所以 $\lim\limits_{x \to \infty} \text{arccot} x$ 不存在。

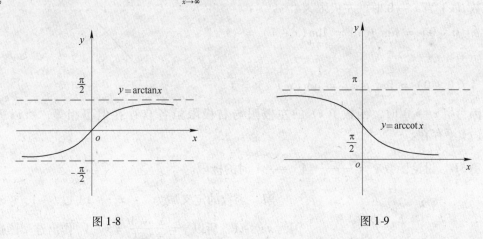

图 1-8   图 1-9

2. 当 $x \to x_0$ 时，函数 $f(x)$ 的极限

定义 3 如果当 x 无限接近于定值 x_0，即 $x \to x_0$（x 可以不等于 x_0）时，函数 $f(x)$ 无限接近于一个确定的常数 A，那么 A 就叫做函数 $f(x)$ 当 $x \to x_0$ 时的极限，记为

$$\lim_{x \to x_0} f(x) = A \quad \text{或当} \quad x \to x_0 \text{ 时}, f(x) \to A$$

注意 （1）在上面的定义中，"$x \to x_0$" 表示以任何方式趋近于 x_0；

（2）定义中考虑的是当 $x \to x_0$ 时，$f(x)$ 的变化趋势，并不考虑 $f(x)$ 在点 x_0 是否有

定义。

例 3B　考察极限 $\lim\limits_{x \to x_0} C$（$C$ 为常数）和 $\lim\limits_{x \to x_0} x$。

解　设 $f(x) = C$，$\varphi(x) = x$

∵ 当 $x \to x_0$ 时，$f(x)$ 的值恒等于 C，∴ $\lim\limits_{x \to x_0} f(x) = \lim\limits_{x \to x_0} C = C$

∵ 当 $x \to x_0$ 时，$\varphi(x)$ 的值无限接近于 x_0，∴ $\lim\limits_{x \to x_0} \varphi(x) = \lim\limits_{x \to x_0} x = x_0$

下面给出当 $x \to x_0 - 0$ 或 $x \to x_0 + 0$ 时函数极限的定义：

定义 4　如果当 $x \to x_0 - 0$ 时，函数 $f(x)$ 无限接近于一个确定的常数 A，那么 A 就叫做函数 $f(x)$ 当 $x \to x_0$ 时的**左极限**，记为

$$\lim_{x \to x_0 - 0} f(x) = A \quad 或 \quad f(x_0 - 0) = A$$

如果当 $x \to x_0 + 0$ 时，函数 $f(x)$ 无限接近于一个确定的常数 A，那么 A 就叫做函数 $f(x)$ 当 $x \to x_0$ 时的**右极限**，记为

$$\lim_{x \to x_0 + 0} f(x) = A \quad 或 \quad f(x_0 + 0) = A$$

一般地，$\lim\limits_{x \to x_0} f(x) = A$ 的充分必要条件是 $\lim\limits_{x \to x_0 - 0} f(x) = \lim\limits_{x \to x_0 + 0} f(x) = A$。

例 4B　讨论函数 $f(x) = \begin{cases} x - 1 & (x < 0) \\ 0 & (x = 0) \\ x + 1 & (x > 0) \end{cases}$，当 $x \to$

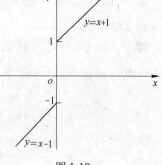

0 时的极限。

解　作出这个分段函数的图像（图 1-10），由图可知函数 $f(x)$ 当 $x \to 0$ 时的左极限为

$$f(0 - 0) = \lim_{x \to -0} f(x) = \lim_{x \to -0} (x - 1) = -1$$

右极限为

$$f(0 + 0) = \lim_{x \to +0} f(x) = \lim_{x \to +0} (x + 1) = 1$$

图 1-10

因为当 $x \to 0$ 时，函数 $f(x)$ 的左极限与右极限虽各自存在但不相等，所以极限 $\lim\limits_{x \to 0} f(x)$ 不存在。

例 5B　讨论函数 $y = \dfrac{x^2 - 1}{x + 1}$ 当 $x \to -1$ 时的极限。

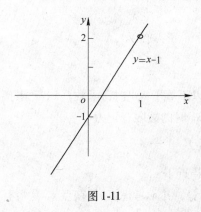

图 1-11

解　函数的定义域为 $(-\infty, -1) \cup (-1, +\infty)$；因为 $x \neq -1$，所以 $y = \dfrac{x^2 - 1}{x + 1} = x - 1$。作出这个函数的图像（图 1-11），由图可知，$f(-1 - 0) = \lim\limits_{x \to -1 - 0} \dfrac{x^2 - 1}{x + 1} = \lim\limits_{x \to -1 - 0} (x - 1) = -2$；$f(-1 + 0) = \lim\limits_{x \to -1 + 0} \dfrac{x^2 - 1}{x + 1} = \lim\limits_{x \to -1 + 0} (x - 1) = -2$；由于 $f(-1 - 0) = f(-1 + 0) = -2$，所以 $\lim\limits_{x \to -1} \dfrac{x^2 - 1}{x + 1} = -2$。

二、一元函数极限的讨论

研究函数的变化趋势时，经常遇到两种情形：一是函数的绝对值"无限变小"，一是函数的绝对值"无限变大"下面分别介绍这两种情形。

1. 无穷小

1）无穷小的定义

定义　如果当 $x \to x_0$（或 $x \to \infty$）时，函数 $f(x)$ 的极限为零，那么函数 $f(x)$ 叫做当 $x \to x_0$（或 $x \to \infty$）时的无穷小量，简称无穷小。

例如，因为 $\lim\limits_{x \to 1}(x-1) = 0$，所以函数 $x-1$ 是当 $x \to 1$ 时的无穷小；又如，因为 $\lim\limits_{x \to \infty}\dfrac{1}{x} = 0$，所以函数 $\dfrac{1}{x}$ 是当 $x \to \infty$ 时的无穷小。

注意　（1）说一个函数 $f(x)$ 是无穷小，必须指明自变量 x 的变化趋势，如函数 $x-1$ 是当 $x \to 1$ 时的无穷小，而当 x 趋向其他数值时，$x-1$ 就不是无穷小。

（2）不要把一个绝对值很小的常数（如 0.00001 或 -0.00001）说成是无穷小。

（3）常数中只有"0"可以看成是无穷小，因为 $\lim\limits_{\substack{x \to x_0 \\ (x \to \infty)}} 0 = 0$。

2）无穷小的性质

无穷小运算时除了可以应用极限运算法则外，还可以应用以下一些性质进行运算。

性质 1　有限个无穷小的代数和是无穷小。

性质 2　有界函数与无穷小的乘积是无穷小。

性质 3　有限个无穷小的乘积是无穷小。

以上各性质证明从略。

例 6B　求 $\lim\limits_{x \to 0} x\sin\dfrac{1}{x}$。

解　因为 $\lim\limits_{x \to 0} x = 0$，所以 x 是当 $x \to 0$ 的无穷小。而 $\left|\sin\dfrac{1}{x}\right| \leqslant 1$，所以 $\sin\dfrac{1}{x}$ 是有界函数。由无穷小的性质 2，可知

$$\lim\limits_{x \to 0} x\sin\dfrac{1}{x} = 0$$

3）函数极限与无穷小的关系（A）

下面的定理将说明函数、函数的极限与无穷小三者之间的重要关系。

定理　在自变量的同一变化过程 $x \to x_0$（或 $x \to \infty$）中，$\lim f(x) = A$ 的充分必要条件是：$f(x) = A + \alpha$，其中 A 为常数，α 为无穷小（证明从略）。

这里" $\lim$ "符号下面下标 $x \to x_0$ 或 $x \to \infty$，表示所述结果对两者都适用，以后不再说明。

4）无穷小的比较

已经知道，两个无穷小的代数和及乘积仍然是无穷小，但是两个无穷小的商却会出现不同的情况。例如，当 $x \to 0$ 时，x、$3x$、x^2 都是无穷小，而 $\lim\limits_{x \to 0}\dfrac{x^2}{3x} = 0$，$\lim\limits_{x \to 0}\dfrac{3x}{x^2} = \infty$，$\lim\limits_{x \to 0}\dfrac{3x}{x}$

= 3。

两个无穷小之比的极限的各种情况，反映了不同的无穷小趋向零的快慢程度。当 $x \to 0$ 时，x^2 比 $3x$ 更快地趋向零，反过来 $3x$ 比 x^2 较慢地趋向零，而 $3x$ 与 x 趋向零的快慢相仿。

下面就以两个无穷小之商的极限所出现的各种情况来说明两个无穷小之间的比较。

定义　设 α 和 β 都是在同一个自变量的变化过程中的无穷小，又 $\lim \dfrac{\beta}{\alpha}$ 也是在这个变化过程中的极限。

（1）如果 $\lim \dfrac{\beta}{\alpha} = 0$，就说 β 是比 α 较**高阶的无穷小**；

（2）如果 $\lim \dfrac{\beta}{\alpha} = \infty$，就说 β 是比 α 较**低阶的无穷小**；

（3）如果 $\lim \dfrac{\beta}{\alpha} = C$（$C$ 为不等于零的常数），就说 β 与 α 是**同阶无穷小**；

（4）如果 $\lim \dfrac{\beta}{\alpha} = 1$，就说 β 与 α 是**等价无穷小**，记为 $\alpha \sim \beta$。

显然，等价无穷小是同阶无穷小的特例，即 $C = 1$ 的情形。

以上定义对于数列的极限也同样适用。

根据以上定义，可知当 $x \to 0$ 时，x^2 是比 $3x$ 较高阶的无穷小，$3x$ 是比 x^2 较低阶的无穷小，$3x$ 是与 x 同阶的无穷小。

例 7B　比较当 $x \to 0$ 时，无穷小 $\dfrac{1}{1-x} - 1 - x$ 与 x^2 阶数的高低。

解　因为 $\lim\limits_{x \to 0} \dfrac{\dfrac{1}{1-x} - 1 - x}{x^2} = \lim\limits_{x \to 0} \dfrac{1 - (1+x)(1-x)}{x^2(1-x)} = \lim\limits_{x \to 0} \dfrac{x^2}{x^2(1-x)} = \lim\limits_{x \to 0} \dfrac{1}{1-x} = 1$

所以 $\dfrac{1}{1-x} - 1 - x \sim x^2$，即 $\dfrac{1}{1-x} - 1 - x$ 是与 x^2 等价的无穷小。

2. 无穷大

定义　如果当 $x \to x_0$（或 $x \to \infty$）时，函数 $f(x)$ 的绝对值无限增大，那么函数 $f(x)$ 叫做当 $x \to x_0$（或 $x \to \infty$）时的**无穷大量**，简称**无穷大**。

如果函数 $f(x)$ 当 $x \to x_0$（或 $x \to \infty$）时为无穷大，那么它的极限是不存在的。但为了描述函数的这种变化趋势，也说"函数的极限是无穷大"，并记为

$$\lim_{\substack{x \to x_0 \\ (x \to \infty)}} f(x) = \infty$$

如果在无穷大的定义中，对于 x_0 左右近旁的 x（或对于绝对值相当大的 x），对应的函数值都是正的或都是负的，就分别记为

$$\lim_{\substack{x \to x_0 \\ (x \to \infty)}} f(x) = +\infty, \quad \lim_{\substack{x \to x_0 \\ (x \to \infty)}} f(x) = -\infty$$

例如，$\lim\limits_{x \to +\infty} e^x = +\infty$，$\lim\limits_{x \to +0} \ln x = -\infty$。

注意　（1）说一个函数 $f(x)$ 是无穷大，必须指明自变量的变化趋势，如函数 $\dfrac{1}{x}$ 是当 $x \to$

0 时的无穷大。

（2）无穷大是变量，不要把绝对值很大的常数（如 100000000 或 – 100000000）说成是无穷大。

3. 无穷大与无穷小的关系

一般地，无穷大与无穷小之间有以下倒数关系：

在自变量的同一变化过程中，如果 $f(x)$ 为无穷大，则 $\dfrac{1}{f(x)}$ 是无穷小；反之，如果

$f(x)$ 为无穷小，且 $f(x) \neq 0$，则 $\dfrac{1}{f(x)}$ 为无穷大。

下面利用无穷大与无穷小的关系来求一些函数的极限。

例 8B 求极限 $\lim\limits_{x \to 1} \dfrac{x+4}{x-1}$。

解 当 $x \to 1$ 时，分母的极限为零，所以不能应用极限运算法则（3），但因为

$$\lim_{x \to 1} \frac{x-1}{x+4} = 0$$

所以
$$\lim_{x \to 1} \frac{x+4}{x-1} = \infty$$

例 9B 求 $\lim\limits_{x \to \infty}(x^2 - 3x + 2)$。

解 因为 $\lim\limits_{x \to \infty} x^2$ 和 $\lim\limits_{x \to \infty} 3x$ 都不存在，所以不能应用极限的运算法则，但因为

$$\lim_{x \to \infty} \frac{1}{x^2 - 3x + 2} = \lim_{x \to \infty} \frac{\dfrac{1}{x^2}}{1 - \dfrac{3}{x} + \dfrac{2}{x^2}} = 0$$

所以
$$\lim_{x \to \infty}(x^2 - 3x + 2) = \infty$$

例 10B 求 $\lim\limits_{x \to \infty} \dfrac{2x^3 - x^2 + 5}{x^2 + 7}$。

解 因为分子及分母的极限都不存在，所以不能应用极限运算法则，但因为

$$\lim_{x \to \infty} \frac{x^2 + 7}{2x^3 - x^2 + 5} = \lim_{x \to \infty} \frac{\dfrac{x^2 + 7}{x^3}}{\dfrac{2x^3 - x^2 + 5}{x^3}} = \lim_{x \to \infty} \frac{\dfrac{1}{x} + \dfrac{7}{x^3}}{2 - \dfrac{1}{x} + \dfrac{5}{x^3}} = 0$$

所以
$$\lim_{x \to \infty} \frac{2x^3 - x^2 + 5}{x^2 + 7} = \infty$$

三、二元函数的极限

在一元函数中，讨论了当自变量趋于某有限值 x_0 时的函数的极限。对于二元函数 $z = f(x, y)$，同样可以讨论点 (x, y) 趋于 (x_0, y_0) 时函数 $z = f(x, y)$ 的变化趋势。由于坐标面 xoy 上点 (x, y) 趋于 (x_0, y_0) 的方式多种多样，因此，二元函数的情况要比一元函数复杂得多。

定义　设函数 $z = f(x, y)$ 在点 $P_0(x_0, y_0)$ 的某空心邻域 $\overset{\circ}{U}(P_0, \delta)$ 内有定义，如果当 $\overset{\circ}{U}(P_0, \delta)$ 内的点 $P(x, y)$ 以任意方式趋向于点 $P_0(x_0, y_0)$ 时，对应的函数值 $f(x, y)$ 总趋于一个确定的常数 A，那么称 A 是二元函数 $f(x, y)$。当 $(x, y) \to (x_0, y_0)$ 时的极限，记为

$$\lim_{(x,y)\to(x_0,y_0)} f(x,y) = A \quad \text{或} \quad \lim_{\substack{x\to x_0 \\ y\to y_0}} f(x,y) = A$$

应当注意的是，在一元函数 $y = f(x)$ 的极限定义中，点 x 只是沿 x 轴趋于点 x_0，但二元函数极限的定义中，要求点 $P(x, y)$ 以任意方式趋于点 P_0。如果点 P 只取某些特殊方式，例如，沿平行于坐标轴的直线或沿某一曲线趋于点 P_0，即使这时函数趋于某一确定值，也不能断定函数的极限就一定存在。因此，如果点 P 沿不同路径趋于点 P_0 时，函数趋于不同的值，那么函数的极限一定不存在。

例 11A　求极限 $\displaystyle\lim_{\substack{x\to 0 \\ y\to 0}} \frac{x^2 + y^2}{\sqrt{1 + x^2 + y^2} - 1}$。

解　**法一**　$\displaystyle\lim_{\substack{x\to 0 \\ y\to 0}} \frac{x^2 + y^2}{\sqrt{1 + x^2 + y^2} - 1} = \lim_{\substack{x\to 0 \\ y\to 0}} \frac{(x^2 + y^2)(\sqrt{1 + x^2 + y^2} + 1)}{(\sqrt{1 + x^2 + y^2} - 1)(\sqrt{1 + x^2 + y^2} + 1)}$

$$= \lim_{\substack{x\to 0 \\ y\to 0}} (\sqrt{1 + x^2 + y^2} + 1) = 1 + 1 = 2$$

法二　Mathcad 计算 $\displaystyle\lim_{x\to 0} \frac{x^2 + y^2}{\sqrt{1 + x^2 + y^2} - 1} \to \frac{y^2}{\sqrt{1 + y^2} - 1} \cdot \lim_{y\to 0} \frac{y^2}{\sqrt{1 + y^2} - 1} \to 2$

注意　二元函数的极限，需要分别求 $x \to 0$ 和 $y \to 0$ 时的极限。

例 12A　考察函数 $g(x, y) = \begin{cases} \dfrac{xy}{x^2 + y^2} & (x^2 + y^2 \neq 0) \\[2mm] 0 & (x^2 + y^2 = 0) \end{cases}$ 当 $(x, y) \to (0, 0)$ 时的极限

是否存在。

解　当点 (x, y) 沿 x 轴趋向于原点，即当 $y = 0$，而 $x \to 0$ 时，有

$$\lim_{\substack{x\to 0 \\ y\to 0}} g(x, y) = \lim_{x\to 0} g(x, 0) = \lim_{x\to 0} 0 = 0$$

当点 (x, y) 沿 y 轴趋向于原点，即当 $x = 0$，而 $y \to 0$ 时，有

$$\lim_{\substack{x\to 0 \\ y\to 0}} g(x, y) = \lim_{y\to 0} g(0, y) = \lim_{y\to 0} 0 = 0$$

但是，当点 (x, y) 沿直线 $y = kx (k \neq 0)$ 趋向于点 $(0, 0)$，即当 $y = kx$，而 $x \to 0$ 时，有

$$\lim_{\substack{x\to 0 \\ y=kx\to 0}} g(x, y) = \lim_{x\to 0} g(x, kx) = \lim_{x\to 0} \frac{kx^2}{x^2 + k^2 x^2} = \frac{k}{1 + k^2}$$

随着 k 的取值不同，$\dfrac{k}{1 + k^2}$ 的值也不同，故极限 $\displaystyle\lim_{\substack{x\to 0 \\ y\to 0}} g(x, y)$ 不存在。

习题　1-3

1. 观察并写出下列极限：

(1) $\displaystyle\lim_{x\to\infty} \frac{1}{x^2}$;

(2) $\displaystyle\lim_{x\to-\infty} 2^x$;

(3) $\displaystyle\lim_{x\to-\infty} 10^x$;

(4) $\displaystyle\lim_{x\to+\infty} \left(\frac{1}{2}\right)^x$;

(5) $\displaystyle\lim_{x\to+\infty} \left(\frac{1}{10}\right)^x$;

(6) $\displaystyle\lim_{x\to\infty} \left(2 + \frac{1}{x}\right)$。

2. 观察并写出下列极限：

(1) $\lim\limits_{x \to 0} \tan x$；

(2) $\lim\limits_{x \to \frac{\pi}{2}} \sin x$；

(3) $\lim\limits_{x \to 1} \ln x$；

(4) $\lim\limits_{x \to 0} 2^x$；

(5) $\lim\limits_{x \to -3} \dfrac{x^2 - 9}{x + 3}$；

(6) $\lim\limits_{x \to 2} (x^2 - 2)$；

(7) $\lim\limits_{x \to \frac{\pi}{4}} \tan x$；

(8) $\lim\limits_{x \to 3} (x^2 - 6x + 8)$。

3. 设 $f(x) = \begin{cases} x - 1 & (x \leqslant 0) \\ x + 1 & (x > 0) \end{cases}$，画出图像，并求当 $x \to 0$ 时 $f(x)$ 的左右极限，从而说明在 $x \to 0$ 时，$f(x)$ 的极限是否存在。

4. 设 $f(x) = \begin{cases} x + 1 & (x < 0) \\ 2^x & (x \geqslant 0) \end{cases}$，求当 $x \to 0$ 时左右极限，并指出当 $x \to 0$ 极限是否存在。

5(A). 求 $f(x) = \dfrac{|x|}{x}$ 当 $x \to 0$ 时左右极限，并指出当 $x \to 0$ 时极限是否存在。

6. 讨论函数 $f(x) = \begin{cases} 2^x & (x < 0) \\ 2 & (0 \leqslant x < 1) \\ -x + 3 & (x \geqslant 1) \end{cases}$，当 $x \to 0$ 和 $x \to 1$ 时是否有极限？

7. 证明函数 $f(x) = \begin{cases} x^2 + 1 & (x < 1) \\ 1 & (x = 1) \\ -1 & (x > 1) \end{cases}$，当 $x \to 1$ 时极限不存在。

8. 以下各数列中，哪些是无穷小？哪些是无穷大？

(1) $1, \dfrac{1}{3}, \dfrac{1}{5}, \cdots, \dfrac{1}{2n - 1}, \cdots$；

(2) $1, \dfrac{1}{3}, \dfrac{1}{7}, \cdots, \dfrac{1}{2^n - 1}, \cdots$；

(3) $-1, -3, -5, \cdots, 1 - 2n, \cdots$；

(4) $-\dfrac{1}{2}, \dfrac{1}{4}, -\dfrac{1}{8}, \cdots, (-1)^n \dfrac{1}{2^n}, \cdots$；

(5) $\dfrac{1}{1 \times 2}, \dfrac{1}{2 \times 3}, \dfrac{1}{3 \times 4}, \cdots, \dfrac{1}{n(n + 1)}, \cdots$；

(6) $1, 4, 9, \cdots, n^2, \cdots$。

9. 下列函数在自变量怎样变化时是无穷小？无穷大？

(1) $y = \dfrac{1}{x^3}$；

(2) $y = \dfrac{1}{x + 1}$；

(3) $y = \cot x$；

(4) $y = \ln x$。

10. 求下列各极限：

(1) $\lim\limits_{x \to 0} (x + \sin x)$；

(2) $\lim\limits_{x \to 0} 3 \sin x$；

(3) $\lim\limits_{x \to 1} (x - 1) \cos x$；

(4) $\lim\limits_{x \to \infty} \dfrac{\sin x}{x^2}$；

(5) $\lim\limits_{x \to 1} \dfrac{x}{x - 1}$；

(6) $\lim\limits_{x \to 2} \dfrac{x^3 + 2x^2}{(x - 2)^2}$。

11. 当 $x \to \infty$ 时，$\dfrac{1}{x}$ 和 $\dfrac{1}{x^2}$ 相比，哪一个是较高阶的无穷小？

12. 当 $x \to 0$ 时，$2x - x^2$ 与 $x^2 - x^3$ 相比，哪一个是较高阶的无穷小？

13(A). 求下列各极限：

(1) $\lim\limits_{x \to \infty} \dfrac{x^2}{2x^3 - x + 1}$；

(2) $\lim\limits_{x \to \infty} \dfrac{4x^3 - 2x + 8}{3x^2 + 1}$；

(3) $\lim\limits_{x \to \infty} \dfrac{2x^3 + x + 1}{5x^3 - x - 2}$；

(4) $\lim\limits_{x \to \frac{\pi}{2}} \left(\dfrac{\pi}{2} - x \right) \cos \left(\dfrac{\pi}{2} - x \right)$；

(5) $\lim\limits_{x \to 0} x^2 \sin \dfrac{1}{x}$；

(6) $\lim\limits_{x \to \infty} \dfrac{\operatorname{arccot} x}{x}$。

14. 证明：当 $x \to -3$ 时，$x^2 + 6x + 9$ 是比 $x + 3$ 较高阶的无穷小。

15. 当 $x \to 1$ 时，无穷小 $1 - x$ 和 $\dfrac{1}{2}(1 - x^2)$ 是否同阶？是否等价？

第四节 极限的运算

与数列极限相仿，比较复杂的函数极限也需要用到极限的运算法则来进行计算，下面给出函数极限的四则运算法则（证明从略）。

一、一元函数的极限运算法则

设 $\lim\limits_{x \to x_0} f(x) = A$，$\lim\limits_{x \to x_0} g(x) = B$，则

（1）$\lim\limits_{x \to x_0}[f(x) \pm g(x)] = \lim\limits_{x \to x_0} f(x) \pm \lim\limits_{x \to x_0} g(x) = A \pm B$；

（2）$\lim\limits_{x \to x_0}[f(x) \cdot g(x)] = \lim\limits_{x \to x_0} f(x) \cdot \lim\limits_{x \to x_0} g(x) = A \cdot B$；特别地，有 $\lim\limits_{x \to x_0} Cf(x) = C \cdot \lim\limits_{x \to x_0} f(x) = CA$（$C$ 为常数），$\lim\limits_{x \to x_0}[f(x)]^n = [\lim\limits_{x \to x_0} f(x)]^n = A^n$（$n$ 为正整数）；

（3）$\lim\limits_{x \to x_0} \dfrac{f(x)}{g(x)} = \dfrac{\lim\limits_{x \to x_0} f(x)}{\lim\limits_{x \to x_0} g(x)} = \dfrac{A}{B}$（$B \neq 0$）。

上述极限运算法则对于 $x \to \infty$ 的情形也是成立的，而且法则（1）和法则（2）可以推广到有限个具有极限的函数的情形。

例 1B 求 $\lim\limits_{x \to 3}\left(\dfrac{1}{3}x + 1\right)$。

解 $\lim\limits_{x \to 3}\left(\dfrac{1}{3}x + 1\right) = \lim\limits_{x \to 3}\left(\dfrac{1}{3}x\right) + \lim\limits_{x \to 3} 1 = \dfrac{1}{3}\lim\limits_{x \to 3} x + \lim\limits_{x \to 3} 1$

根据 $\lim\limits_{x \to x_0} x = x_0$，$\lim\limits_{x \to x_0} C = C$，可得 $\lim\limits_{x \to 3}\left(\dfrac{1}{3}x + 1\right) = \dfrac{1}{3} \times 3 + 1 = 2$

例 2B 求 $\lim\limits_{x \to 2}(3x^2 - 2x + 6)$。

解 **法一** $\lim\limits_{x \to 2}(3x^2 - 2x + 6) = 3[\lim\limits_{x \to 2} x]^2 - 2\lim\limits_{x \to 2} x + \lim\limits_{x \to 2} 6 = 3 \times 2^2 - 2 \times 2 + 6 = 14$

法二 $\lim\limits_{x \to 2}(3x^2 - 2x + 6) \to 14$（由 Mathcad 计算可得。方法：启动 Mathcad→输入表达式，点击 simplify 或 Ctrl + · →14）

例 3B 求 $\lim\limits_{x \to 1} \dfrac{x^2 - 2x + 5}{x^2 + 7}$。

解 **法一**：当 $x \to 1$ 时，分母的极限不为 0，因此应用法则（3），得

$$\lim\limits_{x \to 1} \frac{x^2 - 2x + 5}{x^2 + 7} = \frac{\lim\limits_{x \to 1}(x^2 - 2x + 5)}{\lim\limits_{x \to 1}(x^2 + 7)} = \frac{\lim\limits_{x \to 1} x^2 - \lim\limits_{x \to 1} 2x + \lim\limits_{x \to 1} 5}{\lim\limits_{x \to 1} x^2 + \lim\limits_{x \to 1} 7} = \frac{1 - 2 + 5}{1 + 7} = \frac{1}{2}$$

法二：$\lim\limits_{x \to 1} \dfrac{x^2 - 2x + 5}{x^2 + 7} \to \dfrac{1}{2}$（由 Mathcad 计算可得。方法：启动 Mathcad→输入表达式，点击 simplify 或 Ctrl + · →$\dfrac{1}{2}$）

例 4B 求 $\lim\limits_{x \to 3} \dfrac{x - 3}{x^2 - 9}$。

解 当 $x \to 3$ 时，分母极限为 0，不能应用法则（3），在分式中约去不为零的公因子

$x-3$，所以 $\lim\limits_{x\to3}\dfrac{x-3}{x^2-9}=\lim\limits_{x\to3}\dfrac{1}{x+3}=\dfrac{\lim\limits_{x\to3}1}{\lim\limits_{x\to3}x+\lim\limits_{x\to3}3}=\dfrac{1}{6}$。

例 5B　求 $\lim\limits_{x\to\infty}\left[\left(1+\dfrac{1}{x}\right)\left(2-\dfrac{1}{x^2}\right)\right]$。

解　**法一**　$\lim\limits_{x\to\infty}\left[\left(1+\dfrac{1}{x}\right)\left(2-\dfrac{1}{x^2}\right)\right]=\lim\limits_{x\to\infty}\left(1+\dfrac{1}{x}\right)\cdot\lim\limits_{x\to\infty}\left(2-\dfrac{1}{x^2}\right)$

$$=\left[\lim\limits_{x\to\infty}1+\lim\limits_{x\to\infty}\dfrac{1}{x}\right]\cdot\left[\lim\limits_{x\to\infty}2-\lim\limits_{x\to\infty}\dfrac{1}{x^2}\right]=(1+0)(2-0)=2$$

法二　$\lim\limits_{x\to\infty}\left[\left(1+\dfrac{1}{x}\right)\left(2-\dfrac{1}{x^2}\right)\right]\to2$（由 Mathcad 计算可得。方法：启动 Mathcad→输入表达式，点击 simplify 或 Ctrl + · →2）

例 6B　求 $\lim\limits_{x\to\infty}\dfrac{3x^3-4x^2+2}{7x^3+5x^2-3}$。

解　先用 x^3 同除分子及分母，然后取极限，得

$$\lim\limits_{x\to\infty}\dfrac{3x^3-4x^2+2}{7x^3+5x^2-3}=\lim\limits_{x\to\infty}\dfrac{3-\dfrac{4}{x}+\dfrac{2}{x^3}}{7+\dfrac{5}{x}-\dfrac{3}{x^3}}=\dfrac{\lim\limits_{x\to\infty}3-\lim\limits_{x\to\infty}\dfrac{4}{x}+\lim\limits_{x\to\infty}\dfrac{2}{x^3}}{\lim\limits_{x\to\infty}7+\lim\limits_{x\to\infty}\dfrac{5}{x}-\lim\limits_{x\to\infty}\dfrac{3}{x^3}}=\dfrac{3-4\times0+2\times0}{7+5\times0-3\times0}=\dfrac{3}{7}$$

例 7A　求 $\lim\limits_{x\to\infty}\dfrac{3x^2-2x-1}{2x^3-x^2+5}$。

解　先用 x^3 同除分子及分母，然后取极限，得

$$\lim\limits_{x\to\infty}\dfrac{3x^2-2x-1}{2x^3-x^2+5}=\lim\limits_{x\to\infty}\dfrac{\dfrac{3}{x}-\dfrac{2}{x^2}-\dfrac{1}{x^3}}{2-\dfrac{1}{x}+\dfrac{5}{x^3}}=\dfrac{3\lim\limits_{x\to\infty}\dfrac{1}{x}-2\lim\limits_{x\to\infty}\dfrac{1}{x^2}-\lim\limits_{x\to\infty}\dfrac{1}{x^3}}{\lim\limits_{x\to\infty}2-\lim\limits_{x\to\infty}\dfrac{1}{x}+5\lim\limits_{x\to\infty}\dfrac{1}{x^3}}=\dfrac{0}{2}=0$$

归纳上节的例6、例7及本节的例4，可得以下的一般结论，即当 $a_0\neq0$，$b_0\neq0$ 时有

$$\lim\limits_{x\to\infty}\dfrac{a_0x^m+a_1x^{m-1}+a_2x^{m-2}+\cdots+a_m}{b_0x^n+b_1x^{n-1}+b_2x^{n-2}+\cdots+b_n}=\begin{cases}\dfrac{a_0}{b_0}&（当 n=m 时）\\[2mm]0&（当 n>m 时）\\[2mm]\infty&（当 n<m 时）\end{cases}$$

例 8B　求 $\lim\limits_{x\to-2}\left(\dfrac{1}{x+2}-\dfrac{12}{x^3+8}\right)$。

解　$\because\dfrac{1}{x+2}-\dfrac{12}{x^3+8}=\dfrac{(x^2-2x+4)-12}{(x+2)(x^2-2x+4)}=\dfrac{(x+2)(x-4)}{(x+2)(x^2-2x+4)}=\dfrac{x-4}{x^2-2x+4}$

$\therefore\lim\limits_{x\to-2}\left(\dfrac{1}{x+2}-\dfrac{12}{x^3+8}\right)=\lim\limits_{x\to-2}\dfrac{x-4}{x^2-2x+4}=\dfrac{-6}{4+4+4}=-\dfrac{1}{2}$

例 9A　求 $\lim\limits_{x \to +0} \dfrac{e^{\frac{1}{x}} - e^{-\frac{1}{x}}}{e^{\frac{1}{x}} + e^{-\frac{1}{x}}}$。

解　令 $t = e^{\frac{1}{x}}$，则当 $x \to +0$ 时，$t \to +\infty$，同时 $e^{-\frac{1}{x}} = \dfrac{1}{t}$

从而
$$\lim_{x \to +0} \frac{e^{\frac{1}{x}} - e^{-\frac{1}{x}}}{e^{\frac{1}{x}} + e^{-\frac{1}{x}}} = \lim_{t \to +\infty} \frac{t - \dfrac{1}{t}}{t + \dfrac{1}{t}} = \lim_{t \to +\infty} \frac{1 - \dfrac{1}{t^2}}{1 + \dfrac{1}{t^2}} = 1$$

Mathcad 计算：$f(x) := \dfrac{e^{\frac{1}{x}} - e^{-\frac{1}{x}}}{e^{\frac{1}{x}} + e^{-\frac{1}{x}}}$，$\lim\limits_{x \to +0} f(x) \to 1$

例 10B　求 $\lim\limits_{n \to \infty} \dfrac{1 + 2 + 3 + \cdots + (n-1)}{n^2}$。

解　$\because 1 + 2 + 3 + \cdots + (n-1) = \dfrac{n}{2}(n-1)$

$\therefore \lim\limits_{n \to \infty} \dfrac{1 + 2 + 3 + \cdots + (n-1)}{n^2} = \lim\limits_{n \to \infty} \dfrac{\dfrac{n}{2}(n-1)}{n^2} = \dfrac{1}{2} \lim\limits_{n \to \infty} \dfrac{n-1}{n} = \dfrac{1}{2} \lim\limits_{n \to \infty} \left(1 - \dfrac{1}{n}\right) = \dfrac{1}{2}$

例 11B　求 $\lim\limits_{n \to \infty} \dfrac{2^n - 1}{4^n + 1}$。

解　$\lim\limits_{n \to \infty} \dfrac{2^n - 1}{4^n + 1} = \lim\limits_{n \to \infty} \dfrac{2^n - 1}{2^{2n} + 1} = \lim\limits_{n \to \infty} \dfrac{\dfrac{2^n - 1}{2^{2n}}}{\dfrac{2^{2n} + 1}{2^{2n}}} = \lim\limits_{n \to \infty} \dfrac{\dfrac{1}{2^n} - \dfrac{1}{2^{2n}}}{1 + \dfrac{1}{2^{2n}}} = \dfrac{\lim\limits_{n \to \infty} \dfrac{1}{2^n} - \left(\lim\limits_{n \to \infty} \dfrac{1}{2^n}\right)^2}{1 + \left(\lim\limits_{n \to \infty} \dfrac{1}{2^n}\right)^2} = \dfrac{0}{1} = 0$

二、两个重要极限

1. 极限 $\lim\limits_{x \to 0} \dfrac{\sin x}{x} = 1$

我们先列表考察当 $|x| \to 0$ 时，函数 $\dfrac{\sin x}{x}$ 的变化趋势见表 1-4。

表 1-4

x	± 0.5	± 0.1	± 0.01	± 0.001	± 0.0001	$\cdots$	$\to 0$
$\dfrac{\sin x}{x}$	0.958851	0.998334	0.998334	0.999999	0.999999	$\cdots$	$\to 1$

由上表可见，当 $|x| \to 0$ 时，$\dfrac{\sin x}{x} \to 1$。可以证明，$\lim\limits_{x \to +0} \dfrac{\sin x}{x} = \lim\limits_{x \to -0} \dfrac{\sin x}{x} = 1$，所以

$\lim\limits_{x \to 0} \dfrac{\sin x}{x} = 1$。

例 12B 求 $\lim\limits_{x \to 0} \dfrac{\sin 2x}{x}$。

解 $\lim\limits_{x \to 0} \dfrac{\sin 2x}{x} = \lim\limits_{x \to 0}\left(\dfrac{\sin 2x}{2x} \cdot 2\right) = 2\lim\limits_{x \to 0} \dfrac{\sin 2x}{2x}$

设 $t = 2x$，则当 $x \to 0$ 时，$t \to 0$

所以 $\lim\limits_{x \to 0} \dfrac{\sin 2x}{x} = 2\lim\limits_{t \to 0} \dfrac{\sin t}{t} = 2 \times 1 = 2$

例 13B 求 $\lim\limits_{x \to 0} \dfrac{\tan x}{x}$。

解 $\lim\limits_{x \to 0} \dfrac{\tan x}{x} = \lim\limits_{x \to 0}\left(\dfrac{\sin x}{x} \cdot \dfrac{1}{\cos x}\right) = \lim\limits_{x \to 0} \dfrac{\sin x}{x} \cdot \lim\limits_{x \to 0} \dfrac{1}{\cos x} = 1$

例 14B 求 $\lim\limits_{x \to 0} \dfrac{1 - \cos x}{x^2}$。

解 法一 $\lim\limits_{x \to 0} \dfrac{1 - \cos x}{x^2} = \lim\limits_{x \to 0} \dfrac{2\sin^2 \dfrac{x}{2}}{x^2} = \lim\limits_{x \to 0} \dfrac{1}{2}\left[\dfrac{\sin \dfrac{x}{2}}{\dfrac{x}{2}}\right]^2 = \dfrac{1}{2}$

法二 $\lim\limits_{x \to 0} \dfrac{1 - \cos x}{x^2} \to \dfrac{1}{2}$（由 Mathcad 计算可得。方法：启动 Mathcad→输入表达式，点击 simplify 或 Ctrl + · → $\dfrac{1}{2}$）

例 15A 求 $\lim\limits_{\alpha \to \frac{\pi}{2}} \dfrac{\cos \alpha}{\dfrac{\pi}{2} - \alpha}$。

解 因为 $\cos \alpha = \sin\left(\dfrac{\pi}{2} - \alpha\right)$

所以 $\lim\limits_{\alpha \to \frac{\pi}{2}} \dfrac{\cos \alpha}{\dfrac{\pi}{2} - \alpha} = \lim\limits_{\alpha \to \frac{\pi}{2}} \dfrac{\sin\left(\dfrac{\pi}{2} - \alpha\right)}{\dfrac{\pi}{2} - \alpha}$

设 $t = \dfrac{\pi}{2} - \alpha$，则当 $\alpha \to \dfrac{\pi}{2}$ 时，$t \to 0$

所以 $\lim\limits_{\alpha \to \frac{\pi}{2}} \dfrac{\cos \alpha}{\dfrac{\pi}{2} - \alpha} = \lim\limits_{t \to 0} \dfrac{\sin t}{t} = 1$

在例 12、例 15 中，使用了代换，其实在运算熟练后不必都要经过变量代换成第一个重要极限形式。

2. 极限 $\lim\limits_{x \to \infty}\left(1 + \dfrac{1}{x}\right)^x = e$

先列表考察当 $x \to +\infty$ 及 $x \to -\infty$ 时，函数 $\left(1 + \dfrac{1}{x}\right)^x$ 的变化趋势见表 1-5。

表 1-5

x	1	2	5	10	100	1000	10000	100000	$\cdots \to +\infty$
$\left(1+\dfrac{1}{x}\right)^x$	2	2.25	2.49	2.59	2.705	2.717	2.718	2.718	$\cdots$

x	-10	-100	-1000	-10000	-100000	$\cdots \to +\infty$			
$\left(1+\dfrac{1}{x}\right)^x$	2.88	2.732	2.720	2.7183	2.71828	$\cdots$			

从上表可以看出，当 $x \to +\infty$ 或 $x \to -\infty$ 时，函数 $\left(1+\dfrac{1}{x}\right)^x$ 的对应值会无限地趋近于一个确定的数 $2.71828\cdots$。

可以证明，当 $x \to +\infty$ 及 $x \to -\infty$ 时，函数 $\left(1+\dfrac{1}{x}\right)^x$ 的极限都存在而且相等，我们用 e 表示这个极限值，即

$$\lim_{x \to \infty}\left(1+\frac{1}{x}\right)^x = e \tag{1.4.1}$$

这个数 e 是个无理数，它的值是：$e = 2.718281828459045\cdots$。

在式（1.4.1）中，设 $z = \dfrac{1}{x}$，则当 $x \to \infty$ 时，$z \to 0$，于是式（1.4.1）又可写成

$$\lim_{z \to 0}(1+z)^{\frac{1}{z}} = e \tag{1.4.2}$$

式（1.4.1）和式（1.4.2）可看成一个重要极限的两种不同形式。

例 16B　$\lim\limits_{x \to \infty}\left(1+\dfrac{2}{x}\right)^x$。

解　先将 $1+\dfrac{2}{x}$ 写成下列形式：

$$1 + \frac{2}{x} = 1 + \frac{1}{\dfrac{x}{2}}$$

然后令 $t = \dfrac{x}{2}$，当 $x \to \infty$ 时，$t \to \infty$，从而有

$$\lim_{x \to \infty}\left(1+\frac{2}{x}\right)^x = \lim_{t \to \infty}\left[\left(1+\frac{1}{t}\right)^t\right]^2 = \left[\lim_{t \to \infty}\left(1+\frac{1}{t}\right)^t\right]^2 = e^2$$

例 17B　求极限 $\lim\limits_{x \to \infty}\left(1-\dfrac{1}{x}\right)^x$。

解　**法一**　令 $t = -x$，则 $x = -t$，当 $x \to \infty$ 时，$t \to \infty$，从而

$$\lim_{x \to \infty}\left(1-\frac{1}{x}\right)^x = \lim_{t \to \infty}\left(1+\frac{1}{t}\right)^{-t} = \lim_{t \to \infty}\left[\left(1+\frac{1}{t}\right)^t\right]^{-1} = \lim_{t \to \infty}\frac{1}{\left(1+\dfrac{1}{t}\right)^t} = \frac{1}{\lim\limits_{t \to \infty}\left(1+\dfrac{1}{t}\right)^t} = \frac{1}{e}$$

法二　$\lim\limits_{x \to \infty}\left(1-\dfrac{1}{x}\right)^x \to \dfrac{1}{e}$（由 Mathcad 计算可得。方法：启动 Mathcad→输入表

达式，点击 simplify 或 Ctrl + · $\rightarrow \dfrac{1}{e}$)

例 18B　$\lim\limits_{x \to 0}(1 + \tan x)^{\cot x}$。

解　设 $t = \tan x$，则当 $x \to 0$ 时，$t \to 0$，所以 $\lim\limits_{x \to 0}(1 + \tan x)^{\cot x} = \lim\limits_{t \to 0}(1 + t)^{\frac{1}{t}} = e$。

例 19A　求极限 $\lim\limits_{x \to \infty}\left(\dfrac{2x - 1}{2x + 1}\right)^{x + \frac{1}{2}}$。

解　$\lim\limits_{x \to \infty}\left(\dfrac{2x - 1}{2x + 1}\right)^{x + \frac{1}{2}} = \lim\limits_{x \to \infty}\left(1 - \dfrac{2}{2x + 1}\right)^{x + \frac{1}{2}}$

设 $\dfrac{1}{t} = -\dfrac{2}{2x + 1}$，则 $t = -\left(x + \dfrac{1}{2}\right)$

所以上式 $= \lim\limits_{t \to \infty}\left(1 + \dfrac{1}{t}\right)^{-t} = e^{-1} = \dfrac{1}{e}$

Mathcad 计算：按 Ctrl + L 键，输入 $\lim\limits_{x \to \infty}\left(\dfrac{2x - 1}{2x + 1}\right)^{x + \frac{1}{2}} \rightarrow \dfrac{1}{e}$

一般地，在自变量 x 的某个变化过程中，如有 $\varphi(x) \to \infty$，那么 $\left(1 + \dfrac{1}{\varphi(x)}\right)^{\varphi(x)}$ 的极限便是 e；如果 $\varphi(x) \to 0$，那么 $(1 + \varphi(x))^{\frac{1}{\varphi(x)}}$ 的极限便是 e。

三、二元函数的极限运算法则

如　$\lim\limits_{\substack{x \to x_0 \\ y \to y_0}} f(x, y) = A$，$\lim\limits_{\substack{x \to x_0 \\ y \to y_0}} g(x, y) = B$

则　$\lim\limits_{\substack{x \to x_0 \\ y \to y_0}}[f(x, y) \pm g(x, y)] = A \pm B$

$\lim\limits_{\substack{x \to x_0 \\ y \to y_0}}[f(x, y) \cdot g(x, y)] = A \cdot B$

$\lim\limits_{\substack{x \to x_0 \\ y \to y_0}} \dfrac{f(x, y)}{g(x, y)} = \dfrac{A}{B}(B \neq 0)$

例 20B　求 $\lim\limits_{\substack{x \to 2 \\ y \to 1}}(x^2 + xy + y^2)$。

解　$\lim\limits_{\substack{x \to 2 \\ y \to 1}}(x^2 + xy + y^2) = \lim\limits_{\substack{x \to 2 \\ y \to 1}} x^2 + \lim\limits_{\substack{x \to 2 \\ y \to 1}} xy + \lim\limits_{\substack{x \to 2 \\ y \to 1}} y^2 = 4 + 2 + 1 = 7$

例 21B　求 $\lim\limits_{\substack{x \to 0 \\ y \to 2}} \dfrac{\sin(xy)}{x}$。

解　$\lim\limits_{\substack{x \to 0 \\ y \to 2}} \dfrac{\sin(xy)}{x} = \lim\limits_{\substack{x \to 0 \\ y \to 2}} \dfrac{\sin(xy)}{xy} \cdot y = \lim\limits_{\substack{x \to 0 \\ y \to 2}} \dfrac{\sin(xy)}{xy} \cdot \lim\limits_{\substack{x \to 0 \\ y \to 2}} y = 1 \times 2 = 2$

Mathcad 计算：$\lim\limits_{x \to 0} \dfrac{\sin(xy)}{x} \xrightarrow{simplify} y$，$\lim\limits_{y \to 2} y \xrightarrow{simplify} 2$

习题　1-4

1. 用 Mathcad 计算下列各极限：

(1) $\lim\limits_{x \to 1}(x^2 - 4x + 5)$;

(2) $\lim\limits_{x \to -2}(3x^2 - 5x + 2)$;

(3) $\lim\limits_{x \to 2}\dfrac{x + 2}{x - 1}$;

(4) $\lim\limits_{x \to \sqrt{3}}\dfrac{x^2 - 3}{x^4 + x^2 + 1}$;

(5) $\lim\limits_{x \to -2}\dfrac{x - 2}{x^2 - 1}$;

(6) $\lim\limits_{x \to 0}\left(1 - \dfrac{2}{x - 3}\right)$;

(7) $\lim\limits_{x \to -1}\dfrac{x^2 + 2x + 5}{x^2 + 1}$;

(8) $\lim\limits_{x \to 1}\dfrac{x^2 - 2x + 1}{x^2 - 1}$。

2. 求下列各极限:

(1) $\lim\limits_{x \to \infty}\dfrac{x^2 - 1}{2x^2 - x - 1}$;

(2) $\lim\limits_{x \to \infty}\dfrac{3x^4 + 2x + 1}{x^4 + 2x^2 + 5}$;

(3) $\lim\limits_{x \to \infty}\dfrac{x^2 + x}{x^4 - 3x^2 + 1}$;

(4) $\lim\limits_{x \to \infty}\dfrac{2x^3 + 3x^2 - x}{3x^4 + 2x^2 - 5}$。

3. 求下列各极限:

(1) $\lim\limits_{x \to -2}\dfrac{x^2 - 4}{x + 2}$;

(2) $\lim\limits_{x \to 5}\dfrac{x^2 - 6x + 5}{x - 5}$;

(3) $\lim\limits_{x \to 4}\dfrac{x^2 - 6x + 8}{x^2 - 5x + 4}$;

(4) $\lim\limits_{x \to 1}\dfrac{x^2 - 2x + 1}{x^3 - x}$;

(5) $\lim\limits_{x \to 0}\dfrac{4x^3 - 2x^2 + x}{3x^2 + 2x}$;

(6) $\lim\limits_{h \to 0}\dfrac{(x + h)^3 - x^3}{h}$;

(7) $\lim\limits_{x \to 3}\left(\dfrac{1}{x - 3} - \dfrac{6}{x^2 - 9}\right)$。

4. 求下列各极限:

(1) $\lim\limits_{x \to \infty}\dfrac{2x^2 - 4x + 8}{x^3 + 2x^2 - 1}$;

(2) $\lim\limits_{x \to \infty}\dfrac{8x^3 - 1}{6x^3 - 5x + 1}$;

(3) $\lim\limits_{x \to +\infty}\dfrac{5^{x+1} + 2}{5^x + 1}$;

(4) $\lim\limits_{n \to \infty}\left(1 + \dfrac{1}{2} + \dfrac{1}{4} + \cdots + \dfrac{1}{2^n}\right)$;

(5) $\lim\limits_{n \to \infty}\dfrac{n(n + 1)}{(n + 2)(n + 3)}$。

5. 求下列各极限:

(1) $\lim\limits_{\substack{x \to 0 \\ y \to 1}}\dfrac{1 - xy}{x^2 + y^2}$;

(2) $\lim\limits_{\substack{x \to 1 \\ y \to 0}}\dfrac{\ln(x + e^x)}{\sqrt{x^2 + y^2}}$;

(3) $\lim\limits_{\substack{x \to 0 \\ y \to 0}}\dfrac{2 - \sqrt{xy + 4}}{xy}$;

(4) $\lim\limits_{\substack{x \to 0 \\ y \to 0}}\dfrac{xy}{\sqrt{2 - e^{xy}} - 1}$;

(5) $\lim\limits_{\substack{x \to 2 \\ y \to 0}}\dfrac{\tan(xy)}{y}$;

(6) $\lim\limits_{\substack{x \to 0 \\ y \to 0}}\dfrac{1 - \cos(x^2 + y^2)}{(x^2 + y^2)e^{x^2 y^2}}$。

6. 证明下列极限不存在:

(1) $\lim\limits_{\substack{x \to 0 \\ y \to 0}}\dfrac{x - y}{x + y}$;

(2) $\lim\limits_{\substack{x \to 0 \\ y \to 0}}\dfrac{x^2 y^2}{x^2 y^2 + (x - y)^4}$。

7. 求下列各极限并用 Mathcad 计算验证:

(1) $\lim\limits_{x \to 0}\dfrac{\sin 5x}{x}$;

(2) $\lim\limits_{x \to 0}\dfrac{\tan 2x}{x}$;

(3) $\lim\limits_{x \to 0}\dfrac{\sin 3x}{\sin 2x}$;

(4) $\lim\limits_{x \to 0}\dfrac{\arctan x}{x}$;

(5) $\lim\limits_{x \to 0}x \cot x$;

(6) $\lim\limits_{x \to 0}\dfrac{2\arcsin x}{3x}$;

(7) $\lim\limits_{x \to 0}\dfrac{\sin(\sin x)}{\sin x}$;

(8) $\lim\limits_{x \to 0}\dfrac{x(x + 3)}{\sin x}$。

8. 求下列各极限:

(1) $\lim\limits_{x \to \infty}\left(1 + \dfrac{1}{2x}\right)^x$;

(2) $\lim\limits_{x \to \infty}\left(1 + \dfrac{1}{x}\right)^{-x}$;

(3) $\lim\limits_{x \to \infty}\left(1 + \dfrac{1}{x}\right)^{\frac{x}{3}}$;

(4) $\lim\limits_{x \to 0}(1 - x)^{\frac{1}{x}}$;

(5) $\lim\limits_{x \to 0}(1 + 2x)^{\frac{1}{x}}$;

(6) $\lim\limits_{x \to 0}(1 - 2x)^{\frac{1}{x}}$;

(7) $\lim\limits_{x \to \infty}\left(\dfrac{1 + x}{x}\right)^{2x}$;

(8) $\lim\limits_{x \to 0}(1 - 3x)^{\frac{1}{x}}$。

9(A). 求下列各极限:

(1) $\lim\limits_{x\to0}\dfrac{1-\cos2x}{x\sin x}$;　　　　(2) $\lim\limits_{x\to0}\dfrac{x-\sin x}{x+\sin x}$;　　　　(3) $\lim\limits_{x\to\pi}\dfrac{\sin x}{\pi-x}$;

(4) $\lim\limits_{x\to\frac{\pi}{2}}(1+\cos x)^{3\sec x}$;　　(5) $\lim\limits_{x\to0}(1+\tan x)^{\cot x}$;　　(6) $\lim\limits_{x\to\infty}\left(\dfrac{2x+3}{2x+1}\right)^{x}$.

第五节　函数的连续性

一、一元函数连续性的概念

1. 函数的增量

设变量 x 从它的一个初值 x_0 变到终值 x_1,则终值与初值的差 x_1-x_0 就称为变量 x 的**增量**或**改变量**,记作 Δx,即 $\Delta x=x_1-x_0$。

为了叙述方便,这时也说,自变量 x 在 x_0 处有增量 Δx。这里 Δx 可以是正的,也可以是负的。当 $\Delta x>0$,变量 x 从 x_0 变到 $x_1=x_0+\Delta x$ 时是增大的;当 $\Delta x<0$ 时,变量 x 从 x_0 变到 $x_1=x_0+\Delta x$ 时是减少的。

注意　记号 Δx 并不表示 Δ 与 x 的乘积,而是一个不可分割的整体符号。

设函数 $y=f(x)$ 在点 x_0 及近旁有定义。当自变量 x 从 x_0 变到 $x_0+\Delta x$,即 x 在 x_0 有增量 Δx 时,函数 $y=f(x)$ 相应地从 $f(x_0)$ 变到 $f(x_0+\Delta x)$,那么将 $\Delta y=f(x_0+\Delta x)-f(x_0)$ 称为函数 $y=f(x)$ 在 x_0 处的增量。

例1B　设 $y=f(x)=3x^2-1$,求适合下列条件的自变量的增量 Δx 和函数的增量 Δy:
(1) 当 x 由1变到1.5; (2) 当 x 由1变到0.5; (3) 当 x 由1变到 $1+\Delta x$。

解　(1) $\Delta x=1.5-1=0.5$, $\Delta y=f(1.5)-f(1)=5.75-2=3.75$

(2) $\Delta x=0.5-1=-0.5$, $\Delta y=f(0.5)-f(1)=0.75-1-2=-2.25$

(3) $\Delta x=(1+\Delta x)-1=\Delta x$, $\Delta y=f(1+\Delta x)-f(1)=\left[3(1+\Delta x)^2-1\right]-2=6\Delta x+3(\Delta x)^2$

2. 函数 $y=f(x)$ 在点 x_0 的连续性

由图1-12(a)可以看出,如果函数 $y=f(x)$ 的图像在点 x_0 及其近旁没有断开,那么当 x_0 保持不变而让 Δx 趋近于零时,曲线上的点 N 就沿着曲线趋近于点 M,这时 Δy 也趋近于零;而在图1-12(b)中,如果函数 $y=f(x)$ 的图像在 x_0 断开了,那么当 x_0 保持不变而让 Δx 趋近于零时,曲线上的点 N 就沿着曲线趋近于点 M_0,并不趋近于点 M,显然,这时 Δy

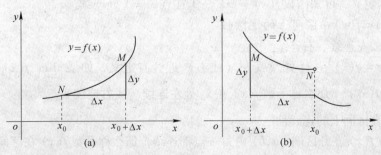

图 1-12

不能趋近于零。

下面给出函数在点 x_0 连续的定义：

定义 1　设函数 $y = f(x)$ 在点 x_0 及其近旁有定义，如果当自变量 x 在点 x_0 处的增量 Δx 趋近于零时，函数 $y = f(x)$ 相应的增量 $\Delta y = f(x_0 + \Delta x) - f(x_0)$ 也趋近于零，那么就叫做函数 $y = f(x)$ 在点 x_0 处**连续**，x_0 称为函数 $f(x)$ 的**连续点**，用极限来表示，就是

$$\lim_{\Delta x \to 0} \Delta y = 0 \quad \text{或} \quad \lim_{\Delta x \to 0} \left[f(x_0 + \Delta x) - f(x_0) \right] = 0$$

例 2A　证明函数 $y = 3x^2 - 1$ 在点 $x = 1$ 处连续。

证　因为函数 $y = 3x^2 - 1$ 的定义域为 $(-\infty, +\infty)$，所以函数在 $x = 1$ 及其近旁有定义。

设自变量在点 $x = 1$ 处有增量 Δx，则函数相应的增量为：

$$\Delta y = 6\Delta x + 3(\Delta x)^2$$

因为

$$\lim_{\Delta x \to 0} \Delta y = \lim_{\Delta x \to 0} \left[6\Delta x + 3(\Delta x)^2 \right] = 0$$

所以根据定义 1 可知函数 $y = 3x^2 - 1$ 在点 $x = 1$ 处连续。

在定义 1 中，设 $x = x_0 + \Delta x$，则 $\Delta x \to 0$ 就是 $x \to x_0$；$\Delta y \to 0$ 就是 $f(x) \to f(x_0)$；$\lim_{\Delta x \to 0} \Delta y = 0$ 就是 $\lim_{x \to x_0} f(x) = f(x_0)$。

因此，函数 $y = f(x)$ 在点 x_0 处连续的定义又可叙述如下：

定义 2　设函数 $y = f(x)$ 在点 x_0 及其近旁有定义，如果函数 $f(x)$ 当 $x \to x_0$ 时的极限存在，且等于它在点 x_0 处的函数值 $f(x_0)$，即若 $\lim_{x \to x_0} f(x) = f(x_0)$，那么就叫做函数在点 x_0 处**连续**，x_0 称为函数 $f(x)$ 的**连续点**。

这个定义指出了函数 $y = f(x)$ 在点 x_0 处连续要满足三个条件：

（1）函数 $f(x)$ 在点 x_0 及其近旁有定义；

（2）$\lim_{x \to x_0} f(x)$ 存在；

（3）函数 $f(x)$ 在 $x \to x_0$ 时的极限值等于在点 $x = x_0$ 的函数值。

例 3B　根据定义 2 证明函数 $f(x) = 3x^2 - 1$ 在点 $x = 1$ 处连续。

证　（1）函数 $f(x) = 3x^2 - 1$ 的定义域为 $(-\infty, +\infty)$，故函数在点 $x = 1$ 及其近旁有定义，且 $f(1) = 2$；

（2）$\lim_{x \to 1} f(x) = \lim_{x \to 1} (3x^2 - 1) = 2$；

（3）$\lim_{x \to 1} f(x) = 2 = f(1)$。

因此根据定义 2 可知函数 $f(x) = 3x^2 - 1$ 在点 $x = 1$ 处连续。

3. 函数 $y = f(x)$ 在区间上的连续性

1）函数的左连续、右连续

设函数 $y = f(x)$ 在 x_0 处及其左（或右）近旁有定义，如果 $\lim_{x \to x_0 - 0} f(x) = f(x_0)$（或 $\lim_{x \to x_0 + 0} f(x) = f(x_0)$），那么称函数 $f(x)$ 在 x_0 处**左连续**（或**右连续**）。

2）函数在区间上的连续性

如果函数 $f(x)$ 在开区间 (a, b) 内每一点都连续，那么称函数 $f(x)$ 在**区间** (a, b) 内**连续**，或称函数 $f(x)$ 为区间 (a, b) 内的**连续函数**，区间 (a, b) 称为函数 $f(x)$ 的**连续区间**。

如果函数 $f(x)$ 在闭区间 $[a,b]$ 上有定义，在区间 (a,b) 内连续，且在右端点 b 处左连续，在左端点 a 处右连续，即 $\lim\limits_{x \to b-0} f(x) = f(b)$，$\lim\limits_{x \to a+0} f(x) = f(a)$，那么称函数 $f(x)$ 在闭区间 $[a,b]$ 上连续。

二、一元函数的间断点

如果函数 $y = f(x)$ 在 x_0 处不连续，那么称函数 $f(x)$ 在 x_0 处是间断的，并将点 x_0 称为函数 $f(x)$ 的**间断点**或**不连续点**。

由函数 $y = f(x)$ 在 x_0 处连续的定义 2 可知，当函数 $f(x)$ 有下列三种情形之一：

（1）在 $x = x_0$ 近旁有定义，但在 x_0 处没有定义；

（2）虽在 x_0 处有定义，但 $\lim\limits_{x \to x_0} f(x)$ 不存在；

（3）虽在 x_0 处有定义，且 $\lim\limits_{x \to x_0} f(x)$ 存在，但 $\lim\limits_{x \to x_0} f(x) \neq f(x_0)$，那么函数 $f(x)$ 在点 x_0 处是间断的。

例 4B 函数 $f(x) = \dfrac{x^2 - 1}{x - 1}$，由于在 $x = 1$ 处没有定义，故 $f(x)$ 在 $x = 1$ 处不连续（见图 1-13）。

例 5B 函数 $f(x) = \begin{cases} x + 1 & (x > 1) \\ 0 & (x = 1) \\ x - 1 & (x < 1) \end{cases}$，虽在 $x = 1$ 有定义，但由于 $\lim\limits_{x \to 1} f(x)$ 不存在，故 $f(x)$ 在 $x = 1$ 处不连续（见图 1-14）。

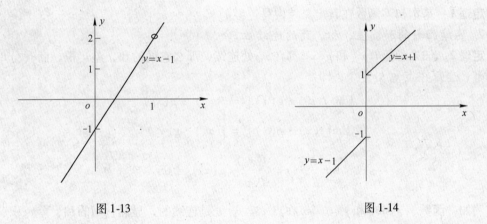

图 1-13   图 1-14

例 6B 函数 $f(x) = \begin{cases} x + 1 & (x \neq 1) \\ 0 & (x = 1) \end{cases}$，虽在 $x = 1$ 处有定义，且 $\lim\limits_{x \to 1} f(x) = 2$ 存在，但 $\lim\limits_{x \to 1} f(x) \neq f(1)$，故 $f(x)$ 在 $x = 1$ 处不连续。

函数的间断点按其单侧极限是否存在，分为第一类间断点与第二类间断点。

定义 若 x_0 为函数 $y = f(x)$ 的间断点，且 $\lim\limits_{x \to x_0^-} f(x)$ 和 $\lim\limits_{x \to x_0^+} f(x)$ 都存在，则称 x_0 为 $f(x)$ 的**第一类间断点**，如果 $\lim\limits_{x \to x_0^-} f(x)$ 和 $\lim\limits_{x \to x_0^+} f(x)$ 至少有一个不存在，则称 x_0 为 $f(x)$ 的**第二类间断点**。

例7A　证明：$x = 0$ 为函数 $f(x) = \dfrac{-x}{|x|}$ 的第一类间断点。

证　因为 $\lim\limits_{x \to 0^-} \dfrac{-x}{|x|} = \lim\limits_{x \to 0^-} \dfrac{-x}{-x} = 1$，$\lim\limits_{x \to 0^+} \dfrac{-x}{|x|} = \lim\limits_{x \to 0^+} \dfrac{-x}{x} = -1$

所以 $x = 0$ 为函数的第一类间断点，在 $x = 0$ 处的左、右极限不相等，使函数图形在 $x = 0$ 产生跳跃现象，因而这类间断点又称为**跳跃间断点**。

例8B　证明 $f(x) = \begin{cases} \dfrac{\sin x}{x} & (x \neq 0) \\ 0 & (x = 0) \end{cases}$，在 $x = 0$ 处是第一类间断点。

证　$\lim\limits_{x \to 0} \dfrac{\sin x}{x} = 1$ 即函数在 $x = 0$ 处的左、右极限存在，但是由于 $\lim\limits_{x \to 0} f(x) \neq f(0)$，所以 $x = 0$ 为函数的第一类间断点，这类间断点又称为**可去间断点**。

例9A　$y = \tan x$ 在 $x = \dfrac{\pi}{2}$ 处无定义，且 $\lim\limits_{x \to \frac{\pi}{2}} \tan x = \infty$，知左、右极限都不存在，所以 $x = \dfrac{\pi}{2}$ 是函数的第二类间断点。

三、初等函数的连续性

1. 基本初等函数的连续性

在几何上，连续函数的图像是一条连续不间断的曲线，因为基本初等函数的图像在其定义域内是连续不间断的曲线，所以有如下结论：

定理1　基本初等函数在其定义域内是连续的。

2. 连续函数的和、差、积、商的连续性

定理2　如果函数 $f(x)$ 和 $g(x)$ 都在 x_0 处连续，那么它们的和、差、积、商（分母不等于零）也都在点 x_0 处连续，即

$$\lim\limits_{x \to x_0} [f(x) \pm g(x)] = f(x_0) \pm g(x_0)$$

$$\lim\limits_{x \to x_0} [f(x) \cdot g(x)] = f(x_0) \cdot g(x_0)$$

$$\lim\limits_{x \to x_0} \frac{f(x)}{g(x)} = \frac{f(x_0)}{g(x_0)} (g(x_0) \neq 0)$$

例如，函数 $y = \sin x$ 和 $y = \cos x$ 在点 $x = \dfrac{\pi}{4}$ 处是连续的，显然它们的和、差、积、商 $\left(\sin x \pm \cos x,\ \sin x \cdot \cos x,\ \dfrac{\sin x}{\cos x} \right)$，在 $x = \dfrac{\pi}{4}$ 处也是连续的。

3. 复合函数的连续性

如果函数 $u = \varphi(x)$ 在点 x_0 处连续，且 $\varphi(x_0) = u_0$，而函数 $y = f(u)$ 在点 u_0 处连续，那么复合函数 $y = f[\varphi(x)]$ 在点 x_0 处也是连续的。

例如，函数 $u = 2x$ 在点 $x = \dfrac{\pi}{4}$ 处连续，当 $x = \dfrac{\pi}{4}$ 时，$u = \dfrac{\pi}{2}$；函数 $y = \sin u$ 在点 $u = \dfrac{\pi}{2}$ 处连续；显然，复合函数 $y = \sin 2x$ 在点 $\dfrac{\pi}{4}$ 处也是连续的。

4. 初等函数的连续性

由基本初等函数的连续性、连续函数和、差、积、商的连续性以及复合函数的连续性可知：

定理 3　初等函数在其定义区间内都是连续的。

根据函数 $f(x)$ 在点 x_0 处连续的定义，如果 $f(x)$ 是初等函数，且 x_0 是 $f(x)$ 定义区间内的点，那么求 $f(x)$ 当 $x \rightarrow x_0$ 时的极限，只要求 $f(x)$ 在点 x_0 的函数值就可以了，即

$$\lim_{x \rightarrow x_0} f(x) = f(x_0)$$

例 10B　求 $\lim_{x \rightarrow 0} \sqrt{1 - x^2}$。

解　法一　设 $f(x) = \sqrt{1 - x^2}$，这是一个初等函数，它的定义域是 $[-1, 1]$，而 $x = 0$ 在该区间内，所以

$$\lim_{x \rightarrow 0} \sqrt{1 - x^2} = f(0) = 1$$

法二　$\lim_{x \rightarrow 0} \sqrt{1 - x^2} \rightarrow 1$（由 Mathcad 计算可得。方法：启动 Mathcad → 输入表达式，点击 simplify 或 Ctrl + · →1）

例 11B　求 $\lim_{x \rightarrow 4} \dfrac{\sqrt{x + 5} - 3}{x - 4}$。

解　$\lim_{x \rightarrow 4} \dfrac{\sqrt{x + 5} - 3}{x - 4} = \lim_{x \rightarrow 4} \dfrac{(\sqrt{x + 5} - 3)(\sqrt{x + 5} + 3)}{(x - 4)(\sqrt{x + 5} + 3)}$

$$= \lim_{x \rightarrow 4} \dfrac{1}{\sqrt{x + 5} + 3} = \dfrac{1}{\sqrt{4 + 5} + 3} = \dfrac{1}{6}$$

四、闭区间上一元连续函数的性质

1. 函数最大值和最小值的概念

定义　设 $f(x)$ 在区间 I 上有定义，如果至少存在一点 $x_0 \in I$，使得每一个 $x \in I$，都有

$$f(x) \leqslant f(x_0) \quad (\text{或} f(x) \geqslant f(x_0))$$

则称 $f(x_0)$ 是函数 $f(x)$ 在区间 I 上的最大值（或最小值），例如函数 $f(x) = \sin x + 1$ 在区间 $[0, 2\pi]$ 上有最大值 2 及最小值 0。

2. 最大值与最小值定理

定理 4　如果函数 $f(x)$ 在闭区间 $[a, b]$ 上连续，那么函数 $f(x)$ 在 $[a, b]$ 上一定有最大值与最小值。

如图 1-15 所示，设函数 $f(x)$ 在闭区间 $[a, b]$ 上连续，那么在 $[a, b]$ 上至少有一点 $\xi_1 (a \leqslant \xi_1 \leqslant b)$，使得函数值 $f(\xi_1)$ 为最大，即

$$f(\xi_1) \geqslant f(x) \ (a \leqslant x \leqslant b)$$

又至少有一点 $\xi_2 (a \leqslant \xi_2 \leqslant b)$，使得函数值 $f(\xi_2)$ 为最小，即

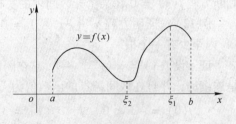

图 1-15

$$f(\xi_2) \leqslant f(x) \quad (a \leqslant x \leqslant b)$$

这样的函数值 $f(\xi_1)$ 和 $f(\xi_2)$ 分别叫做函数 $f(x)$ 在区间 $[a,b]$ 上的**最大值**和**最小值**。

例如，函数 $y = \sin x$ 在闭区间 $[0,2\pi]$ 上是连续的，在 $\xi_1 = \dfrac{\pi}{2}$ 处，它的函数值 $\sin\dfrac{\pi}{2} = 1$ 为最大值，在 $\xi_2 = \dfrac{3\pi}{2}$ 处，它的函数值 $\sin\dfrac{3\pi}{2} = -1$ 为最小值。

注意　如果函数在开区间 (a,b) 内连续，或函数在闭区间上有间断点，那么函数在该区间上就不一定有最大值或最小值。

例如，函数 $y = x$ 在开区间 (a,b) 内是连续的，而这函数在开区间 (a,b) 既无最大值，又无最小值（见图 1-16）。

又如，函数 $f(x) = \begin{cases} -x+1 & (0 \leqslant x < 1) \\ 1 & (x = 1) \\ -x+3 & (1 < x \leqslant 2) \end{cases}$　在闭区间 $[0,2]$ 上有间断点 $x = 1$，这

时函数在闭区间 $[0,2]$ 上既无最大值又无最小值（见图 1-17）。

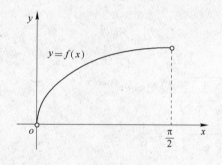

图 1-16

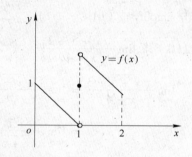

图 1-17

3. 根的存在性质

定理 5　设函数 $f(x)$ 在闭区间 $[a,b]$ 上连续，且 $f(a)$ 和 $f(b)$ 异号，那么在开区间 (a,b) 内至少有一点 ξ，使得：

$$f(\xi) = 0 \quad (a < \xi < b)$$

由图 1-18 可以看出，如果 $f(a)$ 与 $f(b)$ 异号，那么在 $[a,b]$ 上连续的曲线 $y = f(x)$ 与 x 轴至少有一个交点，交点的坐标为 $(\xi,0)$。

由上述定理可知，$x = \xi$ 是方程 $f(x) = 0$ 的一个根，且 ξ 位于开区间 (a,b) 内，因而利用这个定理可判断方程 $f(x) = 0$ 在某个开区间内的实根的存在。

例 12A　证明方程 $x^3 + 3x^2 - 1 = 0$ 在区间 $(0,1)$ 内至少有一个根。

证　设 $f(x) = x^3 + 3x^2 - 1$，它在闭区间 $[0,1]$ 是连续的，并且在区间端点的函数值为

$$f(0) = -1 < 0 \quad 与 \quad f(1) = 3 > 0$$

由根的存在性质，可知在 $(0,1)$ 内至少有一点

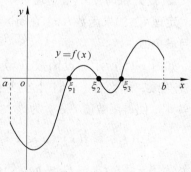

图 1-18

$\xi(0 < \xi < 1)$，使得

$$f(\xi) = 0, \quad 即 \quad \xi^3 + 3\xi^2 - 1 = 0 (0 < \xi < 1)$$

这个等式说明方程 $x^3 + 3x^2 - 1 = 0$ 在 $(0,1)$ 内至少有一个根 ξ。

五、二元函数的连续

定义 设函数 $z = f(x,y)$ 在点 $P_0(x_0,y_0)$ 的某邻域 $U(P_0,\delta)$ 内有定义，如 $\lim\limits_{\substack{x \to x_0 \\ y \to y_0}} f(x,y)$

$= f(x_0,y_0)$，则称函数 $z = f(x,y)$ 在点 $P_0(x_0,y_0)$ 处连续。

如果函数 $f(x,y)$ 在区域 D 内每一点都连续，则称函数 $f(x,y)$ 在区域 D 内连续，此时，又称函数 $f(x,y)$ 是 D 的连续函数；如果函数 $f(x,y)$ 又在边界 ∂D 上每一点连续，则称函数 $f(x,y)$ 在闭区域 D 上连续，此时，又称函数 $f(x,y)$ 是 D 上的连续函数。

与一元连续函数相似，二元函数连续也有：

（1）求极限：当 $P_0(x_0,y_0)$ 属于函数的定义域时，有 $\lim\limits_{\substack{x \to x_0 \\ y \to y_0}} f(x,y) = f(x_0,y_0)$；

（2）有界闭区域上的二元连续函数必有界，也必有最大值和最小值。

例 13B 求 $\lim\limits_{\substack{x \to 1 \\ y \to 2}} \dfrac{xy}{x + y}$。

解 法一 因为 $f(x,y) = \dfrac{xy}{x + y}$ 在点（1，2）处连续

所以

$$\lim_{\substack{x \to 1 \\ y \to 2}} \frac{xy}{x + y} = \frac{1 \times 2}{1 + 2} = \frac{2}{3}$$

法二 $\left(方法：启动 Mathcad \to 输入表达式，点击 simplify 或 Ctrl + \cdot \to \dfrac{2}{3}\right)$

$$\lim_{x \to 1} \frac{xy}{x + y} \xrightarrow{simplify} \frac{y}{1 + y}, \quad \lim_{y \to 2} \frac{y}{1 + y} \xrightarrow{simplify} \frac{2}{3}$$

例 14B 求 $\lim\limits_{\substack{x \to 1 \\ y \to 1}} \dfrac{2x - y^2}{x^2 + y^2}$。

解 因为 $f(x,y) = \dfrac{2x - y^2}{x^2 + y^2}$ 在点（1，1）处连续

所以

$$\lim_{\substack{x \to 1 \\ y \to 1}} \frac{2x - y^2}{x^2 + y^2} = \frac{2 \times 1 - 1^2}{1^2 + 1^2} = \frac{1}{2}$$

习题 1-5

1. 设函数 $y = f(x) = x^3 - 2x + 5$，求适合下列条件的自变量的增量和对应的函数的增量：

   （1）当 x 由 2 变到 3；　　　　　　　　（2）当 x 由 2 变到 1；

   （3）当 x 由 2 变到 $2 + \Delta x$；　　　　　　（4）当 x 由 x_0 变到 x。

2. 利用定义 1 证明函数 $y = x^2 - 1$ 在 $x = 1$ 处连续。

3. 讨论函数 $y = f(x) = 3x - 2$ 在 $x = 0$ 处的连续性。

4. 利用定义 2 证明 $f(x) = \begin{cases} x^2\sin\dfrac{1}{x} & (x \neq 0) \\[2mm] 0 & (x = 0) \end{cases}$ 在 $x = 0$ 处连续。

5. 讨论函数 $f(x) = \begin{cases} x^2 - 1 & (0 \leqslant x \leqslant 1) \\ x + 3 & (x > 1) \end{cases}$ 在 $x = \dfrac{1}{2}$，$x = 1$，$x = 2$ 处的连续性，并作出函数的图像。

6. 求下列函数的间断点：

(1) $f(x) = \dfrac{x}{x + 2}$

(2) $f(x) = \dfrac{x^2 - 1}{x^2 - 3x + 2}$

(3) $y = \dfrac{1 - \cos x}{x^2}$

(4) $y = \arctan\dfrac{1}{x - 3}$

(5) $y = \begin{cases} x - 1 & (x \leqslant 1) \\ 2 - x & (x > 1) \end{cases}$

(6) $f(x) = \begin{cases} \dfrac{\sin x}{x} & (-1 \leqslant x < 0) \\[2mm] x^2 & (0 \leqslant x \leqslant 2) \\[2mm] \dfrac{1}{x - 2} & (x > 2) \end{cases}$

7. 求下列函数的极限：

(1) $\lim\limits_{x \to 0} \sqrt{x^2 - 2x + 5}$;

(2) $\lim\limits_{x \to -2} \dfrac{2x^2 + 1}{x + 1}$;

(3) $\lim\limits_{x \to 1}(1 + \ln x)$;

(4) $\lim\limits_{x \to 0} \dfrac{\sqrt{x + 4} - 2}{\sin 5x}$;

(5) $\lim\limits_{x \to 1} \dfrac{e^{x^2}}{1 + x}$;

(6) $\lim\limits_{x \to 0} \dfrac{\sqrt{1 + x} - 1}{x}$。

8. 求函数 $f(x) = \dfrac{x^3 + 3x^2 - x - 3}{x^2 + x - 6}$ 的连续区间，并求极限 $\lim\limits_{x \to 0} f(x)$，$\lim\limits_{x \to 2} f(x)$，$\lim\limits_{x \to -3} f(x)$。

9(A). 适当选取 a 的值，使下面的函数为连续函数：

$$f(x) = \begin{cases} a + \ln x & (x \geqslant 1) \\ 2ax - 1 & (x < 1) \end{cases}$$

10(A). 证明方程 $x^5 - 3x - 1 = 0$ 在区间 $(1, 2)$ 内至少有一个实根。

学 习 指 导

一、基本要求与重点

1. 理解函数的概念，会求函数的定义域；熟悉基本初等函数的定义域、值域、图形及性质，复合函数与初等函数的概念。

2. 理解数列极限的概念和性质，掌握数列极限运算法则。

3. 理解函数极限的概念，掌握函数极限的运算法则。

4. 了解函数左、右极限的概念，知道函数在某点处存在极限的充分必要条件。

5. 熟练运用极限运算法则和两个重要的极限等计算数列和函数的极限。

6. 理解无穷小的定义和无穷小的运算法则，知道无穷小的比较（高阶无穷小，同阶无穷小，等价无穷小等）。

7. 了解无穷大的定义及无穷小与无穷大的关系。

8. 理解函数连续的概念，能区分间断点的类型，知道连续函数的运算法则。

9. 知道初等函数的连续性和闭区间上连续函数的性质（最大值和最小值，根的存在性）。

10. 会判断分段函数在分段点处的连续性。

重点　函数性质及定义域的确定，极限的概念，函数连续的概念，极限的四则运算法则，两个重要极限，求极限的若干方法。

二、常见习题类型与解题思路

1. 求函数定义域

通常讨论的函数定义域是指使函数解析式有意义的所有实数，对于涉及实际问题建立的函数关系式的定义域，还要注意实际意义。

2. 用观察法判断数列的收敛性

用观察法判断数列的收敛性，就是考察当 n 无限增大时，数列 $\{x_n\}$ 是否无限接近于某个常数 a。

3. 求数列极限与函数极限的若干方法与结果

求数列极限与函数极限是本章重点之一，在求极限过程中，应当注意使用求极限方法的条件，以防出错。本章求极限的方法主要有：

（1）利用极限四则运算法则求极限；

（2）利用两个重要极限求极限；

（3）利用有界变量与无穷小的乘积仍为无穷小求极限；

（4）利用等价无穷小替换求极限；

（5）利用恒等变形化简表达式求极限；

（6）利用初等函数的连续性求极限。

求极限时，常见的数列极限与函数极限的结果有：

（1）若 $f(x)$ 为初等函数，且在 x_0 的某邻域内有定义，则 $\lim\limits_{x \to x_0} f(x) = f(x_0)$；

（2）$\lim\limits_{n \to \infty} \dfrac{1}{n^\alpha} = 0(\alpha > 0$ 且为实数$)$；

（3）$\lim\limits_{x \to \infty} \dfrac{1}{x} = 0$, $\lim\limits_{x \to \infty} x = \infty$；

（4）$\lim\limits_{x \to 0} \dfrac{\sin x}{x} = 1$；

（5）$\lim\limits_{x \to \infty} \left(1 + \dfrac{1}{x}\right)^x = \mathrm{e}$, $\lim\limits_{x \to 0} (1 + x)^{\frac{1}{x}} = \mathrm{e}$；

（6）当 $a_0 \neq 0, b_0 \neq 0, m, n$ 为非负整数时，有

$$\lim_{x \to \infty} \frac{a_0 x^m + a_1 x^{m-1} + a_2 x^{m-2} + \cdots + a_m}{b_0 x^n + b_1 x^{n-1} + b_2 x^{n-2} + \cdots + b_n} = \begin{cases} \dfrac{a_0}{b_0} & (\text{当 } n = m \text{ 时}) \\ 0 & (\text{当 } n > m \text{ 时}) \\ \infty & (\text{当 } n < m \text{ 时}) \end{cases}$$

4. 无穷小的比较

设 α 和 β 是在同一个自变量的变化过程中的无穷小：

（1）如果 $\lim \dfrac{\beta}{\alpha} = 0$，就说 β 是比 α 较**高阶的无穷小**；

（2）如果 $\lim \dfrac{\beta}{\alpha} = C$（$C$ 为不等于零的常数），就说 β 与 α 是**同阶无穷小**；

（3）如果 $\lim \dfrac{\beta}{\alpha} = 1$，就说 β 与 α 是**等价无穷小**，记为 $\alpha \sim \beta$。

5. 分段函数的极限

分段函数在分段点处的极限的计算，要利用函数 $f(x)$ 在 x_0 处存在极限的充分必要条件即点 x_0 处左、右极限都存在且相等求解。

6. 讨论函数的连续性和求函数的连续区间问题

函数在 x_0 处连续，必须满足如下三个条件：

（1）函数 $f(x)$ 在 x_0 的某一邻域内有定义；

（2）函数 $f(x)$ 在 x_0 处有极限，即 $\lim\limits_{x \to x_0} f(x)$ 存在；

（3）函数 $f(x)$ 在 x_0 处的极限值等于该点的函数值 $f(x_0)$，即 $\lim\limits_{x \to x_0} f(x) = f(x_0)$。

如果函数 $f(x)$ 在开区间 (a,b) 内每一点都连续，则在开区间 (a,b) 内连续。

如果函数 $f(x)$ 在开区间 (a,b) 内连续，又 $\lim\limits_{x \to b-0} f(x) = f(b)$，$\lim\limits_{x \to a+0} f(x) = f(a)$，那么称函数 $f(x)$ 在**闭区间 $[a, b]$ 上连续**。

分段函数在分段点 x_0 处连续，必须满足：

$$\lim_{x \to x_0-0} f(x) = \lim_{x \to x_0+0} f(x) = f(x_0)$$

7. 求函数的间断点并判断其所属类型

初等函数的间断点必定是没有定义的；分段函数的间断点必定是分段点。判断的方法类似于判断在这些点处是否连续那样（左、右极限是否存在，是否相等，极限是否等于函数值等）进行判断。

8. 利用零点存在定理证明方程根的存在性

如果函数 $f(x)$ 在闭区间 $[a,b]$ 上连续，且异号，那么在 (a,b) 内至少存在一点 ξ，使 $f(\xi) = 0$，这个 ξ 就是满足上述条件的方程 $f(x) = 0$ 的根。

复习题一

1. 判断题

（1）$f(x) = x + 1$ 与 $g(x) = \sqrt{x^2} + 1$ 是同一函数。　　　　　　　　　（　　）

（2）$f(x) = \dfrac{1}{x}$ 是单调函数。　　　　　　　　　　　　　　　　　（　　）

（3）已知 $y = f(x)$ 是偶函数，$x = \varphi(t)$ 是奇函数，那么 $y = f[\varphi(t)]$ 必是偶函数。　（　　）

（4）基本初等函数的和必是初等函数。　　　　　　　　　　　　　　　（　　）

（5）零是无穷小量。　　　　　　　　　　　　　　　　　　　　　　（　　）

（6）两个无穷大之和仍是无穷大。　　　　　　　　　　　　　　　　　（　　）

（7）$f(x)$ 在 x_0 处无定义，则 $\lim\limits_{x \to x_0} f(x)$ 不存在。　　　　　　　　（　　）

（8）$f(x)$ 当 $x \to x_0$ 时有极限，则 $f(x)$ 在 x_0 处一定连续。　　　　　（　　）

（9）$f(x)$ 在区间 (a,b) 内连续，则对区间 (a,b) 内的每一点 x_0，当 $x \to x_0$ 时 $f(x)$ 都有极限。（　　）

(10) 在 (a,b) 内的连续函数 $f(x)$ 一定有最大值和最小值。 （　　）

2. 填空题

(1) 函数 $f(x) = \dfrac{1}{\ln|x-2|}$ 的定义域是_____。

(2) 函数 $f(x) = \sqrt{x^2-x-6} + \arcsin\dfrac{2x-1}{7}$ 的定义域是_____。

(3) 若 $f(x) = \begin{cases} x+1 & (x>0) \\ \pi & (x=0) \\ 0 & (x<0) \end{cases}$ ，则 $f\{f[f(-1)]\} = $ _____。

(4) 若 $\lim\limits_{x \to x_0} f(x) = A$，则 $f(x)$ 和 A 的关系是_____。

(5) 设 $f(x-1) = x^2 + 2x - 1$，则 $\lim\limits_{x \to 0} f(x) = $ _____。

(6) 设 $y = x - 2\arctan x$，则 $\lim\limits_{x \to -\infty}(y-x) = $ _____。

(7) 如 $\lim\limits_{x \to 0} \dfrac{3\sin mx}{2x} = \dfrac{2}{3}$，则 $m = $ _____。

(8) $\lim\limits_{\varphi(x) \to 0} \dfrac{\sin[2\varphi(x)]}{\varphi(x)} = $ _____。

(9) 如 $\lim\limits_{x \to \infty} \dfrac{2x^3 - 3x^2 + 1}{(x-1)(4x^n + 7)} = \dfrac{1}{2}$，则 $n = $ _____。

(10) 函数 $f(x) = \dfrac{x^2-1}{x+1}$ 的间断点是_____，函数 $\varphi(x) = e^{\frac{1}{x}}$ 的间断点是_____，函数 $y = \dfrac{x}{\sin x}$ 的间断点是_____。

3. 选择题

(1) 下列函数中是偶函数的是（　　）

    A. $y = x^3 + 1$ B. $y = x + \sin x$ C. $y = (1-x)^3$ D. $y = \cos(\sin x)$

(2) 下列各对函数中，相同的函数是（　　）

    A. $f(x) = \ln x^2$, $g(x) = 2\ln x$ B. $f(x) = |x|$, $g(x) = \sqrt{x^2}$

    C. $f(x) = x$, $g(x) = (\sqrt{x})^2$ D. $f(x) = \dfrac{|x|}{x}$, $g(x) = 1$

(3) 函数 $y = \cos x$ 与 $y = \arcsin x$ 都是（　　）

    A. 有界函数   B. 周期函数   C. 奇函数   D. 单调函数

(4) 下列 y 能成为 x 的复合函数的是（　　）

    A. $y = \ln u$, $u = -x^2$ B. $y = \dfrac{1}{\sqrt{u}}$, $u = 2x - x^2 - 1$

    C. $y = \sin x$, $u = -x^2$ D. $y = \arccos u$, $u = 3 + x^2$

(5) 若 $\lim\limits_{x \to x_0 - 0} f(x) = A$, $\lim\limits_{x \to x_0 + 0} f(x) = A$，则下列说法正确的是（　　）

    A. $f(x_0) = A$ B. $\lim\limits_{x \to x_0} f(x) = A$ C. $f(x)$ 在点 x_0 有定义   D. $f(x)$ 在点 x_0 连续

(6) 下列极限值等于 1 的是（　　）

    A. $\lim\limits_{x \to \infty} \dfrac{\sin x}{x}$ B. $\lim\limits_{x \to 0} \dfrac{\sin 2x}{x}$ C. $\lim\limits_{x \to 2\pi} \dfrac{\sin x}{x}$ D. $\lim\limits_{x \to \pi} \dfrac{\sin x}{\pi - x}$

(7) 当 $x \to 0$ 时，与 x 同阶的无穷小是（　　）

    A. $1 - \cos 2x$ B. $\tan^2 x$ C. $x\arcsin x$ D. $x^2 + \sin 2x$

(8) 设 $f(x) = \dfrac{|x|}{x}$，则 $\lim\limits_{x \to 0} f(x)$ 是（　　）

A. 1　　　　　　　　B. -1　　　　　　　C. 0　　　　　　　D. 不存在

(9) 若变量 $f(x) = \dfrac{x^2 - 1}{(x-1)\sqrt{x^2 + 1}}$ 是无穷小, 则 x 的变化趋势是 (　　)

A. $x \to 1$　　　　　　B. $x \to -1$　　　　　C. $x \to 0$　　　　　D. $x \to \infty$

(10) 下面四种说法中正确的是 (　　)

　　A. $f(x)$ 在 x_0 没有定义, 则 $f(x)$ 在 x_0 处一定没有极限

　　B. $f(x)$ 在 x_0 没有极限, 则 $f(x)$ 在 x_0 处一定不连续

　　C. $f(x)$ 在 x_0 有极限, 则 $f(x)$ 在 x_0 处一定连续

　　D. $f(x)$ 在 x_0 如有极限, 则极限值必等于 $f(x_0)$

4. 求下列各极限:

(1) $\lim\limits_{x \to 1} \dfrac{x^4 - 1}{x^3 - 1}$;　　　　　(2) $\lim\limits_{x \to 5} \dfrac{x^2 - 7x + 10}{x^2 - 25}$;　　　　　(3) $\lim\limits_{x \to \infty} \dfrac{3x^2 + 2}{1 - 4x^2}$;

(4) $\lim\limits_{x \to \infty} \dfrac{3x^2 + 2}{1 - 4x^3}$;　　　　　(5) $\lim\limits_{x \to \infty} \dfrac{3x^3 + 2}{1 - 4x^2}$;　　　　　(6) $\lim\limits_{x \to 0} \dfrac{\sqrt{1 + x^2} - 1}{x}$;

(7) $\lim\limits_{x \to 1} \dfrac{\sqrt{3 - x} - \sqrt{1 + x}}{x^2 - 1}$;　　(8) $\lim\limits_{x \to 0} \dfrac{\sqrt{1 + x} - \sqrt{1 - x}}{x}$;　　(9) $\lim\limits_{x \to -1} \dfrac{\sin(x + 1)}{2(x + 1)}$;

(10) $\lim\limits_{x \to +0} x\sqrt{\sin \dfrac{1}{x^2}}$;　　　(11) $\lim\limits_{x \to \infty} \left(\dfrac{2x - 1}{2x + 1} \right)^x$;　　　(12) $\lim\limits_{x \to \infty} \left(1 - \dfrac{1}{x} \right)^{kx}$。

5. 设 $f(x) = \begin{cases} x & (0 < x < 1) \\ 1 & (1 \leqslant x < 2) \end{cases}$

(1) 求 $\lim\limits_{x \to 1-0} f(x)$ 及 $\lim\limits_{x \to 1+0} f(x)$;

(2) $\lim\limits_{x \to 1} f(x)$ 是否存在? 如存在, 求 $\lim\limits_{x \to 1} f(x)$;

(3) $f(x)$ 在 $x = 1$ 处是否连续? 为什么?

(4) 求 $f(x)$ 的连续区间。

6(A). 试证方程 $x \cdot 2^x = 1$ 至少有一个小于 1 的正根。

7. 一种商品进价每件 8 元, 卖出价每件 10 元时, 每天可卖出 120 件, 今想提高售价来增加利润, 已知价格每件每升高 0.5 元, 每天少卖 10 件, 求:

(1) 每天这种商品利润 y 与售价 x 之间的函数关系;

(2) 当售价为 12 元时, 商家每天获利多少元?

第二章　导数和微分

本章导读

微积分是在17世纪末由英国物理学家、数学家牛顿和德国数学家莱布尼茨建立起来的。微积分由微分学和积分学两部分组成。微分学从20世纪初开始，有了非常广泛的应用，基本概念是导数和微分，核心概念是导数。导数反映了函数相对于自变量变化而变化的快慢程度，即函数的变化率，它使得人们能够用数学工具描述事物变化的快慢及解决一系列与之相关的问题。例如，物体运动的速度，国民经济发展速度，劳动生产率等。微分学中另一个基本概念是微分。微分反映了当自变量有微小改变时，函数变化的线性近似。本章将用极限方法来研究这两个概念并给出它们的计算公式及运算法则，至于导数的应用将在下一章中讨论。

通过本章学习，希望大家：

- 理解导数和微分的概念。
- 了解导数、微分的几何意义；函数可导可微连续之间的关系；高阶导数的概念。
- 掌握导数、微分的运算法则；导数的基本公式；复合函数的求导法则。
- 掌握二元函数导数。
- 利用 Mathcad 计算导数，微分。

第一节　导数的概念

一、问题的引入

1. 变速直线运动的速度

物体作匀速直线运动时，它在任何时刻的速度可由公式 $v = \dfrac{s}{t}$ 来计算，其中 s 为物体经过的路程，t 为时间。但物体所作的运动往往是变速的，如果物体作变速直线运动，其运动规律，即位移函数是 $s = s(t)$，如何求物体在时刻 t_0 的速度 $v(t_0)$？考虑 $[t_0, t_0 + \Delta t]$ 时间段内，物体移动了 $\Delta s = s(t_0 + \Delta t) - s(t_0)$（如图2-1所示），则物体在这段时间的平均速度为

$$\bar{v} = \frac{\Delta s}{\Delta t} = \frac{s(t_0 + \Delta t) - s(t_0)}{\Delta t}$$

当 $|\Delta t| \to 0$ 时，$\bar{v} \to v(t_0)$，即

$$v(t_0) = \lim_{\Delta t \to 0} \bar{v} = \lim_{\Delta t \to 0} \frac{s(t_0 + \Delta t) - s(t_0)}{\Delta t}$$

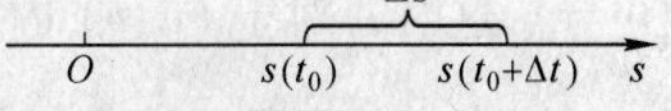

图2-1

2. 曲线的切线斜率

定义 点 $M_0(x_0, y_0)$ 是曲线 $L: y = f(x)$，$x \in D$ 上的一个定点，点 $N(x, y)$ 是曲线上动点，当点 N 沿着曲线 L 趋向于点 M_0 时，如果割线 NM_0 的极限位置 M_0T 存在，则称直线 M_0T 为曲线 L 在点 M_0 处的切线。

如图 2-2 所示，由于切线是割线的极限位置，为此，在点 $M_0(x_0, y_0)$ 近旁取动点 $N(x_0 + \Delta x, y_0 + \Delta y)$，当 $N \to M_0$ 时，$\Delta x \to 0$，$NM_0 \to M_0T$，$\tan\beta \to \tan\alpha$，所以，切线斜率是割线斜率的极限：

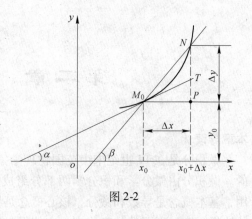

图 2-2

$$\tan\alpha = \lim_{\Delta x \to 0}\tan\beta = \lim_{\Delta x \to 0}\frac{NP}{M_0P} = \lim_{\Delta x \to 0}\frac{\Delta y}{\Delta x} = \lim_{\Delta x \to 0}\frac{f(x_0 + \Delta x) - f(x_0)}{\Delta x}$$

以上两个不同问题的解决，无论从思想方法上还是从数量关系上分析，都是相同的，都是求当自变量的增量趋于零时，某个函数的增量与自变量的增量之比 $\dfrac{\Delta y}{\Delta x}$（$\dfrac{\Delta y}{\Delta x}$ 称为函数 y 关于自变量 x 的平均变化率）的极限 $\lim\limits_{\Delta x \to 0}\dfrac{\Delta y}{\Delta x}$（称为函数的变化率）。我们把这类极限问题抽象为导数。

二、导数的定义

1. 函数在一点处的导数

定义 设函数 $y = f(x)$ 在点 x_0 及其近旁有定义，如果极限 $\lim\limits_{\Delta x \to 0}\dfrac{f(x_0 + \Delta x) - f(x_0)}{\Delta x}$ 存在，则称函数 $y = f(x)$ 在点 x_0 处是可导的，称此极限值为函数 $y = f(x)$ 在点 x_0 处的导数，记为 $f'(x_0)$，即

$$f'(x_0) = \lim_{\Delta x \to 0}\frac{\Delta y}{\Delta x} = \lim_{\Delta x \to 0}\frac{f(x_0 + \Delta x) - f(x_0)}{\Delta x}$$

或

$$f'(x_0) = \lim_{x \to 0}\frac{f(x_0 + x) - f(x_0)}{x}$$

否则，称函数 $y = f(x)$ 在点 x_0 处不可导。函数 $y = f(x)$ 在点 x_0 处的导数也可记为 $y'\big|_{x=x_0}$ 或 $\dfrac{\mathrm{d}y}{\mathrm{d}x}\Big|_{x=x_0}$ 或 $\dfrac{\mathrm{d}}{\mathrm{d}x}f(x)\Big|_{x=x_0}$。

2. 函数在区间内可导

（1）开区间 (a, b) 内的导数

如果函数 $y = f(x)$ 在区间 (a, b) 内的每一点都可导，就称函数 $y = f(x)$ 在区间 (a, b) 内可导。这时，对于 (a, b) 内的每一个 x 值，都有唯一确定的导数值与之对应，这就构成了 x 的一个新的函数，这个新的函数叫做函数 $y = f(x)$ 的导函数，记为 y'，$f'(x)$，$\dfrac{\mathrm{d}y}{\mathrm{d}x}$ 或 $\dfrac{\mathrm{d}}{\mathrm{d}x}$

$f(x)$。

由导函数的定义，对于任意 $x \in (a,b)$ 有

$$f'(x) = \lim_{\Delta x \to 0} \frac{\Delta y}{\Delta x} = \lim_{\Delta x \to 0} \frac{f(x + \Delta x) - f(x)}{\Delta x}, \ x \in (a,b)$$

显然，函数 $y = f(x)$ 在点 x_0 处的导数 $f'(x_0)$ 就是导函数 $f'(x)$ 在点 x_0 处的导数值，即 $f'(x_0) = f'(x) \big|_{x = x_0}$。

为方便起见，导数和导函数统称导数，但不要混淆这两个概念。

（2）闭区间 $[a,b]$ 上的导数

函数 $y = f(x)$ 在点 x_0 导数 $f'(x_0) = \lim_{\Delta x \to 0} \dfrac{f(x_0 + \Delta x) - f(x_0)}{\Delta x}$ 存在的充要条件是 $\lim_{\Delta x \to 0^-}$ $\dfrac{f(x_0 + \Delta x) - f(x_0)}{\Delta x} = f'_-(x_0) = f'_+(x_0) = \lim_{\Delta x \to 0^+} \dfrac{f(x_0 + \Delta x) - f(x_0)}{\Delta x}$ 存在，把 $f'_-(x_0) = \lim_{\Delta x \to 0^-} \dfrac{f(x_0 + \Delta x) - f(x_0)}{\Delta x}$ 与 $f'_+(x_0) = \lim_{\Delta x \to 0^+} \dfrac{f(x_0 + \Delta x) - f(x_0)}{\Delta x}$ 分别叫做函数 $y = f(x)$ 在点 x_0 处的**左导数**与**右导数**。

如果 $y = f(x)$ 在开区间 (a,b) 内可导且在端点 a, b 处的右导数 $f'_+(a)$ 与左导数 $f'_-(b)$ 都存在，那么，我们称函数 $y = f(x)$ 在闭区间 $[a,b]$ 上可导。

3. 求导举例

根据定义可以把函数的导数求出来。利用定义求导数一般有三个步骤：

（1）求函数增量 Δy；（2）作比值 $\dfrac{\Delta y}{\Delta x}$；（3）求极限 $\lim_{\Delta x \to 0} \dfrac{\Delta y}{\Delta x}$。

例 1　求常量函数 $y = C$（C 为常数）的导数。

解　由题意知，所求为 $y = C$ 在任意一点处的导数，任取 $x \in (-\infty, +\infty)$

因为　　　$\Delta y = f(x + \Delta x) - f(x) = C - C = 0$，$\dfrac{\Delta y}{\Delta x} = 0$，$\lim_{\Delta x \to 0} \dfrac{\Delta y}{\Delta x} = 0$

所以　　　　　　　　　　　　　$(C)' = 0$

例 2　求函数 $y = x^n$（$n \in N$）的导数。

解　（1）求增量：$\Delta y = f(x + \Delta x) - f(x) = (x + \Delta x)^n - x^n$

$$= C_n^0 x^n + C_n^1 x^{n-1} \Delta x + C_n^2 x^2 (\Delta x)^2 + \cdots + (\Delta x)^n - x^n$$

$$= C_n^1 x^{n-1} \Delta x + C_n^2 x^2 (\Delta x)^2 + \cdots + (\Delta x)^n$$

（2）算比值：$\dfrac{\Delta y}{\Delta x} = \dfrac{C_n^1 x^{n-1} \Delta x + C_n^2 x^2 (\Delta x)^2 + \cdots + (\Delta x)^n}{\Delta x}$

$$= C_n^1 x^{n-1} + C_n^2 x^2 \Delta x + \cdots + (\Delta x)^{n-1} = nx^{n-1} + C_n^2 x^2 \Delta x + \cdots + (\Delta x)^{n-1}$$

（3）求极限：$y' = \lim_{\Delta x \to 0} \dfrac{\Delta y}{\Delta x} = \lim_{\Delta x \to 0} \left[nx^{n-1} + C_n^2 x^2 \Delta x + \cdots + (\Delta x) \right]^{n-1} = nx^{n-1}$

所以　　　　　　　　　　　　$(x^n)' = nx^{n-1}$

一般地，可以证明，对于任意非零实数 α，幂函数 $y = x^\alpha$ 的导数公式是

$$(x^\alpha)' = \alpha x^{\alpha - 1} (\alpha \in \mathbb{R})$$

例 3　已知 $f(x) = x(x-1)(x-2)\cdots(x-99)$，求 $f'(0)$。

解　（1）求增量：$\Delta y = f(0 + x) - f(0) = x(x-1)(x-2)\cdots(x-99)$

（2）算比值：$\dfrac{\Delta y}{\Delta x} = (x-1)(x-2)\cdots(x-99)$

（3）求极限：$f'(0) = \lim\limits_{x \to 0} \dfrac{\Delta y}{\Delta x} = \lim\limits_{x \to 0}(x-1)(x-2)\cdots(x-99) = -99!$

例 4　求正弦函数 $y = \sin x$ 的导数。

解　（1）求增量：$\Delta y = \sin(x + \Delta x) - \sin(x) = 2\cos\left(x + \dfrac{\Delta x}{2}\right)\sin\left(\dfrac{\Delta x}{2}\right)$

（2）算比值：$\dfrac{\Delta y}{\Delta x} = \cos\left(x + \dfrac{\Delta x}{2}\right) \cdot \dfrac{\sin\left(\dfrac{\Delta x}{2}\right)}{\dfrac{\Delta x}{2}}$

（3）求极限：$y' = \lim\limits_{\Delta x \to 0} \dfrac{\Delta y}{\Delta x} = \lim\limits_{\Delta x \to 0}\cos\left(x + \dfrac{\Delta x}{2}\right) \cdot \dfrac{\sin\left(\dfrac{\Delta x}{2}\right)}{\dfrac{\Delta x}{2}} = \cos x$

即　　　　　　　　　　　　　　$(\sin x)' = \cos x$

用类似的方法，可求得余弦数 $y = \cos x$ 的导数

$$(\cos x)' = -\sin x$$

例 5　求函数 $y = a^x (a > 0, a \neq 1)$ 的导数。

解　（1）求增量：$\Delta y = a^{x + \Delta x} - a^x$

（2）算比值：$\dfrac{\Delta y}{\Delta x} = \dfrac{a^{x + \Delta x} - a^x}{\Delta x}$

（3）求极限：$f'(x) = \lim\limits_{\Delta x \to 0} \dfrac{\Delta y}{\Delta x} = \lim\limits_{\Delta x \to 0} \dfrac{a^{x + \Delta x} - a^x}{\Delta x} = a^x \lim\limits_{\Delta x \to 0} \dfrac{a^{\Delta x} - 1}{\Delta x}$

$$= a^x \lim\limits_{\Delta x \to 0} \dfrac{e^{\Delta x \ln a} - 1}{\Delta x} \underline{\text{无穷小替换}} a^x \lim\limits_{\Delta x \to 0} \dfrac{\Delta x \ln a}{\Delta x} = a^x \ln a$$

所以　　　　　　　　　　　　　$(a^x)' = a^x \ln a$

特别地　　　　　　　　　　　　$(e^x)' = e^x$

例 6　求对数函数 $y = \log_a x (a > 0,\text{且 } a \neq 1)$ 的导数。

解　（1）求增量：$\Delta y = \log_a(x + \Delta x) - \log_a x = \log_a\left(1 + \dfrac{\Delta x}{x}\right)$

（2）算比值：$\dfrac{\Delta y}{\Delta x} = \dfrac{\log_a\left(1 + \dfrac{\Delta x}{x}\right)}{\Delta x} = \dfrac{1}{x}\log_a\left(1 + \dfrac{\Delta x}{x}\right)^{\frac{x}{\Delta x}}$

（3）求极限：$y' = \lim\limits_{\Delta x \to 0} \dfrac{\Delta y}{\Delta x} = \lim\limits_{\Delta x \to 0} \dfrac{1}{x}\log_a\left(1 + \dfrac{\Delta x}{x}\right)^{\frac{x}{\Delta x}} = \dfrac{1}{x}\lim\limits_{\Delta x \to 0}\log_a\left(1 + \dfrac{\Delta x}{x}\right)^{\frac{x}{\Delta x}}$

$$= \dfrac{1}{x}\log_a \lim\limits_{\Delta x \to 0}\left(1 + \dfrac{\Delta x}{x}\right)^{\frac{x}{\Delta x}} = \dfrac{1}{x}\log_a e = \dfrac{1}{x\ln a}$$

即
$$(\log_a x)' = \frac{1}{x\ln a}$$

特别地，当 $a = e$ 时，有 $(\ln x)' = \frac{1}{x}$。

三、导数的几何意义

根据前面讲的曲线的切线斜率的求法与导数的定义，导数的几何意义为：函数 $y = f(x)$ 在点 x_0 处的导数表示曲线 $y = f(x)$ 在点 $M_0(x_0, y_0)$ 处的切线斜率。因此，曲线 $y = f(x)$ 在点 $M_0(x_0, y_0)$ 处的切线方程为 $y - y_0 = f'(x_0)(x - x_0)$。过切点 M_0 且与该切线垂直的直线叫做曲线 $y = f(x)$ 在点 M_0 处的法线。如果 $f'(x_0) \neq 0$，那么相应法线方程为：$y - y_0 = -\frac{1}{f'(x_0)}(x - x_0)$。

例7 求曲线 $y = \sqrt{x}$ 在点 $(4, 2)$ 处的切线方程和法线方程。

解 $\because y' = (\sqrt{x})' = \frac{1}{2\sqrt{x}}$，所求切线的斜率为 $k_1 = y'|_{x=4} = \frac{1}{2\sqrt{4}} = \frac{1}{4}$，

法线斜率 $k_2 = -\frac{1}{k_1} = -4$

$\therefore$ 所求切线的方程为：$y - 2 = \frac{1}{4}(x - 4)$，法线方程为：$y - 2 = -4(x - 4)$

四、可导与连续的关系

设函数 $y = f(x)$ 在点 x_0 处可导，则极限 $\lim\limits_{\Delta x \to 0} \frac{\Delta y}{\Delta x} = f'(x_0)$ 存在，由函数极限与无穷小的关系知 $\frac{\Delta y}{\Delta x} = f'(x_0) + \alpha$，（$\alpha$ 是当 $\Delta x \to 0$ 时的无穷小量），所以，$\Delta y = f'(x_0)\Delta x + \alpha\Delta x$。当 $\Delta x \to 0$ 时，$\Delta y \to 0$，即 $\lim\limits_{\Delta x \to 0}\Delta y = 0$，因此，函数 $y = f(x)$ 在点 x_0 处是连续的。

结论：如果函数 $y = f(x)$ 在点 x_0 处可导，则函数在点 x_0 处必连续；反之，函数在某点 x_0 处连续，函数 $y = f(x)$ 在点 x_0 处却不一定可导。

例如，函数 $y = |x|$ 在点 $x = 0$ 处连续，但在 $x = 0$ 处不可导。这是因为 $\Delta y = |\Delta x + 0| - |0| = |\Delta x|$，$\lim\limits_{\Delta x \to 0}\Delta y = 0$，所以，函数在点 x_0 处连续。又因为 $\frac{\Delta y}{\Delta x} = \frac{|\Delta x|}{\Delta x} = \begin{cases} -1 & (\Delta x < 0) \\ 1 & (\Delta x > 0) \end{cases}$，$f'_-(0) = \lim\limits_{\Delta x \to 0^-}\frac{\Delta y}{\Delta x} = \lim\limits_{\Delta x \to 0^-}\frac{|\Delta x|}{\Delta x} = -1 \neq f'_+(0) = \lim\limits_{\Delta x \to 0^+}\frac{\Delta y}{\Delta x} = \lim\limits_{\Delta x \to 0^+}\frac{|\Delta x|}{\Delta x} = 1$，所以，函数在点 x_0 处不可导。

因此，可导仅是函数在这点连续的充分条件而非必要条件。

思考题：

1. 曲线上导数不存在的点是否不存在切线？

2. 思考下列命题是否正确？如不正确，举出反例：

（1）若函数 $y = f(x)$ 在点 x_0 处不可导，则在点 x_0 处一定不连续；

（2）若函数 $y = f(x)$ 处处有切线，则函数 $y = f(x)$ 必处处可导。

习题　2-1

1. 有一物体作竖直上抛运动，其运动方程为 $s = 10t - \dfrac{1}{2}gt^2$，求：

　　（1）物体在第 1 秒到第 $(1 + \Delta t)$ 秒的平均速度；

　　（2）物体在第 1 秒时的速度；

　　（3）物体在第 t 秒到第 $(t + \Delta t)$ 秒的平均速度；

　　（4）物体运动的速度函数 $v(t)$。

2. 已知函数 $f(x) = 5 - 3x$，根据导数的定义求 $f'(x)$，$f'(5)$。

3. 求下列函数的导数：

　　（1）$y = x^2 \sqrt{x}$；　　　　　　　　（2）$y = \dfrac{1}{x\sqrt{x}}$；

　　（3）$y = \cos x$；　　　　　　　　　（4）$y = \dfrac{x\sqrt{x}}{\sqrt[5]{x^3}}$。

4（B）. 求函数 $y = x^3$ 在点 $(2, 8)$ 处的切线斜率，并问在曲线上哪一点的切线平行于直线 $y = 3x - 1$？

5. 求曲线 $y = \ln x$ 在点 $(e, 1)$ 处的切线方程和法线方程。

第二节　函数的和、差、积、商的求导法则

　　上节利用导数定义求出了一些简单函数的导数公式，本节介绍函数的一些求导法则，并继续介绍初等函数的求导公式。

　　法则1　设 $u(x)$、$v(x)$ 在点 x 处可导，则它们的和、差在点 x 处也可导，且

$$[u(x) \pm v(x)]' = u'(x) \pm v'(x)$$

上式简记为 $(u \pm v)' = u' \pm v'$，该法则可以推广到有限个可导函数的和、差的导数：

$$(u_1 \pm u_2 \pm \cdots \pm u_n)' = u_1' \pm u_2' \pm \cdots u_n'$$

　　法则2　设 $u(x)$、$v(x)$ 在点 x 处可导，则它们的积在点 x 处也可导，且

$$[u(x) \cdot v(x)]' = u'(x)v(x) + u(x)v'(x)$$

上式简记为

$$(uv)' = u'v + uv'$$

　　对于多个可导函数积的导数可以多次使用法则2，我们有

$$(uvw)' = u'vw + uv'w + uvw'$$

特别地　　　　　　　　　　$[cu(x)]' = cu'(x)\,(c\text{ 是常数})$

　　法则3　设 $u(x)$、$v(x)$ 在点 x 处可导，且 $v(x) \neq 0$，则它们的商在点 x 处也可导，且 $\left(\dfrac{u(x)}{v(x)}\right)' = \dfrac{u'(x)v(x) - u(x)v'(x)}{v^2(x)}$。

　　上述法则的证明思路相似，这里只证明法则2。

　　证　令 $y = f(x) = u(x)v(x)$，因为 $\Delta u = u(x + \Delta x) - u(x)$，可得

$$u(x + \Delta x) = u(x) + \Delta u$$

同理
$$v(x + \Delta x) = v(x) + \Delta v$$

$u(x)$、$v(x)$ 在点 x 处可导，则有 $u'(x) = \lim\limits_{\Delta x \to 0} \dfrac{\Delta u}{\Delta x}$，$v'(x) = \lim\limits_{\Delta x \to 0} \dfrac{\Delta v}{\Delta x}$

$v(x)$ 可导必连续，则有 $\lim\limits_{\Delta x \to 0} \Delta v = 0$

所以
$$\lim_{\Delta x \to 0} \frac{\Delta y}{\Delta x} = \lim_{\Delta x \to 0} \frac{f(x + \Delta x) - f(x)}{\Delta x} = \lim_{\Delta x \to 0} \frac{u(x + \Delta x)v(x + \Delta x) - u(x)v(x)}{\Delta x}$$

$$= \lim_{\Delta x \to 0} \frac{[u(x) + \Delta u][v(x) + \Delta v] - u(x)v(x)}{\Delta x}$$

$$= \lim_{\Delta x \to 0} \left[\frac{\Delta u}{\Delta x}v(x) + u(x)\frac{\Delta v}{\Delta x} + \frac{\Delta u}{\Delta x}\Delta v \right]$$

$$= v(x)\lim_{\Delta x \to 0} \frac{\Delta u}{\Delta x} + u(x)\lim_{\Delta x \to 0} \frac{\Delta v}{\Delta x} + \lim_{\Delta x \to 0} \frac{\Delta u}{\Delta x}\lim_{\Delta x \to 0} \Delta v$$

$$= u'(x)v(x) + u(x)v'(x)$$

即
$$[u(x)v(x)]' = u'(x)v(x) + u(x)v'(x)$$

由法则 3 得
$$\left[\frac{1}{u(x)} \right]' = -\frac{u'(x)}{u^2(x)}$$

例 1　设 $y = \sqrt{x} + \ln x - 3$，求 y'。

解　$y' = (\sqrt{x} + \ln x - 3)' = (\sqrt{x})' + (\ln x)' - (3)' = \dfrac{1}{2\sqrt{x}} + \dfrac{1}{x} = \dfrac{\sqrt{x} + 2}{2x}$

例 2　设 $f(x) = (x^2 - 2\ln x)\sin x$，求 $f'(x)$。

解　$y' = (x^2 - 2\ln x)'\sin x + (x^2 - 2\ln x)(\sin x)' = \left(2x - \dfrac{2}{x}\right)\sin x + (x^2 - 2\ln x)\cos x$

例 3　求正切函数 $y = \tan x$ 的导数。

解　$y' = (\tan x)' = \left(\dfrac{\sin x}{\cos x}\right)' = \dfrac{\cos x(\sin x)' - (\cos x)'\sin x}{\cos^2 x} = \dfrac{\cos^2 x + \sin^2 x}{\cos^2 x} = \dfrac{1}{\cos^2 x} =$ $\sec^2 x$

即
$$(\tan x)' = \sec^2 x$$

同样方法可得导数
$$(\cot x)' = -\csc^2 x$$

例 4　求正割函数 $y = \sec x$ 的导数。

解　$y' = (\sec x)' = \left(\dfrac{1}{\cos x}\right)' = -\dfrac{(\cos x)'}{\cos^2 x} = \dfrac{\sin x}{\cos^2 x} = \sec x \tan x$

即
$$(\sec x)' = \sec x \tan x$$

同样方法可得
$$(\csc x)' = -\csc x \cot x$$

Mathcad 求导数的基本操作方法：

- 定义函数 $f(x)$；
- 使用热键 Shift + / 输入 $\dfrac{\mathrm{d}}{\mathrm{d}x}f(x)$ 或者 $\dfrac{\mathrm{d}^k}{\mathrm{d}x^k}f(x)$；

● 使用 Ctrl + > 执行符号运算，如果输出结果较复杂，可点击 Symbolc 板上的 simplify 按钮，使得结果尽可能得到简化。

例 5　设 $y = x\sin x\tan x$，求 y'。

解　$y' = (x)'\sin x\tan x + x(\sin x)'\tan x + x\sin x(\tan x)'$

$\qquad\quad = \sin x\tan x + x\cos x\tan x + x\sin x\sec^2 x$

Mathcad 计算：$f(x) := x\sin x\tan x$

$\dfrac{\mathrm{d}}{\mathrm{d}x}f(x) \xrightarrow{simplify} \sin x\tan x + x\cos x\tan x + x\sin x\sec^2 x$

例 6　设 $y = x\sin x$，求 $y'\big|_{x=\frac{\pi}{2}}$。

解　$y' = \sin x + x\cos x\qquad y'\left(\dfrac{\pi}{2}\right) = 1$

Mathcad 计算：如果要求给给定函数在某点处的导数值，在当前工作页内，换名定义局部变量并赋值；然后执行求导运算即可。

$$x := \frac{\pi}{2}, \quad f(x) := x\sin x$$

$$\frac{\mathrm{d}}{\mathrm{d}x}f(x) \to 1 \quad 或者 \quad f(x) := x\sin x$$

$$\frac{\mathrm{d}}{\mathrm{d}x}f(x) \to \sin x + x\cos x$$

$$f'(x) := \sin x + x\cos x$$

$$f'\left(\frac{\pi}{2}\right) \to 1$$

思考题：

1. 已知 $y = \dfrac{x\sin x}{1 + \cos x}$，则 $y' = \dfrac{(x\sin x)'}{(1 + \cos x)'} = \dfrac{1 + \cos x}{-\cos x}$ 是否正确？

2. 已知 $y = 2^x + \ln\pi$，则 $y' = (2^x)' + (\ln\pi)' = 2^x\ln 2 + \dfrac{1}{\pi}$ 是否正确？

习题　2-2

1. 证明导数基本公式：

(1) $(\cot x)' = -\csc^2 x$;

(2) $(\csc x)' = -\csc x\cot x$。

2. 求下列函数的导数：

(1) $y = \dfrac{\sin x}{x} + \dfrac{2}{x}$;

(2) $f(t) = \log_3 t + \log_a 3 + \mathrm{e}^t$;

(3) $y = \dfrac{\sin t}{\sin t + \cos t}$;

(4) $y = \dfrac{\tan x}{1 + \sec x}$;

(5) $y = x\sin x\ln x$;

(6) $y = \dfrac{x\sin x + \cos x}{x\cos x - \sin x}$;

(7) $y = a^x\mathrm{e}^x (a > 0, a \neq 1)$;

(8) $y = \sqrt{x}2^x\cos x$;

(9) 用 Mathcad 计算以上导数。

3. 求下列函数在指定点的导数：

(1) $y = \cos x \sin x$，求 $y'\big|_{x=\frac{\pi}{6}}$，$y'\big|_{x=\frac{\pi}{4}}$；

(2) $\rho = \varphi \tan \varphi + \dfrac{1}{2}\cos\varphi$，求 $\rho'\big|_{\varphi=\frac{\pi}{4}}$；

(3) $f(t) = \dfrac{1-\sqrt{t}}{1+\sqrt{t}}$，求 $f'(0)$，$f'(2)$；

(4) $y = a_0 x^n + a_1 x^{n-1} + \cdots a_{n-1} x + a_n$，则 $f'(0)$；

(5) 用 Mathcad 计算以上导数。

4. 求曲线 $y = \tan x$ 在点 $M\left(\dfrac{\pi}{4}, 1\right)$ 处的切线方程和法线方程。

5(B). 正弦曲线 $y = \sin x$ 在 $[0, \pi]$ 上哪一点处的切线与 x 轴成 $\dfrac{\pi}{4}$ 的角？哪一点处的切线与 $A(-2, 0)$ 和 $B(0, 1)$ 的连线平行？

第三节　反函数与复合函数的导数

一、反函数的求导法则（A）

由于反三角函数是三角函数的反函数，为得到它们的求导公式，下面给出反函数求导法则。

定理　在区间 I 内严格单调的可导函数 $x = \varphi(y)$，如果 $\varphi(y)' \neq 0$，则其反函数 $y = f(x)$ 在对应区间内可导，且有

$$f(x)' = \frac{1}{\varphi'(y)} \quad \text{或} \quad \frac{\mathrm{d}y}{\mathrm{d}x} = \frac{1}{\dfrac{\mathrm{d}x}{\mathrm{d}y}}$$

证　对于函数 $y = f(x)$，给自变量 x 以改变量 Δx，对应函数的改变量为 Δy，由于直接函数 $x = \varphi(y)$ 严格单调，所以当 $\Delta x \neq 0$ 时，必有 $\Delta y \neq 0$，从而 $\dfrac{\Delta y}{\Delta x} = \dfrac{1}{\dfrac{\Delta x}{\Delta y}}$。又因为 $x = \varphi(y)$ 可导（必连续），且严格单调，所以，其反函数 $y = f(x)$ 连续。因此，当 $\Delta x \to 0$ 时，有 $\Delta y \to 0$。于是，$\lim\limits_{\Delta x \to 0}\dfrac{\Delta y}{\Delta x} = \lim\limits_{\Delta x \to 0}\dfrac{1}{\dfrac{\Delta x}{\Delta y}} = \dfrac{1}{\lim\limits_{\Delta x \to 0}\dfrac{\Delta x}{\Delta y}} = \dfrac{1}{\varphi'(y)}$，即 $f(x)' = \dfrac{1}{\varphi'(y)}$。简言之，反函数的导数等于直接函数的导数的倒数。

例1　求反正弦函数 $y = \arcsin x\,(-1 < x < 1)$ 的导数。

解　函数 $y = \arcsin x$ 是函数 $x = \sin y$ 的反三角函数，而 $x = \sin y\left(-\dfrac{\pi}{2} < y < \dfrac{\pi}{2}\right)$ 严格单调、可导，所以

$$\frac{\mathrm{d}y}{\mathrm{d}x} = \frac{1}{\dfrac{\mathrm{d}x}{\mathrm{d}y}} = \frac{1}{(\sin y)'} = \frac{1}{\cos y} = \frac{1}{\sqrt{1-\sin^2 y}} = \frac{1}{\sqrt{1-x^2}}$$

即
$$(\arcsin x)' = \frac{1}{\sqrt{1-x^2}}$$

用类似的方法可得下列公式：

$$\begin{cases} (\arccos x)' = -\dfrac{1}{\sqrt{1-x^2}} \\[3mm] (\arctan x)' = \dfrac{1}{1+x^2} \\[3mm] (\text{arccot}\,x)' = -\dfrac{1}{1+x^2} \end{cases}$$

二、复合函数的求导法则

法则　设函数 $u = \varphi(x)$ 在点 x 处可导，函数 $y = f(u)$ 在点 u 处可导，则复合函数 $y = f[\varphi(x)]$ 在点 x 处可导，且 $\dfrac{dy}{dx} = \dfrac{dy}{du} \cdot \dfrac{du}{dx} = f'(u) \cdot \varphi'(x) = f'[\varphi(x)] \cdot \varphi'(x)$ 或记为 $y'_x = y'_u \cdot u'_x$。

证　当自变量 x 有增量 Δx 时，函数 $u = \varphi(x)$ 的增量为 Δu，函数 $y = f(u)$ 相应的增量为 Δy，因为 $u = \varphi(x)$ 可导，所以连续，于是 $\lim\limits_{\Delta x \to 0} \Delta u = 0$。设 $\Delta u \neq 0$，则

$$\frac{dy}{dx} = \lim_{\Delta x \to 0} \frac{\Delta y}{\Delta x} = \lim_{\Delta x \to 0} \frac{\Delta y}{\Delta u} \cdot \frac{\Delta u}{\Delta x} = \lim_{\Delta u \to 0} \frac{\Delta y}{\Delta u} \lim_{\Delta x \to 0} \frac{\Delta u}{\Delta x} = \frac{dy}{du} \cdot \frac{du}{dx}$$

即
$$\frac{dy}{dx} = \frac{dy}{du} \cdot \frac{du}{dx}$$

该式称为复合函数的**链式求导法则**。该法则表明：函数 y 对自变量 x 的导数等于 y 对内层（中间变量 u）的导数乘以内层（中间变量 u）对自变量 x 的导数。

例2　$y = \ln\tan x$，求 $\dfrac{dy}{dx}$。

解　复合函数 $y = \ln\tan x$ 的外层，可以看成是关于内层（中间变量 $u = \tan x$）的对数函数 $y = \ln u$；复合函数的求导法则 $\dfrac{dy}{dx} = \dfrac{dy}{du} \cdot \dfrac{du}{dx}$ 可以理解为：y 对自变量的导数等于 y 对内层的导数，乘以内层对自变量的导数。则

$$\frac{dy}{dx} = \frac{dy}{du} \cdot \frac{du}{dx} = \frac{1}{\tan x} \cdot (\tan x)' = \frac{1}{\tan x} \cdot \sec^2 x = \frac{1}{\sin x \cos x} = \frac{2}{\sin 2x}$$

例3　$y = \tan^3(\ln x)$。

解　函数 $y = \tan^3(\ln x)$ 的外层是幂函数 $y = u^3$，内层是 $u = \tan(\ln x)$，y 对内层的导数 $\dfrac{dy}{du} = 3u^2 = 3\tan^2(\ln x)$，内层对自变量的导数 $\dfrac{du}{dx} = [\tan(\ln x)]'$；对于 $\tan(\ln x)$ 求导时，再分外层和内层，如此层层推进。于是有

$$\frac{dy}{dx} = \frac{dy}{du} \cdot \frac{du}{dx} = 3\tan^2(\ln x)[\tan(\ln x)]' = 3\tan^2(\ln x)\sec^2(\ln x)(\ln x)'$$

$$= 3\tan^2(\ln x)\sec^2(\ln x)\frac{1}{x} = \frac{3}{x}\tan^2(\ln x)\sec^2(\ln x)$$

说明 复合函数的求导，关键是分清外层和内层，利用链式法则层层推进。我们有口诀，"分清内外，层层推进"。

例4 求 $y = \tan^2\dfrac{x}{2}$ 的导数。

解 $\dfrac{dy}{dx} = 2\tan\dfrac{x}{2}\left(\tan\dfrac{x}{2}\right)' = 2\tan\dfrac{x}{2}\sec^2\left(\dfrac{x}{2}\right)\left(\dfrac{x}{2}\right)' = \tan\dfrac{x}{2}\sec^2\left(\dfrac{x}{2}\right)$

求函数的导数时，有时需要同时运用函数的和、差、积、商的求导法则和复合函数的求导法则。

例5 求函数 $y = \ln\sqrt{\dfrac{1+x}{1-x}}$ 的导数。

解 因为 $y = \ln\sqrt{\dfrac{1+x}{1-x}} = \dfrac{1}{2}\left[\ln(1+x) - \ln(1-x)\right]$

所以 $y' = \dfrac{1}{2}\left[\dfrac{1}{1+x}(1+x)' - \dfrac{1}{1-x}(1-x)'\right] = \dfrac{1}{2}\left(\dfrac{1}{1+x} - \dfrac{-1}{1-x}\right) = \dfrac{1}{1-x^2}$

例6 求函数 $y = e^{\sin\frac{1}{x}}$ 的导数。

解 $y' = e^{\sin\frac{1}{x}}\left(\sin\dfrac{1}{x}\right)' = e^{\sin\frac{1}{x}}\cos\dfrac{1}{x}\left(\dfrac{1}{x}\right)' = -\dfrac{1}{x^2}e^{\sin\frac{1}{x}}\cos\dfrac{1}{x}$

例7 求下列函数的导数：

(1) $y = \sin^2(2-3x)$；　　(2) $y = \log_3\cos\sqrt{x^2+1}$。

解 (1) $y' = 2\sin x(2-3x)\cos(2-3x)(-3) = -3\sin(4-6x)$

Mathcad 计算：$f(x) := \sin^2(2-3x)$

$$\frac{d}{dx}f(x) \rightarrow -3\sin(4-6x)$$

(2) $y' = \dfrac{1}{\cos\sqrt{x^2+1}\cdot\ln 3}(-\sin\sqrt{x^2+1})\cdot\dfrac{2x}{2\sqrt{x^2+1}} = -\dfrac{x}{\ln 3\sqrt{x^2+1}}\tan\sqrt{x^2+1}$

Mathcad 计算：$f(x) := \log_3\cos\sqrt{x^2+1}$

$$\frac{d}{dx}f(x) \xrightarrow{simplify} -\dfrac{x}{\ln 3\sqrt{x^2+1}}\tan\sqrt{x^2+1}$$

思考题：

1. 由复合函数的求导法则和基本初等函数的求导公式可以求出任一初等函数的导数吗？

2. 已知 $y = \ln^3 2x$，则 $y' = 3\ln^2 2x$ 是否正确？

习题 2-3

1. 求下列函数的导数：

(1) $y = (1-x)^{100}$；　　　　　　　　(2) $y = (\ln x)^3$；

（3）$y = \sec^2(\ln x)$；

（4）$y = \left(\dfrac{1+x^2}{1-x}\right)^3$；

（5）$y = \dfrac{\sin 2x}{1-\cos 2x}$；

（6）$y = \ln\cos(\sec^2 x)$；

（7）$y = \ln\tan\dfrac{x}{2}$；

（8）$y = \ln(x + \sqrt{x^2 + a^2})$；

（9）$y = \ln(\ln(\ln x))$；

（10）$y = 2^{\frac{x}{\ln x}}$；

（11）$y = x\arcsin(\ln x)$；

（12）$y = \operatorname{arccot}(1 - x^2)$；

（13）$y = e^{\arctan\sqrt{x}}$；

（14）$y = x\arccos x - \sqrt{1 - x^2}$；

（15）用 Mathcad 计算上述各题。

2. 已知质点作直线运动，其运动规律为 $s = A\sin\left(\dfrac{2\pi}{T}t + \dfrac{\pi}{2}\right)$，其中 A、T 是常数，求 $t = \dfrac{T}{4}$、$t = T$ 时的运动速度。

3（AT）. 曲线 $y = x\ln x^2$ 的切线垂直于直线 $2x + 6y + 3 = 0$，求这条切线的方程。

第四节　隐函数和参数方程所确定的函数的导数及初等函数的导数

一、隐函数的导数（A）

我们以前所遇到的函数大都是一个变量明显是另一个变量的函数，形如 $y = f(x)$，称为显函数。如果一个函数的自变量 x 和变量 y 之间的对应关系是由一个二元方程所确定的，那么这样的函数称为隐函数。如方程 $x^3 - 2y + 1 = 0$，$x + y - e^y = 0$ 都是隐函数，前者能化成显函数，而后者不能。

隐函数的求导法则：方程两边对 x 求导，变量 y 是 x 的函数，y 视为中间变量，运用求导法则（和、差、积、商及复合函数的导数）求导，然后解出 y'。

注意　隐函数求导的本质是利用复合函数求导法则。

例 1　求隐函数 $x + y - e^y = 0$ 的导数。

解　方程两边对 x 求导

$$1 + y' - e^y \cdot y' = 0$$

解得

$$y' = \frac{1}{e^y - 1}$$

例 2　求由方程 $x^2 + y^2 = R^2$ 所确定的隐函数的导数。

解　方程两边同时对 x 求导，y 是 x 的函数，即

$$(x^2)' + (y^2)' = (R^2)'$$

$$2x + 2y\frac{\mathrm{d}y}{\mathrm{d}x} = 0$$

解得

$$\frac{\mathrm{d}y}{\mathrm{d}x} = -\frac{x}{y}$$

例 3　证明 $(\arcsin x)' = \dfrac{1}{\sqrt{1 - x^2}}$。

解　设 $y = \arcsin x$，则 $x = \sin y$，两边对 x 求导得

$$(x)' = (\sin y)'$$

$$1 = \cos y \cdot y'$$

解得

$$y' = \frac{1}{\cos y} = \frac{1}{\sqrt{1 - \sin^2 y}} = \frac{1}{\sqrt{1 - x^2}} \left(-\frac{\pi}{2} < y < \frac{\pi}{2} \right)$$

例 4　求指数函数 $y = a^x$（$a > 0$，$a \neq 1$）的导数。

解　指数函数 $y = a^x$ 的对数形式为：$x = \log_a y$

方程两边对 x 求导　　　　　$1 = \dfrac{1}{y \ln a} \cdot y'$

则　　　　　　　　　　　　$y' = y \ln a = a^x \ln a$

即　　　　　　　　　　　　$(a^x)' = a^x \ln a$

特别地，当 $a = e$ 时，$(e^x)' = e^x$。

注意　有时，一些显函数不易直接求导，化成隐函数求导是比较方便的。如幂指函数 $y = u^v$（其中 $u = u(x)$、$v = v(x)$，都是 x 的函数，且 $u > 0$）；又如，由多次乘除运算与乘方、开方运算得到的函数。对这样的函数求导，可先对等式两边取对数，化成隐函数的形式，再用隐函数的求导方法求导，这种求导方法叫**对数求导法**。

例 5　求 $y = x^x$（$x > 0$）的导数。

解　法一　两边取对数　　　　$\ln y = x \ln x$

两边对 x 求导　　　　　　　$\dfrac{1}{y} \cdot y' = \ln x + 1$

$$y' = y(1 + \ln x) = x^x(1 + \ln x)$$

法二　我们可以用对数恒等式把函数作恒等变形，即

$$y' = (x^x)' = (e^{x\ln x})' = e^{x\ln x} \cdot (x\ln x)' = x^x \cdot \left(1 \cdot \ln x + x \cdot \frac{1}{x}\right) = x^x(1 + \ln x)$$

Mathcad 计算：　　　　　　$y(x) := x^x$

按 Ctrl + D　　　　　　　$\dfrac{dy(x)}{dx} \to x^x(1 + \ln x)$

例 6　求 $y = \sqrt{\dfrac{(x-4)(x-3)}{(x-2)(x-1)}}$ 的导数。

解　先两边取对数　　$\ln y = \dfrac{1}{2}\left[\ln(x-4) + \ln(x-3) - \ln(x-2) - \ln(x-1)\right]$

方程两边对 x 求导　　　$\dfrac{1}{y} \cdot y' = \dfrac{1}{2}\left(\dfrac{1}{x-4} + \dfrac{1}{x-3} - \dfrac{1}{x-2} - \dfrac{1}{x-1}\right)$

解得　　$y' = \dfrac{1}{2}\sqrt{\dfrac{(x-4)(x-3)}{(x-2)(x-1)}}\left(\dfrac{1}{x-4} + \dfrac{1}{x-3} - \dfrac{1}{x-2} - \dfrac{1}{x-1}\right)$

Mathcad 计算　　　　$y(x) := \sqrt{\dfrac{(x-4)(x-3)}{(x-2)(x-1)}}$

按 Ctrl + D　　　$\dfrac{\mathrm{d}y(x)}{\mathrm{d}x} \to \dfrac{1}{2}\sqrt{\dfrac{(x-4)(x-3)}{(x-2)(x-1)}}\left(\dfrac{1}{x-4}+\dfrac{1}{x-3}-\dfrac{1}{x-2}-\dfrac{1}{x-1}\right)$

二、参数方程所确定的函数的导数（A）

对于平面曲线的描述，除了已经介绍的显函数 $y = f(x)$ 和隐函数 $F(x,y) = 0$ 以外，还可以用曲线的参数方程。如参数方程 $\begin{cases} x = a\cos\theta \\ y = a\sin\theta \end{cases}$ $(0 \leqslant \theta \leqslant 2\pi)$ 表示中心在原点，半径为 a 的圆。

一般地，如果参数方程 $\begin{cases} x = \varphi(t) \\ y = \psi(t) \end{cases}$ $(t \in T)$ 确定 y 与 x 之间的函数关系，则称此函数关系所表达的函数为该参数方程所确定的函数。

当 $x = \varphi(t)$，$y = \psi(t)$ 可导，且 $\varphi(t) \neq 0$ 时，$x = \varphi(t)$ 有反函数 $t = \varphi^{-1}(x)$，代入 y 中得 $y = \psi(\varphi^{-1}(x))$ 为 x 的复合函数，视 t 为中间变量，利用复合函数和反函数的求导法则，有 $\dfrac{\mathrm{d}y}{\mathrm{d}x} = \dfrac{\mathrm{d}y}{\mathrm{d}t} \cdot \dfrac{\mathrm{d}t}{\mathrm{d}x} = \dfrac{\mathrm{d}y/\mathrm{d}t}{\mathrm{d}x/\mathrm{d}t} = \dfrac{\psi'(x)}{\varphi'(x)}$ 这就是由参数方程所确定的函数的导数。

例 7　求由参数方程 $\begin{cases} x = a(t - \sin t) \\ y = a(1 - \cos t) \end{cases}$ 确定的函数 $y = f(x)$ 的导数 $\dfrac{\mathrm{d}y}{\mathrm{d}x}$。

解　　　$\dfrac{\mathrm{d}y}{\mathrm{d}x} = \dfrac{\mathrm{d}y/\mathrm{d}t}{\mathrm{d}x/\mathrm{d}t} = \dfrac{[a(1-\cos t)]'}{[a(t-\sin t)]'} = \dfrac{a\sin t}{a(1-\cos t)} = \dfrac{\sin t}{1-\cos t}$

Mathcad 计算：　　$x(a,t): = a \cdot (t - \sin(t))$，　$y(a,t): = a \cdot (1 - \cos(t))$

$$\dfrac{\dfrac{\mathrm{d}}{\mathrm{d}t}y(a,t)}{\dfrac{\mathrm{d}}{\mathrm{d}t}x(a,t)} \to \dfrac{\sin(t)}{1 - \cos(t)}$$

三、初等函数的导数

前面给出了所有基本初等函数的导数公式，函数的和、差、积、商的求导法则，复合函数的求导法则，至此，我们完全解决了任意初等函数的求导问题。为便于查阅，列表如下（见表 2-1 和表 2-2）。

表 2-1　基本初等函数的导数公式

(1)	$C' = 0$	(9)	$(a^x)' = a^x \ln a$
(2)	$(x^\alpha)' = \alpha x^{\alpha-1}$	(10)	$(\mathrm{e}^x)' = \mathrm{e}^x$
(3)	$(\sin x)' = \cos x$	(11)	$(\log_a x)' = \dfrac{1}{x\ln a}$
(4)	$(\cos x)' = -\sin x$	(12)	$(\ln|x|)' = \dfrac{1}{x}(x \neq 0)$
(5)	$(\tan x)' = \sec^2 x$	(13)	$(\arcsin x)' = \dfrac{1}{\sqrt{1-x^2}}$
(6)	$(\cot x)' = -\csc^2 x$	(14)	$(\arccos x)' = -\dfrac{1}{\sqrt{1-x^2}}$
(7)	$(\sec x)' = \sec x\tan x$	(15)	$(\arctan x)' = \dfrac{1}{1+x^2}$
(8)	$(\csc x)' = -\csc x\cot x$	(16)	$(\text{arccot}\,x)' = -\dfrac{1}{1+x^2}$

表 2-2 求导法则

(1)	$[u(x) \pm v(x)]' = u'(x) \pm v'(x)$
(2)	$[u(x)v(x)]' = u'(x)v(x) + u(x)v'(x)$
(3)	$[Cu(x)]' = C[u(x)]'$
(4)	$\left[\dfrac{u(x)}{v(x)}\right]' = \dfrac{u'(x)v(x) - u(x)v'(x)}{v^2(x)}$
(5)	设 $y = f(u)$，$u = \varphi(x)$，则复合函数 $y = f[\varphi(x)]$ 的求导法则为 $\dfrac{dy}{dx} = \dfrac{dy}{du} \cdot \dfrac{du}{dx}$
(6)	反函数的求导法：设 $y = f(x)$ 是 $x = \varphi(y)$ 的反函数，则 $$f'(x) = \frac{1}{\varphi'(y)}(\varphi'(y) \neq 0) \quad \text{或} \quad \frac{dy}{dx} = \frac{1}{\frac{dx}{dy}}\left(\frac{dx}{dy} \neq 0\right)$$
(7)	隐函数的导数：方程两边同时对自变量求导，y 视为中间变量，是 x 的函数
(8)	取对数法：由多次乘除运算与乘方、开方运算得到的函数的导数，可利用取对数法，化为隐函数求导
(9)	幂指函数的导数求法有两种方法：(1) 取对数法；(2) 利用对数恒等式变形求导

思考题：

1. 用隐函数的求导法则求导时，应注意什么？

2. 已知 $\sin y + y = e^x$，两边同时对 x 求导数，得：$\cos y + y' = e^x$，则 $y' = e^x - \cos y$，计算是否正确？

3. 对数求导法的适用范围？

习题 2-4

1(AT). 求下列函数的导数：

(1) $ye^x + \ln x = 10$；

(2) $y = x + \ln y$；

(3) $\sin(xy) = x - e^2$；

(4) $\sqrt{x} + \sqrt{y} = \sqrt{a}$；

(5) $\ln \sqrt{x^2 + y^2} = \arctan \dfrac{x}{y}$；

(6) $x\cos y = \sin(x + y)$；

(7) $ye^x + \ln y = 1$；

(8) $\dfrac{y^2}{x + y} = 1 - x^2$；

(9) $y = \dfrac{\sqrt{x + 2}(3 - x)^4}{x + 1}$；

(10) $y = x^{\sin x} \ (x > 0)$；

(11) $y = \sqrt{(x^2 + 1)(x^2 - 2)}$；

(12) $y = \dfrac{\sqrt{x + 1}}{\sqrt[3]{x - 2}(x + 3)^3}$；

(13) $y = \left(\dfrac{x}{1 + x}\right)^x$；

(14) $y^x = e$；

(15) 用 Mathcad 计算以上导数。

2(AT). 求下列隐函数在指定点的导数：

(1) $e^y - xy = e$，点 $(0, 1)$；

(2) $y = \cos x + \dfrac{1}{2}\sin y$，点 $\left(\dfrac{\pi}{2}, 0\right)$。

3（AT）. 求椭圆 $\dfrac{x^2}{9} + \dfrac{y^2}{4} = 1$ 在点 $\left(1, \dfrac{4\sqrt{2}}{3}\right)$ 处的切线方程.

4（AT）. 求曲线 $\begin{cases} x = \cos t \\ y = \sin \dfrac{t}{2} \end{cases}$ 上 $t = \dfrac{\pi}{3}$ 处的切线方程与法线方程.

第五节　二元函数的偏导数（A）

一、二元函数的偏导数

定义　在研究一元函数时，我们从研究函数的变化率引入了导数概念. 对于多元函数同样需要讨论它的变化率，但多元函数的自变量不止一个，因变量与自变量的关系要比一元函数复杂得多. 在这一节里，我们首先考虑多元函数关于其中一个自变量的变化率. 以二元函数 $z = f(x, y)$ 为例，如果只有自变量 x 变化，而自变量 y 固定（即看做常量），这时它就是 x 的一元函数，这个函数对 x 的导数，就称为二元函数 $z = f(x, y)$ 对于 x 的**偏导数**.

定义　设函数 $z = f(x, y)$ 在点 $P_0(x_0, y_0)$ 的某邻域 $U(P_0, \delta)$ 内有定义，固定 $y = y_0$，在点 (x_0, y_0) 处给 x 以增量 Δx，得函数 $f(x, y)$ 在点 (x_0, y_0) 处关于 x 的**偏增量**，即 $\Delta_x f(x_0, y_0) = f(x_0 + \Delta x, y_0) - f(x_0, y_0)$ 如果 $\lim\limits_{\Delta x \to 0} \dfrac{\Delta_x f(x_0, y_0)}{\Delta x} = \lim\limits_{\Delta x \to 0} \dfrac{f(x_0 + \Delta x, y_0) - f(x_0, y_0)}{\Delta x}$ 存在，则称该极限值为函数 $f(x, y)$ 在点 (x_0, y_0) 处关于自变量 x 的偏导数，记为

$$f_x'(x_0, y_0), \frac{\partial f}{\partial x}\bigg|_{\substack{x = x_0 \\ y = y_0}}, \quad z_x'(x_0, y_0), \frac{\partial z}{\partial x}\bigg|_{\substack{x = x_0 \\ y = y_0}}$$

即　　　　$$f_x'(x_0, y_0) = \lim\limits_{\Delta x \to 0} \frac{\Delta_x f(x_0, y_0)}{\Delta x} = \lim\limits_{\Delta x \to 0} \frac{f(x_0 + \Delta x, y_0) - f(x_0, y_0)}{\Delta x}$$

类似地，若函数 $f(x, y)$ 在点 (x_0, y_0) 处关于自变量 y 的偏增量为 $\Delta_y f(x_0, y_0) = f(x_0, y_0 + \Delta y) - f(x_0, y_0)$，如果 $\lim\limits_{\Delta y \to 0} \dfrac{\Delta_y f(x_0, y_0)}{\Delta y} = \lim\limits_{\Delta y \to 0} \dfrac{f(x_0, y_0 + \Delta y) - f(x_0, y_0)}{\Delta y}$ 存在，则称该极限值为函数 $f(x, y)$ 在点 (x_0, y_0) 处关于自变量 y 的偏导数，记为

$$f_y'(x_0, y_0), \frac{\partial f}{\partial y}\bigg|_{\substack{x = x_0 \\ y = y_0}}, \quad z_y'(x_0, y_0), \frac{\partial z}{\partial y}\bigg|_{\substack{x = x_0 \\ y = y_0}}$$

注意　求多元函数对一个自变量的偏导数时，只需将其他的自变量视为常数，用一元函数求导法求导即可.

若函数 $z = f(x, y)$ 在区域 D 内每一点 $P(x, y)$ 处有关于 x 的偏导数，则这个偏导数仍是 x, y 的函数，称为函数 $z = f(x, y)$ 关于自变量 x 的偏导函数，也简称为关于自变量 x 的偏导数，记为

$$f_x'(x, y), \quad \frac{\partial f}{\partial x}, \quad z_x', \quad \frac{\partial z}{\partial x}$$

类似地，可定义函数 $z = f(x, y)$ 在区域 D 内关于自变量 y 的偏导函数，也简称为关于

自变量 y 的偏导数，记为

$$f_y'(x,y),\quad \frac{\partial f}{\partial y},\quad z_y',\quad \frac{\partial z}{\partial y}$$

例 1　求函数 $f(x,y)=x^2+3xy+y^2$ 在点（1，2）处的偏导数。

解　**法一**　$f_x'(1,2)=\dfrac{\mathrm{d}f(x,2)}{\mathrm{d}x}\Big|_{x=1}=(2x+6)\,\big|_{x=1}=8$

$f_y'(1,2)=\dfrac{\mathrm{d}f(1,y)}{\mathrm{d}y}\Big|_{y=2}=(3+2y)\,\big|_{y=2}=7$

　　法二　$f_x'(x,y)=2x+3y,\quad f_y'(x,y)=3x+2y$

$f_x'(1,2)=8,\quad f_y'(1,2)=7$

例 2　求函数 $f(x,y)=\arctan\dfrac{y}{x}$ 的偏导数。

解　$\dfrac{\partial f}{\partial x}=\dfrac{1}{1+\left(\dfrac{y}{x}\right)^2}\cdot\left(\dfrac{y}{x}\right)_x'=\dfrac{1}{1+\left(\dfrac{y}{x}\right)^2}\cdot\left(\dfrac{-y}{x^2}\right)=\dfrac{-y}{x^2+y^2}$

$\dfrac{\partial f}{\partial y}=\dfrac{1}{1+\left(\dfrac{y}{x}\right)^2}\cdot\left(\dfrac{y}{x}\right)_y'=\dfrac{1}{1+\left(\dfrac{y}{x}\right)^2}\cdot\left(\dfrac{1}{x}\right)=\dfrac{x}{x^2+y^2}$

例 3　求函数 $z=x^y\,(x>0)$ 的偏导数。

解　$\dfrac{\partial z}{\partial x}=yx^{y-1},\quad \dfrac{\partial z}{\partial y}=x^y\ln x$

Mathcad 计算：　$f(x,y):=x^y,\ \dfrac{\partial}{\partial x}f(x,y)\rightarrow y\cdot x^{y-1},\ \dfrac{\partial}{\partial y}f(x,y)\rightarrow x^y\cdot\ln x$

例 4　求函数 $u=\sin(x+y^2-\mathrm{e}^z)$ 的偏导数。

解　$\dfrac{\partial u}{\partial x}=\cos(x+y^2-\mathrm{e}^z)$

$\dfrac{\partial u}{\partial y}=2y\cos(x+y^2-\mathrm{e}^z)$

$\dfrac{\partial u}{\partial z}=-\mathrm{e}^z\cos(x+y^2-\mathrm{e}^z)$

在学习一元函数的导数时，如果 $y=f(x)$ 在点 x_0 处可导，则必在点 x_0 处连续。但是，此结论对二元函数不成立，即函数 $z=f(x,y)$ 的偏导数存在，不能保证函数连续。例如函数

$$f(x,y)=\begin{cases}\dfrac{xy}{x^2+y^2} & (x^2+y^2\neq0)\\[2mm]0 & (x^2+y^2=0)\end{cases}$$

因为　　　　$\displaystyle\lim_{\Delta x\to0}\frac{f(0+\Delta x)-f(0,0)}{\Delta x}=\lim_{\Delta x\to0}\frac{\dfrac{\Delta x\cdot0}{(\Delta x)^2+0^2}}{\Delta x}=0$

所以　　　　　　　　　　$f_x'(0,0)=0$

同理，$f'_y(0,0) = 0$，而第一节中已说明极限不存在，说明了此函数在点（0，0）处偏导数存在，但不连续。

二、二元复合函数的求导法则

1. 复合函数的中间变量均为一元函数的情形

定理 1　如果函数 $u = \varphi(x)$，$v = \psi(x)$ 均在 x 处可导，函数 $z = f(u,v)$ 在对应点（u，v）处具有连续偏导数，则复合函数 $z = f[\varphi(x),\psi(x)]$ 在 x 处可导，且有

$$\frac{\mathrm{d}z}{\mathrm{d}x} = \frac{\partial z}{\partial u} \cdot \frac{\mathrm{d}u}{\mathrm{d}x} + \frac{\partial z}{\partial v} \cdot \frac{\mathrm{d}v}{\mathrm{d}x}$$

$\dfrac{\mathrm{d}z}{\mathrm{d}x}$ 称为全导数。

同理，设 $z = f(u,v,w)$，$u = \varphi(x)$，$v = \psi(x)$，$w = \omega(x)$ 复合而得复合函数 $z = f[\varphi(x),\psi(x),\omega(x)]$ 的导数为

$$\frac{\mathrm{d}z}{\mathrm{d}x} = \frac{\partial z}{\partial u} \cdot \frac{\mathrm{d}u}{\mathrm{d}x} + \frac{\partial z}{\partial v} \cdot \frac{\mathrm{d}v}{\mathrm{d}x} + \frac{\partial z}{\partial w} \cdot \frac{\mathrm{d}w}{\mathrm{d}x}$$

例 5　设 $z = uv$，$u = \mathrm{e}^x$，$v = \cos x$，求 $\dfrac{\mathrm{d}z}{\mathrm{d}x}$。

解　$\dfrac{\mathrm{d}z}{\mathrm{d}x} = \dfrac{\partial z}{\partial u} \cdot \dfrac{\mathrm{d}u}{\mathrm{d}x} + \dfrac{\partial z}{\partial v} \cdot \dfrac{\mathrm{d}v}{\mathrm{d}x} = v \cdot \mathrm{e}^x + u(-\sin x) = \mathrm{e}^x \cos x - \mathrm{e}^x \sin x = \mathrm{e}^x(\cos x - \sin x)$

Mathcad 计算：赋值 $z(x):=\mathrm{e}^x \cos(x)$

$$\frac{\mathrm{d}z(x)}{\mathrm{d}x} \xrightarrow{simplify} \mathrm{e}^x(\cos x - \sin x)$$

例 6　设 $z = uv + \sin t$，其中 $u = \mathrm{e}^t$，$v = \cos t$，求 $\dfrac{\mathrm{d}z}{\mathrm{d}t}$。

解　令 $u = \mathrm{e}^t$，$v = \cos t$，$t = t$，则有

$$\frac{\mathrm{d}z}{\mathrm{d}t} = \frac{\partial z}{\partial u} \cdot \frac{\mathrm{d}u}{\mathrm{d}t} + \frac{\partial z}{\partial v} \cdot \frac{\mathrm{d}v}{\mathrm{d}t} + \frac{\partial z}{\partial t} \cdot \frac{\mathrm{d}t}{\mathrm{d}t} = v\mathrm{e}^t + u(-\sin t) + \cos t$$

$$= \mathrm{e}^t \cos t - \mathrm{e}^t \sin t + \cos t = (1 + \mathrm{e}^t)\cos t - \mathrm{e}^t \sin t$$

Mathcad 计算：赋值 $z(t):=\mathrm{e}^t \cos(t) + \sin(t)$

$$\frac{\mathrm{d}z(t)}{\mathrm{d}t} \xrightarrow{simplify} \cos t + \mathrm{e}^t(\cos t - \sin t)$$

2. 复合函数的中间变量均是二元函数的情形

定理 2　如果函数 $u = \varphi(x,y)$，$v = \psi(x,y)$ 在点（x,y）处都具有偏导数 $\dfrac{\partial u}{\partial x}$，$\dfrac{\partial u}{\partial y}$，$\dfrac{\partial v}{\partial x}$，$\dfrac{\partial v}{\partial y}$，函数 $z = f(u,v)$ 在对应点（u,v）处具有连续偏导数 $\dfrac{\partial z}{\partial u}$，$\dfrac{\partial z}{\partial v}$，则复合函数 $z = f[\varphi(x,y),\psi(x,y)]$ 在点（x,y）处的两个偏导数存在，且有

$$\begin{cases} \dfrac{\partial z}{\partial x} = \dfrac{\partial z}{\partial u} \cdot \dfrac{\partial u}{\partial x} + \dfrac{\partial z}{\partial v} \cdot \dfrac{\partial v}{\partial x} \\[3mm] \dfrac{\partial z}{\partial y} = \dfrac{\partial z}{\partial u} \cdot \dfrac{\partial u}{\partial y} + \dfrac{\partial z}{\partial v} \cdot \dfrac{\partial v}{\partial y} \end{cases}$$

例 7　设 $z = \ln(u^2 + v)$，$u = \mathrm{e}^{x+y^2}$，$v = x^2 + y$，求 $\dfrac{\partial z}{\partial x}$，$\dfrac{\partial z}{\partial y}$。

解

$$\frac{\partial z}{\partial x} = \frac{\partial z}{\partial u} \cdot \frac{\partial u}{\partial x} + \frac{\partial z}{\partial v} \cdot \frac{\partial v}{\partial x} = \frac{2u}{u^2 + v} \cdot \mathrm{e}^{x+y^2} + \frac{1}{u^2 + v} \cdot 2x$$

$$= \frac{2}{u^2 + v}(u\mathrm{e}^{x+y^2} + x) = \frac{2(\mathrm{e}^{2(x+y^2)} + x)}{\mathrm{e}^{2(x+y^2)} + x^2 + y}$$

$$\frac{\partial z}{\partial y} = \frac{\partial z}{\partial u} \cdot \frac{\partial u}{\partial y} + \frac{\partial z}{\partial v} \cdot \frac{\partial v}{\partial y} = \frac{2u}{u^2 + v} \cdot \mathrm{e}^{x+y^2} \cdot 2y + \frac{1}{u^2 + v} \cdot 1$$

$$= \frac{4uy\mathrm{e}^{x+y^2} + 1}{u^2 + v} = \frac{4y\mathrm{e}^{2(x+y^2)} + 1}{\mathrm{e}^{2(x+y^2)} + x^2 + y}$$

Mathcad 计算：赋值 $z(x,y) := \ln(\mathrm{e}^{2x+2y^2} + x^2 + y)$

$$\frac{\partial z(x,y)}{\partial x} \xrightarrow{\;simplify\;} \quad ; \frac{\partial z(x,y)}{\partial y} \xrightarrow{\;simplify\;}$$

例 8　设函数 $z = f(u,y) = y + 2u$，$u = x^2 + y^2$，证明：$y\dfrac{\partial z}{\partial x} + x\dfrac{\partial z}{\partial y} = x$。

解

$$\frac{\partial z}{\partial x} = \frac{\partial z}{\partial u} \cdot \frac{\partial u}{\partial x} = 2 \cdot 2x = 4x$$

$$\frac{\partial z}{\partial y} = \frac{\partial z}{\partial u} \cdot \frac{\partial u}{\partial y} + \frac{\partial z}{\partial y} \cdot \frac{\mathrm{d}y}{\mathrm{d}y} = 2(-2y) + 1 = 1 - 4y$$

所以

$$y\frac{\partial z}{\partial x} + x\frac{\partial z}{\partial y} = 4xy + x - 4xy = x$$

三、二元隐函数的求导法则

1. 由方程 $F(x,y) = 0$ 所确定的隐函数 $y = f(x)$ 的求导公式

由方程 $F(x,y) = 0$ 所确定的隐函数 $y = f(x)$ 的求导公式为：

$$\frac{\mathrm{d}y}{\mathrm{d}x} = -\frac{\dfrac{\partial F}{\partial x}}{\dfrac{\partial F}{\partial y}}$$

例 9　已知方程 $\ln(\sqrt{x^2 + y^2}) = \arctan\left(\dfrac{x}{y}\right)$ 所确定隐函数，求 $\dfrac{\mathrm{d}y}{\mathrm{d}x}$。

Mathcad 计算：　$F(x,y) := \ln(\sqrt{x^2 + y^2}) - \arctan\left(\dfrac{x}{y}\right)$

$$D(x,y) := -\frac{\dfrac{\partial}{\partial x}F(x,y)}{\dfrac{\partial F(x,y)}{\partial y}} \xrightarrow{\;simplify\;} \frac{x + y}{x - y}, \quad \frac{\mathrm{d}y}{\mathrm{d}x} = D(x,y)$$

2. 由方程 $F(x,y,z) = 0$ 所确定的隐函数 $z = f(x,y)$ 的求导公式

由 $F(x,y,z) = 0$ 所确定的隐函数 $z = f(x,y)$ 的偏导数为：

$$\frac{\partial z}{\partial x} = -\frac{F'_x}{F'_z}, \quad \frac{\partial z}{\partial y} = -\frac{F'_y}{F'_z}$$

例 10　设 $z^3 + 3xyz = a^3$，求 $\frac{\partial z}{\partial x}, \frac{\partial z}{\partial y}$。

解　令 $F(x,y,z) = z^3 + 3xyz - a^3$，则

$$F'_x = 3yz, \quad F'_y = 3xz, \quad F'_z = 3z^2 + 3xy$$

所以当 $z^2 + xy \neq 0$ 时，有

$$\frac{\partial z}{\partial x} = -\frac{F'_x}{F'_z} = -\frac{yz}{z^2 + xy}, \quad \frac{\partial z}{\partial y} = -\frac{F'_y}{F'_z} = -\frac{xz}{z^2 + xy}$$

Mathcad 计算：赋值 $F(x,y,z,a) := z^3 + 3xyz - a^3$

$$\frac{\partial z}{\partial x} = D(x,y,z), \quad D(x,y,z) := -\frac{\dfrac{\partial F(x,y,z,a)}{\partial x}}{\dfrac{\partial F(x,y,z,a)}{\partial z}} \xrightarrow{simplify}$$

$$\frac{\partial z}{\partial y} = G(x,y,z), \quad G(x,y,z) := -\frac{\dfrac{\partial F(x,y,z,a)}{\partial y}}{\dfrac{\partial F(x,y,z,a)}{\partial z}} \xrightarrow{simplify}$$

注意　公式法是 Mathcad 求隐函数导数最方便的方法，这种方法具有普遍性，因为一个显函数也可以化为隐函数。请大家体会练习。

例 11　设方程 $F(x,y,z) = 0$ 能够确定一个变量是其余两个变量的隐函数，且偏导数存在，则 $\frac{\partial x}{\partial y} \cdot \frac{\partial y}{\partial z} \cdot \frac{\partial z}{\partial x} = -1$。

证　由隐函数的偏导数公式有

$$\frac{\partial x}{\partial y} = -\frac{F'_y}{F'_x}, \quad \frac{\partial y}{\partial z} = -\frac{F'_z}{F'_y}, \quad \frac{\partial z}{\partial x} = -\frac{F'_x}{F'_z}$$

所以　　　　$$\frac{\partial x}{\partial y} \cdot \frac{\partial y}{\partial z} \cdot \frac{\partial z}{\partial x} = \left(-\frac{F'_y}{F'_x}\right) \cdot \left(-\frac{F'_z}{F'_y}\right) \cdot \left(-\frac{F'_x}{F'_z}\right) = -1$$

思考题：

1. 一元函数的导数与二元函数的偏导数有何区别与联系？
2. 比较一元函数的二阶导数与二元函数的二阶偏导数的区别与联系。

习题　2-5

1. 求下列函数在指定点处的偏导数：

(1) $f(x,y) = x + y - \sqrt{x^2 + y^2}$，求 $f'_x(3,4)$；

(2) $f(x,y) = \arctan \frac{y}{x}$，求 $f'_x(1,1), f'_y(1,1)$。

2. 求下列函数的偏导数：

$(1)\ z = x^3 y - y^3 x;$ $\qquad$ $(2)\ s = \dfrac{u^2 + v^2}{uv};$

$(3)\ z = \sqrt{\ln(xy)};$ $\qquad$ $(4)\ z = \sin(xy) + \cos^2(xy);$

$(5)\ z = \ln\tan\dfrac{x}{y};$ $\qquad$ $(6)\ u = \arctan(x - y)^z.$

3. 求下列函数的二阶偏导数:

$\quad(1)\ z = x^3 + 3x^2 y + y^4 + 2;$ $\qquad$ $(2)\ z = \sin^2(ax + by)(a,b$ 是常数$)$。

4. 设 $z = \ln\sqrt{(x - a)^2 + (y - b)^2}(a,b$ 为常数$)$,求证:$\dfrac{\partial^2 z}{\partial x^2} + \dfrac{\partial^2 z}{\partial y^2} = 0$。

5. 设 $u = x + \dfrac{x - y}{y - x}$,证明:$\dfrac{\partial u}{\partial x} + \dfrac{\partial u}{\partial y} + \dfrac{\partial u}{\partial z} = 1$。

6. 设 $z = x^2 y$,而 $x = \cos t$,$y = \sin t$,求 $\dfrac{\mathrm{d}z}{\mathrm{d}t}$。

7. 设 $z = \mathrm{e}^{2x - y}$,而 $x = 3t^2$,$y = 2t^3$,求 $\dfrac{\mathrm{d}z}{\mathrm{d}t}$。

8. 设 $z = \arctan(xy)$,而 $y = \mathrm{e}^x$,求 $\dfrac{\mathrm{d}z}{\mathrm{d}x}$。

9. 设 $z = \ln(\mathrm{e}^u + v)$,而 $u = xy$,$v = x^2 - y^2$,求 $\dfrac{\partial z}{\partial x}$,$\dfrac{\partial z}{\partial y}$。

10. 设 $z = \mathrm{e}^u \sin v$,而 $u = x^2$,$v = \dfrac{y}{x}$,求 $\dfrac{\partial z}{\partial x}$,$\dfrac{\partial z}{\partial y}$。

11. 设 $\mathrm{e}^{xy} - xy^2 = \sin y$,求 $\dfrac{\mathrm{d}y}{\mathrm{d}x}$。

第六节 高 阶 导 数

一、高阶导数的概念 (B)

一般地,函数的导数 $y' = f'(x)$ 仍是 x 的函数,如果函数 $y' = f'(x)$ 仍是可导的,则把一阶导函数 $y' = f'(x)$ 的导数叫做函数 $y = f(x)$ 的二阶导数,记为 $y'' = [f'(x)]' = f''(x)$ 或 $\dfrac{\mathrm{d}^2 y}{\mathrm{d}x^2}$。

依次类推,把函数 $y = f(x)$ 的二阶导数的导数叫做函数 $y = f(x)$ 的三阶导数,三阶导数的导数叫做 $y = f(x)$ 的四阶导数,…。一般地,我们把 $f(x)$ 的 $n - 1$ 阶导数的导数叫做函数 $y = f(x)$ 的 n 阶导数。分别记为 y'',y''',$y^{(4)}$,…,$y^{(n)}$ 或 $f''(x)$,$f'''(x)$,$f^{(4)}(x)$,…,$f^{(n)}(x)$ 或 $\dfrac{\mathrm{d}^2 y}{\mathrm{d}x^2}$,$\dfrac{\mathrm{d}^3 y}{\mathrm{d}x^3}$,$\dfrac{\mathrm{d}^4 y}{\mathrm{d}x^4}$,…,$\dfrac{\mathrm{d}^n y}{\mathrm{d}x^n}$。二阶及二阶以上的导数统称**高阶导数**。

例1 求函数 $y = a^x$ 的 n 阶导数。

解
$$y' = a^x \ln a$$
$$y'' = a^x (\ln a)^2$$
$$y''' = a^x (\ln a)^3$$
$$\vdots$$
$$y^{(n)} = a^x (\ln a)^n$$

特别地 $y = \mathrm{e}^x$, 有 $y^{(n)} = \mathrm{e}^x$, 即 $(\mathrm{e}^x)^{(n)} = \mathrm{e}^x$

例 2　已知 $f(x) = \mathrm{e}^{2x-1}$, 求 $f''(0)$。

解　因为 $f'(x) = \mathrm{e}^{2x-1}(2x - 1)' = 2\mathrm{e}^{2x-1}$, $f''(x) = 4\mathrm{e}^{2x-1}$

所以 $f''(0) = \dfrac{4}{\mathrm{e}}$

例 3　求函数 $y = \cos^2 x - \ln x$ 的二阶导数。

解　$y' = 2\cos x(-\sin x) - \dfrac{1}{x} = -\sin 2x - \dfrac{1}{x}$, $y'' = -2\cos 2x + \dfrac{1}{x^2}$

Mathcad 计算 : $f(x) := \cos^2(x) - \ln(x)$

$\dfrac{\mathrm{d}^2}{\mathrm{d}x^2} f(x) \xrightarrow{simplify} -2\cos(2 \cdot x) + \dfrac{1}{(x)^2}$

例 4　已知 $y = a_0 x^n + a_1 x^{n-1} + \cdots + a_{n-1} x + a_n$, 其中 $a_0, a_1, \cdots, a_{n-1}, a_n$ 是常数, 求 y', y'', $\cdots$, $y^{(n)}$。

解　$y' = n a_0 x^{n-1} + a_1(n-1)x^{n-2} + \cdots + 2a_{n-2}x + a_{n-1}$

$y'' = n(n-1)a_0 x^{n-2} + a_1(n-1)(n-2)x^{n-3} + \cdots + 2a_{n-2}$

$\vdots$

$y^{(n)} = n! a_0$

例 5　求正弦函数 $y = \sin x$ 的 n 阶导数。

解　$y' = \cos x = \sin\left(x + \dfrac{\pi}{2}\right)$

$y'' = \cos\left(x + \dfrac{\pi}{2}\right) = \sin\left(x + 2 \times \dfrac{\pi}{2}\right)$

$y''' = \cos\left(x + 2 \times \dfrac{\pi}{2}\right) = \sin\left(x + 3 \times \dfrac{\pi}{2}\right)$

$\vdots$

$y^{(n)} = (\sin x)^{(n)} = \sin\left(x + n \cdot \dfrac{\pi}{2}\right) \quad (n = 1, 2, \cdots)$

类似的方法可得

$$(\cos x)^{(n)} = \cos\left(x + n \cdot \dfrac{\pi}{2}\right) \quad (n = 1, 2, \cdots)$$

例 6　求对数函数 $y = \ln(1 + x)(x > -1)$ 的 n 阶导数。

解　$y' = \dfrac{1}{1+x} = (1+x)^{-1}$

$y'' = -(1+x)^{-2}$

$y''' = (-1)(-2)(1+x)^{-3}$

$y^{(4)} = (-1)(-2)(-3)(1+x)^{-4}$

$\vdots$

$y^{(n)} = (-1)^{n-1}\dfrac{(n-1)!}{(1+x)^n}(x > -1)$

例 7　求由方程 $x\mathrm{e}^y - y + \mathrm{e} = 0$ 所确定的隐函数 $y = y(x)$ 的二阶导数 y''。

解
$$e^y + xe^y y' - y' = 0$$

解得
$$y' = \frac{e^y}{1 - xe^y}$$

$$e^y y' + e^y y' + xe^y (y')^2 + xe^y y'' - y'' = 0$$

$$y'' = \frac{e^y y'(2 + xy')}{1 - xe^y} = \frac{e^{2y}(2 - xe^y)}{(1 - xe^y)^3}$$

二、高阶偏导数（A）

一般地，如果函数 $z = f(x,y)$ 的偏导函数 $\dfrac{\partial z}{\partial x}$，$\dfrac{\partial z}{\partial y}$ 的偏导数存在，则称函数 $f(x,y)$ 具有二阶偏导数，有以下四种形式：

$$\frac{\partial}{\partial x}\left(\frac{\partial z}{\partial x}\right) = \frac{\partial^2 z}{\partial x^2} = f''_{xx}(x,y) = z''_{xx}$$

$$\frac{\partial}{\partial y}\left(\frac{\partial z}{\partial x}\right) = \frac{\partial^2 z}{\partial x \partial y} = f''_{xy}(x,y) = z''_{xy}$$

$$\frac{\partial}{\partial x}\left(\frac{\partial z}{\partial y}\right) = \frac{\partial^2 z}{\partial y \partial x} = f''_{yx}(x,y) = z''_{yx}$$

$$\frac{\partial}{\partial y}\left(\frac{\partial z}{\partial y}\right) = \frac{\partial^2 z}{\partial y^2} = f''_{yy}(x,y) = z''_{yy}$$

其中 $f''_{xy}(x,y)$，$f''_{yx}(x,y)$ 称为函数 $f(x,y)$ 的二阶混合偏导数。

类似地，可以定义三阶及三阶以上的高阶偏导数，二阶及二阶以上的偏导数统称为高阶偏导数。

例 8 求函数 $z = x^3 y^2 - 3xy^3 - xy$ 的二阶偏导数。

解
$$\frac{\partial z}{\partial x} = 3x^2 y^2 - 3y^3 - y, \quad \frac{\partial z}{\partial y} = 2x^3 y - 9xy^2 - x$$

$$\frac{\partial^2 z}{\partial x^2} = 6xy^2, \quad \frac{\partial^2 z}{\partial x \partial y} = 6x^2 y - 9y^2 - 1$$

$$\frac{\partial^2 z}{\partial y \partial x} = 6x^2 y - 9y^2 - 1, \quad \frac{\partial^2 z}{\partial y^2} = 2x^3 - 18xy$$

Mathcad 计算：$z(x,y) := x^3 y^2 - 3xy^3 - xy$

$$\frac{\partial^2 z(x,y)}{\partial x^2} \xrightarrow{simplify}; \frac{\partial^2 z(x,y)}{\partial y^2} \xrightarrow{simplify}; \frac{\partial^2 z(x,y)}{\partial x \partial y} \xrightarrow{simplify}$$

可以证明，$z = f(x,y)$ 的两个混合偏导数 $f''_{xy}(x,y)$，$f''_{yx}(x,y)$ 在区域 D 内连续，那么，在区域 D 内必有 $f''_{xy}(x,y) = f''_{yx}(x,y)$。

例 9 验证函数 $z = \ln \sqrt{x^2 + y^2}$ 满足方程 $\dfrac{\partial^2 z}{\partial x^2} + \dfrac{\partial^2 z}{\partial y^2} = 0$。

解 因为 $z = \ln \sqrt{x^2 + y^2} = \dfrac{1}{2}\ln(x^2 + y^2)$

所以　$\dfrac{\partial z}{\partial x} = \dfrac{x}{x^2 + y^2}$,　　$\dfrac{\partial z}{\partial y} = \dfrac{y}{x^2 + y^2}$

$$\frac{\partial^2 z}{\partial x^2} = \frac{(x^2 + y^2) - x \cdot 2x}{(x^2 + y^2)^2} = \frac{y^2 - x^2}{(x^2 + y^2)^2}$$

$$\frac{\partial^2 z}{\partial y^2} = \frac{(x^2 + y^2) - y \cdot 2y}{(x^2 + y^2)^2} = \frac{x^2 - y^2}{(x^2 + y^2)^2}$$

因此　$\dfrac{\partial^2 z}{\partial x^2} + \dfrac{\partial^2 z}{\partial y^2} = \dfrac{y^2 - x^2}{(x^2 + y^2)^2} + \dfrac{x^2 - y^2}{(x^2 + y^2)^2} = 0$

思考题:

1. 隐函数如何求高阶导数?

2. 已知 $y = \ln x$, 求 $y^{(n)}$。

习题　2-6

1. 求下列函数的二阶导数:

(1) $y = e^x + x^2$;

(2) $s = 10t - \dfrac{1}{2}gt^2$;

(3) $y = \cos^2 x - \ln x$;

(4) $y = \ln(x + \sqrt{1 + x^2})$;

(5) $y = e^{-x}\sin 2x$;

(6) $y = x\arcsin x + \sqrt{1 - x^2}$;

(7) $x^2 - y^2 = 12$。

2. 已知 $y = (1 + x)^5$, 求 $f''(2)$。

3. 函数 $y = e^x\cos x$, 验证方程 $y'' - 2y' + 2y = 0$ 成立。

4. $y = (2x - 1)^{10}$, 求 $y^{(10)}$。

5. $f(x) = e^x + e^{-x}$, 求 $f^{(n)}(0)$。

6. 设函数 $y = x^3\ln x$, 求 $y^{(4)}$。

7(AT). 设函数 $y = x\arcsin x$, 求 $y''(0)$。

第七节　微　　分

一、微分概念

微分的概念是在函数增量的研究中提出来的, 下面看一个函数增量的实例。

1. 引例

一块正方形的金属薄片, 因受温度影响, 其边长由 x_0 变到 $x_0 + \Delta x$, 问薄片面积的改变量是多少 (如图 2-3 所示)?

正方形的面积 y 与边长 x 的关系为 $y = f(x) = x^2$。边长由 x_0 变到 $x_0 + \Delta x$ 时, 面积的改变量为 $\Delta y = (x_0 + \Delta x)^2 - x_0^2 = 2x_0\Delta x + (\Delta x)^2$。其中 Δy 由两部分组成: 一部分是 Δy 的主要部分 (两个矩形面积), 另一部分为 $(\Delta x)^2$ (一个小正方形面积)。当 $|\Delta x|$ 很小时, $(\Delta x)^2$ 是 Δx 的高阶无穷小量, 在 Δy

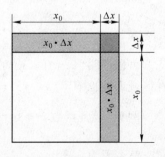

图 2-3

中所起的作用可以忽略，于是，$\Delta y \approx 2x_0 \Delta x = f'(x_0)\Delta x$。

这个例子具有一般性：设函数 $y = f(x)$ 在点 x_0 处可导，则 $f'(x_0) = \lim\limits_{\Delta x \to 0} \dfrac{\Delta y}{\Delta x}$，根据无穷小量和函数极限的关系有

$$\frac{\Delta y}{\Delta x} = f'(x_0) + \alpha \quad (\alpha \text{ 是 } \Delta x \to 0 \text{ 时的无穷小量})$$

于是

$$\Delta y = f'(x_0)\Delta x + \alpha \Delta x$$

当 $f'(x_0) \neq 0$ 时，函数的改变量可以分成两个部分，一部分是 Δy 的主要部分 $f'(x_0)\Delta x$，它是 Δx 的线性函数，叫做 Δy 的线性主部；另一部分 $\alpha \Delta x$ 在 $\Delta x \to 0$ 时，是比 Δx 更高阶的无穷小量，可以忽略不计，所以，$\Delta y \approx f'(x_0)\Delta x$。

2. 定义

如果函数 $y = f(x)$ 在点 x_0 处具有导数 $f'(x_0)$，则 $f'(x_0)\Delta x$（Δy 的线性主部）叫做函数 $y = f(x)$ 在点 x_0 处的微分，记作 $\mathrm{d}y|_{x = x_0}$，即 $\mathrm{d}y|_{x = x_0} = f'(x_0)\Delta x$。

一般地，函数 $y = f(x)$ 在点 x 处的微分，称为函数的微分，记作 $\mathrm{d}y$ 或 $\mathrm{d}f(x)$，即 $\mathrm{d}y = f'(x)\Delta x$，而把自变量的微分定义为自变量增量，记作 $\mathrm{d}x$。即 $\mathrm{d}x = \Delta x$，于是函数 $y = f(x)$ 的微分为

$$\mathrm{d}y = f'(x)\mathrm{d}x$$

该式又可写成 $f'(x) = \dfrac{\mathrm{d}y}{\mathrm{d}x}$。由此可知，函数的导数等于函数的微分与自变量的微分之商。因而，导数也称微商。这样，求一个函数的微分，只要求出这个函数的导数，再乘以自变量的微分 $\mathrm{d}x$ 即可。

例1 求下列函数的微分：

(1) $y = \cos x$；　　(2) $y = 2x + x\mathrm{e}^x$。

解 (1) $\mathrm{d}y = (\cos x)'\mathrm{d}x = -\sin x \mathrm{d}x$

(2) 因为 $\dfrac{\mathrm{d}y}{\mathrm{d}x} = (2x + x\mathrm{e}^x)' = 2 + \mathrm{e}^x + x\mathrm{e}^x$

所以 $\mathrm{d}y = (2 + \mathrm{e}^x + x\mathrm{e}^x)\mathrm{d}x$

从上例可以看出，求导数和求微分在本质上没有什么区别，但不要把导数和微分的概念混淆。

例2 已知隐函数 $xy = \mathrm{e}^{x+y}$，求 $\mathrm{d}y$。

解 方程两边对 x 求导　　$(xy)' = (\mathrm{e}^{x+y})'$

$$y + xy' = \mathrm{e}^{x+y}(1 + y')$$

$$(x - \mathrm{e}^{x+y})y' = \mathrm{e}^{x+y} - y$$

$$y' = \frac{\mathrm{e}^{x+y} - y}{x - \mathrm{e}^{x+y}}$$

$$\mathrm{d}y = y'\mathrm{d}x = \frac{\mathrm{e}^{x+y} - y}{x - \mathrm{e}^{x+y}}\mathrm{d}x$$

二、微分的几何意义（B）

如图 2-4 所示，在曲线 $y = f(x)$ 上取一点 $P(x,y)$，作切线 PT，则切线的斜率为 $\tan\alpha = f'(x)$，自变量 x 处有增量 Δx，则 $PN = \Delta x = \mathrm{d}x$，$MN = \Delta y$，而 $NT = PN\tan\alpha = f'(x)\mathrm{d}x = \mathrm{d}y$。因此，微分的几何意义为：函数 $y = f(x)$ 的微分 $\mathrm{d}y$ 等于曲线 $y = f(x)$ 在点 $P(x,y)$ 处的切线的纵坐标的增量。

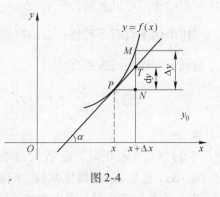

图 2-4

三、微分公式及运算法则

根据导数与微分的关系，可从导数的基本公式和运算法则推出微分的基本公式和运算法则（见表 2-3 和表 2-4）。

1. 微分公式

表 2-3　微分公式

(1)	$C' = 0$	$\mathrm{d}C = 0$
(2)	$(x^\alpha)' = \alpha x^{\alpha-1}$	$\mathrm{d}(x^\alpha) = \alpha x^{\alpha-1}\mathrm{d}x$
(3)	$(\sin x)' = \cos x$	$\mathrm{d}(\sin x) = \cos x\mathrm{d}x$
(4)	$(\cos x)' = -\sin x$	$\mathrm{d}(\cos x) = -\sin x\mathrm{d}x$
(5)	$(\tan x)' = \sec^2 x$	$\mathrm{d}(\tan x) = \sec^2 x\mathrm{d}x$
(6)	$(\cot x)' = -\csc^2 x$	$\mathrm{d}(\cot x) = -\csc^2 x\mathrm{d}x$
(7)	$(\sec x)' = \sec x\tan x$	$\mathrm{d}(\sec x) = \sec x\tan x\mathrm{d}x$
(8)	$(\csc x)' = -\csc x\cot x$	$\mathrm{d}(\csc x) = -\csc x\cot x\mathrm{d}x$
(9)	$(a^x)' = a^x\ln a$	$\mathrm{d}(a^x) = a^x\ln a\mathrm{d}x$
(10)	$(e^x)' = e^x$	$\mathrm{d}(e^x) = e^x\mathrm{d}x$
(11)	$(\log_a x)' = \dfrac{1}{x\ln a}$	$\mathrm{d}(\log_a x) = \dfrac{1}{x\ln a}\mathrm{d}x$
(12)	$(\ln|x|)' = \dfrac{1}{x}(x \neq 0)$	$\mathrm{d}(\ln|x|) = \dfrac{1}{x}\mathrm{d}x(x \neq 0)$
(13)	$(\arcsin x)' = \dfrac{1}{\sqrt{1-x^2}}$	$\mathrm{d}(\arcsin x) = \dfrac{1}{\sqrt{1-x^2}}\mathrm{d}x$
(14)	$(\arccos x)' = -\dfrac{1}{\sqrt{1-x^2}}$	$\mathrm{d}(\arccos x) = -\dfrac{1}{\sqrt{1-x^2}}\mathrm{d}x$
(15)	$(\arctan x)' = \dfrac{1}{1+x^2}$	$\mathrm{d}(\arctan x) = \dfrac{1}{1+x^2}\mathrm{d}x$
(16)	$(\text{arccot}x)' = -\dfrac{1}{1+x^2}$	$\mathrm{d}(\text{arccot}x) = -\dfrac{1}{1+x^2}\mathrm{d}x$

2. 微分法则

表 2-4 微分法则

(1)	$(u \pm v)' = u' \pm v'$	$\mathrm{d}(u \pm v) = \mathrm{d}u \pm \mathrm{d}v$
(2)	$(uv)' = u'v + uv'$	$\mathrm{d}(uv) = v\mathrm{d}u + u\mathrm{d}v$
(3)	$(cu)' = cu'$	$\mathrm{d}(cu) = c\mathrm{d}u$
(4)	$\left(\dfrac{u}{v}\right)' = \dfrac{u'v - uv'}{v^2}$	$\mathrm{d}\left(\dfrac{u}{v}\right) = \dfrac{v\mathrm{d}u - u\mathrm{d}v}{v^2}$
(5)	设 $y = f(u)$, $u = \varphi(x)$, 则复合函数 $y = f[\varphi(x)]$ 的求导法则为 $\dfrac{\mathrm{d}y}{\mathrm{d}x} = \dfrac{\mathrm{d}y}{\mathrm{d}u} \cdot \dfrac{\mathrm{d}u}{\mathrm{d}x} = f'(u)u'$	设 $y = f(u)$, $u = \varphi(x)$, 则复合函数 $y = f[\varphi(x)]$ 的微分法则为 $\mathrm{d}y = \dfrac{\mathrm{d}y}{\mathrm{d}u} \cdot \dfrac{\mathrm{d}u}{\mathrm{d}x} \cdot \mathrm{d}x = f'(u)\mathrm{d}u = f'(u)u'\mathrm{d}x$

3. 复合函数的微分法则（一阶微分形式的不变性）（A）

当 u 是自变量时，函数 $y = f(u)$ 的微分为 $\mathrm{d}y = f'(u)\mathrm{d}u$。当 u 不是自变量，而是 x 的函数 $u = \varphi(x)$ 时，复合函数 $y = f[\varphi(x)]$ 的导数为

$$y'_x = f'(u)\varphi'(x)$$

于是复合函数 $y = f[\varphi(x)]$ 的微分为

$$\mathrm{d}y = y'_x\mathrm{d}x = f'(u)\varphi'(x)\mathrm{d}x = f'(u)\mathrm{d}u$$

因此，从形式上看，不论 u 是自变量还是中间变量，函数 $y = f(u)$ 的微分总保持同一形式，即 $\mathrm{d}y = f'(u)\mathrm{d}u$。微分的这一性质，称为微分一阶形式的不变性。因此，在求复合函数的微分时，可以根据微分定义求，也可以利用微分形式的不变性来求。

例3 求函数 $y = \ln\sin x$ 的微分。

解 法一 求导数 $\dfrac{\mathrm{d}y}{\mathrm{d}x} = \dfrac{1}{\sin x}\cos x$，则 $\mathrm{d}y = \dfrac{1}{\sin x}\cos x\mathrm{d}x = \cot x\mathrm{d}x$

法二 $\mathrm{d}y = \mathrm{d}(\ln\sin x) = \dfrac{1}{\sin x}\mathrm{d}(\sin x) = \dfrac{1}{\sin x}\cos x\mathrm{d}x = \cot x\mathrm{d}x$

例4 在下列括号中填上适当的函数，使等式成立。

(1) $\mathrm{d}(\quad) = x^2\mathrm{d}x$；　　(2) $\mathrm{d}(\quad) = \sin\omega x\mathrm{d}x$

解 (1) 因为 $(x^3)' = 3x^2$

所以 $\left(\dfrac{1}{3}x^3\right)' = x^2$

显然，对任意常数 C 有 $\mathrm{d}\left(\dfrac{1}{3}x^3 + C\right) = x^2\mathrm{d}x$

(2) 因为 $\left(-\dfrac{1}{\omega}\cos\omega x + C\right)' = \sin\omega x$

所以 $\mathrm{d}\left(-\dfrac{1}{\omega}\cos\omega x + C\right) = \sin\omega x\mathrm{d}x$

四、微分的应用（B）

我们主要从近似计算与误差估计两个方面介绍微分的应用。设函数 $y = f(x)$ 在 x_0 处

可导，当 $|\Delta x| \to 0$ 时，有 $\Delta y \approx f'(x_0)\Delta x$，即 $f(x_0 + \Delta x) - f(x_0) \approx f'(x_0)\Delta x$，得计算函数值的近似公式 $f(x) = f(x_0 + \Delta x) \approx f(x_0) + f'(x_0)\Delta x$。

1. 近似计算

（1）求函数在某点附近函数值的近似值

当 $|\Delta x|$ 很小时，$f(x) = f(x_0 + \Delta x) \approx f(x_0) + f'(x_0)\Delta x$；当 $x_0 = 0$ 且 $|x|$ 很小时，$f(x) \approx f(0) + f'(0)x$；当 $|x|$ 很小时，可推得下面一些常用近似公式：

$$\sqrt[n]{1 + x} \approx 1 + \frac{x}{n}$$

$$e^x \approx 1 + x$$

$$\ln(1 + x) \approx x$$

$$\sin x \approx x$$

$$\tan x \approx x$$

$$1 - \cos x \approx \frac{x^2}{2}$$

利用公式 $f(x) = f(x_0 + \Delta x) \approx f(x_0) + f'(x_0)\Delta x$ 计算在点 x_0 附近的点 $x = x_0 + \Delta x$ 处的近似值的一般方法：

1）选择合适的函数；取点 x_0，及 Δx，点 x_0 应使 $f(x_0)$ 及 $f'(x_0)$ 易于计算且使 $|\Delta x|$ 充分小；

2）求出 $f(x_0)$ 及 $f'(x_0)$；

3）代入公式计算。

例 5　求 $\sqrt[3]{7.988}$ 的近似值。

解　①设 $f(x) = \sqrt[3]{x}$，由 $x = 7.988$，取 $x_0 = 8$，$\Delta x = x - x_0 = -0.012$

②$f(8) = 2$，$f'(8) = \frac{1}{3}x^{-\frac{2}{3}}\big|_{x=8} = \frac{1}{12}$

③$\because f(x) = f(x_0 + \Delta x) \approx f(x_0) + f'(x_0)\Delta x$

$\therefore f(7.988) = f[8 + (-0.012)] \approx f(8) + f'(8)(-0.012)$

$$= 2 + \frac{1}{12}(-0.012) = 1.999$$

Mathcad 计算：$\sqrt[3]{7.988} \xrightarrow{float,4} 1.999$

例 6　求 $\sqrt{4.20}$ 的值。

解　①$\because \sqrt{4.20} = \sqrt{4(1.05)} = 2\sqrt{1 + 0.05}$

所以可设函数 $f(x) = 2\sqrt{x}$，取 $x = 1.05$，$x_0 = 1$，$\Delta x = 0.05$

②$f'(x) = x^{-\frac{1}{2}}$，$f(1) = 2$，$f'(1) = 1$

③$\sqrt{4.20} = f(x) = f(x_0 + \Delta x) \approx f(1) + f'(1)\Delta x = 2 + 1 \times 0.05 = 2.05$

Mathcad 计算：$\sqrt{4.20} \xrightarrow{float,3} 2.05$

例 7　求 $e^{-0.03}$ 的值。

解　令 $f(x) = e^x$，$f'(x) = e^x$，取 $x_0 = 0$，$\Delta x = -0.03$

那么　　　$e^{-0.03} = f(x_0 + \Delta x) \approx f(x_0) + f'(x_0)\Delta x \approx f(0) + f'(0)\Delta x$

$$= e^0 + e^0(-0.03) = 0.97$$

Mathcad 计算：$e^{-0.03} \xrightarrow{float,3} 0.97$

例 8　求 $\sin 33°$ 的近似值。

解　由于 $\sin 33° = \sin\left(\dfrac{\pi}{6} + \dfrac{\pi}{60}\right)$，因此取 $f(x) = \sin x$，$x_0 = \dfrac{\pi}{6}$，$\Delta x = \dfrac{\pi}{60}$

所以　　　$\sin 33° = \sin\left(\dfrac{\pi}{6} + \dfrac{\pi}{60}\right) \approx f\left(\dfrac{\pi}{6}\right) + f'\left(\dfrac{\pi}{6}\right)\Delta x = \sin\left(\dfrac{\pi}{6}\right) + \cos\dfrac{\pi}{6}\cdot\dfrac{\pi}{60}$

$$= \dfrac{1}{2} + \dfrac{\sqrt{3}}{2}\cdot\dfrac{\pi}{60} \approx 0.545$$

Mathcad 计算：$\sin\left(\dfrac{\pi}{6} + \dfrac{\pi}{60}\right) \xrightarrow{float,3} 0.545$

$$\sin 33° \approx 0.545$$

（2）求函数改变量的近似值

例 9　半径为 10cm 的金属圆片受热膨胀，半径伸长了 0.05cm，问面积大约扩大了多少？

解　①设半径为 r，圆面积为 S，则 $S(r) = \pi r^2$

由题意知 $r_0 = 10$，$\Delta r = 0.05$

②$S'(r) = 2\pi r$，$S'(10) = 2\pi \cdot 10 = 20\pi$

③$\Delta S \approx \mathrm{d}S = S'(10)\Delta r = 20\pi \cdot 0.05 = \pi \approx 3.14(\mathrm{cm}^2)$

2. 误差估计

（1）设某量真值为 x，其测量为 x_0，则称 $\Delta x = x - x_0$ 为 x 的测量误差或度量误差，$|\Delta x| = |x - x_0|$ 为 x 的绝对误差，$\left|\dfrac{\Delta x}{x_0}\right|$ 为 x 的相对误差。

（2）设某量 y 由函数 $y = f(x)$ 确定，如果 x 有度量误差 Δx，则相应的 y 也有度量误差 $\Delta y = f(x_0 + \Delta x) - f(x_0)$、绝对误差 $|\Delta y|$ 及相对误差 $\left|\dfrac{\Delta y}{y}\right|$。

（3）设函数 $y = f(x)$ 可微，以 $\mathrm{d}y$ 代替 Δy，则绝对误差估计公式和相对误差估计公式分别为

$$|\Delta y| \approx |\mathrm{d}y| = |f'(x)||\Delta x|，\quad \left|\dfrac{\Delta y}{y}\right| \approx \left|\dfrac{\mathrm{d}y}{y}\right| = \left|\dfrac{f'(x)}{f(x)}\right||\Delta x|$$

例 10　有一立方体水箱，测得它的边长为 70cm，度量误差为 ±0.1cm。试估计：用此测量数据计算水箱的体积时，产生的绝对误差与相对误差。

解　设立方体边长为 x，体积为 V，则 $V = x^3$

①由题意知 $x_0 = 70$，$\Delta x = \pm 0.1$

②$V'(70) = (x^3)'|_{x=70} = 14700$

③由误差估计公式，体积的绝对值误差为

$$|\Delta V| \approx |dV| = |V'(70)| |\Delta x| = 14700 \times 0.1 = 1470(\text{cm}^2)$$

体积的相对误差为

$$\left|\frac{\Delta V}{V}\right| \approx \left|\frac{dV}{V}\right| = \left|\frac{V'(70)}{V(70)}\right| \cdot |\Delta x| = \left|\frac{14700}{343000}\right| \times 0.1 = \frac{0.3}{70} \approx 0.43\%$$

3. 二元函数的微分简介

（1）偏微分定义：因变量对某个自变量的偏导数乘以该自变量的微分叫做因变量对某个自变量的偏微分。设 $z(x,y) = f(x,y)$，$\frac{\partial z}{\partial x}dx$ 叫做 z 对 x 的偏微分，$\frac{\partial z}{\partial y}dy$ 叫做 z 对 y 的偏微分。由 x 引起的偏增量 $\Delta_x z \approx \frac{\partial z}{\partial x}dx$。由 y 引起的偏增量 $\Delta_y z \approx \frac{\partial z}{\partial y}dy$。

（2）全微分定义：因变量对所有自变量的偏微分之和叫做全微分。

设 $z(x,y) = f(x,y)$，全微分设 $dz = \frac{\partial z}{\partial x}dx + \frac{\partial z}{\partial y}dy$。由所有变量引起的函数全增量 $\Delta z \approx dz = \frac{\partial z}{\partial x}dx + \frac{\partial z}{\partial y}dy$。该定义可以推广到多元函数。

设 $w(x,y,z) = f(x,y,z)$ 则有

$$dw = \frac{\partial w}{\partial x}dx + \frac{\partial w}{\partial y}dy + \frac{\partial w}{\partial z}dz$$

$$\Delta w \approx dw = \frac{\partial w}{\partial x}dx + \frac{\partial w}{\partial y}dy + \frac{\partial w}{\partial z}dz$$

思考题：

1. 试说明函数可导、可微、连续之间的关系。

2. $\ln 11 = \ln(10 + 1) \approx \ln 10$ 是否正确？

习题　2-7

1. 求下列函数在给定条件下的增量和微分：

（1）$y = 2x + 1$，x 从 0 变到 0.02；　　（2）$y = x^2 + 2x + 3$，x 从 2 变到 1.99。

2. 求下列函数在指定点处的微分：

（1）$y = \sqrt{x + 1}$，$x = 0$；　　　　　　（2）$y = \arcsin\sqrt{x}$，$x = \frac{1}{2}$；

（3）$y = \frac{x}{1 + x^2}$，$x = 0$；　　　　　（4）$y = (x^2 + 5)^3$，$x = 1$。

3. 将适当的函数填入括号内，使等式成立：

（1）$d(\quad) = \frac{1}{1 + x^2}dx$；　　　　（2）$d(\quad) = \frac{1}{\sqrt{1 - x^2}}dx$；

（3）$d(\quad) = e^x dx$；　　　　　　　（4）$d(\quad) = \frac{1}{x}dx$；

（5）$d(\quad) = \frac{1}{x^2}dx$；　　　　　（6）$d(\quad) = \sqrt{x}dx$；

（7）$d(\quad) = \frac{1}{\sqrt{x}}dx$；　　　　（8）$d(\quad) = \sec^2 x dx$。

4. 求下列函数微分 dy:

(1) $y = e^{\sin 3x}$;

(2) $y = \tan x + 2^x - \dfrac{1}{\sqrt{x}}$;

(3) $y = e^{-x}\cos(3 - x)$;

(4) $y = \ln(\sqrt{1 - \ln x})$;

(5) $y = (e^x + e^{-x})^{\sin x}$;

(6) $xy = a^2$。

5(BT). 当 $|x|$ 很小时, 证明 $\ln(1 + x) \approx x$。

6(AT). 一平面圆环形, 其内半径为 $10\mathrm{cm}$, 宽为 $0.1\mathrm{cm}$, 求其面积的精确值与近似值。

7(AT). 利用微分求下列函数的近似值:

(1) $\cos 59°$;   (2) $\dfrac{1}{\sqrt{99.9}}$;   (3) $\ln 0.98$;   (4) $e^{1.01}$。

8(AT). 已知一正方体的棱长为 $10\mathrm{m}$, 如果它的棱长增加 $0.1\mathrm{m}$, 求体积的绝对误差与相对误差。

复习题二

1. 判断题

(1) 若 $f'(x) = g'(x)$, 则 $f(x) = g(x)$。   (   )

(2) $(x^x)' = x^x \ln x$。   (   )

(3) $(x^x)' = x \cdot x^{x-1}$。   (   )

(4) $f'(x_0) = [f(x_0)]'$。   (   )

(5) 若 $f(x)$ 在点 x_0 处可导, 则 $f(x)$ 在点 x_0 处必有定义。   (   )

(6) 如果 $f(x)$ 在点 x_0 处不可导, 则 $f(x)$ 的图像在点 $(x_0, f(x_0))$ 处没有切线。   (   )

(7) 导数就是导函数。   (   )

(8) 显函数可以化为隐函数, 隐函数也可化为显函数。   (   )

(9) 导数和微分是没有区别的。   (   )

(10) 初等函数在其定义域内都是连续函数, 同时也都是可导函数。   (   )

2. 填空题

(1) 已知函数 $f(x) = 2x^2 - 2x + 5$, 则 $\Delta y = $ _____, $dy = $ _____。

(2) 已知曲线 $y = f(x)$ 在点 $x = 2$ 处的切线倾斜角为 $\dfrac{5\pi}{6}$, 则 $f'(2) = $ _____。

(3) 过曲线 $y = x^2$ 上点 $A(2,4)$ 的切线方程为 _____, 法线方程为 _____。

(4) 设物体的运动方程为 $s(t) = at^2 + bt + c$ (a,b,c 为常数, $a \neq 0$), 在时间间隔 $[t, t + \Delta t]$ 内, 物体经过的路程 $\Delta s = $ _____, 平均速度 $\bar{v} = $ _____, t 时刻的速度 $v = $ _____, $t = -\dfrac{b}{2a}$ 时, 物体的速度为 _____, 加速度为 _____。

(5) 设函数 $y = e^{-x}$, 则 $y^{(n)} = $ _____。

(6) $\ln 1.01$ 的近似值为 _____。

(7) 设 $xy = 1 + xe^y$, 则 $dy = $ _____。

(8) 已知 $f(x) = x^4 - 2x^2 + 3x + 8$, 则 $f'(0) = $ _____, $f''(0) = $ _____。

(9) $d[\ln(2x + 1)] = $ _____。

(10) 已知 $f(x) = x^2$, 则 $\lim\limits_{x \to a} \dfrac{f(x) - f(a)}{x - a} = $ _____。

3. 选择题

(1) 设 $f(x) = \lg(x + \sqrt{1 + x^2})$，下列结论错误的是（　　）

  A. $y = f(x)$ 是偶函数   B. $f'(x)\big|_{x=0} = \lg e$

  C. $f'(0) = \lg e$ D. 曲线 $y = f(x)$ 在点 $x = 0$ 处的切线为 $y = x\lg e$

(2) 设 $y = f(-x)$，则 $y' = $（　　）

  A. $y = f(x)$ B. $-f'(x)$ C. $f'(-x)$ D. $-f'(-x)$

(3) 函数在某点不可导，函数所表示的曲线在相应点的切线（　　）

  A. 一定不存在   B. 不一定不存在

  C. 一定存在   D. 一定平行与 y 轴

(4) 设函数 $f(x) = |x|$，则函数在点 $x = 0$（　　）

  A. 连续且可导   B. 连续且可微   C. 连续不可导   D. 不连续不可微

(5) 半径为 R 的金属圆片，加热后，半径伸长了 ΔR，则面积 S 的微分 dS 是（　　）

  A. $\pi R dR$ B. $2\pi R \Delta R$ C. πdR D. $2\pi dR$

(6) 函数 $f(x)$ 在点 x_0 处连续是函数在该点处可导的（　　）

  A. 充分条件   B. 必要条件   C. 充要条件   D. 既不充分也不必要

(7) 导数等于 $\dfrac{1}{2}\sin 2x$ 的函数是（　　）

  A. $\dfrac{1}{2}\sin^2 x$ B. $\dfrac{1}{4}\cos 2x$ C. $\dfrac{1}{2}\cos^2 x$ D. $1 - \dfrac{1}{2}\cos 2x$

(8) 下列函数中在 $x = 0$ 处可导的是（　　）

  A. $y = \sqrt[3]{x}$ B. $y = e^{-x}$ C. $y = |x|$ D. $y = e^{\sqrt{x}}\ln(1 + x)$

(9) 若 $y = \ln\sqrt{x}$，则 $dy = $（　　）

  A. $\dfrac{1}{\sqrt{x}}dx$ B. $\dfrac{1}{2x}$ C. $\dfrac{1}{2x}dx$ D. $\dfrac{2}{\sqrt{x}}dx$

(10) 若 $(\sin 2x)' = f(x)$，则 $f'(x) = $（　　）

  A. $\sin 2x$ B. $-4\sin 2x$ C. $-2\sin 2x$ D. $-\sin 2x$

4. 求函数 $y = \dfrac{1}{x^2}$ 的导数，以及函数 $y = \dfrac{1}{x^2}$ 在 $x = -\dfrac{1}{2}$ 处的导数，说明这两个概念有什么不同？

5. 求下列函数的二阶导数：

  (1) $y = \ln(1 + x^2)$；   (2) $y = x\ln x$；

  (3) $y = \dfrac{e^x}{x}$；   (4) $e^y + xy = e$，求 $y''(0)$。

6. 已知 $f(x) = ax^2 + bx + 2$，且 $f(2) = f'(2) = f''(2)$，求 $f(3)$、$f'(3)$、$f''(3)$。

7. 求下列函数的导数 $\dfrac{dy}{dx}$ 与微分 dy：

  (1) $y = a^x + x^a$；   (2) $y = xe^{\frac{1}{x}}$；

  (3) $y = 2^{\ln x} + (\ln x)^2$；   (4) $y = \arctan\dfrac{1}{1 + x}$；

  (5) $y = \ln\sqrt{\dfrac{1 - \sin x}{1 + \sin x}}$；   (6) $y = \ln\left[\tan\left(\dfrac{x}{2} + \dfrac{\pi}{4}\right)\right]$；

  (7) $y = x^{\frac{1}{x}}(x > 0)$；   (8) $y = \ln[\ln(\ln x)]$；

  (9) $y = \ln^3(\ln x^2)$；   (10) $y = \dfrac{\sin^2 x}{\sin x^2}$；

（11）$y = \dfrac{\arccos x}{x}$；

（12）$y = (2x^4 - x^2 + 3)\left(\sqrt{x} - \dfrac{1}{x}\right)$；

（13）$y = 5^{\ln\tan x}$；

（14）$y = \arctan e^{2x-1}$；

（15）$y = 2^{-\frac{1}{\cos x}}$。

8. 求下列方程所确定的隐函数的导数：

（1）$\cos(xy) = x$；

（2）$\dfrac{x^2}{a^2} + \dfrac{y^2}{b^2} = 1$（$a, b$ 为常数）；

（3）$x^y = y^x$（$x > 0, y > 0$）；

（4）$y\sin x - \cos(x - y) = 0$。

9. 一个高 4m 底面半径 2m 的圆锥形容器，假设以 $2m^3/\min$ 的速度将水注入该容器，求水深 3m 时水面的上升速率。

第三章　导数的应用

本章导读

　　上一章介绍了微分学中的两个基本概念——导数与微分，并介绍了其计算方法。本章以微分学基本定理——微分中值定理为基础，进一步介绍利用导数研究函数的性态，例如判断函数的单调性和曲线的凹凸性，求函数的极值、最值和函数作图的方法，进一步讨论导数在经济问题中的一些应用。

　　通过本章的学习，希望大家：

- 了解罗尔定理和拉格朗日中值定理。
- 理解函数极值的概念。
- 掌握求函数的极值、判断函数的增减性与曲线的凹凸性、求函数图形的拐点等方法。
- 会用洛必达法则求未定式的极限。
- 了解二元函数的极值、最值等。
- 会用导数解决经济中的问题。

第一节　微分中值定理（B）

一、费马定理

1. 极值定义

　　若函数 $y = f(x)$ 在点 x_0 的某邻域内有定义，如果对该邻域内任意点 $x(x \neq x_0)$，恒有

$$f(x_0) > f(x) \qquad (f(x_0) < f(x))$$

则称函数 $y = f(x)$ 在点 x_0 取得极大（小）值，称点 x_0 为极大（小）点。

　　函数的极大值、极小值统称为极值，极大值点、极小值点统称为极值点。

2. 费马定理

　　函数 $y = f(x)$ 在点 x_0 的某邻域 $U(x_0)$ 内有定义，且在点 x_0 可导。若点 x_0 为 $y = f(x)$ 的极值点，则必有 $f'(x_0) = 0$（证明略）。

　　费马定理的几何意义非常明确：若函数 $f(x)$ 在极值点 x_0 可导，则曲线在该点的切线平行于 x 轴。

二、罗尔（Rolle）定理

　　定理　若函数 $y = f(x)$ 满足：

　　（1）在闭区间 $[a,b]$ 上连续；

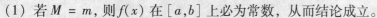

（2）在开区间 (a,b) 内可导；

（3）在区间端点的函数值相等，即 $f(a) = f(b)$。

则在开区间 (a,b) 内至少存在一点 $\xi(a < \xi < b)$，使得 $f'(\xi) = 0$。

罗尔定理的几何意义是说：在每一点都可导的一段连续曲线上，如果曲线的两端点高度相等，则至少存在一条水平切线（如图 3-1 所示）。

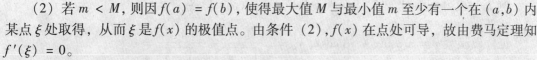

图 3-1

证 因为 $f(x)$ 在 $[a,b]$ 上连续，所以有最大值与最小值，分别用 M 与 m 表示，现分两种情况讨论：

（1）若 $M = m$，则 $f(x)$ 在 $[a,b]$ 上必为常数，从而结论成立。

（2）若 $m < M$，则因 $f(a) = f(b)$，使得最大值 M 与最小值 m 至少有一个在 (a,b) 内某点 ξ 处取得，从而 ξ 是 $f(x)$ 的极值点。由条件（2），$f(x)$ 在点处可导，故由费马定理知 $f'(\xi) = 0$。

注意 定理中的三个条件缺少任何一个，结论将不一定成立。

三、拉格朗日（Lagrange）中值定理

定理 若函数 $y = f(x)$ 在 $[a,b]$ 上连续，在 (a,b) 可导，则至少存在 $\xi \in (a,b)$，使得 $f'(\xi) = \dfrac{f(b) - f(a)}{b - a}$（如图 3-2 所示）。

证 作辅助函数

$$F(x) = f(x) - f(a) - \frac{f(b) - f(a)}{b - a}(x - a)$$

显然，$F(b) = F(a)(=0)$，且 $F(x)$ 在 $[a,b]$ 上满足罗尔定理的另两个条件。故存在 $\xi \in (a,b)$ 使得

$$F'(\xi) = f'(\xi) - \frac{f(b) - f(a)}{b - a} = 0$$

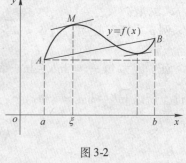

图 3-2

移项得

$$f'(\xi) = \frac{f(b) - f(a)}{b - a}$$

拉格朗日中值定理的几何意义是：在每一点都有切线的连续曲线上，任意一条弦 AB 的两端点之间至少存在曲线上的一点 $M(\xi, f(\xi))$，在点 M 处曲线的切线与弦 AB 平行。

拉格朗日中值定理也可以写成 $f(b) - f(a) = f'(\xi)(b - a)$。该式精确地表达了函数在一个区间上的增量与函数在该区间内某点处的导数之间的联系。

拉格朗日中值定理中，令 $f(b) = f(a)$，拉格朗日定理就转化为罗尔中值定理，即罗尔定理是拉格朗日定理的特殊情形。

推论 如果在区间 (a,b) 内 $f'(x) \equiv 0$，那么在此区间内 $f(x) = C$（常数）。

该推论是"常数的导数是零"的逆定理。

例 1 验证拉格朗日中值定理对函数 $y = \ln\sin x$ 在区间 $\left[\dfrac{\pi}{6}, \dfrac{5\pi}{6}\right]$ 上的正确性。

解　函数 $y = \ln\sin x$ 在区间 $\left[\dfrac{\pi}{6}, \dfrac{5\pi}{6}\right]$ 上连续，在 $\left(\dfrac{\pi}{6}, \dfrac{5\pi}{6}\right)$ 内可导，且有

$$\frac{f(b) - f(a)}{b - a} = \frac{\ln\sin\dfrac{5\pi}{6} - \ln\sin\dfrac{\pi}{6}}{\dfrac{5\pi}{6} - \dfrac{\pi}{6}} = 0$$

设函数 $y = \ln\sin x$ 的定义域内存在一点 ξ，则 $f'(\xi) = (\ln\sin x)'|_{x=\xi} = \cot\xi$，令 $f'(\xi) = \dfrac{f(b) - f(a)}{b - a}$，即 $\cot\xi = 0$，解得 $\xi = \dfrac{\pi}{2} \in \left(\dfrac{\pi}{6}, \dfrac{5\pi}{6}\right)$。这就验证了拉格朗日定理的正确性。

例 2　在区间 $(-1, 1)$ 上证明 $\arcsin x + \arccos x = \dfrac{\pi}{2}$。

证　设函数 $y = \arcsin x + \arccos x$，$y' = \dfrac{1}{\sqrt{1 - x^2}} - \dfrac{1}{\sqrt{1 - x^2}} = 0$。

由拉格朗日中值定理推论，得函数 $y = \arcsin x + \arccos x = C$（$C$ 是常数）

取　　　　　　　$x_0 = 0, y = y(0) = \arcsin 0 + \arccos 0 = 0 + \dfrac{\pi}{2} = \dfrac{\pi}{2}$

即　　　　　　　　　　　　$\arcsin x + \arccos x = \dfrac{\pi}{2}$

例 3（AL）证明：当 $0 < a < b$ 时，$\dfrac{b - a}{b} < \ln\dfrac{b}{a} < \dfrac{b - a}{a}$。

证　因为 $\ln\dfrac{b}{a} = \ln b - \ln a$，故设 $f(x) = \ln x$，它在 $[a, b]$ 上满足拉格朗日中值定理的条件，所以 $\ln b - \ln a = (\ln x)'|_{x=\xi} \cdot (b - a)$

即　　　　　　　　　　$\ln\dfrac{b}{a} = \dfrac{b - a}{\xi}, a < \xi < b$

由于　　　　　　　　　　$\dfrac{1}{b} < \dfrac{1}{\xi} < \dfrac{1}{a}$

所以　　　　　　　　　$\dfrac{b - a}{b} < \dfrac{b - a}{\xi} < \dfrac{b - a}{a}$

即　　　　　　　　　　$\dfrac{b - a}{b} < \ln\dfrac{b}{a} < \dfrac{b - a}{a}$

*四、柯西中值定理

若函数 $f(x)$ 与 $g(x)$ 满足：

(1) 在闭区间 $[a, b]$ 上连续；

(2) 在开区间 (a, b) 内可导，且 $g'(x) \neq 0$。

则在开区间 (a, b) 内至少存在一点 $\xi \in (a, b)$，使得 $\dfrac{f(b) - f(a)}{g(b) - g(a)} = \dfrac{f'(\xi)}{g'(\xi)}$（证明略）。

柯西定理是罗尔定理和拉格朗日定理的更一般形式，当 $g(x) = x$ 时，柯西定理就转

化为拉格朗日中值定理，即拉格朗日中值定理是柯西定理的特殊情形。

罗尔定理、拉格朗日中值定理、柯西中值定理统称微分中值定理。

思考题：

1. 将拉格朗日中值定理的条件"函数 $y = f(x)$ 在 $[a,b]$ 上连续"换为"在 (a,b) 内连续"后，定理是否成立？画图说明。

2. 罗尔定理与拉格朗日中值定理的联系与区别是什么？

习题 3-1

1. 验证函数 $f(x) = \dfrac{1}{a^2 + x^2}$ 在区间 $[-a,a]$ 上满足罗尔定理的条件，并求定理结论中的 ξ。

2. 验证罗尔定理对函数 $f(x) = x^3 - 2x^2 + x + 1$ 在区间 $[0,1]$ 上的正确性。

3. 证明函数 $y = px^2 + qx + r$ 在 $[a,b]$ 上应用拉格朗日中值定理时，所求得的点 $\xi = \dfrac{1}{2}(a + b)$。

4. 函数 $y = \dfrac{2 - x}{x^2}$ 在区间 $[-1,1]$ 是否满足拉格朗日中值定理，为什么？

5. 验证拉格朗日中值定理对函数 $y = \ln x$ 在区间 $[1, e]$ 上的正确性。

6(AT). 证明在 $(-\infty, +\infty)$ 内 $\arctan x + \operatorname{arccot} x = \dfrac{\pi}{2}$。

7(AT). 试用拉格朗日中值定理，证明下面不等式：

(1) $|\arctan x_2 - \arctan x_1| \leqslant |x_2 - x_1|$，$x_1, x_2 \in \mathbf{R}$；

(2) $\dfrac{1}{1 + x} < \ln(1 + x) < x (x > 0)$。

第二节 洛必达法则

上节我们介绍了微分学中值定理，其中柯西中值定理可以推出一类求极限的简单方法，即洛必达法则。洛必达法则主要是解决"$\dfrac{0}{0}$"型，"$\dfrac{\infty}{\infty}$"型以及可以转化为这两种类型的函数极限，如"$\infty - \infty$"，"$0 \cdot \infty$"，"1^∞"，"0^0"，"∞^0"等类型的极限，这几种类型的函数极限有时存在，有时不存在，情况不定，故称为不定式。

一、未定式的洛必达法则

1. "$\dfrac{0}{0}$"型，"$\dfrac{\infty}{\infty}$"型的洛必达法则

若 $f(x)$，$g(x)$ 满足下列条件：

(1) $\lim\limits_{x \to \Delta} f(x) = \lim\limits_{x \to \Delta} g(x) = 0$（或 ∞），Δ 表示 x_0，x_0^-，x_0^+ 或 ∞，$+\infty$，$-\infty$；

(2) $f(x)$，$g(x)$ 在 Δ 某邻域内（或 $|x|$ 充分大时）可导，且 $g'(x) \neq 0$；

(3) $\lim\limits_{x \to \Delta} \dfrac{f'(x)}{g'(x)} = A$（或 ∞）；

则 $\lim\limits_{x \to \Delta} \dfrac{f(x)}{g(x)} \overset{(\frac{0}{0})}{\underset{(\frac{\infty}{\infty})}{=}} \lim\limits_{x \to \Delta} \dfrac{f'(x)}{g'(x)} = A($ 或 $\infty)$。

2. 使用洛必达法则求"$\dfrac{0}{0}$"型,"$\dfrac{\infty}{\infty}$"型极限需注意的问题

使用洛必达法则求"$\dfrac{0}{0}$"型,"$\dfrac{\infty}{\infty}$"型极限需注意:

（1）使用洛必达法则之前，应该先检验分子、分母是否均为 0 或均为 ∞。

（2）使用一次洛必达法则之后，需进行化简；若算式仍是未定式，且仍符合洛必达法则的条件，可以继续使用洛必达法则。

（3）如果"$\dfrac{0}{0}$"型,"$\dfrac{\infty}{\infty}$"型极限中含有非零因子，则可以对该非零因子单独求极限（不必参与洛必达法则运算），以简化运算。

（4）使用一次洛必达法则求极限时，如果能结合运用以前知识（进行等价无穷小代换或恒等变形）可简化运算。

（5）定理的条件是充分的，不是必要的，即如果 $\lim\limits_{x \to \Delta} \dfrac{f'(x)}{g'(x)}$ 的极限不存在（不是 ∞ 时的不存在），不能断定 $\dfrac{f(x)}{g(x)}$ 的极限不存在，出现这种情况，洛必达法则失效，需要用其他方法。

例1　求 $\lim\limits_{x \to 1} \dfrac{\ln x}{2x - 2}$。

解　$\lim\limits_{x \to 1} \dfrac{\ln x}{2x - 2} \overset{(\frac{0}{0})}{=} \lim\limits_{x \to 1} \dfrac{\frac{1}{x}}{2} = \dfrac{1}{2}$

例2　求 $\lim\limits_{x \to 0} \dfrac{1 - \cos x}{x^2}$。

解　$\lim\limits_{x \to 0} \dfrac{1 - \cos x}{x^2} \overset{(\frac{0}{0})}{=} \lim\limits_{x \to 0} \dfrac{\sin x}{2x} = \dfrac{1}{2}$

例3　求 $\lim\limits_{x \to +\infty} \dfrac{\frac{\pi}{2} - \arctan x}{\frac{1}{x}}$。

解　$\lim\limits_{x \to +\infty} \dfrac{\frac{\pi}{2} - \arctan x}{\frac{1}{x}} \overset{(\frac{0}{0})}{=} \lim\limits_{x \to +\infty} \dfrac{-\frac{1}{1 + x^2}}{-\frac{1}{x^2}} = \lim\limits_{x \to +\infty} \dfrac{x^2}{1 + x^2} = 1$

洛必达法则可以连续使用，但每次使用时要检验它是否是未定式，如果不是，则不能再应用。

例4　求 $\lim\limits_{x \to 1} \dfrac{x^3 - 3x + 2}{x^3 - x^2 - x + 1}$。

解 $\lim\limits_{x \to 1} \dfrac{x^3 - 3x + 2}{x^3 - x^2 - x + 1} \overset{\left(\frac{0}{0}\right)}{=} \lim\limits_{x \to 1} \dfrac{3x^2 - 3}{3x^2 - 2x - 1} \overset{\left(\frac{0}{0}\right)}{=} \lim\limits_{x \to 1} \dfrac{6x}{6x - 2} = \dfrac{6 \times 1}{6 \times 1 - 2} = \dfrac{3}{2}$

例5 $\lim\limits_{x \to \infty} \dfrac{x^3 + 2x}{6x^3 + 5}$。

解 $\lim\limits_{x \to \infty} \dfrac{x^3 + 2x}{6x^3 + 5} \overset{\left(\frac{\infty}{\infty}\right)}{=} \lim\limits_{x \to \infty} \dfrac{3x^2 + 2}{18x^2} \overset{\left(\frac{\infty}{\infty}\right)}{=} \lim\limits_{x \to \infty} \dfrac{6x}{36x} = \dfrac{1}{6}$（此题也可不用洛必达法则）

例6 求 $\lim\limits_{x \to \frac{\pi}{2}} \dfrac{\tan x}{\tan 3x}$。

解 $\lim\limits_{x \to \frac{\pi}{2}} \dfrac{\tan x}{\tan 3x} \overset{\left(\frac{\infty}{\infty}\right)}{=} \lim\limits_{x \to \frac{\pi}{2}} \dfrac{\sec^2 x}{3\sec^2 3x} = \lim\limits_{x \to \frac{\pi}{2}} \dfrac{\dfrac{1}{\cos^2 x}}{3\dfrac{1}{\cos^2 3x}} = \lim\limits_{x \to \frac{\pi}{2}} \dfrac{\cos^2 3x}{3\cos^2 x}$

$= \lim\limits_{x \to \frac{\pi}{2}} \dfrac{\cos 3x \sin 3x}{\cos x \sin x} = \lim\limits_{x \to \frac{\pi}{2}} \dfrac{\sin 6x}{\sin 2x} \overset{\left(\frac{0}{0}\right)}{=} \lim\limits_{x \to \frac{\pi}{2}} \dfrac{6\cos 6x}{2\cos 2x} = 3$

Mathcad 计算：在 Mathcad 工作区按 Ctrl + L 输入表达式 $\lim\limits_{x \to \frac{\pi}{2}} \dfrac{\tan x}{\tan 3x}$ 点击工作面板中箭头命令即可

$$\lim\limits_{x \to \frac{\pi}{2}} \dfrac{\tan(x)}{\tan(3x)} \to 3$$

例7 求 $\lim\limits_{x \to 0} \dfrac{e^{-\frac{1}{x^2}}}{x^{100}}$。

解 $\lim\limits_{x \to 0} \dfrac{e^{-\frac{1}{x^2}}}{x^{100}} \xrightarrow{\text{令 } u = \frac{1}{x^2}} \lim\limits_{u \to +\infty} \dfrac{u^{50}}{e^u} = \lim\limits_{u \to +\infty} \dfrac{50u^{49}}{e^u} = \lim\limits_{u \to +\infty} \dfrac{50 \times 49 u^{48}}{e^u} = \cdots = \lim\limits_{u \to +\infty} \dfrac{50!}{e^u} = 0$

Mathcad 计算：按 Ctrl + L 键 $\lim\limits_{x \to 0} \dfrac{e^{-\frac{1}{x^2}}}{x^{100}} \xrightarrow{simplify} 0$

说明 洛必达法则并非万能，有少数情况洛必达法则的条件虽然满足，但无法用洛必达法则求出极限。

例8 求 $\lim\limits_{x \to +\infty} \dfrac{\sqrt{1 + x^2}}{x}$。

解 $\lim\limits_{x \to +\infty} \dfrac{\sqrt{1 + x^2}}{x} = \lim\limits_{x \to +\infty} \dfrac{x}{\sqrt{1 + x^2}} = \lim\limits_{x \to +\infty} \dfrac{1}{\dfrac{x}{\sqrt{1 + x^2}}} = \lim\limits_{x \to +\infty} \dfrac{\sqrt{1 + x^2}}{x}$

由此可见，使用两次洛必达法则后失效，又还原为原来的问题。事实上

$$\lim\limits_{x \to +\infty} \dfrac{\sqrt{1 + x^2}}{x} = \lim\limits_{x \to +\infty} \sqrt{\dfrac{1}{x^2} + 1} = 1$$

二、其他类型的未定式（A）

其他形式的未定式可以转化为"$\dfrac{0}{0}$"型和"$\dfrac{\infty}{\infty}$"型未定式的极限后再运用洛必达法则。

1. "∞ − ∞"型未定式

例 9　求 $\lim\limits_{x \to \frac{\pi}{2}}(\sec x - \tan x)$。

解　$\lim\limits_{x \to \frac{\pi}{2}}(\sec x - \tan x) \overset{(\infty - \infty)}{=} \lim\limits_{x \to \frac{\pi}{2}} \frac{1 - \sin x}{\cos x} \overset{\left(\frac{0}{0}\right)}{=} \lim\limits_{x \to \frac{\pi}{2}} \frac{-\cos x}{-\sin x} = 0$

2. "0 · ∞"型未定式

例 10　求 $\lim\limits_{x \to 0^+} \sqrt{x}\ln x$。

解　$\lim\limits_{x \to 0^+} \sqrt{x}\ln x \overset{(0 \cdot \infty)}{=} \lim\limits_{x \to 0^+} \frac{\ln x}{x^{-\frac{1}{2}}} \overset{\left(\frac{\infty}{\infty}\right)}{=} \lim\limits_{x \to 0^+} \frac{\dfrac{1}{x}}{-\dfrac{1}{2}x^{-\frac{3}{2}}} = \lim\limits_{x \to 0^+}\left(-2x^{\frac{1}{2}}\right) = 0$

Mathcad 计算：按 Ctrl + L　$\lim\limits_{x \to 0^+} \sqrt{x}\ln x \xrightarrow{simplify} 0$

3. 幂指函数的未定式

"1^∞"，"0^0"，"∞^0"型的未定式均属于幂指函数 u^v 的极限，可通过对数恒等式变形 $u^v = \mathrm{e}^{v\ln u}$，化为"$0 \cdot \infty$"型的未定式。

例 11　求 $\lim\limits_{x \to 0^+} x^x (0^0)$。

解　设 $y = x^x$，两边取对数 $\ln y = x\ln x$，两边取极限

$$\lim\limits_{x \to 0^+}\ln y = \lim\limits_{x \to 0^+} x\ln x = \lim\limits_{x \to 0^+} \frac{\ln x}{\dfrac{1}{x}} = \lim\limits_{x \to 0^+} \frac{\dfrac{1}{x}}{-\dfrac{1}{x^2}} = \lim\limits_{x \to 0^+}(-x) = 0$$

所以 $\lim\limits_{x \to 0^+} x^x = \lim\limits_{x \to 0^+} y = \lim\limits_{x \to 0^+} \mathrm{e}^{\ln y} = \mathrm{e}^0 = 1$

Mathcad 计算：按 Ctrl + L　$\lim\limits_{x \to 0^+} x^x \xrightarrow{simplify} 1$

例 12　求 $\lim\limits_{x \to 0^+}(\cot x)^{\frac{1}{\ln x}} (\infty^0)$。

解　设 $y = (\cot x)^{\frac{1}{\ln x}}$，两边取对数 $\ln y = \dfrac{\ln\cot x}{\ln x}$

因为　　$\lim\limits_{x \to 0^+}\ln y = \lim\limits_{x \to 0^+} \frac{\ln\cot x}{\ln x} = \lim\limits_{x \to 0^+} \frac{\dfrac{1}{\cot x}(-\csc^2 x)}{\dfrac{1}{x}}$

$$= \lim\limits_{x \to 0^+} \frac{-x}{\cos x\sin x} = -\lim\limits_{x \to 0^+} \frac{x}{\sin x} \cdot \frac{1}{\cos x} = -1$$

所以 $\lim\limits_{x \to 0^+} y = \lim\limits_{x \to 0^+} \mathrm{e}^{\ln y} = \mathrm{e}^{\lim\limits_{x \to 0^+}\ln y} = \mathrm{e}^{-1} = \dfrac{1}{\mathrm{e}}$，即 $\lim\limits_{x \to 0^+}(\cot x)^{\frac{1}{\ln x}} = \dfrac{1}{\mathrm{e}}$

Mathcad 计算：按 Ctrl + L　$\lim\limits_{x \to 0^+}(\cot x)^{\frac{1}{\ln x}} \xrightarrow{simplify} \dfrac{1}{\mathrm{e}}$

思考题：

1. 用洛必达法则求极限时应注意什么问题？

2. 符合洛必达法则条件的极限都能用洛必达法则求吗？举例说明。

习题　3-2

1. 求下列函数的极限：

(1) $\lim\limits_{x\to 0}\dfrac{e^x-1}{x}$；

(2) $\lim\limits_{x\to 1}\dfrac{x^2-3x+2}{x^3-1}$；

(3) $\lim\limits_{x\to 0}\dfrac{\sin ax}{\sin bx}\quad(b\neq 0)$；

(4) $\lim\limits_{x\to\infty}\dfrac{x+\sin x}{x}$；

(5) $\lim\limits_{x\to 1}\dfrac{\cos\frac{\pi}{2}x}{1-x}$；

(6) $\lim\limits_{x\to\frac{\pi}{2}}\dfrac{\sec x}{\tan x}$。

2. 求下列函数的极限：

(1) $\lim\limits_{x\to 0}\dfrac{e^x-e^{-x}}{\sin x}$；

(2) $\lim\limits_{x\to+\infty}\dfrac{x\ln x}{x^2+\ln x}$；

(3) $\lim\limits_{x\to\infty}\dfrac{x-\sin x}{x+\sin x}$；

(4) $\lim\limits_{x\to 1}\left(\dfrac{x}{x-1}-\dfrac{1}{\ln x}\right)$；

(5) $\lim\limits_{x\to 0^+}x^2\ln x$；

(6) $\lim\limits_{x\to 0}\dfrac{\tan x-x}{x^2\sin x}$。

3(AT). 求下列函数的极限：

(1) $\lim\limits_{x\to+\infty}\dfrac{\ln\left(1+\dfrac{1}{x}\right)}{\operatorname{arccot}x}$；

(2) $\lim\limits_{x\to 1^-}(1-x)^{\cos\frac{\pi}{2}x}$；

(3) $\lim\limits_{x\to\infty}x(e^{\frac{1}{x}}-1)$；

(4) $\lim\limits_{x\to 1}\left(\dfrac{3}{x^3-1}-\dfrac{1}{x-1}\right)$；

(5) $\lim\limits_{x\to 1^+}\ln x\cdot\ln(x-1)$；

(6) $\lim\limits_{x\to 1}x^{\frac{1}{1-x}}$；

(7) $\lim\limits_{x\to 0^+}\left(\ln\dfrac{1}{x}\right)^x$。

第三节　函数单调性的判定

　　本节主要利用拉格朗日中值定理建立了函数与导数之间的联系，证明了函数的一阶导数与函数增减性之间的关系。

　　由图 3-3 可以看出，如果函数 $y=f(x)$ 在 $[a,b]$ 上单调增加，那么它的图像是一条沿 x 轴正向上升的曲线，这时曲线上各点切线的倾斜角都是锐角，因此它们的斜率 $f'(x)$ 都

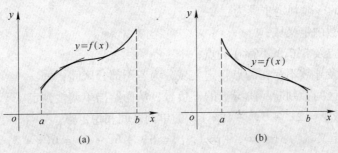

(a)　　　　　　　　　　　(b)

图 3-3

是正的，即 $f'(x) > 0$。同样，由图 3-3 可以看出，如果函数 $y = f(x)$ 在区间 $[a,b]$ 上单调减少，那么它的图像是一条沿 x 轴正向下降的曲线，这时曲线上各点切线的倾斜角都是钝角，它们的斜率 $f'(x)$ 都是负的，即 $f'(x) < 0$。

由此可见，函数的单调性与一阶导数的符号有关。

一、定理（函数单调性的判别法）

设函数 $y = f(x)$ 在区间 $[a,b]$ 上连续，在 (a,b) 内可导：

（1）如果在 (a,b) 内 $f'(x) > 0$，那么函数 $y = f(x)$ 在 $[a,b]$ 上单调增加；

（2）如果在 (a,b) 内 $f'(x) < 0$，那么函数 $y = f(x)$ 在 $[a,b]$ 上单调减少。

证　设 x_1, x_2 是 (a,b) 上的任意两点，且 $x_1 < x_2$，则 $f(x)$ 在区间 $[x_1, x_2]$ 上满足拉格朗日中值定理的条件，于是存在 $\xi \in (x_1, x_2)$，使得

$$f(x_2) - f(x_1) = f'(\xi)(x_2 - x_1)$$

若 $f'(x) > 0$，必有 $f'(\xi) > 0$，又因 $x_2 - x_1 > 0$，故有 $f(x_2) > f(x_1)$。这表明 $y = f(x)$ 在 $[a,b]$ 上单调增加。

同理可证，若 $f'(x) < 0$，则函数 $y = f(x)$ 在 $[a,b]$ 上单调减少。

例 1　判定函数 $y = x - \sin x$ 在区间 $(0, \pi)$ 内的单调性。

解　因为在区间 $(0, \pi)$ 内，$y' = 1 - \cos x > 0$，所以，函数 $y = x - \sin x$ 在区间 $(0, \pi)$ 内单调递增。

有时，函数在其定义域上并不具有单调性，但是在定义域的不同范围内却具有单调性。对于这种情形可将函数的定义域分成若干个部分区间，函数在这些区间上具有单调性，我们称这些区间为函数的单调区间。对于可导函数，其单调区间的分界点处函数的导数为零。

我们把使 $f'(x) = 0$ 的点 $(x_0, f'(x_0))$ 叫做函数 $f(x)$ 的稳定点（也叫驻点）；使函数导数为零的点 x_0 却不一定是其单调区间的分界点。如函数 $y = x^3$ 在点 $x = 0$ 处的导数为零，但 $x = 0$ 却不是函数 $y = x^3$ 增减性的分界点，这是因为 $y = x^3$ 在 $(-\infty, +\infty)$ 内都是单调递增的。

另外，某些一阶导数不存在的点也可能是单调性的分界点。如函数 $y = |x|$ 在点 $x = 0$ 处不可导，但 $x = 0$ 处是该函数单调性的分界点。

二、函数单调性的一般判定步骤

函数单调性的一般判定步骤为：

（1）求出函数的定义域；

（2）求出驻点及 $f'(x)$ 不存在的点；

（3）用驻点及导数不存在的点将定义域分为若干部分区间；

（4）在不同区间上判断一阶导数的正负号，从而给出单调性判定。

例 2　求函数 $y = 2x^3 + 3x^2 - 12x + 1$ 的单调区间和稳定点。

解　函数的定义域为：$(-\infty, +\infty)$，$y' = 6x^2 + 6x - 12 = 6(x + 2)(x - 1)$，令 $y' = 0$，得 $x_1 = -2$，$x_2 = 1$ 用 $x_1 = -2$ 和 $x_2 = 1$ 划分函数的定义域成三个区间，见表 3-1。

表 3-1

x	$(-\infty, -2)$	-2	$(-2,1)$	1	$(1, +\infty)$
y'	$+$	0	$-$	0	$+$
y	递 增		递 减		递 增

表 3-1 说明函数 $y = 2x^3 + 3x^2 - 12x + 1$ 在 $(-\infty, -2)$ 内单调递增，在 $(-2,1)$ 内单调递减，在 $(1, +\infty)$ 内单调递增；$x = -2$ 和 $x = 1$ 是稳定点。

例 3 判定函数 $y = (2x - 5)\sqrt[3]{x^2}$ 的单调性。

解 函数 $y = (2x - 5)\sqrt[3]{x^2}$ 的定义域为 $(-\infty, +\infty)$

因为
$$y' = \frac{10}{3}x^{\frac{2}{3}} - \frac{10}{3}x^{-\frac{1}{3}} = \frac{10}{3} \cdot \frac{x - 1}{\sqrt[3]{x}}$$

所以 $x = 1$ 为函数的驻点，$x = 0$ 是函数的不可导点，见表 3-2。

表 3-2

x	$(-\infty, 0)$	0	$(0,1)$	1	$(1, +\infty)$
y'	$+$	0	$-$	0	$+$
y	递 增		递 减		递 增

由表 3-2 可以看出，驻点 $x = 1$ 和不可导点 $x = 0$ 都是函数单调性的分界点。所以函数 $y = (2x - 5)\sqrt[3]{x^2}$ 在 $(-\infty, 0) \cup (1, +\infty)$ 内单调增加，在 $(0,1)$ 内单调递减。

思考题：

1. 函数的单调性与一阶导数的正负有何关系?

2. 如何判定函数的单调性?

习题 3-3

1. 判断下列函数在指定区间内的单调性：

(1) $y = \sin x,\ x \in \left(-\dfrac{\pi}{2}, \dfrac{\pi}{2}\right)$;   (2) $f(x) = \arctan x - x,\ x \in (-\infty, +\infty)$。

2. 判定下列函数的单调性：

(1) $f(x) = 2x^3 - 6x^2 - 18x - 7$;   (2) $f(x) = 2x^2 - \ln x$;

(3) $y = x^2(x - 3)$;   (4) $y = xe^x$。

3. 求下列函数的稳定点（驻点）：

(1) $y = 6x^2 - x^4$;   (2) $y = \dfrac{2}{1 + x^2}$。

4. 求下列函数的单调区间：

(1) $f(x) = e^{-x^2}$;   (2) $f(x) = e^x - x - 1$;

(3) $f(x) = x + \sqrt{1 + x}$;   (4) $f(x) = x^2 - \ln x^2$。

5(AT). 设质点作直线运动，运动规律为 $s = \dfrac{1}{4}t^4 - 4t^3 + 10t^2$。问：(1) 何时速度为 0? (2) 何时作前进 (s 增加) 运动? (3) 何时作后退 (s 减少) 运动?

第四节　函数的极值及求法

函数的极值通常是函数曲线上的峰值点，它们是函数曲线上重要的点，本节介绍函数极值的判定和求法。

一、函数的极值

函数极值的定义本章第一节已讲过。如图 3-4 所示，$f(x_1)$ 和 $f(x_3)$ 是函数 $f(x)$ 的极大值，x_1 和 x_3 是 $f(x)$ 的极大值点；$f(x_2)$ 和 $f(x_4)$ 是函数 $f(x)$ 的极小值，x_2 和 x_4 是 $f(x)$ 的极小值点。

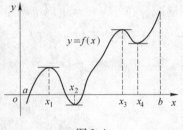

图 3-4

关于函数的极值，作以下几点说明：

（1）极值是指函数值，而极值点是指自变量的值，两者不应混淆。

（2）函数的极值是一个局部性概念，它只是在与极值点近旁的所有点的函数值相比较而言为最大或最小，并不意味着它在函数的整个定义域内最大或最小。因此，函数的极大值不一定比极小值大。如图 3-4 中，极大值 $f(x_1)$ 就比极小值 $f(x_4)$ 还小。

（3）函数的极值点一定出现在区间内部，区间的端点不能成为极值点；而使函数取得最大值、最小值的点可能在区间内部，也可能是区间的端点。

二、函数极值的判定和求法

定理 1　设函数 $f(x)$ 在点 x_0 处可导，且在点 x_0 处取得极值，则必有 $f'(x_0) = 0$。

此定理说明可导函数的极值点必定是驻点，但函数的驻点并不一定是极值点，例如，$x = 0$ 是函数 $f(x) = x^3$ 的驻点，但 $x = 0$ 不是它的极值点（如图 3-5 所示）。

因此，在求出了驻点后，我们需要对其是否是极值点进行判断。由图 3-6 知函数在极值点两侧的导数符号相异，因此我们有以下的定理 2 用以判定驻点是否为极值点。

1. 函数极值的判别法

定理 2　设函数 $f(x)$ 在点 x_0 的空心邻域内可导，在 x_0 处连续，且 $f'(x_0) = 0$ 或 $f'(x_0)$ 不存在，当：

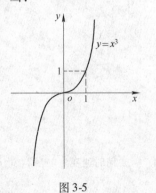

图 3-5

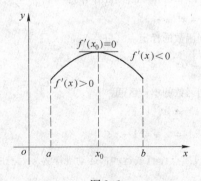

图 3-6

（1）$x < x_0$ 时，$f'(x) > 0$ ，而 $x > x_0$ 时，$f'(x) < 0$，那么 $f(x)$ 在 x_0 处取得极大值；

（2）$x < x_0$ 时，$f'(x) < 0$，而 $x > x_0$ 时，$f'(x) > 0$，那么 $f(x)$ 在 x_0 处取得极小值；

（3）在 x_0 的左、右两侧 $f'(x)$ 不变符号，那么 $f(x)$ 在 x_0 处不取得极值。

例1 求函数 $f(x) = \dfrac{1}{3}x^3 - 9x + 4$ 的极值。

解 （1）函数 $f(x) = \dfrac{1}{3}x^3 - 9x + 4$ 的定义域为 $(-\infty, +\infty)$

（2）$f'(x) = x^2 - 9 = (x+3)(x-3)$

令 $f'(x) = 0$，得驻点 $x_1 = -3, x_2 = 3$

（3）列表考察 $f'(x)$ 的符号，见表3-3。

表3-3

x	$(-\infty, -3)$	-3	$(-3,3)$	3	$(3, +\infty)$
$f'(x)$	+	0	−	0	+
$f(x)$	↗	极大值22	↘	极小值 −14	↗

由表3-3可知，函数的极大值为 $f(-3) = 22$，极小值为 $f(3) = -14$。

例2 求函数 $f(x) = (x^2 - 1)^3 + 1$ 的极值。

解 （1）$f(x)$ 的定义域为 $(-\infty, +\infty)$

（2）$f'(x) = 3(x^2 - 1)^2 \cdot 2x = 6x(x+1)^2(x-1)^2$

令 $f'(x) = 0$，解之得驻点 $x_1 = -1, x_2 = 0, x_3 = 1$

（3）列表考察 $f'(x)$ 的符号，见表3-4。

表3-4

x	$(-\infty, -1)$	-1	$(-1,0)$	0	$(0,1)$	1	$(1, +\infty)$
$f'(x)$	−	0	−	0	+	0	+
$f(x)$	↘		↘	极小值0	↗		↗

由表3-4可知，函数有极小值 $f(0) = 0$。

定理3 （A）设函数 $f(x)$ 在点 x_0 处具有二阶导数且 $f'(x_0) = 0$，$f''(x_0) \neq 0$，则：

（1）如果 $f''(x_0) < 0$，那么 x_0 为 $f(x)$ 的极大值点，$f(x_0)$ 为极大值；

（2）如果 $f''(x_0) > 0$，那么 x_0 为 $f(x)$ 的极小值点，$f(x_0)$ 为极小值。

例3 利用定理3求例1中的极值。

解 $f'(x) = x^2 - 9 = (x+3)(x-3)$，令 $f'(x) = 0$，得驻点 $x_1 = -3, x_2 = 3$

因为 $f''(x) = 2x, f''(-3) = -6 < 0, f''(3) = 6 > 0$

所以函数 $f(x) = \dfrac{1}{3}x^3 - 9x + 4$ 在 $x_1 = -3$ 处取得极大值是 $f(-3) = 22$，在 $x_2 = 3$ 处取得极小值是 $f(3) = -14$。

注意 定理3是用来判定可导函数在驻点处的极值，当 $f'(x_0) = 0$ 且 $f''(x) = 0$（或 $f''(x_0)$ 不存在）时，定理3失效，这时可考虑定理2。

例4 求函数 $f(x) = 3x^4 - 8x^3 + 6x^2 + 1$ 的极值。

解　$f'(x) = 12x^3 - 24x^2 + 12x = 12x(x-1)^2$

$\quad\quad f''(x) = 12(3x-1)(x-1)$

令 $f'(x) = 0$，得驻点 $x = 0, x = 1$，且 $f''(0) = 12 > 0, f''(1) = 0$

所以函数在 $x = 0$ 取得极小值，极小值是 $f(0) = 1$

因为 $f''(1) = 0$，所以用二阶导数判定极值失效。由于在 $x = 1$ 的两侧 $0 < x < 1$ 及 $x > 1$ 时皆有 $f'(x) > 0$，故函数在 $x = 1$ 处不取得极值。

注意　应该指出可导函数的极值仅可能在驻点处取得。然而，连续函数的极值，不仅可能在驻点处取得，也可能在导数不存在的点处取得。

如函数 $y = |x|$ 在 $x = 0$ 处导数不存在，但点 $x = 0$ 是极小值点，极小值是 $f(0) = 0$（如图 3-7 所示）。

综上所述，我们得出函数极值判定的一般步骤。

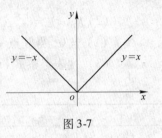

图 3-7

2. 函数极值判定的一般步骤

函数极值判定的一般步骤为：

（1）求出 $f(x)$ 的定义域；

（2）求出 $f'(x)$，找出 $f(x)$ 的所有驻点及导数不存在的点；

（3）用驻点和导数不存在的点划分定义域成若干子区间；

（4）判定导数 $f'(x)$ 的符号，给出函数增减性的判定；

（5）根据极值的概念，判定驻点和导数不存在的点是否为极值点，从而判定函数的极值。

例 5（AL）　求函数 $y = (2x-5)\sqrt[3]{x^2}$ 的极值。

解　（1）函数 $y = (2x-5)\sqrt[3]{x^2}$ 的定义域为 $(-\infty, +\infty)$。

（2）$y' = \dfrac{10}{3}x^{\frac{2}{3}} - \dfrac{10}{3}x^{-\frac{1}{3}} = \dfrac{10}{3}\dfrac{x-1}{\sqrt[3]{x}}$，显然，$x = 1$ 为驻点，且 $x = 0$ 时，导数不存在。

（3）列表观察 $f'(x)$ 的符号，见表 3-5。

表 3-5

x	$(-\infty, 0)$	0	$(0,1)$	1	$(1, +\infty)$
y'	$+$	不存在	$-$	0	$+$
y	↗	0	↘	-3	↗

由表 3-5 可知，在 $x = 1$ 处，函数取得极小值 $f(1) = -3$；在 $x = 0$ 处，函数取得极大值 $f(0) = 0$。

例 6　求函数 $y = x - 3(x-1)^{\frac{2}{3}}$ 的极值。

解　（1）函数的定义域为 $(-\infty, +\infty)$。

（2）$y' = 1 - \dfrac{2}{(x-1)^{\frac{1}{3}}} = \dfrac{(x-1)^{\frac{1}{3}} - 2}{(x-1)^{\frac{1}{3}}}$

令 $y' = 0$ 得驻点 $x = 9$，$x = 1$ 是不可导点，但函数在 $x = 1$ 处连续。

（3）y' 的符号见表 3-6。

表 3-6

x	$(-\infty,1)$	1	$(1,9)$	9	$(9,+\infty)$
y'	+	不存在	−	0	+
y	↗	1	↘	−3	↗

　　由表 3-6 可知，函数 $y = x - 3(x-1)^{\frac{2}{3}}$ 在不可导点 $x = 1$ 处取得极大值 $f(1) = 1$，在驻点 $x = 9$ 处取得极小值 $f(9) = -3$。

思考题：

　　1. 可能的极值点包含哪些点？怎样判定可能的极值点是否为极值点？何时用定理 2 判定？何时用定理 3 判定？

　　2. 定理 2 中去掉"函数在 x_0 处连续"的假设后，还能保证定理的正确性吗？

习题　3-4

1. 求下列函数的极小值与极大值：

　　(1) $y = x^4 - 8x^2 + 2$；

　　(2) $y = (x-1)(x+1)^3$；

　　(3) $y = 2x^2 - \ln x$；

　　(4) $y = 2x + \dfrac{8}{x}$；

　　(5) $y = 2x^3 - 3x^2$；

　　(6) $y = x^2 \ln x$。

2. 求函数下列函数在指定区间内的极值：

　　(1) $y = \sin x + \cos x,\ x \in \left(-\dfrac{\pi}{2}, \dfrac{\pi}{2}\right)$；

　　(2) $y = e^x \cos x,\ x \in (0, 2\pi)$。

3(AT). 求函数 $y = (x-2)\sqrt[3]{(x-1)^2}$ 的极值。

第五节　函数的最大值和最小值

　　上节我们介绍了函数的极值，极值是局部性概念，是描述函数在某一点邻域内的性态。本节介绍函数的最大值和最小值问题，这是研究函数在整个区间上的函数性态。函数最值问题在科学技术和生产实际中都有非常重要的应用价值。

　　在第一章中我们已学过函数的最大值与最小值的概念，最值是整体性的，表示在整个区间上函数值最大或最小，这个区间可能是闭区间也可能是开区间，下面我们就来讨论如何求函数的最大值与最小值。

一、闭区间上的连续函数最值的求法

　　由第一章闭区间上连续函数的性质可知：在闭区间 $[a,b]$ 上的连续函数 $f(x)$，必在 $[a,b]$ 上存在最大值和最小值。

　　连续函数在 $[a,b]$ 上的最大值和最小值只可能在区间内的极值点或端点处取得，因此，对于闭区间上的连续函数，我们有函数最值的一般求法，即求出函数在 $[a,b]$ 上所有可能的极值点（即驻点及导数不存在的点）和端点处的函数值，比较这些函数值的大小，其中最大的是最大值，最小的就是最小值。

例1　求函数 $f(x) = x^3 - 3x^2 - 9x + 1$ 在 $[-2,6]$ 上的最大值和最小值。

解　（1）$f'(x) = x^3 - 6x - 9 = 3(x+1)(x-3)$

（2）令 $f'(x) = 0$，解稳定点 $x_1 = -1, x_2 = 3$

（3）计算 $f(-2) = -1, f(-1) = 6, f(3) = -26, f(6) = 55$

（4）比较大小可得，函数 $f(x) = x^3 - 3x^2 - 9x + 1$ 在 $[-2,6]$ 上的最大值为 $f(6) = 55$，最小值为 $f(3) = -26$。

二、开区间内的可导函数最值的求法

对于开区间内的可导函数，我们有：

结论1　如果函数 $f(x)$ 在一个开区间或无穷区间 $(-\infty, +\infty)$ 内可导，且有唯一的极值点 x_0，那么，当 $f(x_0)$ 是极大值时，它也是 $f(x)$ 在该区间上的最大值；当 $f(x_0)$ 是极小值时，它也是 $f(x)$ 在该区间上的最小值。

例2　求函数 $y = x^2 - 4x + 3$ 的最值。

解　函数的定义域为 $(-\infty, +\infty)$，$y' = 2x - 4$，令 $y' = 0$，得驻点 $x = 2$。容易知道，$x = 2$ 是函数的极小值点，因为函数在 $(-\infty, +\infty)$ 有唯一的极值点，因此，函数的极小值就是函数的最小值，最小值为 $f(2) = -1$。

三、实际问题中函数最值的求法

结论2　一般地，如果可导函数 $f(x)$ 在某区间内只有一个驻点 x_0，且实际问题又有最大值（或最小值），那么，函数的最大值（或最小值）必在 x_0 处取得。

例3　用一块边长为 48 厘米的正方形铁皮做一个无盖的铁盒时，在铁皮的四角各截取一个大小相同的小正方形（如图 3-8 所示），然后将四边折起做成一个无盖的方盒（如图 3-9 所示），问：截取的小正方形的边长为多少时，做成的铁盒容积最大？

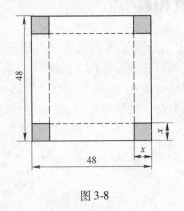

图 3-8

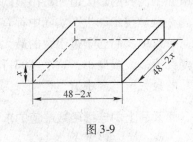

图 3-9

解　设截取的小正方形的边长为 x 厘米，铁盒的容积为 V 立方厘米。则有

$$V = x(48 - 2x)^2 \quad (0 < x < 24)$$

$$V' = (48 - 2x)^2 + x \cdot 2(48 - 2x)(-2) = 12(24 - x)(8 - x)$$

令 $V' = 0$，求得函数在 $(0,24)$ 内的驻点为 $x = 8$。由于铁盒必然存在最大容积，因此，

当 $x = 8$ 时，函数 V 有最大值，即当小正方形边长为 $8cm$ 时，铁盒容积最大。

例 4（AL）　如图 3-10 所示的电路中，已知电源电压为 E，内阻 r，求负载电阻 R 为多大时，输出功率最大？

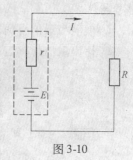

图 3-10

解　消耗在负载电阻 R 上的功率为 $P = I^2 R$，其中 I 为回路中的电流。由欧姆定律

$$I = \frac{E}{r + R}$$

所以

$$P = \left(\frac{E}{r + R}\right)^2 R, \quad R \in (0, +\infty)$$

$$\frac{\mathrm{d}P}{\mathrm{d}R} = E^2 \frac{r - R}{(r + R)^3}$$

令 $\dfrac{\mathrm{d}P}{\mathrm{d}R} = 0$，得 $E^2 \dfrac{r - R}{(r + R)^3} = 0$

所以 $R = r$

由于在区间 $(0, +\infty)$ 内函数 P 只有一个驻点，所以，当 $R = r$ 时，输出的功率最大。

例 5　铁路线上 AB 段的距离为 100 千米，工厂 C 距离 A 处为 20 千米，AC 垂直于 AB（如图 3-11 所示），为了运输需要，要在 AB 线上选定一点 D，向工厂修筑一条公路，已知铁路上每吨千米货运的费用与公路上每吨千米货运的费用之比为 $3:5$，为了使货物从供应站 B 运到工厂 C 每吨货物的总运费最省，问 D 应选在何处？

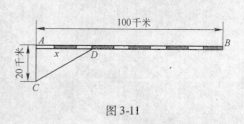

图 3-11

解　设 D 点应选在距离 A 处 x 千米，则

$$DB = 100 - x$$

$$CD = \sqrt{20^2 + x^2} = \sqrt{400 + x^2}$$

设铁路上每吨千米货运的运费为 $3k$，则公路上每吨千米货运的运费为 $5k$（k 为常数）。设货物从 B 点运到 CD 点每吨货物需要的总运费为 y，则

$$y = 5k\sqrt{400 + x^2} + 3k(100 - x) \quad (0 \leqslant x \leqslant 100)$$

求导数

$$y' = 5k \frac{x}{\sqrt{400 + x^2}} - 3k = \frac{k(5x - 3\sqrt{400 + x^2})}{\sqrt{400 + x^2}}$$

令 $y' = 0$ 得驻点 $x_1 = 15, x_2 = -15$（舍去）

$$y\big|_{x=15} = 380k, \quad y\big|_{x=0} = 400k, \quad y\big|_{x=100} = 5\sqrt{10400}k > 500k$$

因此，当 $x = 15$ 时，y 取得最小值，即 D 应选在距离 A 点 15 千米处，这时每吨货物的总运费最省。

思考题：

1. 极值与最值有何区别与联系？
2. 指出最值计算过程中开区间与闭区间的区别。

习题　3-5

1. 求下列函数的最大值和最小值：

(1) $y = x^4 - 2x^2 + 5$，$x \in [-2, 2]$；

(2) $y = \sin 2x - x$，$x \in \left[-\dfrac{\pi}{2}, \dfrac{\pi}{2}\right]$；

(3) $y = x + \sqrt{1-x}$，$x \in [-5, 1]$；

(4) $y = \dfrac{x^2}{1+x}$，$x \in \left[-\dfrac{1}{2}, 1\right]$。

2. 设两正数之和为定数 a，求其积的最大值。

3(AT). 甲、乙两个单位合用一变压器，其位置如图 3-12 所示，问变压器设在何处时，所需电线最短？

4. 甲轮船位于乙轮船东 75 海里，以每小时 12 海里的速度向西行驶，而乙轮船则以每小时 6 海里的速度向北行驶，如图 3-13 所示，问经过多少时间两船相距最近？

5(AT). 已知横梁的强度与它的矩形断面的宽及高的平方之积成正比。要将直径为 d 的圆木锯成强度最大的横梁（如图 3-14 所示），问断面的高和宽应是多少？

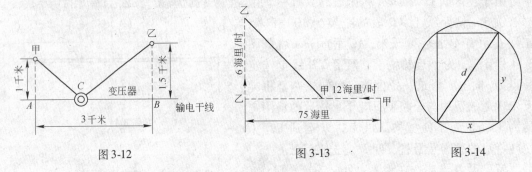

图 3-12　　　　　　　　　　　图 3-13　　　　　　　　　图 3-14

6. 用围墙围成面积为 216m^2 的一块矩形土地，并在此矩形土地的正中用一堵墙将其分成相等的两块，问这块土地的长与宽的尺寸各为多少时，才能使建筑材料最省？

第六节　二元函数的极值与最值（A）

　　有些实际问题往往可归结为多元函数的最大值或最小值的问题，而多元函数的最大（小）值又与极值有密切的联系。与一元函数类似，我们可以利用偏导数来讨论多元函数的极值和最大（小）值。本节主要讨论二元函数的有关问题。

一、二元函数的极值

1. 定义

　　设函数 $z = f(x, y)$ 在点 (x_0, y_0) 的某一邻域内有定义，如果对于该邻域内异于点 (x_0, y_0) 的任何点 (x, y)，恒有 $f(x, y) < f(x_0, y_0)$ 或 $f(x, y) > f(x_0, y_0)$ 成立，则称函数 $f(x, y)$ 在点 (x_0, y_0) 处取得**极大值**（或**极小值**）$f(x_0, y_0)$，点 (x_0, y_0) 称为 $f(x, y)$ 的**极大值点**（或**极小值点**）。

极大值和极小值统称为极值，极大值点和极小值点统称为极值点。

例如函数 $z = \sqrt{x^2 + y^2}$ 在点 $(0,0)$ 取得极小值 0，如图 3-15 所示；而函数 $z = 2 - \sqrt{x^2 + y^2}$ 在点 $(0,0)$ 取得极大值 2，如图 3-16 所示；函数 $z = x + y$ 在点 $(0,0)$ 处没有极值，因为在点 $(0,0)$ 处函数值等于零，而在点 $(0,0)$ 的任一邻域内，总有正的和负的函数值。

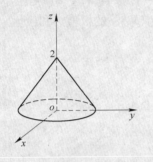

图 3-15

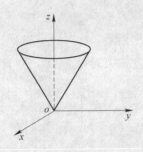

图 3-16

2. 极值存在的必要条件

定理 1　设函数 $f(x,y)$ 在点 (x_0,y_0) 处一阶偏导数存在，且在该点取得极值，则必有 $f'_x(x_0,y_0) = 0$，$f'_y(x_0,y_0) = 0$。使 $f'_x(x_0,y_0) = 0$，$f'_y(x_0,y_0) = 0$ 同时成立的点 (x_0,y_0) 称为函数 $f(x,y)$ 的稳定点。

具有偏导数的函数的极值点必为稳定点（或驻点），但稳定点未必是极值点。如函数 $z = xy$ 在点 $(0,0)$ 处一阶偏导数都等于零，但函数在点 $(0,0)$ 没有极值，因为在点 $(0,0)$ 处的函数值 $f(0,0) = 0$，而在点 $(0,0)$ 处的任一邻域内，总有是函数值为正或为负的点存在。

3. 极值的判定定理

定理 2（极值的充分条件）　设函数 $f(x,y)$ 在点 (x_0,y_0) 的某邻域内连续，其二阶偏导数连续，点 (x_0,y_0) 是函数 $f(x,y)$ 的稳定点，令 $A = f''_{xx}(x_0,y_0)$，$B = f''_{xy}(x_0,y_0)$，$C = f''_{yy}(x_0,y_0)$，则：

（1）当 $B^2 - AC < 0$ 时，$f(x_0,y_0)$ 必为极值，且 $A > 0$，则 $f(x_0,y_0)$ 为极小值，$A < 0$，则 $f(x_0,y_0)$ 为极大值；

（2）当 $B^2 - AC > 0$ 时，$f(x_0,y_0)$ 一定不是极值；

（3）当 $B^2 - AC = 0$ 时，$f(x_0,y_0)$ 可能是极值，也可能不是极值。

要求二元函数的极值，首先要求出该函数的稳定点及偏导数不存在的点，然后再求极值。一般步骤是：

（1）解方程组 $f'_x(x,y) = 0$，$f'_y(x,y) = 0$，求得一切实数解，即求得一切驻点；

（2）对于每一个驻点 (x_0,y_0)，求出二阶偏导数的值 A、B 和 C；

（3）确定 $B^2 - AC$ 的符号，由定理 2 的结论判定是极大值还是极小值。

例 1　求 $f(x,y) = x^3 + y^3 - 3x^2 - 3y^2$ 的极值。

解　由 $\begin{cases} f'_x(x,y) = 3x^2 - 6x = 0 \\ f'_y(x,y) = 3y^2 - 6y = 0 \end{cases}$

得 $f(x,y)$ 的稳定点为 $(0,0)$，$(0,2)$，$(2,0)$，$(2,2)$

又因为 $f''_{xx}(x,y) = 6x - 6$，$f''_{xy}(x,y) = 0$，$f''_{yy}(x,y) = 6y - 6$

所以在点 $(0,0)$ 处：$B^2 - AC = -36 < 0$，且 $A = -6 < 0$，故点 $(0,0)$ 为极大值点；

在点 $(0,2)$ 处：$B^2 - AC = 36 > 0$，故点 $(0,2)$ 不是极值点；同理 $(2,0)$ 也不是极值点；

在点 $(2,2)$ 处：$B^2 - AC = -36 < 0$，且 $A = 6 > 0$，故点 $(2,2)$ 是极小值点。

例2　设 $f(x,y) = x^2 - 3xy + 2y^2 + 2x - y + 1$，求 $f(x,y)$ 的极值点和极值。

解　Mathcad 计算：$f(x,y) := x^3 + y^3 - 3x^2 - 3y^2$

Given　$\dfrac{d}{dx} f(x,y) = 0$　$\dfrac{d}{dy} f(x,y) = 0$

Find　$(x,y) \to \begin{pmatrix} -1 \\ \dfrac{-7}{4} \end{pmatrix}$　$\dfrac{d^2}{dy^2} f(x,y) \to 4$

设　$x: = -1$　$y: = \dfrac{-7}{4}$

$A: = \dfrac{d^2}{dx^2} f(x,y)$　$A = 6$　$B: = \dfrac{d}{dx}\dfrac{d}{dy} f(x,y)$　$B = -4$

$C: = \dfrac{d^2}{dy^2} f(x,y)$　$C = 4$

由于 $A \cdot C - B^2 = 1 > 0$，且 $A = 1 > 0$，所以点 $\left(-1, \dfrac{-7}{4}\right)$ 为最小值点，最小值为 $f(x, y) \to \dfrac{-17}{8} = -2.125$。

二、二元函数的最值

1. 二元函数最值的存在性

如果所讨论的是实际问题，那么最值的存在与否由实际意义而定；否则当函数 $f(x,y)$ 在有界闭区域 D 上连续时，其在 D 上必定能取到最大值和最小值。

二元函数取得最大值和最小值的点可能在 D 的内部，也可能在 D 的边界上，若在内部则可能是稳定点或偏导数不存在的点。

2. 求二元函数的最值的步骤

求二元函数的最值步骤为：

（1）先求出 D 内所有的稳定点及偏导数不存在的点；

（2）再求出边界上函数取得最大值和最小值的点；

（3）比较上述各点处的函数值，其中最大的即为 $f(x,y)$ 在闭区域 D 上的最大值，最小的即为 $f(x,y)$ 在闭区域 D 上的最小值。

例3　求函数 $f(x,y) = 3x^2 + 3y^2 - x^3$ 在区域 $D: x^2 + y^2 \leqslant 16$ 上的最小值。

解　因为 $D: x^2 + y^2 \leqslant 16$ 为有界闭区域，函数 $f(x,y)$ 在闭区域 D 上连续，所以必有最值，由

$$\begin{cases} f'_x(x,y) = 6x - 3x^2 = 0 \\ f'_y(x,y) = 6y = 0 \end{cases}$$

得稳定点 （0，0），（2，0）

在 D 的边界 $x^2 + y^2 = 16$ 上，函数 $f(x,y) = 3x^2 + 3y^2 - x^3 = 3(x^2 + y^2) - x^3 = 48 - x^3$

由于 $\dfrac{d(48 - x^3)}{dx} = -3x^2 \leqslant 0$，所以 $48 - x^3$ 是 $[-4, 4]$ 上的减函数，当 $x = 4$ 时，该函数

值最小。故 $f(x, y)$ 在边界 $x^2 + y^2 = 16$ 上的最小值为 $(48 - x^3)\big|_{x=4} = -16$。比较 $f(0,0) = 0$，$f(2,0) = 4$，$f(4,0) = -16$ 知函数 $f(x, y)$ 在闭区域 D 上的最小值为 -16，且在 D 的边界上的点 （4，0） 处取到。

在解决实际问题时，如果根据问题的性质已能判断偏导数存在的函数是在区域 D 的内部取得最值，而此时函数在区域 D 的内部又只有一个稳定点 (x_0, y_0)，那么该稳定点处的函数值 $f(x_0, y_0)$ 即为所求的最值。

例 4 造一个容积为 V_0 的长方体无盖水池，问应如何选择水池的尺寸才能使用料最省？

解 用料最省即表面积最小，设水池长为 x，宽为 y，则高为 $\dfrac{V_0}{xy}$

由题意得水池表面积为 $\quad S(x,y) = xy + 2\left(y \cdot \dfrac{V_0}{xy} + x \cdot \dfrac{V_0}{xy}\right)$，$x > 0$，$y > 0$

由
$$\begin{cases} S'_x = y - \dfrac{2V_0}{x^2} = 0 \\ S'_y = x - \dfrac{2V_0}{y^2} = 0 \end{cases}$$

得 $S(x, y)$ 的稳定点为 $(\sqrt[3]{2V_0}, \sqrt[3]{2V_0})$

由实际意义知，可微函数 $S(x, y)$ 在开区域 $D = \{(x,y) \mid x > 0, y > 0\}$ 内必有最小值，且为稳定点，而稳定点又唯一，所以此点必是函数的最小值点，故当水池长、宽均为 $\sqrt[3]{2V_0}$、高为 $\dfrac{1}{2}\sqrt[3]{2V_0}$ 时，表面积最小，从而用料最省。

三、条件极值与拉格朗日乘数法

上述求二元函数 $f(x,y)$ 极值的方法中，两个自变量 x 与 y 是相互独立的，但在许多实际问题中，x 与 y 不是相互独立的，而是满足一定的条件 $\varphi(x,y) = 0$，称这类极值问题为**条件极值**，$\varphi(x,y) = 0$ 称为**条件方程**或**约束方程**，$f(x,y)$ 称为**目标函数**，为与前面极值区别开，前面所述的极值问题称之为**无条件极值**。

条件极值的解法为：从条件方程中解出一个变量，代入目标函数中，使之成为无条件极值问题，如上述例 4。由于从条件方程中求解一个变量有时并不容易，如要从 $xy + e^{x+y} = 1$ 中求出 $y = y(x)$ 或 $x = x(y)$ 都是不可能的，所以有另一种求条件极值的方法，即拉格朗日乘数法。

拉格朗日乘数法的步骤为：

（1）作拉格朗日函数 $L(x,y,\lambda) = f(x,y) + \lambda\varphi(x,y)$，其中变量 λ 称为拉格朗日乘数；

（2）求 $L(x,y,\lambda) = f(x,y) + \lambda\varphi(x,y)$ 的稳定点 (x_0, y_0, λ_0) 即求解方程组

$$\begin{cases} L'_x = f'_x(x,y) + \lambda \varphi'_x(x,y) = 0 \\ L'_y = f'_y(x,y) + \lambda \varphi'_y(x,y) = 0 \\ L'_\lambda = \varphi(x,y) = 0 \end{cases}$$

（3）点 (x_0, y_0) 就是函数 $z = f(x,y)$ 在约束条件 $\varphi(x,y) = 0$ 下的可能极值点。是否为极值点视具体情况而定。

由于函数 $f(x,y)$ 极值点只可能是点 (x_0, y_0)，所以在求 $L(x,y,\lambda)$ 的稳定点 (x_0, y_0, λ_0) 时，有时也可不必求出 λ_0。

例5　用拉格朗日乘数法求解例4。

解　设水池长为 x，宽为 y，高为 z，则约束方程为 $xyz = V_0$，目标函数为

$$S = xy + 2(yz + zx)$$

故拉格朗日函数为　　$L(x,y,z,\lambda) = xy + 2(yz + xz) + \lambda(xyz - V_0)$

由

$$\begin{cases} L'_x = y + 2z + \lambda yz = 0 \\ L'_y = y + 2z + \lambda xz = 0 \\ L'_z = 2y + 2x + \lambda xy = 0 \\ L'_\lambda = xyz - V_0 = 0 \end{cases}$$

解得　　　　　　　　　　　$x_0 = y_0 = 2z_0 = \sqrt[3]{2V_0}$

即 S 的可能极值点为 $\left(\sqrt[3]{2V_0}, \sqrt[3]{2V_0}, \dfrac{1}{2}\sqrt[3]{2V_0} \right)$，这是唯一可能的极值点，由实际意义知。条件最小值一定存在，所以，S 必在点 $\left(\sqrt[3]{2V_0}, \sqrt[3]{2V_0}, \dfrac{1}{2}\sqrt[3]{2V_0} \right)$ 处取得最小值。

思考题：

1. 一元函数的极值、最值与二元函数极值、最值有何异同？它们的求法是否一样？
2. 怎样用拉格朗日乘数法求条件极值？

习题　3-6

1. 求下列函数的极值：

(1) $f(x,y) = x^2 + xy + y^2 + x - y + 1$；

(2) $f(x,y) = (6x - x^2)(4y - y^2)$；

(3) $f(x,y) = xy(2 - x - y)$；

(4) $f(x,y) = xy + x^3 + y^3$。

2. 求下列函数的条件极值：

(1) $z = xy$，条件方程为 $x + y = 1$；

(2) $z = x^2 + y^2$，条件方程为 $\dfrac{x}{a} + \dfrac{y}{b} = 1$。

3. 设长方体的表面积为定值 a，问长、宽、高分别取何值时，该长方体的体积最大？

4. 某工厂准备生产两种型号的机器，其产量分别为 x 台和 y 台，总成本函数 $C(x,y) = 6x^2 + 3y^2$（单位：万元）。根据市场预测，共需这两种机器18台，问两种机器各生产多少台时，才能使总成本最小？

第七节　曲线的凹凸和拐点（B）

前面我们利用导数研究了函数的单调性、极值和最值问题，现在我们将利用二阶导数来研究曲线的弯曲方向，以便能更好地把握函数的性态。

一、曲线的凹凸性和判定法

如图 3-17 所示为函数 $y = \sqrt[3]{x}$ 的图像，因为 $y' = \frac{1}{3}x^{-\frac{2}{3}} = \frac{1}{3\sqrt[3]{x^2}} > 0$，所以函数 $y = \sqrt[3]{x}$ 在 $(-\infty, +\infty)$ 上单调递增，但曲线弧的弯曲方向不同。函数 $y = \sqrt[3]{x}$ 在 $(-\infty, 0)$ 上曲线的弧位于每点切线的上方，在 $(0, +\infty)$ 上曲线弧位于每点切线的下方。根据曲线弧与其切线的位置关系的不同，我们给出如下定义：

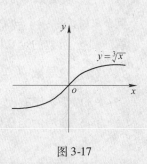

图 3-17

定义　如果在某区间内的曲线弧位于其任意点切线的上方，那么此曲线弧就叫做在该区间内是凹的；如果在某区间内的曲线弧位于其任意点切线的下方，那么此曲线弧就叫做在该区间内是凸的。并称连续曲线的凹凸部分的分界点为此曲线的拐点。

如函数 $y = \sqrt[3]{x}$ 在 $(-\infty, 0)$ 上是凹曲线，在 $(0, +\infty)$ 上是凸曲线，点 $(0,0)$ 是拐点。该函数的二阶导数 $y'' = -\frac{2}{9x \cdot \sqrt[3]{x^2}}$，我们观察到，在 $(-\infty, 0)$ 上 $y'' > 0$ 曲线是凹的，在 $(0, +\infty)$ 上 $y'' < 0$ 曲线是凸的。因此，函数的二阶导数与曲线的凹凸性有关。

定理 1　（曲线凹凸性的判定定理）

设函数 $f(x)$ 在开区间 (a,b) 内具有二阶导数 $f''(x)$。如果在 (a,b) 内 $f''(x) > 0$，那么曲线在 (a,b) 内是凹的；如果在 (a,b) 内 $f''(x) < 0$，那么曲线在 (a,b) 内是凸的。

例 1　判定曲线 $y = \frac{1}{x}$ 的凹凸性。

解　函数的定义域为 $(-\infty, 0) \cup (0, +\infty)$，$y' = -\frac{1}{x^2}$，$y'' = \frac{2}{x^3}$。当 $x < 0$ 时，$y'' < 0$；当 $x > 0$ 时，$y'' > 0$，所以曲线在 $(-\infty, 0)$ 内是凸曲线，在 $(0, +\infty)$ 内是凹曲线。该曲线（在 $x = 0$ 处不连续）没有拐点（如图 3-18 所示）。

说明　拐点一定是连续曲线上凹凸的分界点 $(x_0, f(x_0))$，它是一个有序实数对。

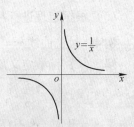

例 2　判定函数 $y = x^3$ 的凹凸性。

解　（1）函数的定义域为 $(-\infty, +\infty)$。

（2）$y' = 3x^2$，$y'' = 6x$，令 $y'' = 0$，得 $x = 0$。

图 3-18

（3）因为当 $x < 0$ 时，$y'' < 0$；当 $x > 0$ 时，$y'' > 0$。

（4）根据函数凹凸性和拐点的定义知，曲线在 $(-\infty, 0)$ 内是凸的，在 $(0, +\infty)$ 内是凹的，点 $(0,0)$ 是拐点（如图 3-5 所示）。

定理 2 （可导函数拐点判别法）

设函数 $y = f(x)$ 在 (a,b) 内具有二阶导数，x_0 是 (a,b) 内的一点，且 $f''(x_0) = 0$，如果在 x_0 的左右近旁 $f''(x)$ 异号，则点 $(x_0, f(x_0))$ 是曲线 $f(x)$ 的拐点。

说明 二阶导数不存在的连续点也有可能是拐点。

例 3 讨论曲线 $y = (x - 2)^{\frac{5}{3}}$ 的凹凸区间和拐点的坐标。

解 （1）函数的定义域是 $(-\infty, +\infty)$。

（2）求导数 $y' = \dfrac{5}{3}(x - 2)^{\frac{2}{3}}$，$y'' = \dfrac{10}{9}(x - 2)^{-\frac{1}{3}}$。

（3）函数没有使二阶导数为零的点，但有不可导点 $x = 2$。

（4）曲线的凹凸性及拐点见表 3-7。

表 3-7

x	$(-\infty, 2)$	2	$(2, +\infty)$
y''	$-$	不存在	$+$
y	凸	拐点 $(2,0)$	凹

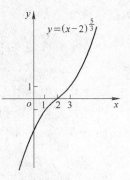

图 3-19

（5）由表 3-7 可知，曲线 $y = (x - 2)^{\frac{5}{3}}$ 在 $(-\infty, 2)$ 内是凸的，在 $(2, +\infty)$ 内是凹的，$x = 2$ 时，y'' 不存在，但点 $(2, 0)$ 是拐点（如图 3-19 所示）。

根据以上所述，我们得到曲线凹凸性和拐点的一般求法。

二、曲线凹凸性和拐点的一般求法

曲线凹凸性和拐点的一般求法有：

（1）确定函数 $f(x)$ 的定义域；

（2）求函数 $f(x)$ 的二阶导数；

（3）求出使 $f''(x) = 0$ 的所有点及二阶导数不存在的点；

（4）用上述点将定义区间划分成若干部分子区间，考察二阶导数在各个区间内的符号；

（5）根据定理进行判定。

例 4 讨论曲线 $y = (x - 1) \cdot \sqrt[3]{x^2}$ 的凹凸性和拐点。

解 （1）函数定义域为 $(-\infty, +\infty)$。

（2）$y' = \dfrac{5}{3}x^{\frac{2}{3}} - \dfrac{2}{3}x^{-\frac{1}{3}}$，$y'' = \dfrac{10}{9}x^{-\frac{1}{3}} + \dfrac{2}{9}x^{-\frac{4}{3}}$，令 $y'' = 0$ 得 $x = -\dfrac{1}{5}$。

又 $x = 0$ 时，y'' 不存在。

（3）函数的凹凸性及拐点见表 3-8。

表 3-8

x	$\left(-\infty,-\dfrac{1}{5}\right)$	$-\dfrac{1}{5}$	$\left(-\dfrac{1}{5},0\right)$	0	$(0,+\infty)$
y''	$-$	0	$+$	不存在	$+$
y	凸	拐点 $\left(-\dfrac{1}{5},-\dfrac{6}{25}\sqrt[3]{5}\right)$	凹	无拐点	凹

曲线的凹凸性及拐点如图 3-20 所示。

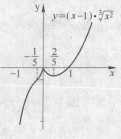

图 3-20

思考题：

1. 函数的导数与曲线的凹凸性有何关系？

2. 根据下列条件，画曲线：

（1）画出一条曲线，使它的一阶导数和二阶导数均处处为正；

（2）画出一条曲线，使它的二阶导数处处为负，但一阶导数处处为正；

（3）画出一条曲线，使它的二阶导数处处为正，但一阶导数处处为负；

（4）画出一条曲线，使它的一阶导数和二阶导数均处处为负。

习题　3-7

1. 判断下列曲线的凹凸性：

（1）$y = e^x$；　　　　（2）$y = \ln x$；　　　　（3）$y = x + \dfrac{1}{x^2}$；　　　　（4）$y = \dfrac{e^x + e^{-x}}{2}$。

2. 求下列曲线的凹凸区间及拐点：

（1）$y = x^3 - 5x^2 + 3x + 5$；　　　　　（2）$y = xe^{-x}$；

（3）$y = e^{\arctan x}$；　　　　　　　　　（4）$y = \ln(1 + x^2)$；

（5）$y = e^{-x^2}$；　　　　　　　　　　　（6）$y = 2 + (x-1)^{\frac{1}{3}}$。

3(AT). 曲线 $y = ax^3 + bx^2$ 以 $(1,3)$ 为拐点，求 a, b。

第八节　函数图像的描绘（B）

为了能比较准确而形象地反映函数的变化规律，我们需要做出函数的图像；要做出比较准确的函数图像，除了前面的知识，还需要掌握函数的渐近线。

一、曲线的渐近线

1. 定义

设曲线 $y = f(x)$ 上的动点 $M(x,y)$，如果当 $x \to x_0$（或 ∞）时，动点 $M(x,y)$ 与某条直线 L 之间的距离趋向于零，则称 L 为该曲线的**渐近线**。

定义中的渐近线可以是各种位置的直线。

2. 渐近线的分类

1）垂直渐近线

如果当 $x \to x_0$（有时仅当 $x \to x_0^-$，或 $x \to x_0^+$）时，有 $f(x) \to \infty$，则称直线 $x = x_0$ 为曲线 $y = f(x)$ 的垂直渐近线。

2）水平渐近线

如果当 $x \to \infty$（有时仅当 $x \to +\infty$ 或 $x \to -\infty$）时，有 $f(x) \to b$（b 为常数），则称直线 $y = b$ 为曲线 $y = f(x)$ 的**水平渐近线**。

3）斜渐近线

若 $\lim\limits_{x \to \infty} \dfrac{f(x)}{x} = a$ 且 $\lim\limits_{x \to \infty} [f(x) - ax] = b$，则 $y = ax + b$ 是曲线 $y = f(x)$ 的**斜渐近线**。

例 1　求曲线 $y = \dfrac{1}{x^2} + 1$ 的水平渐近线或垂直渐近线。

解　因为 $\lim\limits_{x \to \infty} \left(\dfrac{1}{x^2} + 1 \right) = 1$

所以曲线的水平渐近线为 $y = 1$

又因 $\lim\limits_{x \to 0} \left(\dfrac{1}{x^2} + 1 \right) = \infty$

故此曲线的垂直渐近线为 $x = 0$

例 2　求曲线 $y = x e^{\frac{1}{x^2}}$ 的渐近线。

解　因为 $\lim\limits_{x \to 0} x e^{\frac{1}{x^2}} = \lim\limits_{x \to 0} \dfrac{e^{\frac{1}{x^2}}}{\dfrac{1}{x}} = \lim\limits_{x \to 0} \dfrac{-\dfrac{2}{x^3} e^{\frac{1}{x^2}}}{-\dfrac{1}{x^2}} = \lim\limits_{x \to 0} \dfrac{2 e^{\frac{1}{x^2}}}{x} = \infty$

所以，$x = 0$ 是曲线的垂直渐近线

又因为 $\lim\limits_{x \to \infty} \dfrac{f(x)}{x} = a = \lim\limits_{x \to \infty} \dfrac{x e^{\frac{1}{x^2}}}{x} = 1$

$$\lim\limits_{x \to \infty} [f(x) - ax] = b = \lim\limits_{x \to \infty} (x e^{\frac{1}{x^2}} - x) = \lim\limits_{x \to \infty} \dfrac{e^{\frac{1}{x^2}} - 1}{\dfrac{1}{x}} = \lim\limits_{x \to \infty} \dfrac{2 e^{\frac{1}{x^2}}}{x} = 0$$

故有斜渐近线 $y = ax + b = x$，因此，曲线 $y = x e^{\frac{1}{x^2}}$ 有垂直渐近线 $x = 0$ 和斜渐近线 $y = x$。

二、函数图像的描绘

笛卡儿的数形对应是函数作图的理论基础，有序实数对与坐标平面内点的一一对应，是函数作图描点的依据。

描绘函数图像不单需要以描点为基础，还需要考虑函数的各种性态，这样才能作出比较精确的函数图像。一般地，函数作图采用以下几个步骤：

（1）确定函数的定义域、奇偶性、周期性以及是否有界；

（2）求出函数的一、二阶导数，再求出使一、二阶导数为零的点，并找出一、二阶导数不存在的点；用这些点划分定义区间成若干部分区间并列表；

（3）考察各个区间内 $f'(x)$ 和 $f''(x)$ 的符号；确定函数的单调性、极值点、极值、最值以及曲线的凹凸性和拐点；

（4）确定曲线的渐近线；

（5）求作一些辅助点（如与坐标轴的交点等）；

（6）描绘函数图像。

例 3　作出函数 $f(x) = 3x - x^3$ 的图像。

解　（1）函数 $f(x) = 3x - x^3$ 的定义域为 $(-\infty, +\infty)$，它是奇函数。

（2）$f'(x) = 3 - 3x^2$，$f''(x) = -6x$，令 $f'(x) = 0$ 得 $x = \pm 1$；令 $f''(x) = 0$，得 $x = 0$。

（3）曲线的单调性、极值、凹凸性及拐点见表 3-9。

表 3-9

x	$(-\infty, -1)$	-1	$(-1,0)$	0	$(0,1)$	1	$(1, +\infty)$
y'	$-$	0	$+$	$+$	$+$	0	$-$
y''	$+$	$+$	$+$	0	$-$	$-$	$-$
y	↘	极小值 -2	↗	拐点 $(0,0)$	↗	极大值 2	↘

（4）曲线无水平渐近线和垂直渐近线。

（5）令 $f(x) = 0$，得 $x = \pm\sqrt{3}$ 或 $x = 0$，则曲线与 x 轴的交点为 $(-\sqrt{3}, 0)$，$(0, 0)$ 和 $(\sqrt{3}, 0)$。

（6）作图，见图 3-21。

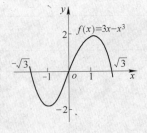

图 3-21

例 4（AL）　作出函数 $f(x) = \dfrac{1}{\sqrt{2\pi}} e^{-\frac{x^2}{2}}$ 的图像。

解　（1）函数的定义域为 $(-\infty, +\infty)$，显然 $f(x)$ 是偶函数，下面先讨论 $[0, +\infty)$ 上函数的性态。

（2）$f'(x) = -\dfrac{x}{\sqrt{2\pi}} e^{-\frac{x^2}{2}}$，$f''(x) = \dfrac{x^2 - 1}{\sqrt{2\pi}} e^{-\frac{x^2}{2}}$，当 $x \geq 0$ 时，令 $f'(x) = 0$，有 $x = 0$，令 $f''(x) = 0$，有 $x = 1$，该函数不存在间断点和不可导点。

（3）曲线的单调性、极值、凹凸性及拐点见表 3-10。

表 3-10

x	0	$(0,1)$	1	$(1, +\infty)$
$f'(x)$	0	$-$	$-$	$-$
$f''(x)$	$-$	$-$	0	$+$
$f(x)$	极大值 $\dfrac{1}{\sqrt{2\pi}}$	↘	拐点 $\left(1, \dfrac{1}{\sqrt{2\pi e}}\right)$	↘

（4）由 $\lim\limits_{x\to\infty}\dfrac{1}{\sqrt{2\pi}}e^{-\frac{x^2}{2}}=0$ 可知，直线 $y=0$ 为曲线的一条水平渐近线。

（5）令 $x=0$，$f(0)=\dfrac{1}{\sqrt{2\pi}}$，曲线与 y 轴交点为

$\left(0,\dfrac{1}{\sqrt{2\pi}}\right)$。

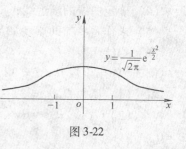

（6）先作出函数在 $[0,+\infty)$ 上的图像；再根据偶函数的对称性作出全图（见图 3-22）。

图 3-22

例 5　作出函数 $f(x)=x+\dfrac{1}{x}$ 的图像。

解　（1）函数 $f(x)=x+\dfrac{1}{x}$ 的定义域是 $(-\infty,0)\cup(0,+\infty)$，它是奇函数，先作出 $(0,+\infty)$ 内的函数图像。

（2）$y'=1-\dfrac{1}{x^2}=\dfrac{x^2-1}{x^2}$，$y''=\dfrac{2}{x^3}$，令 $y'=0$ 得 $x=\pm1$。

（3）曲线的单调性、极值、凹凸性及拐点见表 3-11。

表 3-11

x	$(-\infty,-1)$	-1	$(-1,0)$	$(0,1)$	1	$(1,+\infty)$
y'	$+$	0	$-$	$-$	0	$+$
y''	$-$	$-$	$-$	$+$	$+$	$+$
y	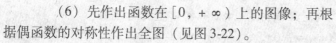	$y_{极大}=-2$			$y_{极小}=2$	

（4）当 $x\to0$ 时，$y\to\infty$，所以，$x=0$ 是垂直渐近线；因为 $\lim\limits_{x\to\infty}\dfrac{f(x)}{x}=a=\lim\limits_{x\to\infty}\left(1+\dfrac{1}{x^2}\right)=1$，$b=\lim\limits_{x\to\infty}[f(x)-ax]=\lim\limits_{x\to\infty}\dfrac{1}{x}=0$，所以，曲线的斜渐近线为 $y=x$。

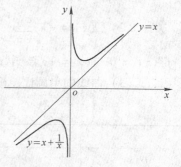

图 3-23

（5）作图（如图 3-23 所示）。

Mathcad 作图：

（1）写出图形的数学表达式；

（2）使用插入菜单中的图像命令 Insert/Graph 打开图像区域或数学符号板中的函数图形按钮；

（3）在图像区域中的占位穴里填入相应的变量名；

（4）在图像区域之外的任意一点处单击，图像区域内即可以出现该表达式的图形曲线（如图 3-24 所示）。

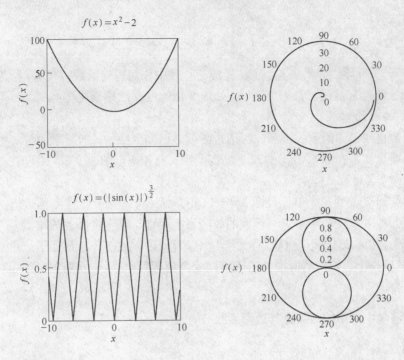

图 3-24

思考题：

1. 如果使 $f''(x_0) = 0$，那么点 $(x_0, f(x_0))$ 一定是曲线的拐点吗？

2. 如何描绘函数的图像？

习题 3-8

1. 求下列曲线的渐近线：

(1) $y = x + \ln x$；

(2) $y = \dfrac{(3x + 1)^2}{x - 1}$；

(3) $y = \ln(x - 1)$；

(4) $y = e^{1-x}$；

(5) $y = xe^{-x}$；

(6) $y = \dfrac{x^2}{1 + x}$；

(7) $y = \dfrac{1}{x^2 - 1}$；

(8) $y = x + \arctan x$。

2(AT). 考察曲线 $y = (x - 1) \cdot \sqrt[3]{x^2}$ 的性态并作图。

3(BT). 作出函数 $f(x) = xe^{-x}$ 的图像。

第九节 导数在经济分析中的应用（A）

在经济与管理中常常要考虑产量、成本、利润、收益、需求、供给等问题，通常成本、收益、利润都是产量的函数，为此，需要考虑成本最低、利润最大等问题，这就是利用导数研究经济工作中的最值问题。本节主要介绍经济学中的边际分析问题。

一、边际分析

1. 边际函数的概念

设函数 $f(x)$ 可导，导函数 $f'(x)$ 在经济与管理中称为边际函数，$f'(x_0)$ 称为 $f(x)$ 在点 x_0 的边际函数值。它描述了 $f(x)$ 在点 x_0 处的变化速度（或称变化率）。

2. 边际函数的意义

边际函数也叫已知函数的边际，所谓边际就是已知函数的一阶导数。

由微分概念知，在点 x_0 处 x 的改变量 Δx，则 y 在相应点的改变量可用 $\mathrm{d}y$ 来近似表示，即 $\Delta y \approx \mathrm{d}y = f'(x_0)\Delta x$。

若 x 在点 x_0 处改变一个单位，即 $\Delta x = 1$，$\mathrm{d}y = f'(x_0)$，因此，边际函数值 $f'(x_0)$ 的含义是当 x 在点 x_0 处改变一个单位时函数的改变量。例如，某种产品的成本 C 是产量 Q 的函数 $C = C(Q)$，边际成本值 $C'(Q_0)$ 称为产量 Q_0 时的边际成本，它描述了产量达到 Q_0 时，生产 Q_0 前最后一个单位产品所增加的成本；或产量达到 Q_0 后，再增加一个单位产品所增加的成本。

二、经济学中常用的函数及其边际函数

1. 成本函数

（1）成本函数

生产某种产品需投入设备、原料、劳力等资源，这些资源投入的价格或资源总额称为总成本，以 C 表示。总成本由固定成本 C_1 和可变成本 C_2 组成，可变成本一般是产量 Q 的函数，故总成本是产量 Q 的函数，称为成本函数，记作 $C(Q) = C_1 + C_2(Q)$。

（2）平均成本函数

单位产品的成本称为平均成本，记作 $\overline{C}(Q)$，称为平均成本函数，有 $\overline{C}(Q) = \dfrac{C(Q)}{Q} = \dfrac{C_1}{Q} + \dfrac{C_2(Q)}{Q}$。

（3）边际成本函数

总成本对产量的变化率 $C'(Q)$ 称为边际成本函数（或称成本函数的边际）。

2. 需求函数与供应函数

需求是指在一定价格条件下消费者愿意购买并且有支付能力购买的商品量。供给是指在一定价格条件下生产者愿意出售并且有可供出售的商品量。

（1）需求函数

若以 P 表示商品价格，Q 表示商品需求量，则 Q 是 P 的函数 $Q = f(P)$，称为需求函数。一般来说，商品价格低则需求量大，价格高则需求量小，因此需求函数 $Q = f(P)$ 是单调减函数。单调函数的反函数仍为单调函数，$Q = f(P)$ 的反函数 $P = P(Q)$ 也称为需求函数。常用的需求函数有：

1）线性函数 $Q = b - aP$，$a > 0$，$b > 0$；

2）反比函数 $Q = \dfrac{k}{P}$，$k > 0$，$P \neq 0$；

3）幂函数 $Q = kP^{-a}, k > 0, a > 0, P \neq 0$；

4）指数函数 $Q = ae^{-bP}, a > 0, b > 0$。

它们都是单调减函数。

（2）供应函数

仍以 S 表示供给量，S 也是价格 P 的函数，$S = \varphi(P)$ 称为供给函数。一般来说，商品价格低生产者不愿生产，供给少，商品价格高，则供给多，即供给函数 $S = f(P)$ 是单调增函数，其反函数 $P = \psi(S)$ 也称为供给函数。常用的供给函数有：

1）线性函数 $S = aP - b, a > 0, b > 0$；

2）幂函数 $S = kP^{\alpha}, k > 0, \alpha > 0$；

3）指数函数 $S = ae^{bP}, a > 0, b > 0$。

它们都是单调增函数。

3. 收益函数与利润函数

生产者出售一定数量的产品所得到的全部收入称为总收益，记为 R。总收益与产品产量 Q 和产品的价格 P 有关，又需求函数 $P = P(Q)$，故总收益 R 也是商品量 Q 的函数，即 $R = Q \cdot P(Q) = R(Q)$。

出售单位产品所得到的收益称为平均收益，记作 $\overline{R}$，则平均收益函数为 $\overline{R} = \overline{R}(Q) = \dfrac{R(Q)}{Q} = P(Q)$，即单位商品的价格。

总收益对产量 Q 的变化率 $R'(Q)$ 称为边际收益函数。总利润记为 L，则总收益减去总成本即为总利润，即 $L = L(Q) = R(Q) - C(Q)$。

经济学中所关注的问题常常是最大的利润问题，即总利润函数 $L(Q)$ 取最大值的问题。$L(Q)$ 取最大值的充分条件是 $L'(Q) = 0$ 且 $L''(Q) < 0$，即 $R'(Q) = C'(Q)$ 且 $R''(Q) < C''(Q)$。

由此得出取得最大利润的充分条件是边际收益的变化率小于边际成本的变化率，这就是最大利润的原则。

例1　某电子市场销售某品牌微机，当单价为 6000（元/台）时，每月能销售 100 台，为了进一步吸引消费者，增加销售量，商店将微机的价格调低为 5500（元/台），这样每月可多销售 20 台，假设需求函数是线性的，求这种微机的需求函数。

解　设需求函数为 $Q = a - bp$，将已知条件代入，得方程组

$$\begin{cases} a - 6000b = 100 \\ a - 5500b = 120 \end{cases}$$

解得 $a = 340, b = 0.04$

所求的需求函数为 $Q = 340 - 0.04p$

例2　某种商品的需求函数是 $Q = 200 - 5p$，供给函数是 $S = 25p - 10$，求该商品的市场均衡价格和市场均衡商品量。

解　由供需均衡条件 $Q = S$

可得　　　　　　　　　　　　$200 - 5p = 25p - 10$

解得市场均衡价格 $p_0 = 7$，市场均衡商品量 $Q_0 = 165$

例3 某工厂生产某种产品的固定成本为 30000 元，每生产一个单位产品总成本增加 100 元，求（1）总成本函数；（2）平均成本函数；（3）生产 100 个单位产品时的总成本和平均成本。

解 （1）总成本函数 $C(q) = 30000 + 100q$

（2）平均成本函数 $\overline{C} = \dfrac{30000 + 100p}{q} = \dfrac{30000}{q} + 100$

（3）$C(100) = 30000 + 100 \times 100 = 40000$（元）

$\overline{C}(100) = \dfrac{30000}{100} + 100 = 400$（元）

例4 已知某种商品的需求函数为 $q = 180 - 4p$，试求该商品的总收益函数，并求出销售 100 件商品时的总收益和平均收益。

解 由需求函数得 $p = 45 - \dfrac{q}{4}$

总收益函数为 $R(q) = qp(q) = q\left(45 - \dfrac{q}{4}\right) = 45q - \dfrac{q^2}{4}$

$$R(100) = 45 \times 100 - \dfrac{100^2}{4} = 2000$$

平均收益函数为 $\overline{R}(q) = \dfrac{R(q)}{q} = 45 - \dfrac{q}{4}$

$$\overline{R}(100) = 45 - \dfrac{100}{4} = 20$$

例5 某工厂每生产某种商品 q 个单位的总成本为 $C(q) = 5p + 200$（元），得到的总收益为 $R(q) = 10q - 0.00q^2$（元），求总利润函数，并求产量为 1000 时的总利润。

解 总利润函数 $L(q) = R(q) - C(q)$

$$= 10q - 0.001q^2 - (5q + 200)$$
$$= 5q - 0.001q^2 - 200 \text{（元）}$$
$$L(1000) = 5 \times 1000 - 0.001 \times 1000^2 - 200 = 3800 \text{（元）}$$

例6 已知某商品的成本函数为 $C(Q) = 1000 + \dfrac{Q^2}{10}$，求当 $Q = 120$ 时的总成本、平均成本及边际成本，且当产量 Q 为多少时平均成本最小，并求出最小平均成本。

解 总成本 $C(Q) = 1000 + \dfrac{Q^2}{10}$，$C(120) = 2440$

平均成本 $\overline{C}(Q) = \dfrac{C(Q)}{Q}$，$\overline{C}(120) = 20.33$

边际成本 $C'(Q) = \dfrac{Q}{5}$，$C'(120) = 24$

平均成本函数 $\overline{C}(Q) = \dfrac{1000}{Q} + \dfrac{Q}{10}$，$\overline{C}'(Q) = -\dfrac{1000}{Q^2} + \dfrac{1}{10}$

令 $\overline{C}'(Q) = 0$ 得 $Q = 100$，且 $\overline{C}''(Q) = \dfrac{2000}{Q^3}$，$\overline{C}''(100) > 0$。故当 $Q = 100$ 时平均成本最小，且最小平均成本为 $\overline{C}(100) = 20$。

例7　设工厂生产某种产品，固定成本为 10000 元，每多生产一单位产品成本增加 100 元，该产品的需求函数 $Q = 500 - 2P$，求工厂日产量 Q 为多少时，总利润 L 最大。

解　总成本函数 $C(Q) = 10000 + 100Q$

总收益函数 $R(Q) = Q \cdot P = Q \cdot \dfrac{500 - Q}{2} = 250Q - \dfrac{Q^2}{2}$

总利润函数为 $L(Q) = R(Q) - C(Q) = 150Q - \dfrac{Q^2}{2} - 10000$

$$L'(Q) = 150 - Q$$

令 $L'(Q) = 0$，得 $Q = 150$，且 $L''(Q) = -1 < 0$，故当 $Q = 150$ 时利润最大。

例8　某厂生产某种产品，总成本函数为 $C(q) = 200 + 4q + 0.05q^2$（元）。求：
（1）指出固定成本、可变成本；（2）求边际成本函数及产量 $q = 200$ 时的边际成本；（3）说明其经济意义。

解　（1）固定成本 $C_0 = 200$，可变成本 $C_1(Q) = 4q + 0.05q^2$

（2）边际成本函数 $C'(q) = 4 + 0.1q$，$C'(200) = 24$

（3）经济意义：在产量为 200 时，再多生产一个单位产品，总成本增加 24 元。

例9　通过调查得知某种家具的需求函数为 $q = 1200 - 3p$，其中 p（单位：元）为家具的销售价格，q（单位：件）为需求量。求销售该家具的边际收入函数，以及当销售量 $q = 450$、$q = 600$、$q = 700$ 件时的边际收入。

解　由需求函数得价格 $p = \dfrac{1}{3}(1200 - q)$

总收入函数为 $R(q) = qp(q) = \dfrac{1}{3}q(1200 - q) = 400q - \dfrac{1}{3}q^2$

则边际收入函数为 $R'(q) = 400 - \dfrac{2}{3}q$

$R'(450) = 400 - \dfrac{2}{3} \times 450 = 100$

$R'(600) = 400 - \dfrac{2}{3} \times 600 = 0$

$R'(750) = 400 - \dfrac{2}{3} \times 750 = -100$

由此例看出，当家具的销售量为 450 件时，$R'(450) = 100 > 0$，此时再增加销售量，总收入会增加，而且再多销售一件家具，总收入会增加 100 元；当家具的销售量为 600 件时，$R'(600) = 0$，说明总收入函数达到最大值，此时再增加销售量，总收入不会增加；当家具的销售量为 750 件时，$R'(750) = -100 < 0$，此时再增加销售量，总收入会减少，而且再多销售一件家具，总收入会减少 100 元。

例10　某工厂生产某产品的总成本函数为 $C(q) = 9000 + 40q + 0.001q^2$（元/件）。问该厂生产多少件产品时的平均成本最低？

解　平均成本函数 $\overline{C}(q) = \dfrac{C(q)}{q} = \dfrac{9000}{q} + 40 + 0.001q$

$\overline{C}'(q) = -\dfrac{9000}{q^2} + 0.001$，令 $\overline{C}'(q) = 0$，得唯一驻点 $q = 3000$

又 $\overline{C}''(q) = \dfrac{18000}{q^3}$，则 $\overline{C}''(3000) > 0$

因此，$q = 3000$ 是 $\overline{C}(q)$ 的极小值点，也就是最小值点，即当该厂生产 3000 件产品时平均成本最低。

例 11 已知某产品的需求函数 $p = 10 - \dfrac{q}{5}$，总成本函数为 $C(q) = 50 + 2q$，求产量为多少时总利润最大？并验证是否符合最大利润原则。

解 由需求函数 $p = 10 - \dfrac{q}{5}$，得总收入函数为 $R(q) = q\left(10 - \dfrac{q}{5}\right) = 10q - \dfrac{q^2}{5}$

总利润函数为 $L(q) = R(q) - C(q) = 10q - \dfrac{q^2}{5} - (50 - 2q) = 8q - \dfrac{q^2}{5} - 50$

$L'(q) = 8 - \dfrac{2}{5}q = 0$，得 $q = 20$，而 $L''(20) = -\dfrac{2}{5} < 0$，此时总利润最大

有 $R'(20) = 2$，$C'(20) = 2$，$R''(20) = -\dfrac{2}{5}$，$C''(20) = 0$

所以有 $R'(20) = C'(20)$ 且 $R''(20) < C''(20)$

故符合最大利润原则。

三、弹性分析

弹性分析是经济活动中常用的一种方法，是由对价格的相对变化引起商品需求量相对变化大小的分析，找到生产、供应、需求之间的关系，使生产者或营销者取得最佳效益。

1. 函数的弹性

设函数 $y = f(x)$，当自变量 x 在点 x_0 有增量 Δx 时，函数有相应的增量 Δy，将比值 $\dfrac{\Delta x}{x_0}$ 称为自变量的相对增量，将 $\dfrac{\Delta y}{y_0}$ 称为函数的相对增量。

（1）函数在点 x_0 处的弹性

定义 对于函数 $y = f(x)$，如果极限 $\lim\limits_{\Delta x \to 0} \dfrac{\frac{\Delta y}{y_0}}{\frac{\Delta x}{x_0}}$ 存在，那么称此极限为函数 $y = f(x)$ 在点 $x = x_0$ 处的弹性，记作 $E(x_0)$，即

$$E(x_0) = \lim_{\Delta x \to 0} \frac{\frac{\Delta y}{y_0}}{\frac{\Delta x}{x_0}} = \lim_{\Delta x \to 0} \frac{\Delta y}{\Delta x} \cdot \frac{x_0}{y_0} = f'(x_0) \frac{x_0}{f(x_0)}$$

（2）函数的弹性

对于函数 $y = f(x)$，如果极限 $\lim\limits_{\Delta x \to 0} \dfrac{\frac{\Delta y}{y}}{\frac{\Delta x}{x}}$ 存在，称此极限为函数 $y = f(x)$ 在点 x 处的弹性，

记作 $E(x)$，即

$$E(x) = \lim_{\Delta x \to 0} \frac{\dfrac{\Delta y}{y}}{\dfrac{\Delta x}{x}} = \lim_{\Delta x \to 0} \frac{\Delta y}{\Delta x} \cdot \frac{x}{y} = y' \cdot \frac{x}{y}$$

$E(x)$ 也称为函数 $y = f(x)$ 的弹性函数。

函数 $y = f(x)$ 在点 x 处的弹性 $E(x)$ 反映了随 x 的变化，$f(x)$ 变化幅度的大小，也就是 $f(x)$ 对 x 变化反应的灵敏度。即当产生 1% 的改变时，$f(x)$ 近似地改变 $E(x)\%$。在应用问题中解释弹性的具体意义时，经常略去"近似"二字。

例 12　求函数 $y = \left(\dfrac{1}{3}\right)^x$ 的弹性函数及在 $x = 1$ 处的弹性。

解　弹性函数 $E(x) = \left(\dfrac{1}{3}\right)^x \ln \dfrac{1}{3} \cdot \dfrac{x}{\left(\dfrac{1}{3}\right)^x} = -x\ln 3$

$$E(1) = -\ln 3$$

2. 需求弹性

设某商品的需求函数为 $Q = Q(p)$，则需求弹性为：

$$E(p) = Q'(p) \frac{p}{Q(p)}$$

需求弹性 $E(p)$ 表示某种商品需求量 Q 对价格 p 的变化的敏感程度。因为需求函数是一个递减函数，需求弹性一般为负值，所以其经济意义为：当某种商品的价格下降（或上升）1% 时，其需求量将增加（或减少）$|E(p)|\%$。

当 $E(p) = -1$ 时，称为单位弹性，即商品需求量的相对变化与价格的相对变化基本相等，此价格是最优价格。

当 $E(p) < -1$ 时，成为富有弹性，此时，商品需求量的相对变化大于价格的相对变化，此时价格的变动对需求量的影响较大，换句话说，适当降价会使需求量较大幅度上升，从而增加收入。

当 $-1 < E(p) < 0$ 时，称为缺乏弹性，即商品需求量的相对变化小于价格的相对变化，此时的价格的变化对需求量的影响较小，在适当的涨价后，不会使需求量有太大的下降，从而增加收入。需求弹性的大小反映了价格变化对市场需求量的影响程度，在市场经济中，企业经营者关心的是商品涨价（或降价）对总收入的影响程度，因此，利用弹性分析了解市场变化，制定行之有效的营销策略，是生产者和商家的必行之道。

例 13　设某商品的需求函数为 $Q = e^{-\frac{p}{5}}$（其中，p 是商品价格，Q 是需求量），求（1）需求弹性函数；（2）$p = 3$，$p = 5$，$p = 6$ 时的需求弹性，并说明经济意义。

解　（1）$Q'(p) = -\dfrac{1}{5} e^{-\frac{p}{5}}$，所求需求弹性函数为

$$E(p) = Q'(p) \frac{p}{Q(p)} = -\frac{1}{5} e^{-\frac{p}{5}} \frac{p}{e^{-\frac{p}{5}}} = -\frac{p}{5}$$

（2）$E(3) = -\dfrac{3}{5} = -0.6$，$E(5) = -\dfrac{5}{5} = -1$，$E(6) = -\dfrac{6}{5} = -1.2$

经济意义：当 $p = 3$ 时，$E(3) = -0.6 > -1$，此时价格上涨 1% 时，需求只减少 0.6%，需求量的变化幅度小于价格变化的幅度，适当提高价格可增加销售量，从而增加总

收入；当 $p = 5$ 时，$E(5) = -1$，此时价格上涨 1%，需求将减少 1%，需求量的变化幅度等于价格变化的幅度，是最优价格；当 $p = 6$ 时，$E(6) = -1.2$，此时价格上涨 1%，需求将减少 1.2%，需求量的变化幅度大于价格变化的幅度，适当降低价格可增加销售量，从而增加收入。

思考题：

    1. 如何理解经济函数的边际概念？它们的边际值有什么经济意义？

    2. 如何理解经济学中的最大利润原则？

习题　3-9

1. 求函数 $f(x) = \dfrac{e^x}{x}$ 的边际函数。

2. 已知某商品的需求函数为 $Q = \dfrac{2}{3}(50 - p)$，供给函数为 $S = -20 + 10p$，试求市场均衡价格。

3. 某产品的价格与需求量的关系为 $P = 20 - \dfrac{Q}{4}$，求总收益函数及需求量为 20 时的总收益。

4. 设某产品的总成本为 $C(x) = 1100 + \dfrac{1}{1200}x^2$，求 $x = 900$ 时的边际成本。

5. 生产 x 单位某产品的总成本 C 为 x 的函数 $C = C(x) = 1200 + \dfrac{x^2}{200}$。

    （1）求生产 400 单位产品时的平均单位成本；

    （2）求生产 400 单位产品到 500 单位产品时总成本的平均变化率；

    （3）求生产 400 单位产品时的边际成本。

6. 设生产 x 单位某产品的总收益函数 $R(x) = 200x - 0.01x^2$，求生产 50 单位产品时的总收益、平均收益、边际收益。

7. 每批生产 x 单位某产品的费用为 $C(x) = 200 + 4x$，得到的收益为 $R(x) = 10x - \dfrac{x^2}{100}$，问每批生产多少单位产品时才能使利润最大，最大利润是多少？

8. 设某商品的总成本函数为 $C(q) = 125 + 3q + \dfrac{1}{25}q^2$，需求函数为 $q = 60 - 2p$（其中 p 为需求单价），试求：

    （1）平均成本函数、边际成本函数；

    （2）销量为 25 单位时的边际成本、边际收入、边际利润。

9. 某工厂每批生产某种商品 q 单位时的总成本函数为 $C(q) = 200 + 50q$（元），得到的收入函数为 $R(q) = 110q - 0.01q^2$（元），问每批生产多少单位产品时才能使利润最大？

10. 设某商品的需求函数为 $Q = e^{-\frac{p}{4}}$，求：

    （1）需求弹性函数；

    （2）$p = 3$，$p = 4$，$p = 5$ 时的需求弹性，并说明经济意义。

复习题三

1. 判断题

    （1）极小值就是最小值。   （　　）

(2) 极小值有可能大于极大值，也有可能是最大值。 （　　）

(3) 驻点是指使一阶导数 $f'(x) = 0$ 的点 $(x_0, f(x_0))$。 （　　）

(4) 闭区间上的连续函数的最值必在驻点或端点处取得。 （　　）

(5) 函数定义域区间的端点不可能是函数的极值点。 （　　）

(6) 设函数 $f(x)$ 在 (a,b) 内连续，则 $f(x)$ 在 (a,b) 内一定有最大最小值。 （　　）

(7) 函数 $f(x)$ 在点 x_0 处得极值，则 $f'(x_0) = 0$。 （　　）

(8) 曲线 $y = \ln(1 + x^2)$ 的拐点是 $x = \pm 1$。 （　　）

(9) 拐点是凹凸性的分界点。 （　　）

(10) 曲线 $y = x\ln\left(e + \dfrac{1}{x}\right)(x > 0)$ 渐近线为 $y = x + \dfrac{1}{e}$。 （　　）

2. 填空题

(1) 设函数 $f(x)$ 在 (a,b) 内可导，如果 $f'(x) > 0$，则函数 $f(x)$ 在 (a,b) 内 _____，如果 $f'(x) < 0$，则函数 $f(x)$ 在 (a,b) 内 _____，如果 $f'(x) = 0$，则函数 $f(x)$ 在 (a,b) 内 _____。

(2) 函数 $f(x) = x^2\ln x$ 在 $[1, e]$ 上的最大值为 _____，最小值为 _____。

(3) 曲线 $y = \dfrac{4(x+1)}{x^2} - 2$ 的水平渐近线为 _____，垂直渐近线为 _____。

(4) $\sin 45°30' \approx$ _____。

(5) 曲线 $f(x) = xe^x$ 在区间 _____ 内是凸的，_____ 内是凹的，拐点是 _____。

(6) 若 $x = 1, x = 2$ 都是函数 $y = x^3 + ax^2 + bx$ 的驻点，则 $a =$ _____，$b =$ _____。

(7) $\lim\limits_{x \to 0} \dfrac{2x - \sin 2x}{\sin^3 x} =$ _____。

(8) 函数 $f(x) = 4 + 8x^3 - 3x^4$ 的极大值是 _____。

(9) 曲线 $y = x^3 + 1$ 拐点的坐标是 _____。

(10) 已知函数 $f(x) = e^{-x}\ln ax$ 在 $x = \dfrac{1}{2}$ 处取得极值，则 $a =$ _____。

3. 选择题

(1) 设 $y = -x^2 + 4x - 7$，那么在区间 $(-5, -3)$ 和 $(3, 5)$ 内 y 分别为（　　）

A. 单调增加，单调增加　　　　　　　　B. 单调增加，单调减少

C. 单调减少，单调增加　　　　　　　　D. 单调减少，单调减少

(2) 若 x_1 与 x_2 分别是函数 $f(x)$ 在 (a,b) 内的一个极大值点和一个极小值点，则（　　）一定成立。

A. $f(x_1) > f(x_2)$　　　　　　　　　B. $f'(x_1) = f'(x_2)$

C. 对任意 $x \in (a,b), f(x) \leqslant f(x_1), f(x) \geqslant f(x_2)$

D. $f'(x_1), f'(x_2)$ 可能为 0，也可能不存在

(3) 函数 $y = f(x)$ 有驻点 $x = x_0$，则（　　）不成立。

A. $f(x)$ 在 x_0 处连续　　　　　　　　B. $f(x)$ 在 x_0 处可导

C. $f(x)$ 在 x_0 处有极值　　　　　　　D. 点 $(x_0, f(x_0))$ 处曲线的切线平行于 x 轴

(4) 设曲线 $y = x^3 - 3x^2 - 8$，那么在区间 $(-1, 1)$ 和 $(2, 3)$ 内曲线分别为（　　）

A. 凸的，凸的　　　B. 凸的，凹的　　　C. 凹的，凸的　　　D. 凹的，凹的

(5) 若在区间 (a,b) 内函数 $f(x)$ 的一阶导数 $f'(x) > 0$，二阶导数 $f''(x) > 0$，则 $f(x)$ 在该区间内（　　）

A. 单调递减、凹的　　B. 单调递减、凸的　　C. 单调递增、凹的　　D. 单调递增、凸的

(6) $f'(x_0) = 0$ 是可导函数 $f(x)$ 在 x_0 处有极值的（　　）

A. 充分条件　　　　B. 必要条件　　　　C. 充要条件　　　　D. 非充分又非必要

（7）极限 $\lim\limits_{x \to e} \dfrac{\ln x - 1}{x - e}$ 的值为（　　）

　　A. 1　　　　　　　　　B. e^{-1}　　　　　　　C. e　　　　　　　　D. 0

（8）设函数 $f(x)$ 在区间 I 上的导数恒为零，则 $f(x)$ 在区间 I 上（　　）

　　A. 恒为零　　　　　　B. 恒不为零　　　　　C. 是一个常数　　　　D. 以上说法均不正确

（9）下列命题中正确的是（　　）

　　A. $f(x)$ 在 (a,b) 内的极值点，必定是 $f'(x) = 0$ 的根

　　B. $f'(x) = 0$ 的根，必定是 $f(x)$ 的极值点

　　C. $f(x)$ 在 (a,b) 内取得极值的点处，其导数 $f'(x)$ 必不存在

　　D. 使 $f'(x) = 0$ 的点是 $f(x)$ 可能取得极值的点

（10）若函数 $f(x)$ 在 $x = x_0$ 处取得最大值，则（　　）

　　A. x_0 是 $f(x)$ 的驻点　　　　　　　　　B. x_0 是 $f'(x)$ 不存在的点

　　C. x_0 是 $f(x)$ 定义区间的端点坐标　　　D. 以上三种可能都存在

4. 求下列各极限：

（1）$\lim\limits_{x \to +\infty} \dfrac{x}{x + \sqrt{x}}$；　　　　　　　　　　（2）$\lim\limits_{x \to +\infty} \dfrac{x^2}{ae^{ax}}$，$(a > 0)$；

（3）$\lim\limits_{x \to \frac{\pi}{4}} \dfrac{\tan x - 1}{\sin 4x}$；　　　　　　　　　　（4）$\lim\limits_{x \to 0} \dfrac{x - \arctan x}{x^3}$；

（5）$\lim\limits_{n \to \infty} \left(\cos \dfrac{\theta}{n} \right)^n$。

5. 求函数 $f(x) = 1 - \dfrac{1}{2}\ln(1 + x^2)$ $(|x| < 1)$ 的极值。

6. 取一块母线为 L 圆心角为 a 的扇形铁皮卷起来，做成一个漏斗，试问 a 取何值时，漏斗的容积最大？

7. 采矿、采石获取土，常用炸药包进行爆破，实践表明，爆破部分呈圆锥漏斗形状（如图 3-25 所示），圆锥的母线长是炸药包的爆破半径 R，它是固定的，问炸药包埋多深爆破体积最大？

8. 如图 3-26 所示，在一个半径为 R 的圆形广场中心挂一灯，问要挂多高，才能使广场周围的路上照的最亮？（已知灯的照明度 I 的计算公式是 $I = k\dfrac{\cos\alpha}{l^2}$，其中 l 是灯到广场被照射点的距离，α 为光线投射角）

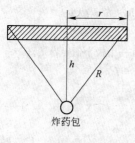

图 3-25

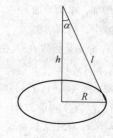

图 3-26

9. 设需求函数为 $Q(p) = 10 - \dfrac{p}{5}$，求 $p = 20$ 时的边际收入并说明其经济意义。

10. 设某工厂每天生产某种产品 x 单位时的总成本函数为：$C(x) = 0.5x^2 + 36x + 1600$（元），问每天生产多少单位产品时，其平均值最小。

11. 某个体户以每条 10 元的价格购进一批牛仔裤，设此批牛仔裤的需求函数为：$q = 40 - 2p$，问将牛仔裤的销售价定为多少时，才能获得最大利润？

第四章 不定积分

本章导读

类似于加法与减法、乘法与除法、乘方与开方、指数与对数等运算，它们互为逆运算。求导运算也有逆运算，那么它们的逆运算是什么？

回忆我们曾经研究过的问题：已知曲线 $y = f(x)$，求曲线切线的斜率。

这是导数问题，如果我们讨论其反问题：已知曲线 $y = f(x)$ 在任一点切线的斜率，求该曲线 $y = f(x)$。

这是导数运算的逆运算问题，属于积分学问题。即已知某个函数 $F(x)$ 的导函数 $f(x)$，求 $F(x)$，使得 $F'(x) = f(x)$，这是积分学的基本问题之一，在科学技术和经济管理的许多理论和应用问题中也经常需要解决这类问题。本章主要介绍原函数与不定积分的概念、求不定积分的方法。

通过本章的学习，希望大家：

- 理解原函数和不定积分的概念。
- 掌握不定积分的基本公式，掌握不定积分的换元积分法和分部积分法。
- 会解决不定积分在经济中的应用问题。
- 利用 Mathcad 计算不定积分。

第一节 不定积分的概念

微分学的基本问题是已知一个函数，求它的导数（或微分）。但在许多实际问题中，常常需要解决相反的问题，就是已知一个函数的导数（或微分）而要求这个函数。

例如，已知函数 $F(x)$ 的导数 $F'(x) = \cos x$，要求 $F(x)$。由前面的知识，可以得到 $F(x) = \sin x$。已给 $F'(x) = f(x)$，求 $F(x)$ 就是本章所研究的中心问题。为了研究的方便，首先引入下面定义。

一、原函数

定义 设 $f(x)$ 是定义在某区间上的一个函数，如果存在一个函数 $F(x)$，使得在该区间上的任一点，都有

$$F'(x) = f(x) \quad \text{或} \quad dF(x) = f(x)dx$$

则称 $F(x)$ 是函数 $f(x)$ 在该区间上的一个**原函数**。

例如，由于 $(\sin x)' = \cos x$，所以 $\sin x$ 是 $\cos x$ 的一个原函数。

又如，$(x^2)' = 2x$，$(x^2 + 1)' = 2x$，$(x^2 + C)' = 2x$（C 为任意常数），所以 x^2，$x^2 + 1$，$x^2 + C$ 都是 $2x$ 的原函数。

（**B** 级）关于原函数有下面三个问题：

（1）一个函数具备什么条件，能保证它的原函数一定存在？

这个问题的证明留待下一章解决。在此先给出一个结论：在某区间上连续的函数一定有原函数。由此可知初等函数在定义区间内有原函数。

（2）如果一个函数存在原函数，共有多少个？

一般地，若 $F(x)$ 是 $f(x)$ 的一个原函数，对于任意常数 C，因为 $[F(x) + C]' = f(x)$，故 $F(x) + C$ 也为 $f(x)$ 的原函数。由于 C 的任意性，因此，一个函数 $f(x)$ 若有原函数，就有无限多个。

（3）函数 $f(x)$ 的所有原函数是否都可表示为 $F(x) + C$ 的形式？

若 $F(x)$ 和 $G(x)$ 都是 $f(x)$ 的原函数，则它们一定相差一个常数。

由于 $[G(x) - F(x)]' = G'(x) - F'(x) = f(x) - f(x) = 0$，所以 $G(x) - F(x) = C$，即 $G(x) = F(x) + C$。

因此，若 $F(x)$ 为 $f(x)$ 的一个原函数，则 $f(x)$ 的全体原函数可以表示为 $F(x) + C$。

二、不定积分

1. 定义

在区间 I 上，函数 $f(x)$ 的原函数的全体叫做 $f(x)$ 的不定积分，记作

$$\int f(x)\,dx$$

其中记号 $\int$ 称为**积分号**，$f(x)$ 称为**被积函数**，$f(x)dx$ 称为**被积表达式**，x 称为**积分变量**。

由此定义及前面的说明可知，如果 $F(x)$ 是 $f(x)$ 的一个原函数，那么

$$\int f(x)\,dx = F(x) + C$$

其中任意常数 C 称为**积分常数**。因此，给定了函数 $f(x)$，求它的不定积分，就是求它的全体原函数，只要找到它的一个原函数 $F(x)$，后面加上任意常数 C 就行了。

例 1　求 $\int x^2 dx$。

解　因为 $\left(\dfrac{x^3}{3}\right)' = x^2$，所以 $\dfrac{x^3}{3}$ 为 x^2 的一个原函数。

于是
$$\int x^2 dx = \frac{x^3}{3} + C$$

例 2　求 $\int \cos x\, dx$。

解　因为 $(\sin x)' = \cos x$

所以
$$\int \cos x\, dx = \sin x + C$$

例 3　求 $\int \dfrac{1}{\sqrt{x}}\,dx$。

解　因为当 $(2\sqrt{x})' = \dfrac{1}{\sqrt{x}}$

所以
$$\int \frac{1}{\sqrt{x}} dx = 2\sqrt{x} + C$$

2. 不定积分的性质（B 级）

若 $F'(x) = f(x)$，由不定积分的定义可推得以下性质。

性质 1　　$\left[\int f(x) dx\right]' = f(x)$ 或 $d\int f(x) dx = f(x) dx$。

性质 2　　$\int F'(x) dx = F(x) + C$ 或 $\int dF(x) = F(x) + C$。

性质 1、2 可叙述为：不定积分的导数（或微分）等于被积函数（或被积表达式）；一个函数导数（或微分）的不定积分等于这个函数加上一个任意常数。

三、不定积分的几何意义（A 级）

若 $F(x)$ 是 $f(x)$ 的一个原函数，则 $f(x)$ 的不定积分为 $F(x) + C$。对于每一个给定的 C，就可确定 $f(x)$ 的一个原函数，在几何上就相应地确定一条曲线，这条曲线称为 $f(x)$ 的**积分曲线**。由于 $F(x) + C$ 的图形可以由曲线 $y = F(x)$ 沿着 y 轴上下平移而得到，这样不定积分 $\int f(x) dx$ 在几何上就表示一族平行的积分曲线，简称为**积分曲线族**。在相同的横坐标 $x = x_0$ 处，这些曲线的切线是相互平行的，其斜率都等于 $f(x_0)$（如图 4-1 所示）。

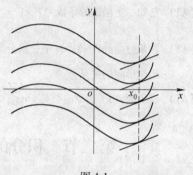

图 4-1

例 4（BL）　求通过点（1，2），且其上任一点处切线的斜率为 $3x^2$ 的曲线方程。

解　按题意，就是求函数 $3x^2$ 的积分曲线族中过点（1，2）的这条曲线。

因为
$$\int 3x^2 dx = x^3 + C$$

于是得
$$y = x^3 + C$$

将 $x = 1$，$y = 2$ 代入，有 $2 = 1^3 + C$，得 $C = 1$

故所求曲线方程为 $y = x^3 + 1$。

例 5（BL）　已知生产某种产品 x 个单位的边际成本为 $1 + 4x$，并且已知固定成本为 8（万元），试求总成本与产量 x 的关系。

解　设总成本为 $C(x)$，由题意知，$C'(x) = 1 + 4x$，

于是
$$C(x) = \int (1 + 4x) dx = x + 2x^2 + C$$

又知，$x = 0$ 时，$C(x) = 8$，代入，得 $C = 8$

所以总成本与产量 x 的函数关系为
$$C(x) = x + 2x^2 + 8$$

思考题：

1. 不定积分与导数有什么关系？

2(BT). 不定积分 $\int f(x)\mathrm{d}x$ 在几何上表示积分曲线族，在相同的横坐标 $x = x_0$ 处，这些曲线的切线是否相互平行？斜率等于多少？

习题　4-1

1. 判断 $\ln x$ 与 $\ln ax$（$a > 0$）是否为同一函数的原函数。

2(BT). 判断 $\dfrac{1}{2}(\mathrm{e}^{2x} + \mathrm{e}^{-2x})$，$\dfrac{1}{2}(\mathrm{e}^{x} + \mathrm{e}^{-x})^2$，$\dfrac{1}{2}(\mathrm{e}^{x} - \mathrm{e}^{-x})^2$ 是否均为函数（$\mathrm{e}^{2x} - \mathrm{e}^{-2x}$）的原函数。

3. 已知一曲线在任一点处的切线斜率为其横坐标的 2 倍，求此曲线的方程。

4. 一曲线过点（1，−1），且在任一点处切线的斜率为 $\dfrac{1}{x^2}$，求此曲线方程。

5(BT). 一曲线通过点（e^2，3），且在任一点处的切线的斜率等于该点横坐标的倒数，求该曲线的方程。

6(BT). 已知作直线运动的质点在时刻 t 的速度为 $2t - 1$，且当 $t = 0$ 时路程 $s = 0$，求此质点的运动方程。

7(AT). 已知一个函数的导数为 $f(x) = \dfrac{1}{\sqrt{1 - x^2}}$，且当 $x = -1$ 时，其函数值为 $\dfrac{3}{2}\pi$，求这个函数。

8(AT). 在积分曲线族 $\int 3x^2\mathrm{d}x$ 中，求分别通过点（1，2）与（0，−1）的曲线，并画出它们的图形，说出图形间的关系。

9(AT). 设函数 $f(x)$ 的原函数是 $x\ln x^2$，求 $\int x f'(x)\mathrm{d}x$。

第二节　积分的基本公式和法则、直接积分法

一、积分的基本公式

既然积分运算是微分运算的逆运算，那么很自然地可以从导数基本公式得到相应的积分基本公式：

(1) $\int 0\mathrm{d}x = C$；

(2) $\int k\mathrm{d}x = kx + C$；

(3) $\int x^{\alpha}\mathrm{d}x = \dfrac{1}{\alpha + 1}x^{\alpha + 1} + C\,(\alpha \neq -1)$；

(4) $\int \dfrac{1}{x}\mathrm{d}x = \ln|x| + C$；

(5) $\int \mathrm{e}^{x}\mathrm{d}x = \mathrm{e}^{x} + C$；

(6) $\int a^{x}\mathrm{d}x = \dfrac{a^{x}}{\ln a} + C$；

(7) $\int \cos x\mathrm{d}x = \sin x + C$；

(8) $\int \sin x\mathrm{d}x = -\cos x + C$；

(9) $\int \sec^2 x \mathrm{d}x = \tan x + C$;

(10) $\int \csc^2 x \mathrm{d}x = -\cot x + C$;

(11) $\int \sec x \tan x \mathrm{d}x = \sec x + C$;

(12) $\int \csc x \cot x \mathrm{d}x = -\csc x + C$;

(13) $\int \dfrac{1}{\sqrt{1-x^2}} \mathrm{d}x = \arcsin x + C = -\arccos x + C$;

(14) $\int \dfrac{1}{1+x^2} \mathrm{d}x = \arctan x + C = -\operatorname{arccot} x + C$。

以上十四个积分基本公式是求不定积分的基础，必须熟记，灵活应用。

例1　求 $\int \dfrac{1}{x^3} \mathrm{d}x$。

解　$\int \dfrac{1}{x^3} \mathrm{d}x = \int x^{-3} \mathrm{d}x = \dfrac{x^{-3+1}}{-3+1} + C = -\dfrac{1}{2x^2} + C$

例2　求 $\int x^2 \sqrt{x} \mathrm{d}x$。

解　$\int x^2 \sqrt{x} \mathrm{d}x = \int x^{\frac{5}{2}} \mathrm{d}x = \dfrac{x^{\frac{5}{2}+1}}{\frac{5}{2}+1} + C = \dfrac{2}{7} x^{\frac{7}{2}} + C$

例3　求 $\int 5^x \mathrm{d}x$。

解　$\int 5^x \mathrm{d}x = \dfrac{5^x}{\ln 5} + C$

二、积分的基本运算法则

根据不定积分的定义，可以推得下面两个法则：

法则1　两个函数代数和的不定积分等于两个函数不定积分的代数和，即

$$\int [f(x) \pm g(x)] \mathrm{d}x = \int f(x) \mathrm{d}x \pm \int g(x) \mathrm{d}x$$

法则2　被积函数中不为零的常数因子可以提到积分号外面来，即

$$\int k f(x) \mathrm{d}x = k \int f(x) \mathrm{d}x \,(k \text{ 是常数}, k \neq 0)$$

要证明这两个等式，只需验证等式右端的导数等于左端的被积函数即可。

三、直接积分法

直接积分法就是根据不定积分的性质、运算法则，结合代数或三角的公式变形，直接利用积分基本公式进行积分的一种方法。

例4　求 $\int (2x^2 + 3x - 5) \mathrm{d}x$。

解　$\int(2x^2 + 3x - 5)\,\mathrm{d}x = 2\int x^2\,\mathrm{d}x + 3\int x\,\mathrm{d}x - 5\int\,\mathrm{d}x$

$$= 2 \times \frac{1}{1+2}x^{2+1} + C_1 + 3 \times \frac{1}{1+1}x^{1+1} + C_2 - 5x + C_3$$

$$= \frac{2}{3}x^3 + \frac{3}{2}x^2 - 5x + C$$

Mathcad 计算:

$$\int(2x^2 + 3x - 5)\,\mathrm{d}x \to \frac{2}{3} \cdot x^3 + \frac{3}{2} \cdot x^2 - 5 \cdot x$$

- 按"Ctrl + Shift + I"或单击"Calculus"工具面板中的"$\int$"按钮插入积分符;
- 在左占位符处键入函数名,在右占位符处键入积分变量;
- simplify 或箭头运算符即得。

例 5(BL)　求 $\int 3^x \mathrm{e}^x \mathrm{d}x$。

解　$\int 3^x \mathrm{e}^x \mathrm{d}x = \int(3\mathrm{e})^x \mathrm{d}x = \dfrac{(3\mathrm{e})^x}{\ln(3\mathrm{e})} + C = \dfrac{3^x \mathrm{e}^x}{1 + \ln 3} + C$

例 6　求 $\int(\sqrt{x} + 1)\left(x - \dfrac{1}{\sqrt{x}}\right)\mathrm{d}x$。

解　$\int(\sqrt{x} + 1)\left(x - \dfrac{1}{\sqrt{x}}\right)\mathrm{d}x = \int\left(x\sqrt{x} - 1 + x - \dfrac{1}{\sqrt{x}}\right)\mathrm{d}x$

$$= \int x\sqrt{x}\,\mathrm{d}x - \int\,\mathrm{d}x + \int x\,\mathrm{d}x - \int\dfrac{1}{\sqrt{x}}\,\mathrm{d}x$$

$$= \int x^{\frac{3}{2}}\,\mathrm{d}x - \int\,\mathrm{d}x + \int x\,\mathrm{d}x - \int x^{-\frac{1}{2}}\,\mathrm{d}x$$

$$= \dfrac{1}{\frac{3}{2}+1}x^{\frac{3}{2}+1} - x + \dfrac{1}{1+1}x^{1+1} - \dfrac{1}{-\frac{1}{2}+1}x^{-\frac{1}{2}+1} + C$$

$$= \dfrac{2}{5}x^{\frac{5}{2}} - x + \dfrac{1}{2}x^2 - 2\sqrt{x} + C$$

例 7　求 $\int\dfrac{(x-1)^3}{x^2}\mathrm{d}x$。

解　$\int\dfrac{(x-1)^3}{x^2}\mathrm{d}x = \int\dfrac{x^3 - 3x^2 + 3x - 1}{x^2}\mathrm{d}x = \int\left(x - 3 + \dfrac{3}{x} - \dfrac{1}{x^2}\right)\mathrm{d}x$

$$= \int x\,\mathrm{d}x - 3\int\,\mathrm{d}x + 3\int\dfrac{1}{x}\,\mathrm{d}x - \int x^{-2}\,\mathrm{d}x = \dfrac{1}{2}x^2 - 3x + 3\ln|x| + \dfrac{1}{x} + C$$

例 8(BL)　求 $\int\dfrac{x^2}{x^2+1}\mathrm{d}x$。

解　因为　　　　　$\dfrac{x^2}{x^2+1} = \dfrac{x^2+1-1}{x^2+1} = 1 - \dfrac{1}{1+x^2}$

于是　　　　　$\int\dfrac{x^2}{x^2+1}\mathrm{d}x = \int\left(1 - \dfrac{1}{1+x^2}\right)\mathrm{d}x = x - \arctan x + C$

Mathcad 计算:

按 "Ctrl + Shift + I" $\int \dfrac{x^2}{x^2 + 1} dx \rightarrow x - \arctan(x)$

例 9(AL)　求 $\int \cos^2 \dfrac{x}{2} dx$。

解　由倍角公式，得

$$\cos^2 \frac{x}{2} = \frac{1 + \cos x}{2}$$

于是　　　　　$\int \cos^2 \dfrac{x}{2} dx = \int \dfrac{1 + \cos x}{2} dx = \dfrac{1}{2} \int (1 + \cos x) dx$

$$= \frac{1}{2} \left(\int dx + \int \cos x dx \right) = \frac{1}{2} (x + \sin x) + C$$

例 10(BL)　求 $\int \tan^2 x dx$。

解　$\int \tan^2 x dx = \int (\sec^2 x - 1) dx = \tan x - x + C$

例 11(AL)　求 $\int \dfrac{1}{\sin^2 x \cos^2 x} dx$。

解　$\int \dfrac{1}{\sin^2 x \cos^2 x} dx = \int \dfrac{\sin^2 x + \cos^2 x}{\sin^2 x \cos^2 x} dx$

$$= \int (\sec^2 x + \csc^2 x) dx = \tan x - \cot x + C$$

Mathcad 计算:

按 "Ctrl + Shift + I" $\int \dfrac{1}{\sin^2(x) \cos^2(x)} dx \rightarrow \tan(x) - \cot(x)$

思考题:

1(BT). 若 $\int f(x) dx = 5^x + \sin x + C$，问如何求出 $f(x)$？

2(BT). 若 $f(x)$ 的一个原函数为 $\cos x$，问如何计算 $\int f'(x) dx$？

习题　4-2

求下列不定积分:

(1) $\int \dfrac{2}{x^3} dx$；

(2) $\int (3x - 1) \sqrt[3]{x^2} dx$；

(3) $\int \left(2x^2 + \dfrac{1}{x} \right)^2 dx$；

(4) $\int \left(2e^x - \dfrac{1}{3x} \right) dx$；

(5) $\int \left(2\sin x - \dfrac{3}{\sqrt{1 - x^2}} \right) dx$；

(6) $\int \left(\cos \dfrac{\pi}{4} + 1 \right) dx$；

(7)(BT) $\int e^x \left(1 - \dfrac{e^{-x}}{\sqrt{2x}} \right) dx$；

(8)(BT) $\int \dfrac{dh}{\sqrt{2gh}}$（$g$ 是常数）；

(9)(BT) $\int \dfrac{t-1}{\sqrt{t}+1}\mathrm{d}t$;

(10)(BT) $\int \sec x(\sec x-\tan x)\mathrm{d}x$;

(11)(BT) $\int \cot^2 x\mathrm{d}x$;

(12)(BT) $\int \dfrac{1+x+x^2}{x(1+x^2)}\mathrm{d}x$;

(13)(AT) $\int \dfrac{2x^4+3x^2+1}{1+x^2}\mathrm{d}x$;

(14)(AT) $\int \sqrt{x\sqrt{x\sqrt{x}}}\mathrm{d}x$;

(15)(AT) $\int \left(\dfrac{2\cdot 3^x-5\cdot 2^x}{4^x}\right)\mathrm{d}x$;

(16)(AT) $\int \dfrac{1}{1+\cos 2x}\mathrm{d}x$;

(17)(AT) $\int \dfrac{1}{x^2(1+x^2)}\mathrm{d}x$;

(18)(AT) $\int \mathrm{e}^{\ln(2x+1)}\left(1-\dfrac{1}{x^2}\right)\mathrm{d}x$;

(19)(AT) $\int \dfrac{\cos 2x}{\sin^2 x\cos^2 x}\mathrm{d}x$;

(20)(AT) $\int \dfrac{\cos 2x}{\sin x-\cos x}\mathrm{d}x$;

(21)(AT) $\int \left(\dfrac{1}{\sqrt{1-x^2}}+\sin x\right)'\mathrm{d}x$。

第三节　换元积分法

用直接积分法所能计算的不定积分是非常有限的。本节将介绍第二种积分方法——换元积分法。

换元积分法是复合函数微分法的逆运算。这种方法是通过适当的变量代换把给定的不定积分化成可以套用公式或者比较容易积分的形式。用换元积分法求不定积分时，按其被积函数的不同特点，换元方式有两种，分别称为第一类换元积分法和第二类换元积分法。下面先讲第一类换元积分法。

一、第一类换元积分法（又称凑微分法）

首先看一个例子。

例1　求 $\int (2x-1)^2\mathrm{d}x$。

解　本例可以用直接积分法求出。

$$\int (2x-1)^2\mathrm{d}x=\int (4x^2-4x+1)\mathrm{d}x=\frac{4}{3}x^3-2x^2+x+C$$

但如果此例中的被积函数是 $(2x-1)^{10}$，用此法计算就非常麻烦了。

由于积分基本公式 $\int x^{\alpha}\mathrm{d}x=\dfrac{1}{\alpha+1}x^{\alpha+1}+C$ 中的自变量 x 可以换成中间变量 u，即

$$\int u^{\alpha}\mathrm{d}u=\frac{1}{\alpha+1}u^{\alpha+1}+C$$

于是我们想到引用一个中间变量 u 来代替 $2x-1$。

令 $u=2x-1$，则 $\mathrm{d}u=\mathrm{d}(2x-1)=2\mathrm{d}x$，$\mathrm{d}x=\dfrac{1}{2}\mathrm{d}u$。从而有

$$\int (2x-1)^2\mathrm{d}x=\int u^2\cdot\frac{1}{2}\mathrm{d}u=\frac{1}{2}\int u^2\mathrm{d}u=\frac{1}{6}u^3+C=\frac{1}{6}(2x-1)^3+C$$

可以用求导的方法验证这个结果是正确的，虽然它等于 $\frac{4}{3}x^3 - 2x^2 + x - \frac{1}{6} + C$，与前法算得的结果不完全一样，但这只说明两个结果中的积分常数 C 不同而已。

一般地，有以下定理。

定理 1 (B) 设函数 $f(x)$ 具有原函数 $F(x)$，且 $u = \varphi(x)$ 可导，则 $F[\varphi(x)]$ 是 $f[\varphi(x)]\varphi'(x)$ 的原函数，即有

$$\int f[\phi(x)]\varphi'(x)\mathrm{d}x = \int f(u)\mathrm{d}u = F(u) + C = F[\varphi(x)] + C$$

本定理的含义是：如果直接求函数 $f[\varphi(x)]\varphi'(x)$ 的不定积分有困难，可以引进一个中间变量 u，即令 $u = \varphi(x)$，使 $f[\varphi(x)]$ 变为 $f(u)$，$\varphi'(x)\mathrm{d}x$ 变为 $\mathrm{d}u$；如果 $f(u)$ 的原函数是 $F(u)$，则所求的不定积分是 $F(u) + C$，再把 $u = \varphi(x)$ 代回，即得 $F[\varphi(x)] + C$。

例 2 求 $\int\cos 2x\mathrm{d}x$。

解 被积函数 $\cos 2x$ 是复合函数，在积分基本公式中找不到适用的公式。但若引进变量 u 代替 $2x$，便可套用公式 $\int\cos u\mathrm{d}u = \sin u + C$ 积分。于是，作变换 $u = 2x$，则

$$\mathrm{d}u = \mathrm{d}(2x) = 2\mathrm{d}x, \quad \mathrm{d}x = \frac{1}{2}\mathrm{d}u$$

从而

$$\int\cos 2x\mathrm{d}x = \int\cos u \cdot \frac{1}{2}\mathrm{d}u = \frac{1}{2}\sin u + C = \frac{1}{2}\sin 2x + C$$

例 3 求 $\int \mathrm{e}^{3x}\mathrm{d}x$。

解 被积函数是一个复合函数，令 $u = 3x$，$x = \frac{u}{3}$，$\mathrm{d}x = \frac{1}{3}\mathrm{d}u$，则

$$\int\mathrm{e}^{3x}\mathrm{d}x = \frac{1}{3}\int\mathrm{e}^{u}\mathrm{d}u = \frac{1}{3}\mathrm{e}^{u} + C = \frac{1}{3}\mathrm{e}^{3x} + C$$

例 4 (BL) 求 $\int\frac{1}{2 - 3x}\mathrm{d}x$。

解 令 $u = 2 - 3x$，则 $\mathrm{d}u = \mathrm{d}(2 - 3x) = -3\mathrm{d}x$，$\mathrm{d}x = -\frac{1}{3}\mathrm{d}u$

则

$$\int\frac{1}{2 - 3x}\mathrm{d}x = \int\frac{1}{u} \cdot \left(-\frac{1}{3}\right)\mathrm{d}u$$

$$= -\frac{1}{3}\ln|u| + C = -\frac{1}{3}\ln|2 - 3x| + C$$

例 5 (BL) 求 $\int x\mathrm{e}^{x^2}\mathrm{d}x$。

解 令 $u = x^2$，则 $\mathrm{d}u = \mathrm{d}(x^2) = 2x\mathrm{d}x$，$x\mathrm{d}x = \frac{1}{2}\mathrm{d}u$

则

$$\int x\mathrm{e}^{x^2}\mathrm{d}x = \int\mathrm{e}^{u} \cdot \frac{1}{2}\mathrm{d}u = \frac{1}{2}\mathrm{e}^{u} + C = \frac{1}{2}\mathrm{e}^{x^2} + C$$

Mathcad 计算：

按"Ctrl + Shift + I"　　$\int x \cdot \exp(x^2)\mathrm{d}x \to \dfrac{1}{2} \cdot \exp(x^2)$

例 6 (BL)　求 $\int \dfrac{\ln^2 x}{x}\mathrm{d}x$。

解　令 $u = \ln x$, 则 $\mathrm{d}u = \mathrm{d}(\ln x) = \dfrac{1}{x}\mathrm{d}x$

则　　　　　　　$\int \dfrac{\ln^2 x}{x}\mathrm{d}x = \int u^2 \mathrm{d}u = \dfrac{1}{3}u^3 + C = \dfrac{1}{3}(\ln x)^3 + C$

Mathcad 计算:

按"Ctrl + Shift + I"　　$\int \dfrac{\ln^2(x)}{x}\mathrm{d}x \to \dfrac{1}{3}(\ln(x))^3$

在对变量代换比较熟悉以后，就不一定写出中间变量 u。

例 7　求 $\int \tan x \mathrm{d}x$。

解　$\int \tan x \mathrm{d}x = \int \dfrac{\sin x}{\cos x}\mathrm{d}x = -\int \dfrac{1}{\cos x}\mathrm{d}(\cos x) = -\ln|\cos x| + C$

类似可得 $\int \cot x \mathrm{d}x = \ln|\sin x| + C$

例 8 (BL)　求 $\int \dfrac{1}{(\arcsin x)^2 \sqrt{1-x^2}}\mathrm{d}x$。

解　$\int \dfrac{1}{(\arcsin x)^2 \sqrt{1-x^2}}\mathrm{d}x = \int (\arcsin x)^{-2}\mathrm{d}(\arcsin x) = -\dfrac{1}{\arcsin x} + C$

例 9 (AL)　求 $\int \sin^2 x \cos^3 x \mathrm{d}x$。

解　$\int \sin^2 x \cos^3 x \mathrm{d}x = \int \sin^2 x \cos^2 x \mathrm{d}(\sin x) = \int \sin^2 x (1 - \sin^2 x)\mathrm{d}(\sin x)$

$$= \int (\sin^2 x - \sin^4 x)\mathrm{d}(\sin x) = \dfrac{1}{3}\sin^3 x - \dfrac{1}{5}\sin^5 x + C$$

例 10 (AL)　求 $\int \sin 3x \cos 2x \mathrm{d}x$。

解　$\int \sin 3x \cos 2x \mathrm{d}x = \dfrac{1}{2}\int (\sin 5x + \sin x)\mathrm{d}x$

$$= \dfrac{1}{2} \cdot \dfrac{1}{5}\int \sin 5x \mathrm{d}(5x) + \dfrac{1}{2}\int \sin x \mathrm{d}x = -\dfrac{1}{10}\cos 5x - \dfrac{1}{2}\cos x + C$$

Mathcad 计算:

按"Ctrl + Shift + I"　$\int \sin(3 \cdot x)\cos(2 \cdot x)\mathrm{d}x \to -\dfrac{1}{10} \cdot \cos(5 \cdot x) - \dfrac{1}{2} \cdot \cos(x)$

例 11 (AL)　求 $\int \csc x \mathrm{d}x$。

解　$\int \csc x \mathrm{d}x = \int \dfrac{1}{\sin x}\mathrm{d}x = \int \dfrac{1}{2\sin \dfrac{x}{2}\cos \dfrac{x}{2}}\mathrm{d}x = \dfrac{1}{2}\int \dfrac{1}{\tan \dfrac{x}{2}\cos^2 \dfrac{x}{2}}\mathrm{d}x$

$$= \int \frac{1}{\tan \frac{x}{2}} \mathrm{d}\left(\tan \frac{x}{2}\right) = \ln \left| \tan \frac{x}{2} \right| + C$$

而

$$\tan \frac{x}{2} = \frac{\sin \frac{x}{2}}{\cos \frac{x}{2}} = \frac{2\sin^2 \frac{x}{2}}{2\sin \frac{x}{2}\cos \frac{x}{2}} = \frac{1 - \cos x}{\sin x} = \csc x - \cot x$$

所以

$$\int \csc x \mathrm{d}x = \ln |\csc x - \cot x| + C$$

例 12 (AL) 求 $\int \sec x \mathrm{d}x$。

解 由于 $\sec x = \dfrac{1}{\cos x} = \dfrac{1}{\sin\left(x + \dfrac{\pi}{2}\right)}$，因此，利用例 11 的结果有：

$$\int \sec x \mathrm{d}x = \int \frac{1}{\sin\left(x + \frac{\pi}{2}\right)} \mathrm{d}\left(x + \frac{\pi}{2}\right) = \ln \left| \csc\left(x + \frac{\pi}{2}\right) - \cot\left(x + \frac{\pi}{2}\right) \right| + C$$

$$= \ln |\sec x + \tan x| + C$$

例 13 求 $\int \sin 2x \mathrm{d}x$。

解 **法一** $\int \sin 2x \mathrm{d}x = \dfrac{1}{2} \int \sin 2x \mathrm{d}(2x) = -\dfrac{1}{2}\cos 2x + C$

法二 $\int \sin 2x \mathrm{d}x = 2 \int \sin x \cos x \mathrm{d}x = 2 \int \sin x \mathrm{d}(\sin x) = \sin^2 x + C$

法三 $\int \sin 2x \mathrm{d}x = 2 \int \sin x \cos x \mathrm{d}x = -2 \int \cos x \mathrm{d}(\cos x) = -\cos^2 x + C$

此例表明，同一个不定积分，选择不同的积分方法，得到的结果形式不同，这是完全正常的，可以用导数验证它们的正确性。三种解法的原函数仅差一个常数，都包含到任意常数 C 中，由此可见，在不定积分中，任意常数是不可缺少的。

例 14 (AL) 求 $\int \dfrac{2x + 1}{x^2 + 4x + 5} \mathrm{d}x$。

解 $\int \dfrac{2x + 1}{x^2 + 4x + 5} \mathrm{d}x = \int \dfrac{2x + 4 - 3}{x^2 + 4x + 5} \mathrm{d}x = \int \dfrac{2x + 4}{x^2 + 4x + 5} \mathrm{d}x - 3 \int \dfrac{1}{1 + (x + 2)^2} \mathrm{d}x$

$$= \int \frac{\mathrm{d}(x^2 + 4x + 5)}{x^2 + 4x + 5} - 3 \int \frac{1}{1 + (x + 2)^2} \mathrm{d}(x + 2)$$

$$= \ln |x^2 + 4x + 5| - 3\arctan(x + 2) + C$$

Mathcad 计算：

按 "Ctrl + Shift + I" $\int \dfrac{2x + 1}{x^2 + 4x + 5} \mathrm{d}x \rightarrow$

例 15 (AL) 求 $\int \dfrac{x}{\sqrt{3 + 2x - x^2}} \mathrm{d}x$。

解 $\int \dfrac{x}{\sqrt{3 + 2x - x^2}} \mathrm{d}x = \int \dfrac{(x - 1) + 1}{\sqrt{4 - (x - 1)^2}} \mathrm{d}x$

$$= \int \frac{x-1}{\sqrt{4-(x-1)^2}}dx + \int \frac{1}{\sqrt{4-(x-1)^2}}dx$$

$$= \int \frac{x-1}{\sqrt{4-(x-1)^2}}d(x-1) + \int \frac{1}{2\sqrt{1-\left(\frac{x-1}{2}\right)^2}}dx$$

$$= \frac{1}{2}\int \frac{d(x-1)^2}{\sqrt{4-(x-1)^2}} + \int \frac{1}{\sqrt{1-\left(\frac{x-1}{2}\right)^2}}d\left(\frac{x-1}{2}\right)$$

$$= -\frac{1}{2}\int \frac{d[4-(x-1)^2]}{\sqrt{4-(x-1)^2}} + \arcsin\frac{x-1}{2} + C$$

$$= -\sqrt{4-(x-1)^2} + \arcsin\frac{x-1}{2} + C$$

Mathcad 计算：

按 "Ctrl + Shift + I" $\displaystyle\int \frac{x}{\sqrt{3+2x-x^2}}dx \rightarrow$

由上面的例子可以看出，用第一类换元积分法计算积分时，关键是把被积函数分为两部分，其中一部分表示为 $\varphi(x)$ 的函数 $f[\varphi(x)]$，另一部分与 dx 凑成微分 $d\varphi(x)$。因此，第一类换元积分法又叫做 "凑微分" 法。

下列式子在凑微分时经常用到：

$$dx = \frac{1}{a}d(ax) \qquad\qquad\qquad dx = \frac{1}{a}d(ax+b)$$

$$xdx = \frac{1}{2}d(x^2) \qquad\qquad\qquad x^2dx = \frac{1}{3}d(x^3)$$

$$\frac{1}{\sqrt{x}}dx = 2d\sqrt{x} \qquad\qquad\qquad \cos xdx = d(\sin x)$$

$$\sin xdx = -d(\cos x) \qquad\qquad\qquad \frac{1}{x}dx = d(\ln x)$$

$$e^x dx = d(e^x) \qquad\qquad\qquad \frac{1}{1+x^2}dx = d(\arctan x)$$

$$\frac{1}{\sqrt{1-x^2}}dx = d(\arcsin x) \qquad\qquad\qquad \sec^2 xdx = d(\tan x)$$

二、第二类换元积分法（B）

以上介绍的第一类换元积分法能解决一大批积分的计算，其关键是根据具体的被积函数，通过变量代换（或适当的凑微分）$u = \varphi(x)$，将 $\int f[\varphi(x)]\varphi'(x)dx$ 化为 $\int f(u)du$，然后套用公式积分。但是有些被积函数不容易凑成功，这时，可以尝试作适当的变量替换来改变被积表达式的结构，使之化成基本积分公式表中的某一个形式，这就提出了第二类换元积分法。

下面将介绍的第二类换元积分法是：适当地选择变量代换 $x = \varphi(t)$，将 $\int f(x)\mathrm{d}x$ 化为 $\int f[\varphi(t)]\varphi'(t)\mathrm{d}t$ 的形式，而变换后的积分易求得。

先看一个例子。

例 16(BL) 求 $\int \dfrac{x}{\sqrt{1+x}}\mathrm{d}x$。

解 这个积分用前面学过的方法是不易求得的，主要在于被积函数中含有根式 $\sqrt{1+x}$，为去掉根号，可设 $x = t^2 - 1$（$t > 0$），于是

$$\mathrm{d}x = \mathrm{d}(t^2 - 1) = 2t\mathrm{d}t$$

$$\int \frac{x}{\sqrt{1+x}}\mathrm{d}x = \int \frac{t^2 - 1}{t}2t\mathrm{d}t = 2\int(t^2 - 1)\mathrm{d}t = \frac{2}{3}t^3 - 2t + C = \frac{2}{3}(1+x)^{\frac{3}{2}} - 2\sqrt{1+x} + C$$

此例是通过变量代换，用 $t^2 - 1$ 来代替 x，消去了被积函数中的根式，从而求出所给的不定积分。这种方法叫做第二类换元积分法。

Mathcad 计算：

按 "Ctrl + Shift + I" $\int \dfrac{x}{\sqrt{1+x}}\mathrm{d}x \to \dfrac{2}{3} \cdot (1+x)^{\frac{3}{2}} - 2 \cdot \sqrt{1+x}$

一般地，有下面的定理。

定理 2 设 $x = \varphi(t)$ 是严格单调的可导函数，且 $\varphi'(t) \neq 0$，如果 $\int f[\varphi(t)]\varphi'(t)\mathrm{d}t = F(t) + C$，则有 $\int f(x)\mathrm{d}x = F[\varphi^{-1}(x)] + C$。

其中 $t = \varphi^{-1}(x)$ 是 $x = \varphi(t)$ 的反函数。

由此定理可知，第二类换元积分法的中心思想是将根式有理化，一般有以下两种变量代换。

1. 代数变换

例 17(BL) 求 $\int x\sqrt{x-1}\mathrm{d}x$。

解 要去掉被积函数中的根式，可令 $x = t^2 + 1$（$t > 0$），则 $\mathrm{d}x = \mathrm{d}(t^2 + 1) = 2t\mathrm{d}t$，于是

$$\int x\sqrt{x-1}\mathrm{d}x = \int(t^2 + 1)t \cdot 2t\mathrm{d}t = 2\int(t^4 + t^2)\mathrm{d}t$$

$$= \frac{2}{5}t^5 + \frac{2}{3}t^3 + C = \frac{2}{5}(x-1)^{\frac{5}{2}} + \frac{2}{3}(x-1)^{\frac{3}{2}} + C$$

例 18(BL) 求 $\int \dfrac{\sqrt[4]{x}}{x + \sqrt{x}}\mathrm{d}x$。

解 要同时去掉被积函数中的根式，可令 $x = t^4$（$t > 0$），则 $\mathrm{d}x = 4t^3\mathrm{d}t$，于是

$$\int \frac{\sqrt[4]{x}}{x + \sqrt{x}}\mathrm{d}x = \int \frac{t}{t^4 + t^2} \cdot 4t^3\mathrm{d}t = 4\int \frac{t^2}{1 + t^2}\mathrm{d}t = 4\int\left(1 - \frac{1}{1 + t^2}\right)\mathrm{d}t$$

$$= 4t - 4\arctan t + C = 4\sqrt[4]{x} - 4\arctan\sqrt[4]{x} + C$$

Mathcad 计算：

按"Ctrl + Shift + I"　$\displaystyle\int \frac{\sqrt[4]{x}}{x + \sqrt{x}}dx \rightarrow 4 \cdot \sqrt[4]{x} - 4 \cdot \arctan(\sqrt[4]{x})$

由上面两个例子可以看出，当被积函数中含有 $\sqrt[n]{x-a}$ 时，通常作代数变换 $x = t^n + a$ 化去根式。

一般地，如果被积函数中含有 $\sqrt[n]{ax+b}$，通常作代数变换 $ax + b = t^n$，去掉根号，再求积分。

2. 三角变换

例 19（AL）　求 $\displaystyle\int \sqrt{a^2 - x^2}dx\,(a > 0)$。

解　求此积分的困难在于有根式 $\sqrt{a^2 - x^2}$，可利用三角恒等式 $\sin^2 t + \cos^2 t = 1$ 化去根式。

设 $x = a\sin t\left(-\dfrac{\pi}{2} < t < \dfrac{\pi}{2}\right)$，则 $\sqrt{a^2 - x^2} = \sqrt{a^2 - a^2\sin^2 t} = a\cos t$，$dx = a\cos t\, dt$

于是 $\displaystyle\int \sqrt{a^2 - x^2}dx = \int a\cos t \cdot a\cos t\, dt = a^2\int\cos^2 t\, dt$

$$= a^2\int \frac{1 + \cos 2t}{2}dt = \frac{a^2}{2}\left(t + \frac{1}{2}\sin 2t\right) + C$$

$$= \frac{a^2}{2}t + \frac{a^2}{2}\sin t\cos t + C$$

为将变量 t 还原为 x，可根据 $\sin t = \dfrac{x}{a}$ 作直角三角形（如图 4-2 所示），便有 $t = \arcsin\dfrac{x}{a}$，$\sin t = \dfrac{x}{a}$，$\cos t = \dfrac{\sqrt{a^2 - x^2}}{a}$。

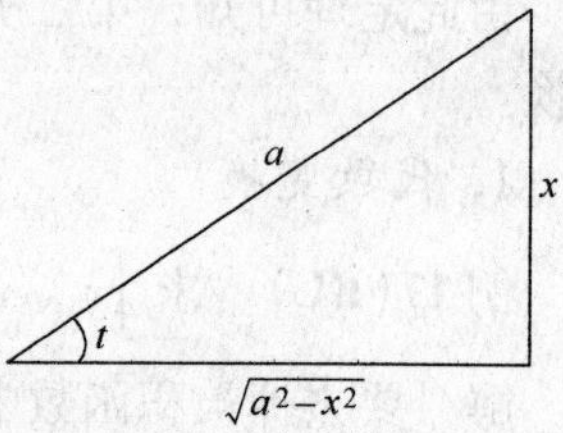

所以 $\displaystyle\int \sqrt{a^2 - x^2}dx = \frac{a^2}{2}\arcsin\frac{x}{a} + \frac{a^2}{2} \cdot \frac{x}{a} \cdot \frac{\sqrt{a^2 - x^2}}{a} + C$

图 4-2

$$= \frac{a^2}{2}\arcsin\frac{x}{a} + \frac{x}{2}\sqrt{a^2 - x^2} + C$$

例 20（AL）　求 $\displaystyle\int \frac{1}{\sqrt{a^2 + x^2}}dx\,(a > 0)$。

解　与上例类似，利用三角恒等式 $1 + \tan^2 t = \sec^2 t$ 可化去根式。

设 $x = a\tan t\left(-\dfrac{\pi}{2} < t < \dfrac{\pi}{2}\right)$，则 $\sqrt{a^2 + x^2} = a\sec t$，$dx = a\sec^2 t\, dt$，于是

$$\int \frac{1}{\sqrt{a^2 + x^2}}dx = \int \frac{1}{a\sec t} \cdot a\sec^2 t\, dt = \int \sec t\, dt$$

$$= \ln|\sec t + \tan t| + C_1$$

又由 $\tan t = \dfrac{x}{a}$ 作辅助三角形（如图4-3所示），有 $\sec t =$

$\dfrac{\sqrt{a^2 + x^2}}{a}$，于是

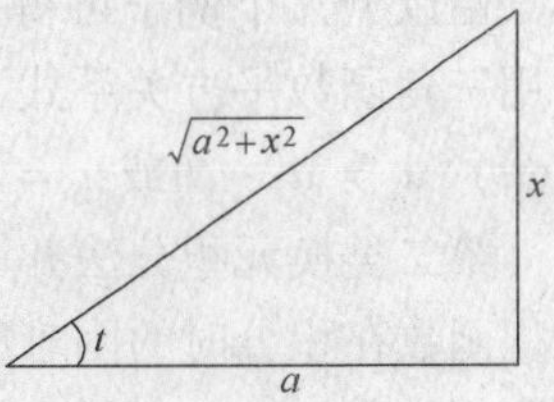

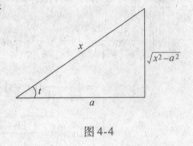

图4-3

$$\int \frac{1}{\sqrt{a^2 + x^2}}\mathrm{d}x = \ln \left| \frac{\sqrt{a^2 + x^2}}{a} + \frac{x}{a} \right| + C_1$$

$$= \ln \left| (x + \sqrt{a^2 + x^2}) + C \right.$$

其中 $$C = C_1 - \ln a$$

例 21（AL）　求 $\displaystyle\int \frac{1}{\sqrt{x^2 - a^2}}\mathrm{d}x$。

解　利用三角恒等式 $\sec^2 t - 1 = \tan^2 t$ 化去根式。

注意到被积函数的定义域是 $x > a$ 或 $x < -a$ 两种情形，我们分别在两个区间内求不定积分。

当 $x > a$ 时，设 $x = a\sec t\left(0 < t < \dfrac{\pi}{2}\right)$，则 $\sqrt{x^2 - a^2} = a\tan t$，$\mathrm{d}x = a\sec t \cdot \tan t\mathrm{d}t$，于是有

$$\int \frac{1}{\sqrt{x^2 - a^2}}\mathrm{d}x = \int \frac{1}{a\tan t}a\sec t \cdot \tan t\mathrm{d}t = \int \sec t\mathrm{d}t = \ln |\sec t + \tan t| + C_1$$

由 $\sec t = \dfrac{x}{a}$，即 $\cos t = \dfrac{a}{x}$ 作三角形（如图4-4所示），得

$$\tan t = \frac{\sqrt{x^2 - a^2}}{a}$$

图4-4

于是　$\displaystyle\int \frac{1}{\sqrt{x^2 - a^2}}\mathrm{d}x = \ln \left| \frac{x}{a} + \frac{\sqrt{x^2 - a^2}}{a} \right| + C_1$

$$= \ln |x + \sqrt{x^2 - a^2}| + C$$

其中 $$C = C_1 - \ln a$$

当 $x < -a$ 时，可设 $x = -a\sec t\left(0 < t < \dfrac{\pi}{2}\right)$，同理计算得

$$\int \frac{1}{\sqrt{x^2 - a^2}}\mathrm{d}x = \ln |-x - \sqrt{x^2 - a^2}| + C$$

把 $x > a$ 及 $x < -a$ 两种情形结合起来，有

$$\int \frac{1}{\sqrt{x^2 - a^2}}\mathrm{d}x = \ln |x + \sqrt{x^2 - a^2}| + C$$

由以上几个例子可得，当被积函数中有 $\sqrt{a^2-x^2}$、$\sqrt{a^2+x^2}$ 或 $\sqrt{x^2-a^2}$ 时，一般可利用三角函数平方关系式，作三角变换，分别令 $x=a\sin t$（或 $x=a\cos t$）、$x=a\tan t$（或 $x=a\cot t$）、$x=a\sec t$（或 $x=a\csc t$），去掉被积函数中的根式。

第二类换元积分法并不局限于上述四种基本形式，它是非常灵活的方法，应根据所给被积函数在积分时的困难所在，选择适当的变量替换，转化成便于求积分的形式，请看下面两例。

例 22（AL） 求 $\int x^2(2-x)^{10}\mathrm{d}x$。

解 设 $t=2-x$，则 $x=2-t$，$\mathrm{d}x=-\mathrm{d}t$，原积分转化为

$$\int x^2(2-x)^{10}\mathrm{d}x = \int(2-t)^2 t^{10}(-\mathrm{d}t) = -\int(4-4t+t^2)t^{10}\mathrm{d}t$$

$$= \int(-4t^{10}+4t^{11}-t^{12})\mathrm{d}t = -\frac{4}{11}t^{11}+\frac{1}{3}t^{12}-\frac{1}{13}t^{13}+C$$

$$= -\frac{4}{11}(2-x)^{11}+\frac{1}{3}(2-x)^{12}-\frac{1}{13}(2-x)^{13}+C$$

Mathcad 计算：

按 "Ctrl + Shift + I" $\int x^2(2-x)^{10}\mathrm{d}x \rightarrow -\frac{4}{11}\cdot(2-x)^{11}+\frac{1}{3}\cdot(2-x)^{12}-\frac{1}{13}\cdot(2-x)^{13}$

例 23（AL） 求 $\int\dfrac{\mathrm{d}x}{\sqrt{e^x+1}}$。

解 设 $\sqrt{e^x+1}=t$，则 $x=\ln(t^2-1)$，$\mathrm{d}x=\dfrac{2t}{t^2-1}\mathrm{d}t$，于是

$$\int\frac{\mathrm{d}x}{\sqrt{e^x+1}} = \int\frac{1}{t}\cdot\frac{2t}{t^2-1}\mathrm{d}t = \int\frac{2}{t^2-1}\mathrm{d}t = \int\left(\frac{1}{t-1}-\frac{1}{t+1}\right)\mathrm{d}t$$

$$= \int\frac{1}{t-1}\mathrm{d}(t-1) - \int\frac{1}{t+1}\mathrm{d}(t+1) = \ln|t-1| - \ln|t+1| + C$$

$$= \ln\frac{\sqrt{e^x+1}-1}{\sqrt{e^x+1}+1} + C$$

Mathcad 计算：

按 "Ctrl + Shift + I" $\int\dfrac{\mathrm{d}x}{\sqrt{e^x+1}} \rightarrow$

在本节的例题中，有几个积分是经常用到的，可作为积分基本公式使用，列出如下：

(1) $\int\tan x\,\mathrm{d}x = -\ln|\cos x| + C$；

(2) $\int\cot x\,\mathrm{d}x = \ln|\sin x| + C$；

(3) $\int\sec x\,\mathrm{d}x = \ln|\sec x+\tan x| + C$；

(4) $\int\csc x\,\mathrm{d}x = \ln|\csc x-\cot x| + C$。

思考题:

1(BT). 第一类换元积分法与第二类换元积分法的区别是什么? 它们各解决的是哪种形式的积分?

2(AT). 利用第一类换元积分法计算形如 $\int \cos^3 x \mathrm{d}x, \int \cos^4 x \mathrm{d}x$ 的积分。

习题 4-3

1. 在下列各式等号右端的横线处填入适当的系数, 使等式成立:

(1) $\mathrm{d}x = \underline{\hspace{2cm}} \mathrm{d}(ax)$;

(2) $\mathrm{d}x = \underline{\hspace{2cm}} \mathrm{d}(7x - 3)$;

(3) $x\mathrm{d}x = \underline{\hspace{2cm}} \mathrm{d}(x^2)$;

(4) $x\mathrm{d}x = \underline{\hspace{2cm}} \mathrm{d}(5x^2)$;

(5) $x\mathrm{d}x = \underline{\hspace{2cm}} \mathrm{d}(1 - x^2)$;

(6) $x^3 \mathrm{d}x = \underline{\hspace{2cm}} \mathrm{d}(3x^4 - 2)$;

(7) $\mathrm{e}^{2x} \mathrm{d}x = \underline{\hspace{2cm}} \mathrm{d}(\mathrm{e}^{2x})$;

(8) $\mathrm{e}^{-\frac{x}{2}} \mathrm{d}x = \underline{\hspace{2cm}} \mathrm{d}(1 + \mathrm{e}^{-\frac{x}{2}})$;

(9) $\sin \frac{3}{2} x \mathrm{d}x = \underline{\hspace{2cm}} \mathrm{d}\left(\cos \frac{3}{2} x\right)$;

(10) $\frac{1}{x} \mathrm{d}x = \underline{\hspace{2cm}} \mathrm{d}(\ln |x|)$;

(11) $\frac{\mathrm{d}x}{x} = \underline{\hspace{2cm}} \mathrm{d}(3 - 5\ln |x|)$;

(12) $\frac{\mathrm{d}x}{1 + 9x^2} = \underline{\hspace{2cm}} \mathrm{d}(\arctan 3x)$;

(13) $\frac{\mathrm{d}x}{\sqrt{1 - x^2}} = \underline{\hspace{2cm}} \mathrm{d}(1 - \arcsin x)$;

(14) $\frac{x\mathrm{d}x}{\sqrt{1 - x^2}} = \underline{\hspace{2cm}} \mathrm{d}(\sqrt{1 - x^2})$。

2. 求下列不定积分并用 Mathcad 验证:

(1) $\int (2x + 3)^{10} \mathrm{d}x$;

(2) $\int \frac{(1 + x)^2}{1 + x^2} \mathrm{d}x$;

(3) $\int \sqrt{3x + 1} \mathrm{d}x$;

(4) $\int \frac{1}{\sqrt{2 - 5x}} \mathrm{d}x$;

(5) $\int \sin(ax + b) \mathrm{d}x \ (a \neq 0)$;

(6) $\int (\mathrm{e}^{-x} + \mathrm{e}^{-2x}) \mathrm{d}x$;

(7)(BT) $\int \frac{1}{\sqrt{1 - 4x^2}} \mathrm{d}x$;

(8)(BT) $\int x^3 \sqrt[3]{1 - x^4} \mathrm{d}x$;

(9)(BT) $\int \frac{x}{\sqrt{1 + x^2}} \mathrm{d}x$;

(10)(BT) $\int \frac{2x - 3}{x^2 - 3x + 2} \mathrm{d}x$;

(11)(BT) $\int \frac{2\mathrm{e}^x}{1 + \mathrm{e}^{2x}} \mathrm{d}x$;

(12)(BT) $\int \frac{1}{9 + 4x^2} \mathrm{d}x$;

(13)(BT) $\int \frac{1}{x(1 + \ln x)} \mathrm{d}x$;

(14)(BT) $\int \frac{\mathrm{e}^{\sqrt{x}}}{\sqrt{x}} \mathrm{d}x$;

(15)(AT) $\int \frac{x^2}{\cos^2 x^3} \mathrm{d}x$;

(16)(AT) $\int \frac{1}{1 + \cos x} \mathrm{d}x$;

(17)(AT) $\int \frac{1}{x^2} \sin \frac{1}{x} \mathrm{d}x$;

(18)(AT) $\int \mathrm{e}^x \sqrt{3 + 2\mathrm{e}^x} \mathrm{d}x$;

(19)(AT) $\int \frac{1}{x^2 + 6x + 13} \mathrm{d}x$;

(20)(AT) $\int \frac{\mathrm{d}x}{\sqrt{x + 1} + \sqrt{x - 1}}$。

3. 求下列不定积分并用 Mathcad 验证:

(1)(BT) $\int x \sqrt{x - 3} \mathrm{d}x$;

(2)(BT) $\int \frac{\sqrt{x}}{1 + x} \mathrm{d}x$;

$(3)(\mathrm{AT})\int\dfrac{\sqrt{x}}{1+\sqrt{x}}\mathrm{d}x;$　　　　　　　　$(4)(\mathrm{AT})\int\dfrac{1}{x\sqrt{1-x^{2}}}\mathrm{d}x;$

$(5)(\mathrm{AT})\int\dfrac{\sqrt{x^{2}-9}}{x}\mathrm{d}x;$　　　　　　　　$(6)(\mathrm{AT})\int\dfrac{1}{\sqrt{4+x^{2}}}\mathrm{d}x。$

第四节　分部积分法（B）

当被积函数是两种不同类型的函数的乘积时，一般用换元积分法是无法计算的。例如 $\int x\cos x\mathrm{d}x$、$\int xe^{x}\mathrm{d}x$ 等，需要用积分法中另一种重要方法——分部积分法。

分部积分法是两个函数乘积的导数公式的逆运算，它是将所求的积分分为两个部分，有如下定理。

定理　设函数 $u=u(x)$，$v=v(x)$ 具有连续导数，则有

$$\int u\mathrm{d}v=uv-\int v\mathrm{d}u \tag{4.4.1}$$

证　由函数乘积的微分法则有

$$\mathrm{d}(uv)=v\mathrm{d}u+u\mathrm{d}v$$

移项，得
$$u\mathrm{d}v=\mathrm{d}(uv)-v\mathrm{d}u$$

对上式两端积分
$$\int u\mathrm{d}v=\int\mathrm{d}(uv)-\int v\mathrm{d}u$$

即
$$\int u\mathrm{d}v=uv-\int v\mathrm{d}u$$

公式（4.4.1）称为**分部积分公式**。它用于求 $\int u\mathrm{d}v$ 较难，而 $\int v\mathrm{d}u$ 较易计算的情况。通常把用分部积分公式来求积分的方法称为**分部积分法**。

例 1（BL）　求 $\int x\cos x\mathrm{d}x$。

解　设 $u=x$，$\mathrm{d}v=\cos x\mathrm{d}x$，则 $\mathrm{d}u=\mathrm{d}x$，$v=\sin x$

得
$$\int x\cos x\mathrm{d}x=\int x\mathrm{d}(\sin x)=x\sin x-\int\sin x\mathrm{d}x$$

$$=x\sin x+\cos x+C$$

本例中，若设 $u=\cos x$，$\mathrm{d}v=x\mathrm{d}x=\mathrm{d}\left(\dfrac{1}{2}x^{2}\right)$，则

$$\int x\cos x\mathrm{d}x=\int\cos x\mathrm{d}\left(\dfrac{1}{2}x^{2}\right)=\dfrac{1}{2}x^{2}\cos x+\int\dfrac{1}{2}x^{2}\sin x\mathrm{d}x$$

上式右端的积分比原积分更复杂。可见，运用分部积分法求积分时恰当选取 u 和 $\mathrm{d}v$ 是一个关键。选取 u 和 $\mathrm{d}v$ 一般要考虑下面两点：

（1）v 要容易求得；

（2）$\int v\mathrm{d}u$ 要比 $\int u\mathrm{d}v$ 容易积出。

例 2（BL） 求 $\int x e^x dx$。

解 设 $u = x$，$dv = e^x dx$，则 $du = dx$，$v = e^x$

于是 $\int x e^x dx = \int x d(e^x) = x e^x - \int e^x dx = x e^x - e^x + C = e^x(x - 1) + C$

Mathcad 计算：

按 "Ctrl + Shift + I" $\int x \cdot \exp(x) dx \rightarrow \exp(x) \cdot (x - 1)$

例 3（AL） 求 $\int x^2 \sin x dx$。

解 设 $u = x^2$，$dv = \sin x dx$，则 $du = 2x dx$，$v = -\cos x$

于是 $\int x^2 \sin x dx = \int x^2 d(-\cos x) = -x^2 \cos x + 2\int x \cos x dx$

这里 $\int x \cos x dx$ 比 $\int x^2 \sin x dx$ 容易积出，因为被积函数中 x 的次数比原来降低了一次。

由例 1 可知，对 $\int x \cos x dx$ 再使用一次分部积分法就可以了。于是有：

$$\int x^2 \sin x dx = -x^2 \cos x + 2x \sin x + 2\cos x + C$$

这几个例子给我们一个启示：如果被积函数是幂函数与正（余）弦函数或指数函数乘积时，可考虑用分部积分法，并设幂函数为 u。

例 4（BL） 求 $\int x \ln x dx$。

解 设 $u = \ln x$，$dv = x dx$，则 $du = \frac{1}{x} dx$，$v = \frac{1}{2} x^2$

于是 $\int x \ln x dx = \int \ln x d\left(\frac{1}{2} x^2\right) = \frac{1}{2} x^2 \ln x - \int \frac{1}{2} x^2 \cdot \frac{1}{x} dx$

$$= \frac{1}{2} x^2 \ln x - \frac{1}{4} x^2 + C$$

例 5（AL） 求 $\int \arctan x dx$。

解 设 $u = \arctan x$，$dv = dx$，则 $du = \frac{1}{1 + x^2} dx$，$v = x$

于是 $\int \arctan x dx = x \arctan x - \int \frac{x}{1 + x^2} dx$

$$= x \arctan x - \frac{1}{2} \ln(1 + x^2) + C$$

Mathcad 计算：

按 "Ctrl + Shift + I" $\int \arctan(x) dx \rightarrow x \cdot \arctan(x) - \frac{1}{2} \cdot \ln(1 + x^2)$

总结例 4 及例 5 又知：如果被积函数是幂函数与对数函数或反三角函数乘积时，可考虑用分部积分法，并设对数函数或反三角函数为 u。

熟练后，只要利用微分基本公式将 $\int f(x)\mathrm{d}x$ 化成 $\int u\mathrm{d}v$ 的形式，然后按分部积分的思路求解，不必写出 u 或 v 的具体形式。

例 6(AL)　求 $\int \mathrm{e}^x\cos x\mathrm{d}x$。

解　$\int \mathrm{e}^x\cos x\mathrm{d}x = \int \cos x\mathrm{d}(\mathrm{e}^x) = \mathrm{e}^x\cos x + \int \mathrm{e}^x\sin x\mathrm{d}x$

$$= \mathrm{e}^x\cos x + \int \sin x\mathrm{d}(\mathrm{e}^x) = \mathrm{e}^x\cos x + \mathrm{e}^x\sin x - \int \mathrm{e}^x\cos x\mathrm{d}x$$

把等号右端的 $\int \mathrm{e}^x\cos x\mathrm{d}x$ 移项，得

$$\int \mathrm{e}^x\cos x\mathrm{d}x = \frac{\mathrm{e}^x(\sin x + \cos x)}{2} + C$$

本例也可设 $u = \cos x$，得出同样结果。

此例说明：如果被积函数是指数函数与正（余）弦函数乘积时，可考虑用分部积分法，且两次分部积分时，作为 u 的函数应该是同一类的。

例 7(AL)　求 $\int \mathrm{e}^{\sqrt{x}}\mathrm{d}x$

解　令 $\sqrt{x} = t$，得 $x = t^2$，则 $\mathrm{d}x = 2t\mathrm{d}t$

于是　　　　　$\int \mathrm{e}^{\sqrt{x}}\mathrm{d}x = 2\int t\mathrm{e}^t\mathrm{d}t = 2\int t\mathrm{d}\mathrm{e}^t = 2(t\mathrm{e}^t - \int \mathrm{e}^t\mathrm{d}t)$

$$= 2(t\mathrm{e}^t - \mathrm{e}^t) + C = 2(\sqrt{x} - 1)\mathrm{e}^{\sqrt{x}} + C$$

Mathcad 计算：

按 "Ctrl + Shift + I"　$\int \exp(\sqrt{x})\mathrm{d}x \to 2 \cdot (\sqrt{x} - 1) \cdot \exp(\sqrt{x})$

此例说明，在积分的过程中往往要兼用换元法与分部积分法。

思考题：

1. 举例说明在使用分部积分公式时，合理选择 u 和 $\mathrm{d}v$ 的重要性。

2. 总结分部积分法可以解决的积分类型，并说明其解题规律。

习题　4-4

求下列不定积分：

(1)(BT) $\int x\sin x\mathrm{d}x$；

(2)(BT) $\int \ln x\mathrm{d}x$；

(3)(BT) $\int \arcsin x\mathrm{d}x$；

(4)(BT) $\int x\mathrm{e}^{-x}\mathrm{d}x$；

(5)(BT) $\int x^2\ln x\mathrm{d}x$；

(6)(AT) $\int \mathrm{e}^{-x}\cos x\mathrm{d}x$；

(7)(AT) $\int x^2\arctan x\mathrm{d}x$；

(8)(AT) $\int t\mathrm{e}^{-2t}\mathrm{d}t$；

(9)(AT) $\int x\sin x\cos x\mathrm{d}x$；

(10)(AT) $\int \mathrm{e}^{\sqrt[3]{x}}\mathrm{d}x$；

(11)(AT)$\int (x^2 - 1)\sin 2x \mathrm{d}x$；　　　　　　　　　(12)(AT)$\int x\ln(x - 1)\mathrm{d}x$。

第五节　不定积分在经济学中的应用（B）

经济管理中常用的函数如成本函数、收入函数、需求函数、利润函数等，一般笼统称为经济函数。在第三章我们已经知道，经济函数的导数称为边际函数，如边际成本、边际收入、边际利润等。

若已知边际函数 $f(x)$，求经济函数，就是以边际函数 $f(x)$ 为被积函数，求出函数 $f(x)$ 的全体原函数，即不定积分 $\int f(x)\mathrm{d}x = F(x) + C$，而经济函数是边际函数 $f(x)$ 的一个特定的原函数。因此，求经济函数时，除事先已知边际函数 $f(x)$ 外，还须知道初始条件。所谓初始条件，就是积分变量取某个特定值时对应的一个原函数的值。由已知边际函数。利用不定积分求经济函数，就是不定积分在经济学中的重要应用。

一、由边际成本求总成本函数

若已知边际成本函数为 $C'(x)$，则总成本函数 $C(x)$ 是边际成本函数 $C'(x)$ 关于 x 的不定积分，

即
$$C(x) = \int C'(x)\mathrm{d}x = C_1(x) + C$$

而总成本＝固定成本＋可变成本，上式中 $C_1(x)$ 为可变成本，通常积分常数 C 是指固定成本，就是产量 $x = 0$ 时的成本 $C(0)$ 也就是求总成本函数的初始条件。

例1 已知生产某产品的边际成本函数是 $C'(x) = 3x^2 - 16x - 19.6$，且固定成本为 3.5 万元，求总成本函数 $C(x)$，并求产量在 10 个单位时的总成本。

解 总成本 $C(x) = \int (3x^2 - 16x - 19.6)\mathrm{d}x = x^3 - 8x^2 - 19.6x + C$

因为固定成本 $C(0) = 3.5$（万元），代入上式得 $C = 3.5$

所以总成本函数为　　　　$C(x) = x^3 - 8x^2 - 19.6x + 3.5$

且　　　　　　$C(10) = 10^3 - 8 \times 10^2 - 19.6 \times 10 + 3.5 = 7.5$（万元）

例2 已知生产某产品的边际成本是产量 q 的函数，$C'(q) = q^2 - 14q + 111$，若生产 3 个单位时的总成本是 329，求总成本函数 $C(q)$ 和平均成本函数 $\overline{C}(q)$。

解 总成本 $C(q) = \int (q^2 - 14q + 111)\mathrm{d}q = \dfrac{q^3}{3} - 7q^2 + 111q + C$

当 $q = 3$ 时，$C(3) = 329$，代入上式，即 $329 = \dfrac{3^2}{3} - 7 \times 3^2 + 111 \times 3 + C$，解得 $C = 50$

所以总成本函数是 $C(q) = \dfrac{q^3}{3} - 7q^2 + 111q + 50$

平均成本函数为 $\overline{C} = \dfrac{C(q)}{q} = \dfrac{q^2}{3} - 7q + 111 + \dfrac{50}{q}$

二、由已知边际收入求总收入函数和需求函数

若已知边际收入函数为 $R'(x)$，则总收入函数 $R(x)$ 是编辑收入函数 $R'(x)$ 关于 x 的不定积分，即

$$\int R'(x)\,dx = R(x) + C$$

为了求总收入函数，必须确定常数 C。通常使用如下的初始条件：如果需求为零，则总收入也为零。

因为收入函数 $R(x) = Px$，其中 P 是价格，x 是需求量，由此得到价格 $P = \dfrac{R(x)}{x}$，即价格是需求量的函数，这也是一种需求函数。由此可见，平均收入水平与价格对需求的函数是相同的。

例 3 如果编辑收入函数为 $R'(x) = 8 - 6x - 2x^2$，试求总收入函数和需求函数。

解 $R(x) = \int (8 - 6x - 2x^2)\,dx = 8x - 3x^2 - \dfrac{2}{3}x^3 + C$

若 $x = 0, R = 0$，代入上式，得 $C = 0$，所以，总收入函数为 $R(x) = 8x - 3x^2 - \dfrac{2}{3}x^3$

需求函数为 $P(x) = \dfrac{R(x)}{x} = 8 - 3x - \dfrac{2}{3}x^2$

例 4 某种商品的边际收入是售出单位数 x 的函数 $R'(x) = 64x - x^2$，求总收入函数及当售出多少单位时可使收入最大。

解 总收入函数 $R(x) = \int (64x - x^2)\,dx = 32x^2 - \dfrac{1}{3}x^3 + C$

当 $x = 0$ 时，$R(0) = 0$，代入上式，得 $C = 0$，即总收入函数为 $R(x) = 32x^2 - \dfrac{1}{3}x^3$

令 $R'(x) = 64x - x^2 = 0$，得 $x = 64 (x = 0$ 舍去$)$。

因 $R''(64) < 0$，且 $R(x)$ 有唯一的驻点 $x = 64$，所以 $R(x)$ 在 $x = 64$ 处有极大值，也是最大值，即当售出 $x = 64$ 单位时可使总收入最大。

例 5 某产品的边际收入函数为 $R'(Q) = 100 - \dfrac{2}{3}Q$，其中，$Q$ 是产量，求总收入函数及需求函数。

解 总收入函数为 $R(Q) = \int R'(Q)\,dQ = \int \left(100 - \dfrac{2}{5}Q\right)dQ = 100Q - \dfrac{1}{5}Q^2 + C$

因为当产量 $Q = 0$ 时，$R(0) = 0$，代入上式得 $C = 0$

所以 $$R(Q) = 100Q - \dfrac{1}{5}Q^2$$

又 $$R(Q) = p \cdot Q = 100Q - \dfrac{1}{5}Q^2$$

所以 $$p = 100 - \dfrac{1}{5}Q$$

即需求函数为 $$Q = 500 - 5p$$

思考题：

边际成本与总成本、边际利润与总利润、边际收入与总收入的关系是什么？已知其一，如何求另一个？

习题 4-5

1. 某产品的边际成本函数为 $C'(x) = 10 + 24x - 3x^2$（x 为产量），如果固定成本为 2500 元，试求该产品的总成本函数。

2. 某工厂某产品的边际收入函数为 $R'(x) = 8(1 + x)^{-2}$，其中 x 为产量，如果产量为零时，总收入为零，则求总收入函数。

3. 某产品的总成本 $C(Q)$（单位/万元）的边际成本为 $C'(Q) = 1$（万元/百台），总收入 $R(Q)$（单位：万元）的边际收入为 $R'(Q) = 5 - Q$（单位：万元/百台），其中 Q 为产量，固定成本为 1 万元，问产量等于多少时总利润 $L(Q)$ 最大？

4. 已知某商品每周生产 x 个单位时，总费用 $F(x)$ 的变化率为 $F'(x) = 0.4x - 12$（元/单位），且已知 $F(0) = 80$（元），求总费用函数 $F(x)$。如果该商品的销售单价为 20 元/单位，求总利润函数 $L(x)$，并求每周生产多少个单位时，才能获得最大利润？

5. 某产品的边际成本 $C'(x) = 2 + \dfrac{x}{2}$（万元/百台），其中 x 是产量（单位：百台），边际收益 $R'(x) = 8 - x$（万元/百台），若固定成本 $C(0) = 1$（万元），求总成本函数、总收益函数、总利润函数，并求产量为多少时利润最大。

复习题四

1. 判断题

(1) $y = \ln x^2$ 与 $y = 2\ln x$ 是同一个函数的原函数。 （ ）

(2) 常数函数的原函数都是一次函数。 （ ）

(3) 公式 $\displaystyle\int x^\alpha dx = \frac{x^{\alpha+1}}{\alpha + 1} + C$ 对任意实数 α 都成立。 （ ）

(4) $\displaystyle\int x^3 dx = 3x^2 + C$。 （ ）

(5) $\displaystyle\int \frac{1}{1-x}dx = \ln|1 - x| + C$。 （ ）

(6)(BT) $\displaystyle\int \left(\cos\frac{\pi}{4} + x\right)dx = \sin\frac{\pi}{4} + \frac{x^2}{2} + C$。 （ ）

(7)(BT) 某函数的不定积分等于它的一个原函数加上一个常数。 （ ）

(8)(BT) $y = \dfrac{1}{2}\sin^2 x$ 与 $y = -\dfrac{1}{4}\cos 2x$ 是同一个函数的原函数。 （ ）

(9)(AT) $\displaystyle\int \tan^4 x dx = x + \frac{1}{3}\tan^3 x - \tan x + C$。 （ ）

(10)(AT) 若 2^x 为函数 $f(x)$ 的一个原函数，则 $f'(x) = 2^x \ln^2 2$。 （ ）

2. 填空题

(1) 若 $F_1'(x) = F_2'(x) = f(x)$，则 $F_1(x) - F_2(x) =$ _____。

(2) $\int dx =$ _____，$d\int dx =$ _____。

(3)(BT) $\int \dfrac{e^{\sqrt{x}}}{\sqrt{x}} dx =$ _____。

(4)(BT) $f(x) = 2x^2 + 3$，$g(x) = 3x + 1$，则 $\int f[g(x)] dx =$ _____。

(5)(BT) 若 $\int f(x) dx = \arcsin x + C$，则 $f(x) =$ _____。

(6)(AT) 已知 $f(x)$ 的一个原函数为 $(1 + \sin x)\ln x$，则 $\int f(x) dx =$ _____。

(7)(AT) 积分曲线族 $\int 5x^2 dx$ 通过点 $(\sqrt{3}, 5\sqrt{3})$ 的曲线是_____。

(8)(AT) 设 $f(x) = e^x$，则 $\int \dfrac{f'(\ln x)}{x} dx =$ _____。

(9)(AT) $\int \dfrac{\ln^2 x - 1}{x} dx =$ _____。

(10)(AT) 若 $x\ln x$ 为 $f(x)$ 的一个原函数，则 $f'(x) =$ _____。

3. 选择题

(1) 若 $F(x) + C$ 是 $f(x)$ 的原函数族，则下列式子中也表示 $f(x)$ 的原函数族的是（　　）

A. $F(x) + 2$ 　　　　B. $2F(x) + C$ 　　　　C. $F(2x + C)$ 　　　　D. $F(x) + 2C$

(2) 下列函数中是同一函数的原函数的是（　　）

A. $\dfrac{2^x}{\ln 2}$ 与 $\log_2 e + 2^x$ 　　　　　　B. $\arcsin x$ 与 $\arccos x$

C. $\arctan x$ 与 $-\text{arccot} x$ 　　　　　　D. $\ln(5 + x)$ 与 $\ln 5 + \ln x$

(3) 已知 $f'(x) = 2x$，且 $f(1) = 2$，则 $f(x) =$（　　）

A. $\dfrac{1}{2}x^2 + \dfrac{3}{2}$ 　　　B. $\dfrac{1}{2}(x^2 + 1)$ 　　　C. $x^2 + C$ 　　　D. $x^2 + 1$

(4)(BT) 在可积函数 $f(x)$ 的积分曲线族中，每一条曲线在横坐标相同的点上的切线（　　）

A. 一定平行于 x 轴　　B. 一定平行于 y 轴　　C. 相互平行　　D. 相互垂直

(5)(BT) 已知一个函数的导数为 $y' = \cos x$，且当 $x = 0, y = 1$，则函数是（　　）

A. $y = \sin x$ 　　　B. $y = \cos x$ 　　　C. $\sin x + 1$ 　　　D. $y = \sin x + C$

(6)(BT) 一个函数若有原函数，必有（　　）

A. 一个　　　　B. 两个　　　　C. 无穷多个　　　　D. 都不对

(7)(BT) 若 $(\sin x)' = \cos x$，则 $\int d\sin x =$（　　）

A. $\cos x$ 　　　B. $\sin x$ 　　　C. $\cos x + C$ 　　　D. $\sin x + C$

(8)(AT) $\int \dfrac{1}{\sqrt{x}(1 + x)} dx =$（　　）

A. $2\arctan\sqrt{x} + C$ 　　　　　　　B. $\arctan x + C$

C. $\dfrac{1}{2}\arctan\sqrt{x} + C$ 　　　　　　D. $2\arctan x + C$

(9)(AT) 如果 $\int f(x) dx = \dfrac{3}{4}\ln(\sin 4x) + C$，则 $f(x) =$（　　）

A. $\cot 4x$ 　　　B. $-\cot 4x$ 　　　C. $-3\cot 4x$ 　　　D. $3\cot 4x$

(10)(AT) 下列各式中正确的是（　　）

A. $d\int f(x)dx = f(x)$

B. $\dfrac{d}{dx}\int f(x)dx = f(x)dx$

C. $\dfrac{d}{dx}\int f(x)dx = f(x) + C$

D. $d\int f(x)dx = f(x)dx$

4. 求下列不定积分：

(1) $\int \dfrac{\ln x}{x}dx$;

(2) $\int \dfrac{\cos x}{\sqrt{\sin x}}dx$;

(3)(BT) $\int \dfrac{x}{\sqrt{4-x^4}}dx$;

(4)(BT) $\int \dfrac{1}{1+\sqrt{\dfrac{x}{2}}}dx$;

(5)(BT) $\int \dfrac{dx}{e^x - e^{-x}}$;

(6)(BT) $\int \dfrac{dx}{(1+e^x)^2}$;

(7)(BT) $\int \dfrac{1+\cos x}{\sin x + x}dx$;

(8)(BT) $\int \dfrac{dx}{x\ln x \ln(\ln x)}$;

(9)(AT) $\int \dfrac{\sqrt{1+\cos x}}{\sin x}dx$;

(10)(AT) $\int \cos x \cot x\, dx$;

(11)(AT) $\int \dfrac{dx}{16-x^4}$;

(12)(AT) $\int \dfrac{1}{x^2+2x+3}dx$;

(13)(AT) $\int \arctan \sqrt{x}\, dx$;

(14)(AT) $\int \dfrac{dx}{x^2\sqrt{1-x^2}}$。

5(BT). 已知边际成本为 $C'(x) = 25$, 固定成本为3400, 求总成本函数。

6(BT). 已知收入的变化率为销售量 x 的函数 $f(x) = 100 - 0.02x$, 求收入函数。

7(AT). 生产某种产品的总成本 C 是 Q 的函数, 其边际成本 $C'(Q) = 1 + Q$, 边际收益 $R'(Q) = 9 - Q$, 且当产量为 2 时, 总成本为 100, 总收益为 200, 求总利润函数, 并求生产量为多少时, 总利润最大, 最大利润是多少?

第五章 定　积　分

本章导读

　　本章将讨论一元函数和二元函数的定积分及其计算和应用。我们将先由实际问题引出定积分的概念和定积分的核心——微元法，然后讨论定积分的性质，揭示定积分与不定积分间的关系，给出定积分计算重要公式——牛顿-莱布尼茨公式，进而解决定积分的计算及其实际应用问题。值得一提的是 Mathcad 计算应该引起大家的重视。

第一节　定积分的概念

一、举例

1. 曲边梯形的面积

　　在许多实际问题中，有时要计算由任意曲线所围成的平面图形的面积，这种图形中最基本的是曲边梯形。

　　设函数 $y = f(x)$ 在区间 $[a,b]$ 上连续，由曲线 $y = f(x)$ 及三条直线 $x = a, x = b$，$y = 0$（即 x 轴）所围成的图形（如图 5-1 所示）叫做**曲边梯形**。

　　现在介绍如何求曲边梯形的面积 S。

　　假设 $f(x) \geqslant 0$。我们知道，矩形面积 = 底 × 高，而曲边梯形的顶部是一条曲线，其高 $f(x)$ 是变化的，它的面积不能直接用矩形面积公式来计算。但若用一组垂直于 x 轴的直线把整个曲边梯形分成许多窄曲边梯形后，对于每一个窄曲边梯形来说，由于底边很窄，$f(x)$ 又是连续变化的，因此高度变化很小，于是可把每一个窄曲边梯形的高近似地视为不变的，用相应的窄矩形的面积

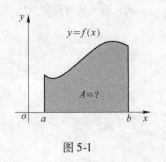

图 5-1

代替窄曲边梯形的面积。显然，分割得越细，所有窄曲边梯形面积之和就越接近曲边梯形的面积。当分割无限细密时，所有窄曲边梯形面积之和的极限就是曲边梯形面积的精确值。

　　根据上面的分析，曲边梯形的面积可按下述步骤进行计算。

　　（1）分割：把曲边梯形的底边所在的区间 $[a,b]$ 用 $n+1$ 个分点，即

$$a = x_0 < x_1 < \cdots < x_n = b$$

任意分割成 n 个小区间，即

$$[x_0, x_1], [x_1, x_2], \cdots, [x_{i-1}, x_i], \cdots, [x_{n-1}, x_n]$$

　　（2）近似替代：从各分点作 x 轴的垂线，这样，就把曲边梯形分割成 n 个窄曲边梯

形。在每个小区间 $[x_{i-1}, x_i]$ 上任取一点 ξ_i，以 $[x_{i-1}, x_i]$ 为底，$f(\xi_i)$ 为高的窄矩形近似替代第 i 个窄曲边梯形（$i = 1, 2, \cdots, n$），如图5-2所示。

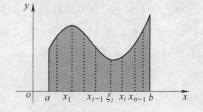

（3）求和：用 ΔS_i 表示第 i 个窄矩形的面积，则 $\Delta S_i = f(\xi_i)\Delta x_i (i = 1, 2, \cdots, n)$，把这样得到的 n 个窄矩形面积之和作为所求曲边梯形面积的近似值，即

图 5-2

$$S \approx f(\xi_1)\Delta x_1 + f(\xi_2)\Delta x_2 + \cdots + f(\xi_n)\Delta x_n = \sum_{i=1}^{n} f(\xi_i)\Delta x_i$$

（4）取极限：当 $[a,b]$ 分得越细，即当 n 越大且每个小区间的长度 Δx_i 越小时，窄矩形的面积将越接近窄曲边梯形的面积。我们使 n 无限增大（$n \to \infty$），小区间长度中的最大值趋于零，如记 $\lambda = \max\{\Delta x_1, \Delta x_2, \cdots, \Delta x_n\}$，则此条件表示为 $\lambda \to 0$。取上述和式的极限，便得曲边梯形的面积为

$$S = \lim_{\lambda \to 0} \sum_{i=1}^{n} f(\xi_i)\Delta x_i$$

2. 变速直线运动的路程

当物体作匀速直线运动时，其运动的路程为

$$\text{路程} = \text{速度} \times \text{时间}$$

如果假设物体运动的速度 v 随时间 t 而变化，求物体在时间区间 $[a,b]$ 内的运动路程 S。

类似于曲边梯形面积的计算，我们同样采用"分割、近似替代、求和、取极限"的方法加以解决。

用分点 $a = t_0 < t_1 < \cdots < t_n = b$ 将区间 $[a,b]$ 任意分割成 n 个小区间 $[t_0, t_1]$，$[t_1, t_2]$，$\cdots$，$[t_{i-1}, t_i]$，$\cdots$，$[t_{n-1}, t_n]$。记第 i 个小区间的长度为 $\Delta t_i = t_i - t_{i-1}(i = 1, 2, \cdots, n)$，在每个小区间 $[t_{i-1}, t_i]$ 上任取一时刻 ξ_i，把 $v(\xi_i)$ 作为 $[t_{i-1}, t_i]$ 上各点处的速度，则物体在区间 $[t_{i-1}, t_i]$ 上所经过的路程的近似值为 $\Delta S_i = v(\xi_i)\Delta t_i (i = 1, 2, \cdots, n)$。

于是 $S \approx v(\xi_1)\Delta t_1 + v(\xi_2)\Delta t_2 + \cdots + v(\xi_n)\Delta t_n = \sum\limits_{i=1}^{n} v(\xi_i)\Delta t_i$ 就是物体从 $t = a$ 到 $t = b$ 这段时间内所经过路程 S 的近似值。记 $\lambda = \max\{\Delta t_1, \Delta t_2, \cdots, \Delta t_n\}$，当 $n \to \infty$，$\lambda \to 0$ 时，上述和式的极限值就是所求的路程 S，即 $S = \lim\limits_{\lambda \to 0} \sum\limits_{i=1}^{n} v(\xi_i)\Delta t_i$。

以上两个例子，虽然实际意义完全不同，但解决问题的方法却是一致的，都归结为某种乘积的和式的极限。抽去 $f(x)$ 和 $v(t)$ 的具体含义，便得到定积分的概念。

二、定积分的定义

1. 定义

设函数 $f(x)$ 定义在区间 $[a,b]$ 上，用分点 $a = x_0 < x_1 < \cdots < x_n = b$ 将区间 $[a,b]$ 分成 n 个小区间，即 $[x_0, x_1]$，$[x_1, x_2]$，$\cdots$，$[x_{i-1}, x_i]$，$\cdots$，$[x_{n-1}, x_n]$。小区间 $[x_{i-1}, x_i]$ 的长度

记为 $\Delta x_i = x_i - x_{i-1}(i = 1,2,\cdots,n)$。其中最大者为 λ，即 $\lambda = \max\{\Delta x_1,\Delta x_2,\cdots,\Delta x_n\}$。在每个小区间 $[x_{i-1},x_i]$ 上任取一点 $\xi_i(x_{i-1} \leqslant \xi_i \leqslant x_i)$，作乘积 $f(\xi_i)\Delta x_i$，如果对于区间 $[a,b]$ 任意的划分及点 ξ_i 的任意取法，有

$$\sum_{i=1}^{n} f(\xi_i)\Delta x_i$$

当 $\lambda \rightarrow 0 (n \rightarrow \infty)$ 时的极限存在，即

$$I = \lim_{\lambda \rightarrow 0} \sum_{i=1}^{n} f(\xi_i)\Delta x_i$$

则称此极限值 I 为函数 $f(x)$ 在区间 $[a,b]$ 上的定积分，记作 $\int_a^b f(x)\mathrm{d}x$，即

$$I = \int_a^b f(x)\mathrm{d}x = \lim_{\lambda \rightarrow 0} \sum_{i=1}^{n} f(\xi_i)\Delta x_i$$

其中 $f(x)$ 叫做**被积函数**，$f(x)\mathrm{d}x$ 叫做被积表达式，x 叫做积分变量，$[a,b]$ 叫做积分区间，a 叫做**积分下限**，b 叫做**积分上限**，并把 $\int_a^b f(x)\mathrm{d}x$ 读做"函数 $f(x)$ 在区间 $[a,b]$ 上的定积分"。

由此定义可知：曲边梯形的面积 S 是曲边 $y = f(x)$ 在区间 $[a,b]$ 上的定积分，即 $S = \int_a^b f(x)\mathrm{d}x(f(x) \geqslant 0)$。物体作变速直线运动时所经过的路程 S 是速度 $v(t)$ 在区间 $[a,b]$ 上的定积分，即 $S = \int_a^b v(t)\mathrm{d}t$。

2. 微元法

在定积分的定义中，我们用的都是"分割、近似替代、求和、取极限"的定义方法。为了方便，我们把定积分过程简化为以下两步：

（1）无限细分求微元

分割区间 $[a,b]$，取其中任一小区间并记作 $[x,x+\mathrm{d}x]$，求出整体量 S 在 $[x,x+\mathrm{d}x]$ 上的部分量 ΔS 的近似值为 $\Delta S \approx f(x)\mathrm{d}x$。称 $f(x)\mathrm{d}x$ 为整体量 S 的微元（或元素），记为 $\mathrm{d}S = f(x)\mathrm{d}x$。

当整体量 S 为面积时，$\mathrm{d}S = f(x)\mathrm{d}x$ 叫做**面积微元**（或**面积元素**）；若整体量 S 为体积时，$\mathrm{d}S = f(x)\mathrm{d}x$ 叫做**体积微元**（或**体积元素**）。依此类推，整体量 S 为功时，$\mathrm{d}S = f(x)\mathrm{d}x$ 为**功微元**。

（2）微元累加求积分

整体量 S 就是在 $[a,b]$ 上将这些元素累加，即

$$S = \int_a^b \mathrm{d}S = \int_a^b f(x)\mathrm{d}x$$

这种方法叫做微元法（或**元素法**）。其中符号" $\int_a^b$ "表示对微元 $\mathrm{d}S$ 的无限（或称极限）累加。

关于定积分，有以下三点说明：

（1）定积分既然是和式的极限，因而它的值是一个确定的常数。这个常数只与被积函

数 $y = f(x)$ 和积分区间 $[a,b]$ 有关，而与积分变量用什么字母表示无关，即 $\int_a^b f(x)\,dx =$
$\int_a^b f(t)\,dt = \int_a^b f(u)\,du$；

（2）函数 $f(x)$ 在区间 $[a,b]$ 上连续时，$f(x)$ 在 $[a,b]$ 上一定可积；

（3）定积分的实质是无限微观的累加，微元法是定积分的核心思想。

例1 计算由 $y = x^2$ 与 $x = 0$，$x = 1$，$y = 0$ 所围成的平面图形的面积（如图5-3所示）。

解 法一 将 $[0,1]$ 分成 n 个小区间。为了便于计算，
将 $[0,1]$ 分为 n 等份，得到 n 个小区间，即

$$\left[0,\frac{1}{n}\right], \left[\frac{1}{n},\frac{2}{n}\right], \cdots, \left[\frac{i-1}{n},\frac{i}{n}\right], \cdots, \left[\frac{n-1}{n},1\right]$$

每个小区间的长度为

$$\Delta x_1 = \Delta x_2 = \cdots = \Delta x_i = \cdots = \Delta x_n = \frac{1}{n}$$

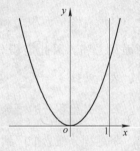

分点为

$$x_0 = 0, x_1 = \frac{1}{n}, x_2 = \frac{2}{n}, \cdots, x_n = 1$$

图 5-3

每个窄曲边梯形的面积 ΔS_i 用窄矩形的面积来近似，矩形的底为 $\Delta x_i = \frac{1}{n}$，取 $\xi_i = \frac{i}{n}$，则

矩形的高为 $f(\xi_i) = f\left(\frac{i}{n}\right)$，因而

$$\Delta S_i \approx f(\xi_i)\Delta x_i = \left(\frac{i}{n}\right)^2 \frac{1}{n} \qquad (i = 1,2,\cdots,n)$$

$$\sum_{i=1}^n \Delta S_i \approx \sum_{i=1}^n \frac{i^2}{n^3} = \frac{1}{n^3} \cdot \frac{n(n+1)(2n+1)}{6}$$

因此所求平面图形的面积为

$$S = \sum_{i=1}^n \Delta S_i = \lim_{n\to\infty} \frac{1}{n^3} \cdot \frac{n(n+1)(2n+1)}{6} = \frac{1}{3}$$

法二 由微元法知道：面积微元 $dS = \frac{1}{x}dx$，$S = \int_0^1 dS = \int_0^1 \frac{1}{x}dx \to \frac{1}{3}$（由 Mathcad

计算可得。方法：启动 Mathcad→输入表达式 $\int_0^1 \frac{1}{x}dx = \lim_{a\to 0}\int_a^1 \frac{1}{x}dx \xrightarrow{simplify} \frac{1}{3}$）

三、定积分的几何意义

（1）当 $f(x) \geqslant 0$ 时，则由以上可知 $\int_a^b f(x)\,dx$ 表示由 $y = f(x)$ 与 $x = a$，$x = b$，$y = 0$ 所

围成的曲边梯形的面积 S，即 $S = \int_a^b f(x)\,dx$。

（2）当 $f(x) < 0$ 时，则 $f(\xi_i) < 0(i = 1,2,\cdots,n)$，和式 $\sum_{i=1}^n f(\xi_i)\Delta x_i$ 的每一项都小于

零，从而有 $\int_a^b f(x)\,dx < 0$。此时，$\int_a^b f(x)\,dx$ 表示由 $y = f(x)$ 与 $x = a$，$x = b$，$y = 0$ 所围成的

曲边梯形面积 S 的负值，即

$$\int_a^b f(x)\mathrm{d}x = -S \quad \text{或} \quad S = -\int_a^b f(x)\mathrm{d}x$$

（3）当 $f(x)$ 在 $[a,b]$ 上既有正值又有负值
时，曲线 $y=f(x)$ 与直线 $x=a$，$x=b$，$y=0$ 围成
的图形有一部分在 x 轴上方，有一部分在 x 轴下
方（如图 5-4 所示）。这时 $\int_a^b f(x)\mathrm{d}x$ 等于在 x 轴
上方的所有图形面积之和减去 x 轴下方的所有图
形面积之和。因此定积分 $\int_a^b f(x)\mathrm{d}x$ 的几何意义

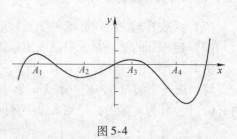

图 5-4

是：表示曲线 $y=f(x)$ 与直线 $x=a$，$x=b$，$y=0$ 围成图形面积的代数和。

四、二重积分的概念

将定积分概念推广到平面区域上的二元函数就得到二重积分。

例 2　求曲顶柱体的体积。

解　以 xoy 面上的有界闭域 D 为底，曲面 $z=f(x,y)$ 为顶，母线平行于 z 轴的柱面为侧
面的柱体。如果是平顶柱体，则体积 = 底面积×高。对于曲顶柱体，仿照用定积分研究曲
边梯形的方法（分割，取近似，求和，取极限）可以得到曲顶柱体的体积。

将曲顶柱体任意分成 n 个小曲顶柱体，每一个近似看
作平顶柱体（如图 5-5 所示）。则有：

$$\Delta V_i \approx f(\xi_i, \eta_i)\Delta\sigma_i$$

$$V \approx \sum_{i=1}^n f(\xi_i, \eta_i)\Delta\sigma_i$$

$$V = \lim_{\lambda\to 0}\sum_{i=1}^n f(\xi_i, \eta_i)\Delta\sigma_i$$

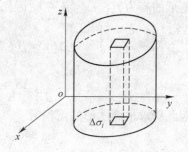

其中，λ 为 $\Delta\sigma_i$ 的最大直径。

图 5-5

1. 二重积分的定义

设 $f(x,y)$ 定义在有界闭区域 D 上，任给一组曲线网将 D 分成 n 个小闭区域 D_1, D_2，
$\cdots, D_n$，对应面积分别为 $\Delta\sigma_1$，$\Delta\sigma_2$，$\cdots$，$\Delta\sigma_n$，直径分别为 $d_1, d_2, \cdots, d_n$；在每个 D_i 上任取
点 (ξ_i, η_i)，作和式 $\sum_{i=1}^n f(\xi_i, \eta_i)\Delta\sigma_i$，令 $d=\max_{1\le i\le n}\{d_i\}$，若 $\lim_{d\to 0}\sum_{i=1}^n f(\xi_i, \eta_i)\Delta\sigma_i$ 存在，则称
$f(x,y)$ 在 D 上二重可积，简称可积，并称此极限值为 $f(x,y)$ 在 D 上的二重积分，记为
$\iint\limits_D f(x,y)\mathrm{d}\sigma$，即

$$\iint\limits_D f(x,y)\mathrm{d}\sigma = \lim_{d\to 0}\sum_{i=1}^n f(\xi_i, \eta_i)\Delta\sigma_i$$

其中 $f(x,y)$ 称为被积函数，D 为积分区域，x 与 y 称为积分变量，$\mathrm{d}\sigma$ 称为面积微元，"$\iint$"

称为二重积分号。

2. 微元法

定积分的过程简化为以下两个过程。

（1）无限细分求微元：$dV = f(x,y)d\sigma$；

（2）微元累加求积分：$V = \iint\limits_D dV = \iint\limits_D f(x,y)d\sigma$，其中积分号 $\iint\limits_D$ 表示对微元的无限累加。

微元法是定积分思想的核心。

无论是一元函数还是二元函数，定积分都是一个累加和的极限，它们的核心都是无限微元的累加。

3. 二重积分的几何意义

二重积分表示区域 D 上的曲顶柱体的体积。

当 $f(x,y) > 0$ 时，二重积分表示曲顶柱体体积；$f(x,y) < 0$ 时，二重积分表示曲顶柱体体积负值；当 $f(x,y)$ 图形有在 x 轴上方也有在 x 轴下方的时候，二重积分表示曲顶柱体体积的代数和。

习题　5-1

1. 用微元法和 Mathcad 计算由 $y = x$，$x = 1$，$x = 2$ 及 x 轴所围成的图形的面积。

2. 计算 $y = e^x$，$x = 0$，$x = 1$ 及 x 轴所围成的图形的面积。

3. 利用定积分的定义计算 $\int_a^b dx (a < b)$。

4. 定积分与不定积分有什么不同？

5. 根据定积分的几何意义，求下列定积分的值并由 Mathcad 计算验证：

（1）$\int_1^4 x dx$；　　　　　　　　（2）$\int_{-2}^1 x dx$；

（3）$\int_0^4 (2 - x) dx$；　　　　　　（4）$\int_0^1 \sqrt{1 - x^2} dx$；

（5）$\int_{-1}^1 |x| dx$；　　　　　　　（6）$\int_{-\frac{\pi}{2}}^{\frac{3\pi}{2}} \cos x dx$。

6. 利用定积分的几何意义，说明下列等式并由 Mathcad 计算验证：

（1）$\int_{-1}^1 \sqrt{1 - x^2} dx = \pi$；　　　（2）$\int_{-\pi}^{\pi} \sin x dx = 0$；

（3）$\int_{-2}^1 (-2) dx = -6$；　　　　（4）$\int_{-\frac{\pi}{2}}^{\frac{\pi}{2}} \cos x dx = 2 \int_0^{\frac{\pi}{2}} \cos x dx$。

第二节　定积分的性质

一、一元函数定积分性质

为了以后计算及应用的方便起见，我们对定积分作如下的规定：

（1）当 $a = b$ 时，$\int_a^b f(x) dx = 0$，即 $\int_a^a f(x) dx = 0$；

（2）当 $a > b$ 时，$\int_a^b f(x)\,\mathrm{d}x = -\int_b^a f(x)\,\mathrm{d}x$。

以下性质总是假定 $f(x)$、$g(x)$ 在区间 $[a,b]$ 上连续。

性质1　两个函数代数和的定积分等于它们的定积分的代数和，即

$$\int_a^b [f(x) \pm g(x)]\,\mathrm{d}x = \int_a^b f(x)\,\mathrm{d}x \pm \int_a^b g(x)\,\mathrm{d}x$$

证

$$\int_a^b [f(x) \pm g(x)]\,\mathrm{d}x = \lim_{\lambda \to 0} \sum_{i=1}^n [f(\xi_i) \pm g(\xi_i)]\,\Delta x_i$$

$$= \lim_{\lambda \to 0} \sum_{i=1}^n f(\xi_i)\,\Delta x_i \pm \lim_{\lambda \to 0} \sum_{i=1}^n g(\xi_i)\,\Delta x_i$$

$$= \int_a^b f(x)\,\mathrm{d}x \pm \int_a^b g(x)\,\mathrm{d}x$$

此性质可推广到有限个函数的代数和。

性质2　常数因子可以提到积分号的外面，即 k 若为常数，则有

$$\int_a^b kf(x)\,\mathrm{d}x = k\int_a^b f(x)\,\mathrm{d}x$$

证

$$\int_a^b kf(x)\,\mathrm{d}x = \lim_{\lambda \to 0} \sum_{i=1}^n kf(\xi_i)\,\Delta x_i$$

$$= \lim_{\lambda \to 0} k \sum_{i=1}^n f(\xi_i)\,\Delta x_i$$

$$= k \lim_{\lambda \to 0} \sum_{i=1}^n f(\xi_i)\,\Delta x_i = k\int_a^b f(x)\,\mathrm{d}x$$

性质3　（积分的可加性）对于任意的三个数 a，b，c，有

$$\int_a^b f(x)\,\mathrm{d}x = \int_a^c f(x)\,\mathrm{d}x + \int_c^b f(x)\,\mathrm{d}x$$

证　若 $a < c < b$，则由定积分的几何意义知，此性质显然成立。

若 $a < b < c$，由图 5-6 可得

$$\int_a^c f(x)\,\mathrm{d}x = \int_a^b f(x)\,\mathrm{d}x + \int_b^c f(x)\,\mathrm{d}x$$

于是

$$\int_a^b f(x)\,\mathrm{d}x = \int_a^c f(x)\,\mathrm{d}x - \int_b^c f(x)\,\mathrm{d}x$$

$$= \int_a^c f(x)\,\mathrm{d}x + \int_c^b f(x)\,\mathrm{d}x$$

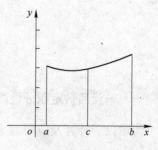

图 5-6

同理可证其他情况。

性质4 如果在区间 $[a,b]$ 上, $f(x) \equiv 1$, 则

$$\int_a^b 1 \mathrm{d}x = \int_a^b \mathrm{d}x = b - a$$

证

$$\int_a^b 1 \mathrm{d}x = \lim_{\lambda \to 0} \sum_{i=1}^n \Delta x_i = \lim_{\lambda \to 0} (b - a) = b - a$$

例1 利用性质2和性质4, 求 $\int_{-1}^3 2 \mathrm{d}x$。

解

$$\int_{-1}^3 2 \mathrm{d}x = 2 \int_{-1}^3 1 \mathrm{d}x = 2[3 - (-1)] = 8$$

性质5 如果在区间 $[a,b]$ 上, $f(x) \geqslant 0$, 则

$$\int_a^b f(x) \mathrm{d}x \geqslant 0 \qquad (a < b)$$

证 由于 $f(x) \geqslant 0$ 且 $a < b$, 因此在 $\sum_{i=1}^n f(\xi_i) \Delta x_i$ 中, $f(\xi_i) \geqslant 0$, $\Delta x_i > 0$

从而

$$\sum_{i=1}^n f(\xi_i) \Delta x_i \geqslant 0$$

于是

$$\int_a^b f(x) \mathrm{d}x \geqslant 0$$

性质6 如果在区间 $[a,b]$ 上, $f(x) \leqslant g(x)$, 则

$$\int_a^b f(x) \mathrm{d}x \leqslant \int_a^b g(x) \mathrm{d}x \qquad (a < b)$$

证 因为 $g(x) - f(x) \geqslant 0$, 由性质5及性质1便得要证的结论。

例2 不计算积分, 试比较 $\int_0^1 x \mathrm{d}x$ 与 $\int_0^1 x^3 \mathrm{d}x$ 的大小。

解 当 $0 \leqslant x \leqslant 1$ 时, 被积函数 $x \geqslant x^3$, 故由性质6得

$$\int_0^1 x \mathrm{d}x \geqslant \int_0^1 x^3 \mathrm{d}x$$

性质7 $\left| \int_a^b f(x) \mathrm{d}x \right| \leqslant \int_a^b |f(x)| \mathrm{d}x \ (a < b)$。

证 因为 $-|f(x)| \leqslant f(x) \leqslant |f(x)|$, 所以由性质6及性质2可得

$$-\int_a^b |f(x)| \mathrm{d}x \leqslant \int_a^b f(x) \mathrm{d}x \leqslant \int_a^b |f(x)| \mathrm{d}x$$

即

$$\left| \int_a^b f(x) \mathrm{d}x \right| \leqslant \int_a^b |f(x)| \mathrm{d}x$$

性质8 设 M 和 m 分别为 $f(x)$ 在区间 $[a,b]$ 上的最大值和最小值, 则

$$m(b-a) \leqslant \int_a^b f(x)\,dx \leqslant M(b-a)$$

证 由于 $m \leqslant f(x) \leqslant M$，由性质6，得

$$\int_a^b m\,dx \leqslant \int_a^b f(x)\,dx \leqslant \int_a^b M\,dx$$

再由性质2和性质4，结论得证。

例3 估计定积分 $\int_1^3 2x\,dx$ 的范围。

解 被积函数 $f(x) = 2x$ 在区间 $[1,3]$ 上是单调增加的，因而有最小值 $m = f(1) = 2$，最大值 $M = f(3) = 6$，于是由性质8，得

$$2 \times (3-1) \leqslant \int_1^3 2x\,dx \leqslant 6 \times (3-1)$$

即

$$4 \leqslant \int_1^3 2x\,dx \leqslant 12$$

Mathcad 计算最值的方法：令 $f(x) = 2x, m = \min(f(x)) \rightarrow, M = \max(f(x)) \rightarrow$

等号输入法 Shift + : 箭头在命令集里，箭头上方输入 simplify。

性质9 （积分中值定理）如果函数 $f(x)$ 在区间 $[a,b]$ 上连续，则在区间 $[a,b]$ 上至少存在一点 ξ，使得

$$\int_a^b f(x)\,dx = f(\xi)(b-a) \quad 或 \quad \frac{1}{b-a}\int_a^b f(x)\,dx = f(\xi) \quad (a \leqslant \xi \leqslant b)$$

证 设 M 和 m 分别为 $f(x)$ 在区间 $[a,b]$ 上的最大值和最小值，由性质8，有

$$m(b-a) \leqslant \int_a^b f(x)\,dx \leqslant M(b-a)$$

即

$$m \leqslant \frac{1}{b-a}\int_a^b f(x)\,dx \leqslant M$$

这表明 $\dfrac{1}{b-a}\int_a^b f(x)\,dx$ 是介于 m 和 M 之间的一个数值，根据闭区间上连续函数的介值定理，至少存在一点 $\xi \in [a,b]$，使得

$$f(\xi) = \frac{1}{b-a}\int_a^b f(x)\,dx \quad (a \leqslant \xi \leqslant b)$$

即

$$\int_a^b f(x)\,dx = f(\xi)(b-a) \quad (a \leqslant \xi \leqslant b)$$

如图 5-7 所示，此定理的几何意义是：在区间 $[a,b]$ 上至少可以找到一点 ξ，使得以区间 $[a,b]$ 为底边、$f(x)$ 为曲边的曲边梯形的面积等于同一底边而高为 $f(\xi)$ 的一个矩形的面积。其中 $f(\xi)$ 可视为 $f(x)$ 在 $[a,b]$ 上的平均高度。

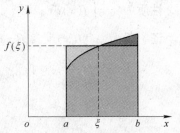

图 5-7

二、二元函数定积分性质

二元函数定积分有类似于一元函数定积分的相关性

质。即：

（1）$\iint\limits_{D}[f(x,y)\pm g(x,y)]\mathrm{d}\sigma=\iint\limits_{D}f(x,y)\mathrm{d}\sigma\pm\iint\limits_{D}g(x,y)\mathrm{d}\sigma$；

（2）$\iint\limits_{D}kf(x,y)\mathrm{d}\sigma=k\iint\limits_{D}f(x,y)\mathrm{d}\sigma$；

（3）$\iint\limits_{D=D_1+D_2}f(x,y)\mathrm{d}\sigma=\iint\limits_{D_1}f(x,y)\mathrm{d}\sigma+\iint\limits_{D_2}f(x,y)\mathrm{d}\sigma$；

（4）$\iint\limits_{D}1\mathrm{d}\sigma=\sigma$；

（5）如果在 D 上，$f(x,y)\leqslant g(x,y)$，那么 $\iint\limits_{D}f(x,y)\mathrm{d}\sigma\leqslant\iint\limits_{D}g(x,y)\mathrm{d}\sigma$；

（6）（估值定理）设 M，m 分别是 $f(x,y)$ 在 D 上的最大值和最小值，则：$m\sigma\leqslant\iint\limits_{D}f(x,y)\mathrm{d}\sigma\leqslant M\sigma$；

（7）（中值定理）若 $f(x,y)$ 在 D 上连续，则在 D 上至少存在一点 (ξ,η) 使得下式成立：$\iint\limits_{D}f(x,y)\mathrm{d}\sigma=f(\xi,\eta)\sigma$。

二元函数中值定理的几何解释：曲顶柱体的体积 $V=\iint\limits_{D}f(x,y)\mathrm{d}\sigma$ 等于区域 D 上一个适当高度 $f(\xi,\eta)$ 的平顶柱体的体积 $f(\xi,\eta)\sigma$。其中，$f(\xi,\eta)$ 可视为 $f(x,y)$ 在 D 上的平均高度。

例 4 比较下列积分的大小：

$$\iint\limits_{D}(x+y)^2\mathrm{d}\delta,\quad \iint\limits_{D}(x+y)^3\mathrm{d}\delta$$

$$D:(x-2)^2+(y-1)^2\leqslant 2$$

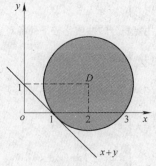

解 积分域 D 的边界为圆周，它与 x 轴交点 $(1,0)$，与直线 $x+y=1$ 相切，在直线的右上方（如图 5-8 所示），故在 D 上 $x+y\geqslant 1$，从而有：$(x+y)^2\leqslant (x+y)^3$，所以 $\iint\limits_{D}(x+y)^2\mathrm{d}\delta\leqslant\iint\limits_{D}(x+y)^3\mathrm{d}\delta$。

图 5-8

例 5 估计下列积分之值：

$$I=\iint\limits_{D}\frac{\mathrm{d}x\mathrm{d}y}{100+\cos^2 x+\cos^2 y}\quad D:|x|+|y|\leqslant 10$$

（如图 5-9 所示）

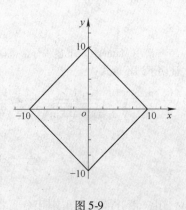

解 D 的面积为 $\sigma=(10\sqrt{2})^2=200$

由于 $\dfrac{1}{102}\leqslant\dfrac{1}{100+\cos^2 x+\cos^2 y}\leqslant\dfrac{1}{100}$

图 5-9

$$\frac{200}{102} \leqslant I \leqslant \frac{200}{100} \quad 即 \quad 1.96 \leqslant I \leqslant 2$$

例 6　$\lim\limits_{r \to 0} \dfrac{1}{\pi \cdot r^2} \iint\limits_{D} e^{x^2-y^2} \cos(x+y) d\sigma$，其中 D 为 $x^2 + y^2 \leqslant r^2$。

解　由积分中值定理知：

$$\lim_{r \to 0} \frac{1}{\pi r^2} \iint\limits_{D} e^{x^2-y^2} \cos(x+y) d\sigma = \lim_{r \to 0} \frac{e^{\xi^2-\eta^2} \cos(\xi+\eta) \cdot \pi r^2}{\pi r^2}$$

$$= \lim_{r \to 0} e^{\xi^2-\eta^2} \cos(\xi+\eta) = 1 \, (其中 (\xi, \eta) \in D)$$

习题　5-2

1. 利用定积分的性质和 $\int_0^1 x^2 dx = \dfrac{1}{3}$，计算下列定积分：

(1) $\int_0^1 3x^2 dx$；　　　　　　　　(2) $\int_0^1 (x+\sqrt{2})(x-\sqrt{2}) dx$；

(3) 试用 Mathcad 计算上述定积分（方法：输入定积分，执行 simplify 命令）。

2. 已知 $\int_a^b f(x) dx = m$，$\int_a^b f^2(x) dx = n$，计算下列定积分：

(1) $\int_a^b [2f(x) - 3] dx$；　　　　　(2) $\int_a^b [2f(x) - 3]^2 dx$。

3. 用定积分的性质比较下列各对定积分的大小并用 Mathcad 验证：

(1) $\int_1^2 x dx$ 与 $\int_1^2 \sqrt{x} dx$；　　　　(2) $\int_0^{\frac{\pi}{2}} x dx$ 与 $\int_0^{\frac{\pi}{2}} \sin x dx$；

(3) $\int_0^1 \ln x dx$ 与 $\int_0^1 (1-x) dx$；　　　(4) $\int_{\frac{\pi}{2}}^{\pi} \sin x dx$ 与 $\int_{\frac{\pi}{2}}^{\pi} \cos x dx$；

(5) $\int_0^1 e^x dx$ 与 $\int_0^1 e^{x^2} dx$；　　　　(6) $\int_1^2 \ln x dx$ 与 $\int_1^2 (\ln x)^2 dx$；

(7) $\int_0^1 x dx$ 与 $\int_0^1 \ln(x+1) dx$。

4. 估计下列各积分值的范围：

(1) $\int_1^4 (1+x^2) dx$；　　　　　　(2) $\int_0^{\frac{\pi}{2}} (1-\sin x) dx$；

(3) $\int_0^1 e^{2x} dx$；　　　　　　　(4) $\int_{\frac{\pi}{4}}^{\frac{5\pi}{4}} (1+\sin^2 x) dx$；

(5) 请用 Mathcad 求上述积分值范围。

5. 证明下列不等式：

(1) $\dfrac{\pi}{2} < \int_0^{\frac{\pi}{2}} \dfrac{1}{\sqrt{1-\frac{1}{2}\sin^2 x}} dx < \dfrac{\pi}{\sqrt{2}}$；　　(2) $\dfrac{\pi}{9} \leqslant \int_{\frac{1}{\sqrt{3}}}^{\sqrt{3}} x \arctan x dx \leqslant \dfrac{2\pi}{3}$。

第三节　牛顿-莱布尼茨公式

用定积分的定义求定积分，往往是相当麻烦和困难的。因此需要寻求计算定积分的简便方法。

首先，引进积分上限函数的概念。

一、积分上限函数及其导数

设 $f(x)$ 在区间 $[a,b]$ 上连续，x 为 $[a,b]$ 上的任一点，则 $f(x)$ 在 $[a,x]$ 上也连续，从而 $\int_a^x f(t)\,dt$ 存在。如果上限 x 在区间 $[a,b]$ 上任意变动，则对于每一个取定的 x 值，积分有唯一一个确定值与之对应，所以它在 $[a,b]$ 上定义了一个函数，$\int_a^x f(t)\,dt$ 是上限 x 的函数，称为积分上限函数（或变上限积分函数），记作 $\Phi(x)$，即

$$\Phi(x) = \int_a^x f(t)\,dt \qquad (a \leqslant x \leqslant b)$$

关于这个函数，有下面定理所指出的重要性质。

定理 1　如果函数 $f(x)$ 在区间 $[a,b]$ 上连续，则积分上限函数 $\Phi(x) = \int_a^x f(t)\,dt$ 在 $[a,b]$ 上具有导数，并且其导数为 $\Phi'(x) = \dfrac{d}{dx}\int_a^x f(t)\,dt = f(x)\,(a \leqslant x \leqslant b)$。

证　给自变量 x 一个改变量 Δx，则函数 $\Phi(x)$ 有相应的改变量

$$\Delta\Phi(x) = \Phi(x + \Delta x) - \Phi(x)$$

$$= \int_a^{x+\Delta x} f(t)\,dt - \int_a^x f(t)\,dt = \int_x^{x+\Delta x} f(t)\,dt$$

由积分中值定理知，至少存在一点 ξ，使 $\Delta\Phi(x) = \displaystyle\int_x^{x+\Delta x} f(t)\,dt = f(\xi)\Delta x$。从而 $\dfrac{\Delta\Phi(x)}{\Delta x} = f(\xi)$。这里，$\xi$ 在 x 与 $x + \Delta x$ 之间。当 $\Delta x \to 0$ 时，有 $\xi \to x$，由于 $f(x)$ 是连续的，于是 $\Phi'(x) = \lim\limits_{\Delta x \to 0} \dfrac{\Delta\Phi(x)}{\Delta x} = \lim\limits_{\xi \to x} f(\xi) = f(x)$。

Mathcad 验证：$\Phi(x) := \int_a^x f(t)\,dt$，键盘 Ctrl + Shift + D，输入 $\dfrac{d}{dx}\Phi(x)$ 点击符号 simplify 命令 $\to f(x)$。

这个定理既说明了 $\Phi(x) = \int_a^x f(t)\,dt$ 是 $f(x)$ 的一个原函数，同时又解决了第四章不定积分中的原函数存在问题（即连续函数的原函数一定存在）。

定理 2　如果函数 $f(x)$ 在区间 $[a,b]$ 上连续，则函数 $\Phi(x) = \int_a^x f(t)\,dt$ 就是 $f(x)$ 在区间 $[a,b]$ 上的一个原函数。

这个定理的重要意义是：一方面肯定了连续函数的原函数是存在的，另一方面初步揭示了积分学中的定积分与原函数之间的联系。因此，我们就有可能通过原函数来计算定积分。

例 1　设 $I = \int_a^x t\mathrm{e}^{2t}\mathrm{d}t$，求 $\dfrac{\mathrm{d}I}{\mathrm{d}x}$。

解　$\dfrac{\mathrm{d}I}{\mathrm{d}x} = \dfrac{\mathrm{d}}{\mathrm{d}x}\int_a^x t\mathrm{e}^{2t}\mathrm{d}t = f(x) = x\mathrm{e}^{2x}$

例 2　设 $I = \int_1^{x^2} \dfrac{\sin 2t}{t}\mathrm{d}t$，求 $\dfrac{\mathrm{d}I}{\mathrm{d}x}$。

解　这是以 x^2 为上限的函数，可以看成是以 $u = x^2$ 为中间变量的复合函数，即

$$I = \int_1^u \frac{\sin 2t}{t}\mathrm{d}t, \quad u = x^2$$

由复合函数求导法则，有

$$\frac{\mathrm{d}I}{\mathrm{d}x} = \frac{\mathrm{d}I}{\mathrm{d}u} \cdot \frac{\mathrm{d}u}{\mathrm{d}x} = \left[\int_1^u \frac{\sin 2t}{t}\mathrm{d}t\right]_u' \cdot (x^2)_x' = \frac{\sin 2u}{u} \cdot 2x = \frac{2\sin 2x^2}{x}$$

例 3　求 $\dfrac{\mathrm{d}}{\mathrm{d}x}\int_x^{x^2} \mathrm{e}^{-t}\mathrm{d}t$，并用 Mathcad 计算。

解　**法一**　$\dfrac{\mathrm{d}}{\mathrm{d}x}\int_x^{x^2} \mathrm{e}^{-t}\mathrm{d}t = \int_x^a \mathrm{e}^{-t}\mathrm{d}t + \int_a^{x^2} \mathrm{e}^{-t}\mathrm{d}t = \int_a^{x^2} \mathrm{e}^{-t}\mathrm{d}t - \int_a^x \mathrm{e}^{-t}\mathrm{d}t$

于是　　　　$\dfrac{\mathrm{d}}{\mathrm{d}x}\int_x^{x^2} \mathrm{e}^{-t}\mathrm{d}t = \dfrac{\mathrm{d}}{\mathrm{d}x}\int_a^{x^2} \mathrm{e}^{-t}\mathrm{d}t - \dfrac{\mathrm{d}}{\mathrm{d}x}\int_a^x \mathrm{e}^{-t}\mathrm{d}t = 2x\mathrm{e}^{-x^2} - \mathrm{e}^{-x}$

法二　首先给 I 赋值 $I := \int_x^{x^2} \mathrm{e}^{-t}\mathrm{d}t \to$ 求导面板 $\dfrac{\mathrm{d}I}{\mathrm{d}x}$（按 Ctrl + • 或 simplify）$\to$

$2x\mathrm{e}^{-x^2} - \mathrm{e}^{-x}$

例 4　求极限 $\lim\limits_{x \to 0} \dfrac{\int_0^x \cos t^2 \mathrm{d}t}{x}$，并用 Mathcad 验证。

解　**法一**　当 $x \to 0$ 时，这是一个 "$\dfrac{0}{0}$" 型的未定式，所以由洛必达法则，得

$$\lim_{x \to 0} \frac{\int_0^x \cos t^2 \mathrm{d}t}{x} = \lim_{x \to 0} \frac{\left[\int_0^x \cos t^2 \mathrm{d}t\right]'}{x'} = \lim_{x \to 0} \frac{\cos x^2}{1} = 1$$

法二　启动 Mathcad 输入 $\lim\limits_{x \to 0} \dfrac{\int_0^x \cos t^2 \mathrm{d}t}{x}$（Ctrl + •）$\to 1$

例 5　求 $\lim\limits_{x \to +\infty} \dfrac{\int_a^x \left(1 + \dfrac{1}{t}\right)^t \mathrm{d}t}{x} \ (a > 0)$。

解　**法一**　当 $\to +\infty$ 时，该极限是 "$\dfrac{\infty}{\infty}$" 型，由洛必达法则及重要极限，得

$$\lim_{x \to +\infty} \frac{\int_a^x \left(1 + \frac{1}{t}\right)^t \mathrm{d}t}{x} = \lim_{x \to +\infty} \frac{\left(\int_a^x \left(1 + \frac{1}{t}\right)^t \mathrm{d}t\right)'}{(x)'} = \lim_{x \to +\infty} \left(1 + \frac{1}{x}\right)^x = \mathrm{e}$$

法二 Mathcad 计算：按 "Ctrl + L" 输入表达式 $\lim\limits_{x \to +\infty} \dfrac{\int_a^x \left(1 + \frac{1}{t}\right)^t \mathrm{d}t}{x} \to$ 箭头命令上

面输入 simplify 可得 $\lim\limits_{x \to +\infty} \dfrac{\int_a^x \left(1 + \frac{1}{t}\right)^t \mathrm{d}t}{x} \to \mathrm{e}$

例 6 证明：函数 $\Phi(x) = \int_0^{x^2} t\mathrm{e}^{-t} \mathrm{d}t$，当 $x > 0$ 时单调增加。

证 由函数单调性的判别方法，只需证明 $\Phi'(x) > 0$ 即可。

$$\Phi'(x) = \left(\int_0^{x^2} t\mathrm{e}^{-t} \mathrm{d}t\right)' = x^2 \mathrm{e}^{-x^2} \cdot 2x = 2x^3 \mathrm{e}^{-x^2}$$

该导数的 Mathcad 求法：输入 $\Phi(x) = \int_0^{x^2} t\mathrm{e}^{-t} \mathrm{d}t$，方法 Ctrl + Shift + D，输入 $\dfrac{\mathrm{d}(\Phi(x))}{\mathrm{d}x}$

$\xrightarrow{simplify} 2x^3 \mathrm{e}^{-x^2}$（注意：其中等号输入法 Shift + :）。

当 $x > 0$ 时，$\Phi'(x) = 2x^3 \mathrm{e}^{-x^2} > 0$，故 $\Phi(x)$ 当 $x > 0$ 时单调增加。

二、牛顿-莱布尼茨公式

定理 3 （牛顿-莱布尼茨公式）设函数 $f(x)$ 在区间 $[a, b]$ 上连续，且已知 $F(x)$ 是 $f(x)$ 的一个原函数，则

$$\int_a^b f(x) \mathrm{d}x = F(b) - F(a)$$

证 由定理 2 知，积分上限的函数 $\Phi(x) = \int_a^x f(t) \mathrm{d}t$ 是 $f(x)$ 的一个原函数，所以 $\Phi(x)$ 与 $F(x)$ 之间仅差一个常数 C，即

$$F(x) = \Phi(x) + C = \int_a^x f(t) \mathrm{d}t + C$$

令 $x = a$，得 $F(a) = \Phi(a) + C = \int_a^a f(t) \mathrm{d}t + C$，因此，$C = F(a)$。

再令 $x = b$，得 $F(b) = \Phi(b) + C = \int_a^b f(t) \mathrm{d}t + C$。于是

$$\int_a^b f(x) \mathrm{d}x = F(b) - C = F(b) - F(a) \tag{5.3.1}$$

为了使用方便，式 (5.3.1) 一般写成下面的形式：

$$\int_a^b f(x) \mathrm{d}x = F(x) \Big|_a^b = F(b) - F(a)$$

牛顿-莱布尼茨公式，也称为微积分基本公式。它揭示了定积分与不定积分之间的联

系。它表明：一个连续函数在区间 $[a,b]$ 上的定积分等于它的任一原函数在此区间上的增量。给定积分的计算提供了一个有效而简便的方法。

例 7　计算 $\int_0^1 x^2 \mathrm{d}x$。

解　**法一**　因为 $f(x) = x^2$ 在 $[0，1]$ 上连续，且 $\dfrac{x^3}{3}$ 是 x^2 的一个原函数，所以由牛顿-莱布尼茨公式，得

$$\int_0^1 x^2 \mathrm{d}x = \frac{x^3}{3}\bigg|_0^1 = \frac{1}{3} - 0 = \frac{1}{3}$$

　　法二　Mathcad 符号面板输入定积分符号，输入定积分 $\int_0^1 x^2 \mathrm{d}x$ (simplify) $\rightarrow \dfrac{1}{3}$

例 8　计算 $\int_{-1}^{\frac{1}{2}} \dfrac{1}{\sqrt{1-x^2}}\mathrm{d}x$。

解　**法一**　$\int_{-1}^{\frac{1}{2}} \dfrac{1}{\sqrt{1-x^2}}\mathrm{d}x = \arcsin x\big|_{-1}^{\frac{1}{2}} = \arcsin\dfrac{1}{2} - \arcsin(-1) = \dfrac{\pi}{6} - \left(-\dfrac{\pi}{2}\right) = \dfrac{2}{3}\pi$

　　法二　Mathcad 符号面板定积分符号，输入定积分 $\int_{-1}^{\frac{1}{2}} \dfrac{1}{\sqrt{1-x^2}}\mathrm{d}x$ (simplify) $\rightarrow \dfrac{2\pi}{3}$

例 9B　求 $\int_{-1}^1 |x|\,\mathrm{d}x$。

解　**法一**　$\int_{-1}^1 |x|\,\mathrm{d}x = \int_{-1}^0 (-x)\mathrm{d}x + \int_0^1 x\mathrm{d}x = -\dfrac{x^2}{2}\bigg|_{-1}^0 + \dfrac{x^2}{2}\bigg|_0^1 = 1$

　　法二　Mathcad 符号面板定积分符号，输入定积分 $\int_{-1}^1 |x|\,\mathrm{d}x$ (simplify) $\rightarrow 1$

例 10　求 $\int_0^1 (2 - 3\cos x)\mathrm{d}x$。

解　**法一**　$\int_0^1 (2 - 3\cos x)\mathrm{d}x = (2x - 3\sin x)\big|_0^1 = 2 - 3\sin 1$

　　法二　Mathcad 符号面板定积分符号，输入定积分 $\int_0^1 (2 - 3\cos x)\mathrm{d}x$ (simplify) $\rightarrow 2 - 3\sin(1)$ (float,3) $\rightarrow -0.524$

例 11A　求 $\int_{\frac{\pi}{4}}^{\frac{\pi}{3}} \dfrac{\mathrm{d}x}{\sin x\cos x}$。

解　**法一**　$\int_{\frac{\pi}{4}}^{\frac{\pi}{3}} \dfrac{\mathrm{d}x}{\sin x\cos x} = \int_{\frac{\pi}{4}}^{\frac{\pi}{3}} \dfrac{\sin^2 x + \cos^2 x}{\sin x\cos x}\mathrm{d}x = \int_{\frac{\pi}{4}}^{\frac{\pi}{3}} (\tan x + \cot x)\mathrm{d}x$

$$= (-\ln|\cos x| + \ln|\sin x|)\bigg|_{\frac{\pi}{4}}^{\frac{\pi}{3}} = \ln|\tan x|\bigg|_{\frac{\pi}{4}}^{\frac{\pi}{3}}$$

$$= \ln\tan\frac{\pi}{3} - \ln\tan\frac{\pi}{4} = \ln\sqrt{3} - \ln 1 = \frac{1}{2}\ln 3$$

　　法二　Mathcad 符号面板定积分符号，输入定积分 $\int_{\frac{\pi}{4}}^{\frac{\pi}{3}} \dfrac{\mathrm{d}x}{\sin x\cos x}$ (simplify) $\rightarrow \dfrac{1}{2}\ln 3$

（float，3）→0.549

习题　5-3

1. 设函数 $f(x) = \int_2^x \sin t \mathrm{d}t$，求 $f'(0)$ 及 $f'\left(\dfrac{\pi}{3}\right)$，并用 Mathcad 计算验证。

2. 计算下列各导数并用 Mathcad 计算验证：

（1）$\dfrac{\mathrm{d}}{\mathrm{d}x}\displaystyle\int_0^x \sqrt{1+t}\,\mathrm{d}t$；　　（2）$\dfrac{\mathrm{d}}{\mathrm{d}x}\displaystyle\int_x^{-2} t^2 \mathrm{d}t$；　　（3）$\dfrac{\mathrm{d}}{\mathrm{d}x}\displaystyle\int_1^{e^{-2x}} \dfrac{u}{\sqrt{1+u^2}}\mathrm{d}u$；

（4）$\dfrac{\mathrm{d}}{\mathrm{d}x}\displaystyle\int_0^{x^2} \sqrt{1+t^2}\,\mathrm{d}t$；　　（5）$\dfrac{\mathrm{d}}{\mathrm{d}x}\displaystyle\int_{\sin x}^{\cos x} t\mathrm{d}t$；　　（6）$\dfrac{\mathrm{d}}{\mathrm{d}x}\displaystyle\int_{x^2}^{x^3} \dfrac{1}{\sqrt{1+t^4}}\mathrm{d}t$。

3. 当 x 为何值时，函数 $f(x) = \displaystyle\int_0^x t\mathrm{e}^{-t^2}\mathrm{d}t$ 有极值?

4（BT）. 求极限并用 Mathcad 验证：

（1）$\displaystyle\lim_{x\to 0} \dfrac{\displaystyle\int_0^x \sin t \mathrm{d}t}{x^2}$；　　　　　（2）$\displaystyle\lim_{x\to 0} \dfrac{\displaystyle\int_0^x \cos t^2 \mathrm{d}t}{x}$；

（3）$\displaystyle\lim_{x\to +\infty} \dfrac{\displaystyle\int_0^x (\arctan t)^2 \mathrm{d}t}{\sqrt{x^2+1}}$。

5. 计算下列定积分：

（1）$\displaystyle\int_0^a (3x^2 - x + 1)\mathrm{d}x$；　　　（2）$\displaystyle\int_1^2 \left(x^2 + \dfrac{1}{x^4}\right)\mathrm{d}x$；

（3）$\displaystyle\int_4^9 \sqrt{x}(1+\sqrt{x})\,\mathrm{d}x$；　　　（4）$\displaystyle\int_{\frac{1}{\sqrt{3}}}^{\sqrt{3}} \dfrac{\mathrm{d}x}{1+x^2}$；

（5）$\displaystyle\int_{-\frac{1}{2}}^{\frac{1}{2}} \dfrac{1}{\sqrt{1-x^2}}\mathrm{d}x$；　　　（6）（BT）$\displaystyle\int_0^2 |1-x|\,\mathrm{d}x$；

（7）$\displaystyle\int_1^{\sqrt{e}} \dfrac{1}{x}\mathrm{d}x$；　　　　　　（8）（BT）$\displaystyle\int_0^{\frac{\pi}{4}} \tan^2 t \mathrm{d}t$；

（9）（AT）$\displaystyle\int_0^{2\pi} |\sin x|\,\mathrm{d}x$；　　　（10）（CT）用 Mathcad 计算上述定积分。

6. 计算定积分：

（1）$\displaystyle\int_{-1}^0 \dfrac{1+3x^2+3x^4}{x^2+1}\mathrm{d}x$；　　　（2）（BT）$\displaystyle\int_0^{2\pi} |\cos x|\,\mathrm{d}x$；

（3）（AT）求 $\displaystyle\int_0^{\pi} f(x)\mathrm{d}x$，其中 $f(x) = \begin{cases} \sin x & \left(0 \le x < \dfrac{\pi}{2}\right) \\ x & \left(\dfrac{\pi}{2} \le x \le \pi\right) \end{cases}$

　　该题的 Mathcad 做法提示：输入 $f(x) = \begin{cases} \sin x & \text{if}\ \ 0 \le x < \dfrac{\pi}{2} \\ x & \text{if}\ \ \dfrac{\pi}{2} \le x \le \pi \end{cases}$

　　（其中等号输入为 Shift + ;）输入 $\displaystyle\int_0^{\pi} f(x)\mathrm{d}x$（simplify）$\to$

7（BT）. 若 $\displaystyle\int_0^1 (2x+k)\mathrm{d}x = 2$，求 k 的值。

第四节　定积分的换元法与分部积分法

用牛顿-莱布尼茨公式计算定积分，关键是求出被积函数的一个原函数。在第四章中，我们知道用换元积分法或分部积分法可以求出一些函数的原函数。因此，在一定条件下，可以用这些方法来计算定积分。

一、一元函数定积分的换元积分法

与不定积分类似，定积分的换元法也包括第一类换元法和第二类换元法。

定理　设函数 $f(x)$ 在区间 $[a, b]$ 上连续，如果函数 $x = \varphi(t)$ 满足条件

（1）$\varphi(t)$ 在区间 $[\alpha, \beta]$ 上具有连续导数 $\varphi'(t)$；

（2）当 t 从 α 变到 β 时，$\varphi(t)$ 单调地从 a 变到 b，其中 $\varphi(\alpha) = a$，$\varphi(\beta) = b$，则有定积分的换元积分公式

$$\int_a^b f(x)\,\mathrm{d}x = \int_\alpha^\beta f[\varphi(t)]\varphi'(t)\,\mathrm{d}t$$

证　因为 $f(x)$ 在区间 $[a,b]$ 上连续，所以它在 $[a,b]$ 上一定存在原函数，设为 $F(x)$。由复合函数的求导法则知，$F[\varphi(t)]$ 是 $f[\varphi(t)]\varphi'(t)$ 的一个原函数，因而

$$\int_\alpha^\beta f[\varphi(t)]\varphi'(t)\,\mathrm{d}t = F[\varphi(t)]\Big|_\alpha^\beta = F[\varphi(\beta)] - F[\varphi(\alpha)] = F(b) - F(a)$$

又
$$\int_a^b f(x)\,\mathrm{d}x = F(x)\Big|_a^b = F(b) - F(a)$$

于是
$$\int_a^b f(x)\,\mathrm{d}x = \int_\alpha^\beta f[\varphi(t)]\varphi'(t)\,\mathrm{d}t \tag{5.4.1}$$

1. 第一类换元法

换元公式（5.4.1）也可反过来应用。把式（5.4.1）左右交换，同时把 t 改记为 x，而 x 改记 t，得

$$\int_a^b f[\varphi(x)]\varphi'(x)\,\mathrm{d}x = \int_\alpha^\beta f(t)\,\mathrm{d}t$$

其中引入新变量 $t = \varphi(x)$，且 $\varphi(a) = \alpha$，$\varphi(b) = \beta$。

例 1　求 $\int_0^1 x(1 - x^2)^5\,\mathrm{d}x$。

解　设 $t = 1 - x^2$，则 $\mathrm{d}t = -2x\mathrm{d}x$，当 $x = 0$ 时，$t = 1$；当 $x = 1$ 时，$t = 0$。于是

$$\int_0^1 x(1 - x^2)^5\,\mathrm{d}x = \int_1^0 t^5\left(-\frac{1}{2}\right)\mathrm{d}t = -\frac{1}{2} \cdot \frac{t^6}{6}\Big|_1^0 = \frac{1}{12}$$

注意　"换元必换限"。

Mathcad 计算：积分符号控制板（或 Ctrl + Shift + I）输入 $\int_0^1 x(1 - x^2)^5\,\mathrm{d}x$（simplify）$\to \dfrac{1}{12}$

例 2　$\int_0^{\frac{\pi}{2}} \cos^3 x \sin x\,\mathrm{d}x$。

解　设 $t = \cos x$，则 $dt = -\sin x dx$，当 $x = 0$ 时，$t = 1$；当 $x = \dfrac{\pi}{2}$ 时，$t = 0$。

于是

$$\int_0^{\frac{\pi}{2}} \cos^3 x \sin x dx = -\int_1^0 t^3 dt = -\left. \frac{t^4}{4} \right|_1^0 = \frac{1}{4}$$

Mathcad 计算：积分符号控制板（或 Ctrl + Shift + I）输入 $\int_0^{\frac{\pi}{2}} \cos^3 x \sin x dx (\text{simplify}) \rightarrow \dfrac{1}{4}$

因为第一类换元积分，总可写成"凑微分"的形式，所以在上面两个例子中，也可不明显地写出新变量 t，此时定积分的上、下限就不要更换。此法计算如下（如例2）：

$$\int_0^{\frac{\pi}{2}} \cos^3 x \sin x dx = -\int_0^{\frac{\pi}{2}} \cos^3 x d(\cos x) = -\left. \frac{\cos^4 x}{4} \right|_0^{\frac{\pi}{2}} = \frac{1}{4}$$

例3　求 $\int_0^1 (2x-1)^{100} dx$。

解　$\displaystyle\int_0^1 (2x-1)^{100} dx = \frac{1}{2}\int (2x-1)^{100} d(2x-1) = \frac{1}{2}\left[\frac{1}{101}(2x-1)^{101} \right]\Big|_0^1$

$$= \frac{1}{202}\left[1^{101} - (-1)^{101} \right] = \frac{1}{101}$$

Mathcad 计算：运算积分符号控制板（或 Ctrl + Shift + I）输入 $\int_0^1 (2x-1)^{100} dx$

$(\text{simplify}) \rightarrow \dfrac{1}{101}$

例4　求 $\int_1^e \dfrac{\ln x}{x} dx$。

解　$\displaystyle\int_1^e \frac{\ln x}{x} dx = \int_1^e \ln x d(\ln x) \xrightarrow{\text{设} \ln x = t} \int_0^1 t dt = \frac{1}{2} t^2 \Big|_0^1 = \frac{1}{2}$

Mathcad 计算：运算积分符号控制板（或 Ctrl + Shift + I）$\int_1^e \dfrac{\ln x}{x} dx \rightarrow \dfrac{1}{2}$

例5　求 $\int_0^1 x e^{-x^2} dx$。

解　$\displaystyle\int_0^1 x e^{-x^2} dx = \frac{1}{2}\int_0^1 e^{-x^2} d(-x^2) = -\frac{1}{2} e^{-x^2} \Big|_0^1 = \frac{1}{2}(1 - e^{-1})$

Mathcad 计算：运算积分符号控制板（或 Ctrl + Shift + I）输入 $\int_0^1 x e^{-x^2} dx (\text{simplify}) \rightarrow \dfrac{1}{4}$

由以上几个例子可以看出，用凑微分法求定积分，不换元则不换限。

2. 第二类换元法

例6B　求 $\int_0^4 \dfrac{dx}{1 + \sqrt{x}}$。

解　设 $\sqrt{x} = t$，即 $x = t^2$（它在 $t > 0$ 时是单调的），则 $dx = 2t dt$，且当 $x = 0$ 时，$t = 0$；当 $x = 4$ 时，$t = 2$。

于是

$$\int_0^4 \frac{dx}{1 + \sqrt{x}} = \int_0^2 \frac{2t dt}{1 + t} = 2\int_0^2 \left(1 - \frac{1}{1+t} \right) dt$$

$$= 2\left[\, t - \ln(1 + t)\,\right]\Big|_0^2 = 2(2 - \ln3)$$

Mathcad 计算：运算符积分符号控制板（或 Ctrl + Shift + I）输入 $\displaystyle\int_0^4 \frac{\mathrm{d}x}{1 + \sqrt{x}}$（simplify）$\rightarrow$ $2(2 - \ln3)$ 符号面板（float,3）$\rightarrow 1.8$

例 7B　求 $\displaystyle\int_0^a \sqrt{a^2 - x^2}\,\mathrm{d}x\,(a > 0)$，并求 $a = 1$，$a = 2$ 时的积分值。

解　设 $x = a\sin t\left(0 \leqslant t \leqslant \dfrac{\pi}{2}\right)$，则 $\mathrm{d}x = a\cos t\,\mathrm{d}t$，$\sqrt{a^2 - x^2} = a\cos t$，当 $x = 0$ 时，$t = 0$；

当 $x = a$ 时，$t = \dfrac{\pi}{2}$。

于是　　　$\displaystyle\int_0^a \sqrt{a^2 - x^2}\,\mathrm{d}x = \int_0^{\frac{\pi}{2}} a\cos t \cdot a\cos t\,\mathrm{d}t = \frac{a^2}{2}\int_0^{\frac{\pi}{2}}(1 + \cos2t)\,\mathrm{d}t$

$$= \frac{a^2}{2}\left[\, t + \frac{1}{2}\sin2t\,\right]_0^{\frac{\pi}{2}} = \frac{a^2}{2}\left[\frac{\pi}{2} + 0 - (0 - 0)\right] = \frac{1}{4}\pi a^2$$

如当 $a = 1$ 时，$\displaystyle\int_0^1 \sqrt{1 - x^2}\,\mathrm{d}x = \frac{\pi}{4}$；$a = 2$ 时，$\displaystyle\int_0^2 \sqrt{4 - x^2}\,\mathrm{d}x = \pi$。

Mathcad 计算：Ctrl + Shift + I 输入 $\displaystyle\int_0^1 \sqrt{1 - x^2}\,\mathrm{d}x$（simplify）$\rightarrow \dfrac{\pi}{4}$（float,3）$\rightarrow 0.785$；或 Ctrl + Shift + I 输入 $\displaystyle\int_0^1 \sqrt{1 - x^2}\,\mathrm{d}x$ 点击符号面板中的箭头，在箭头上方输入：simplify，float，3，移开鼠标在空白处点击鼠标 $\rightarrow 0.785$

Ctrl + Shift + I 输入 $\displaystyle\int_0^2 \sqrt{4 - x^2}\,\mathrm{d}x$（simplify）$\rightarrow \pi$（float,3）$\rightarrow 3.14$

例 8A　求 $\displaystyle\int_2^{\sqrt{2}} \frac{\mathrm{d}x}{x\,\sqrt{x^2 - 1}}$。

解　设 $x = \sec t\left(0 < t < \dfrac{\pi}{2}\right)$，$t = \arccos\dfrac{1}{x}\,(x > 1)$，则 $\mathrm{d}x = \sec t\tan t\,\mathrm{d}t$，当 $x = 2$ 时，$t = \dfrac{\pi}{3}$，当 $x = \sqrt{2}$ 时，$t = \dfrac{\pi}{4}$，于是

$$\int_2^{\sqrt{2}} \frac{\mathrm{d}x}{x\,\sqrt{x^2 - 1}} = \int_{\frac{\pi}{3}}^{\frac{\pi}{4}} \frac{1}{\sec t\tan t} \cdot \sec t\tan t\,\mathrm{d}t = \int_{\frac{\pi}{3}}^{\frac{\pi}{4}} \mathrm{d}t = \frac{\pi}{4} - \frac{\pi}{3} = -\frac{\pi}{12}$$

Mathcad 计算：键盘 Ctrl + Shift + I 输入：$\displaystyle\int_2^{\sqrt{2}} \frac{\mathrm{d}x}{x\,\sqrt{x^2 - 1}}$（simplify）$\rightarrow -\dfrac{\pi}{12}$

float,3 $\rightarrow -0.262$

由以上几个例子可以看出，用第二类换元积分法求定积分，变量进行了替换，换元要换限，变量不换元。

例 9B　设 $f(x)$ 在区间 $[-a, a]$ 上连续，证明：

（1）若 $f(x)$ 为偶函数，则 $\displaystyle\int_{-a}^a f(x)\,\mathrm{d}x = 2\int_0^a f(x)\,\mathrm{d}x$；

（2）若 $f(x)$ 为奇函数，则 $\displaystyle\int_{-a}^a f(x)\,\mathrm{d}x = 0$。

证　$\int_{-a}^{a}f(x)\,dx = \int_{-a}^{0}f(x)\,dx + \int_{0}^{a}f(x)\,dx$

对积分 $\int_{-a}^{0}f(x)\,dx$ 作变换 $x=-t$，则 $dx=-dt$，当 $x=-a$ 时，$t=a$；当 $x=0$ 时，$t=0$。

于是　　　　$\int_{-a}^{0}f(x)\,dx = \int_{a}^{0}f(-t)(-1)\,dt = \int_{0}^{a}f(-t)\,dt = \int_{0}^{a}f(-x)\,dx$

从而　　　　$\int_{-a}^{a}f(x)\,dx = \int_{0}^{a}f(-x)\,dx + \int_{0}^{a}f(x)\,dx = \int_{0}^{a}[f(-x)+f(x)]\,dx$

(1) 若 $f(x)$ 为偶函数，有 $f(-x)=f(x)$，则 $\int_{-a}^{a}f(x)\,dx = \int_{0}^{a}2f(x)\,dx = 2\int_{0}^{a}f(x)\,dx$；

(2) 若 $f(x)$ 为奇函数，有 $f(-x)=-f(x)$，则 $\int_{-a}^{a}f(x)\,dx = \int_{0}^{a}0\,dx = 0$。

二、一元函数定积分的分部积分公式

设函数 $u(x)$ 及 $v(x)$ 在区间 $[a,b]$ 上有连续的导数。由微分法则，有 $d(uv)=udv+vdu$；移项，有 $udv=d(uv)-vdu$。等式两端各取由 a 到 b 的定积分，得 $\int_{a}^{b}udv = uv\Big|_{a}^{b} - \int_{a}^{b}vdu$。这个公式叫做定积分的分部积分公式。

例 10B　求 $\int_{0}^{\frac{\pi}{2}}x\cos x\,dx$。

解　$\int_{0}^{\frac{\pi}{2}}x\cos x\,dx = \int_{0}^{\frac{\pi}{2}}x\,d(\sin x) = x\sin x\Big|_{0}^{\frac{\pi}{2}} - \int_{0}^{\frac{\pi}{2}}\sin x\,dx$

$$= x\sin x\Big|_{0}^{\frac{\pi}{2}} + \cos x\Big|_{0}^{\frac{\pi}{2}} = \frac{\pi}{2} + (0-1) = \frac{\pi}{2}-1$$

Mathcad 计算：键盘 Ctrl+Shift+I 输入：$\int_{0}^{\frac{\pi}{2}}x\cos x\,dx(\text{simplify}) \to \frac{\pi}{2}-1$

$(\text{float},\,3)\to 0.571$

例 11B　求 $\int_{0}^{1}xe^{2x}\,dx$。

解　$\int_{0}^{1}xe^{2x}\,dx = \frac{1}{2}\int_{0}^{1}x\,d(e^{2x}) = \frac{1}{2}\Big[xe^{2x}\Big|_{0}^{1} - \int_{0}^{1}e^{2x}\,dx\Big]$

$$= \frac{1}{2}\Big[xe^{2x}\Big|_{0}^{1} - \frac{1}{2}e^{2x}\Big|_{0}^{1}\Big] = \frac{1}{2}\Big[e^2 - \frac{1}{2}(e^2-1)\Big] = \frac{1}{4}(e^2+1)$$

Mathcad 计算：键盘 Ctrl+Shift+I 输入：$\int_{0}^{1}xe^{2x}\,dx(\text{simplify}) \to \frac{1}{4}(e^2+1)$

$(\text{float},\,3)\to 2.1$

例 12B　求 $\int_{0}^{\frac{1}{2}}\arcsin x\,dx$。

解　$\int_{0}^{\frac{1}{2}}\arcsin x\,dx = (x\arcsin x)\Big|_{0}^{\frac{1}{2}} - \int_{0}^{\frac{1}{2}}\frac{x}{\sqrt{1-x^2}}\,dx = \frac{1}{2}\cdot\frac{\pi}{6} + \sqrt{1-x^2}\Big|_{0}^{\frac{1}{2}} = \frac{\pi}{12}+\frac{\sqrt{3}}{2}-1$

Mathcad 计算：键盘 Ctrl + Shift + I 输入：$\int_0^1 x e^{2x} dx (\text{simplify}) \rightarrow \frac{\pi}{12} + \frac{\sqrt{3}}{2} - 1$

$(\text{float}, 3) \rightarrow 0.128$

例 13B　求 $\int_0^1 e^{\sqrt{x}} dx$。

解　先用换元法。设 $\sqrt{x} = t$，则 $x = t^2$，$dx = 2t dt$，且当 $x = 0$ 时，$t = 0$；当 $x = 1$ 时，$t = 1$。

于是
$$\int_0^1 e^{\sqrt{x}} dx = 2 \int_0^1 t e^t dt$$

再用分部积分法计算上式右端的积分，得

$$\int_0^1 e^{\sqrt{x}} dx = 2 \int_0^1 t e^t dt = 2 \left[t e^t \mid_0^1 - \int_0^1 e^t dt \right] = 2 \left(e - e^t \mid_0^1 \right) = 2$$

Mathcad 计算：键盘 Ctrl + Shift + I 输入：$\int_0^1 e^{\sqrt{x}} dx (\text{simplify}) \rightarrow 2$

三、二重积分的计算

下面我们来研究二元函数的积分计算问题，即其在直角坐标系中的计算方法。

在直角坐标系中，用平行于坐标轴的直线将积分区域 D 分成 n 份小矩形，可知：$d\sigma = dxdy$，所以 $\iint\limits_D f(x,y) d\sigma = \iint\limits_D f(x,y) dxdy$。利用微元法——考查曲顶柱体的体积来研究二重积分的计算方法：

1. X 型区域上的积分（如图 5-10 所示）

$D: a \leq x \leq b, y_1(x) \leq y \leq y_2(x)$，将曲顶柱体看作已知平行截面面积的立体，利用定积分计算。

在 D 内任取一点 x，作平行于 yoz 面的截面。截面面积为曲边梯形 $A(x)$（如图 5-11 所示），有

$$A(x) = \int_{y_1(x)}^{y_2(x)} f(x,y) dy$$

体积微元　$dV = A(x) dx$

体积　$V = \int_a^b dV = \int_a^b A(x) dx = \int_a^b \left[\int_{y_1(x)}^{y_2(x)} f(x,y) dy \right] dx = \iint\limits_D f(x,y) dxdy$

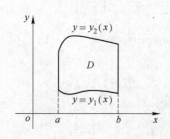

图 5-10

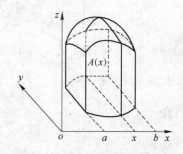

图 5-11

我们简记为：

$$\iint\limits_{D} f(x,y)\,\mathrm{d}x\mathrm{d}y = \int_a^b \mathrm{d}x \int_{y_1(x)}^{y_2(x)} f(x,y)\,\mathrm{d}y$$

这是先对 y 后对 x 积分。

2. Y 型区域上的积分（如图 5-12 所示）

$D: c \leqslant y \leqslant d, x_1(y) \leqslant x \leqslant x_2(y)$，同理可得：

$$\iint\limits_{D} f(x,y)\,\mathrm{d}x\mathrm{d}y = \int_c^d \Big[\int_{x_1(y)}^{x_2(y)} f(x,y)\,\mathrm{d}x \Big] \mathrm{d}y = \int_c^d \mathrm{d}y \int_{x_1(y)}^{x_2(y)} f(x,y)\,\mathrm{d}x$$

这是先对 x 后对 y 的积分。

注意 （1）如果 D 既是 X 型域又是 Y 型域，则 $\int_a^b \mathrm{d}x \int_{y_1(x)}^{y_2(x)} f(x,y)\,\mathrm{d}y = \int_c^d \mathrm{d}y \int_{x_1(y)}^{x_2(y)} f(x,y)\,\mathrm{d}x$。

（2）如果 D 既不是 X 型域又不是 Y 型域，则用平行于坐标轴的直线将 D 分成若干子域，利用积分的可加性进行计算（如图 5-13 所示）。

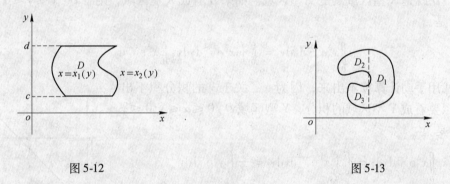

图 5-12   图 5-13

（3）选择积分域和积分次序是计算的关键。分块越少越好，第一次积分要易于计算。

记忆口诀：二重积分化为累次积分时，X 型区域的积分，x 的区间断点输入在外层积分号上；Y 型区域的积分，y 的区间断点输入在外层积分号上。

例 14B 计算 $\iint\limits_{D} x^2 y\,\mathrm{d}x\mathrm{d}y$，其中，$D: 0 \leqslant x \leqslant 1, 1 \leqslant y \leqslant 2$。

解 **法一** D 视为 X 型区域 $\iint\limits_{D} x^2 y\,\mathrm{d}x\mathrm{d}y = \int_0^1 \int_1^2 x^2 y\,\mathrm{d}y\mathrm{d}x = \int_0^1 \frac{3}{2} x^2\,\mathrm{d}x = \frac{1}{2}$

法二 Mathcad 计算：$\iint\limits_{D} x^2 y\,\mathrm{d}x\mathrm{d}y = \int_0^1 \int_1^2 x^2 y\,\mathrm{d}y\mathrm{d}x \xrightarrow{simplify} \frac{1}{2}$

法三 D 视为 Y 型区域 $\iint\limits_{D} x^2 y\,\mathrm{d}x\mathrm{d}y = \int_1^2 \int_0^1 x^2 y\,\mathrm{d}x\mathrm{d}y = \int_1^2 \frac{y}{3}\,\mathrm{d}y = \frac{1}{2}$

法四 Mathcad 计算：$\iint\limits_{D} x^2 y\,\mathrm{d}x\mathrm{d}y = \int_1^2 \int_0^1 x^2 y\,\mathrm{d}x\mathrm{d}y \xrightarrow{simplify} \frac{1}{2}$

例 15A 计算 $\iint\limits_{D} xy\,\mathrm{d}\sigma$，其中 D 是抛物线 $y^2 = x$ 及直线 $y = x - 2$ 所围成的闭区域。

解 为计算简便，看成 Y 型区域（如图 5-14 所示）。

则 $D:\begin{cases} y^2 \leqslant x \leqslant y+2 \\ -1 \leqslant y \leqslant 2 \end{cases}$

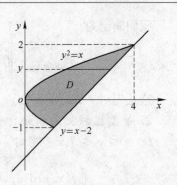

$\therefore I = \iint\limits_{D} xy\mathrm{d}\sigma = \int_{-1}^{2}\int_{y^2}^{y+2} xy\mathrm{d}x\mathrm{d}y = \int_{-1}^{2}\left[\frac{1}{2}x^2 y\right]_{y^2}^{y+2}\mathrm{d}y$

$= \frac{1}{2}\int_{-1}^{2}(y^3 + 4y^2 + 4y - y^5)\mathrm{d}y = \frac{45}{8}$

Mathcad 计算：使用 Ctrl + Shift + I 键输入积分号，输入积分表达式，则有

图 5-14

$$I = \int_{-1}^{2}\int_{y^2}^{y+2} xy\mathrm{d}x\mathrm{d}y \xrightarrow{simplify} \frac{45}{8}$$

例 16A　求 $\iint\limits_{D} x^2 \mathrm{e}^{-y^2}\mathrm{d}x\mathrm{d}y$ 的值，其中，D 由直线 $x=0$，$y=1$，$y=x$ 围成（如图 5-15 所示）。

解　D 既是 X 型区域又是 Y 型区域。如果 D 看成 X 型区域，则有 $D: x \leqslant y \leqslant 1, 0 \leqslant x \leqslant 1$，于是

$$\iint\limits_{D} x^2 \mathrm{e}^{-y^2}\mathrm{d}x\mathrm{d}y = \int_{0}^{1}\int_{x}^{1} x^2 \mathrm{e}^{-y^2}\mathrm{d}y\mathrm{d}x, \int_{x}^{1} x^2 \mathrm{e}^{-y^2}\mathrm{d}y$$

该式用手动计算算不出来，因为 e^{-y^2} 关于 y 的积分积不出来。所以要看成 Y 型区域的积分，Y 型区域 $D: 0 \leqslant x \leqslant y, 0 \leqslant y \leqslant 1$，于是

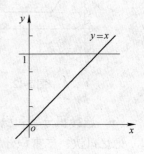

$$\iint\limits_{D} x^2 \mathrm{e}^{-y^2}\mathrm{d}x\mathrm{d}y = \int_{0}^{1}\int_{0}^{y} x^2 \mathrm{e}^{-y^2}\mathrm{d}x\mathrm{d}y = \frac{1}{3}\int_{0}^{1} y^3 \mathrm{e}^{-y^2}\mathrm{d}y$$

$$= \frac{1}{6}\left(1 - \frac{2}{\mathrm{e}}\right) = \frac{1}{6} - \frac{\mathrm{e}^{-1}}{3}$$

Mathcad 计算：Mathcad 可以对积分类型自动转换。例如该题看成 X 型区域不能积分，但使用 Mathcad 输入后依然能够得

图 5-15

到正确结果，说明，Mathcad 已经对积分限进行了自动转换。$\iint\limits_{D} x^2 \mathrm{e}^{-y^2}\mathrm{d}x\mathrm{d}y = \int_{0}^{1}\int_{x}^{1} x^2 \mathrm{e}^{-y^2}\mathrm{d}y\mathrm{d}x$

$\xrightarrow{simplify} \frac{1}{6} - \frac{\mathrm{e}^{-1}}{3}$ 由此，我们能看到 Mathcad 优势和便利。

例 17A　交换积分次序计算二重积分 $\int_{0}^{1}\int_{x}^{1} \mathrm{e}^{-y^2}\mathrm{d}y\mathrm{d}x$。

解　如图 5-14 所示，$\int_{x}^{1} \mathrm{e}^{-y^2}\mathrm{d}y$ 不可积，这是 X 型区域类型，$D: 0 \leqslant x \leqslant 1, x \leqslant y \leqslant 1$。先转换成 Y 型区域类型，$D: 0 \leqslant y \leqslant 1, 0 \leqslant x \leqslant y$。于是

$$\int_{0}^{1}\int_{x}^{1} \mathrm{e}^{-y^2}\mathrm{d}y\mathrm{d}x = \int_{0}^{1}\int_{0}^{y} \mathrm{e}^{-y^2}\mathrm{d}x\mathrm{d}y = \frac{1}{2}\left(1 - \frac{1}{\mathrm{e}}\right) \approx 0.316$$

手动转换积分限步骤：由积分次序写出区域 D，画出区域 D，转换成另一种区域类

型，写出新的积分次序。

Mathcad 计算：Mathcad 无需手动转换积分限：对于 X 型区域积分有

$$\int_0^1 \int_x^1 e^{-y^2} dy dx \xrightarrow{float,3} 0.316$$

对于 Y 型区域积分有

$$\int_0^1 \int_0^y e^{-y^2} dx dy \rightarrow \frac{1}{2}\left(1 - \frac{1}{e}\right) \xrightarrow{float,3} 0.316$$

在数学信息化的今天，无需考虑积分限的转换了。我们所要做的只要选择任何一种区域类型就可以了。

四、利用坐标系计算二重积分

在极坐标系中，设 D 的边界与过极点的射线相交不多于两点，用过极点的射线和以极点为圆心的圆周将 D 分成若干子域，由图 5-16 可知：$d\sigma = r dr d\theta$，所以 $\iint\limits_D f(x,y)d\sigma = \iint\limits_D f(r\cos\theta, r\sin\theta) r dr d\theta$，基本类型为

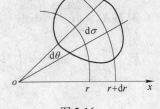

图 5-16

$D: \alpha \le \theta \le \beta, r_1(\theta) \le r \le r_2(\theta)$

我们只研究先对 r 后对 θ 的积分，有以下三种类型：

（1）基本类型，如图 5-17 和图 5-18 所示。

$D: \alpha \le \theta \le \beta, r_1(\theta) \le r \le r_2(\theta)$

$$\iint\limits_D f(r\cos\theta, r\sin\theta) r dr d\theta = \int_\alpha^\beta d\theta \int_{r_1(\theta)}^{r_2(\theta)} f(r\cos\theta, r\sin\theta) r dr$$

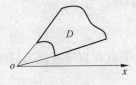

图 5-17

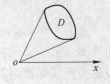

图 5-18

（2）如果 D 是曲边扇形，则 $\alpha \le \theta \le \beta, 0 \le r \le r(\theta)$，如图 5-19 所示。

$$\iint\limits_D f(r\cos\theta, r\sin\theta) r dr d\theta = \int_\alpha^\beta d\theta \int_0^{r(\theta)} f(r\cos\theta, r\sin\theta) r dr$$

（3）如果 D 包含极点，则 $0 \le \theta \le 2\pi, 0 \le r \le r(\theta)$，如图 5-20 所示。

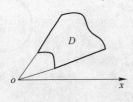

图 5-19

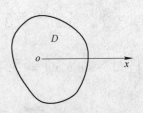

图 5-20

$$\iint\limits_D f(r\cos\theta, r\sin\theta)rdrd\theta = \int_0^{2\pi} d\theta \int_0^{r(\theta)} f(r\cos\theta, r\sin\theta)rdr$$

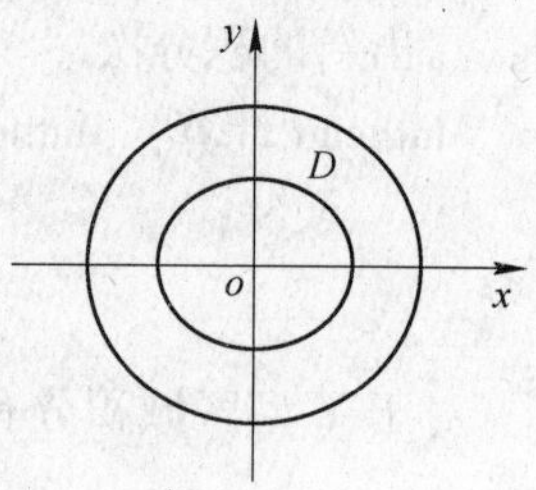

例 18A　$\iint\limits_D (x^2 + y^2)dxdy$　$D: a^2 \leq x^2 + y^2 \leq b^2$（如图 5-21

所示）。

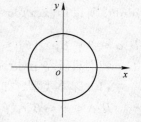

图 5-21

解　$D: a \leq r \leq b$

$$\iint\limits_D (x^2 + y^2)dxdy = \int_0^{2\pi} d\theta \int_a^b r^2 rdr = \int_0^{2\pi} \frac{b^4 - a^4}{4}d\theta = \frac{\pi(b^4 - a^4)}{2}$$

Mathcad 计算：输入积分表达式 $\int_0^{2\pi}\int_a^b r^2 rdrd\theta(\text{simplify}) \to \frac{\pi \cdot (b^4 - a^4)}{2}$

注意　第一个积分号输入为 Ctrl + Shift + I，然后在第一个积分号的后面函数表达式的位置再次按下 Ctrl + Shift + I 输入 $\int_a^b r^2 rdrd\theta$。也就是说二重积分是两个一次积分，因此符号输入需要两次输入一次积分号。

例 19A　$\iint\limits_D e^{-x^2-y^2}dxdy$　$D: x^2 + y^2 \leq a^2$（如图 5-22 所示）。

解　$\iint\limits_D e^{-x^2-y^2}dxdy = \int_0^{2\pi}\int_0^a e^{-r^2}rdrd\theta = \int_0^{2\pi}\left(-\frac{e^{-r^2}}{2}\right)\Big|_0^a d\theta = \pi(1 - e^{-a^2})$

Mathcad 计算：通过运算符面板或通过键盘 "Ctrl + Shift + I"，

两次输入积分号，输入 $\int_0^{2\pi}\int_0^a e^{-r^2}rdrd\theta(\text{simplify}) \to \pi \cdot (1 - e^{-a^2})$

图 5-22

例 20A　计算 $\iint\limits_D \sqrt{4 - x^2 - y^2}d\delta$，其中，$D$ 由曲线 $x^2 + y^2 = 2x$

组成。

解　D 曲线 $x^2 + y^2 = 2x$ 的极坐标方程 $r = 2\cos\theta$，Mathcad 可以迅速做出极坐标图形以帮助分析极点的类型（如图 5-23 所示）。

$D: 0 \leq r \leq 2\cos\theta, -\frac{\pi}{2} \leq \theta \leq \frac{\pi}{2}$

$$I = \iint\limits_D \sqrt{4 - x^2 - y^2}d\delta = \iint\limits_D \sqrt{4 - r^2}rdrd\theta$$

$$= \int_{-\frac{\pi}{2}}^{\frac{\pi}{2}}\int_0^{2\cos\theta} \sqrt{4 - r^2}rdrd\theta = \frac{1}{3}\int_{-\frac{\pi}{2}}^{\frac{\pi}{2}}(8 - 8|\sin\theta|^3)d\theta$$

$$= \frac{16}{3}\int_{-\frac{\pi}{2}}^{\frac{\pi}{2}}(1 - \sin^3\theta)d\theta = \frac{\pi}{3} - \frac{32}{9}$$

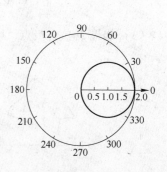

图 5-23

Mathcad 计算：$I = \int_{-\frac{\pi}{2}}^{\frac{\pi}{2}}\int_0^{2\cos\theta} \sqrt{4 - r^2}rdrd\theta \xrightarrow{simplify} \frac{\pi}{3} - \frac{32}{9}$

$$\xrightarrow{float,3} -2.51$$

五、定积分的应用（B）

微元法是积分的核心思想，二重积分的应用本质上是微元法的思想解决实际问题。根据几何意义或能记住公式求相关的二重积分也是捷径。

1. 平面图形的面积

$$S = \iint\limits_{D} \mathrm{d}\delta$$

2. 旋转体的体积（B）

旋转体就是由一个平面图形绕这个平面内一条直线旋转一周而成的立体。

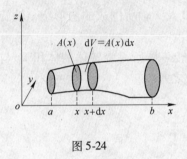

图 5-24

下面我们讨论用元素法如何求由连续曲线 $y = f(x)$ 及直线 $x = a$，$x = b$ 与 x 轴所围成的曲边梯形绕 x 轴旋转一周而成的立体的体积。

取 x 为积分变量，它的变化区间为 $[a,b]$。在 $[a,b]$ 上任取一小区间 $[x, x + \mathrm{d}x]$，相应于该小区间的窄曲边梯形绕 x 轴旋转而成的薄片的体积近似于以 $f(x)$ 为底半径、$\mathrm{d}x$ 为高的圆柱体的体积（如图 5-24 所示）。即体积元素为

$$\mathrm{d}v = \pi[f(x)]^2 \mathrm{d}x$$

以 $\pi[f(x)]^2 \mathrm{d}x$ 为被积表达式，在区间 $[a,b]$ 上作定积分，便得旋转体的体积为

$$V_x = \int_a^b \pi f^2(x) \mathrm{d}x$$

同理可得，由连续曲线 $x = \varphi(y)$ 及直线 $y = c$，$y = d$ 与 y 轴所围成的曲边梯形绕 y 轴旋转一周而成的旋转体的体积为

$$V_y = \int_c^d \pi \varphi^2(y) \mathrm{d}y$$

例 21B 计算由抛物线 $y = x^2$ 及直线 $x = 1$，$x = 2$ 与 x 轴所围成的图形分别绕 x 轴旋转形成的旋转体的体积。

解 如图 5-25 所示，由旋转体的体积公式，所述图形绕 x 轴旋转而成的旋转体的体积为

$$V_x = \int_1^2 \pi(x^2)^2 \mathrm{d}x = \pi \int_1^2 x^4 \mathrm{d}x = \frac{\pi}{5} x^5 \Big|_1^2 = \frac{31\pi}{5}$$

例 22B 求椭圆曲线 $\dfrac{x^2}{a^2} + \dfrac{y^2}{b^2} = 1 (a > b > 0)$ 分别绕 x 轴和 y 轴旋转一周所得到的旋转体的体积。

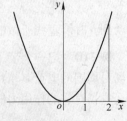

图 5-25

解　由 $\dfrac{x^2}{a^2} + \dfrac{y^2}{b^2} = 1$ 易求出上半椭圆曲线的方程为 $y = \dfrac{b}{a}\sqrt{a^2 - x^2}$，$x \in [-a,a]$，将上半椭圆与 x 轴围成的区域绕 x 轴旋转一周，得旋转体的体积为：

$$V = \pi \int_{-a}^{a} \left(\frac{b}{a}\sqrt{a^2 - x^2} \right)^2 \mathrm{d}x = \frac{\pi b^2}{a^2} \int_{-a}^{a} (a^2 - x^2)\,\mathrm{d}x = \frac{4}{3}\pi ab^2$$

由 $\dfrac{x^2}{a^2} + \dfrac{y^2}{b^2} = 1$ 易求出右半椭圆曲线的方程为 $x = \dfrac{a}{b}\sqrt{b^2 - y^2}$，$y \in [-b,b]$。由右半椭圆曲线与 y 轴所围区域绕 y 轴旋转一周，得旋转体的体积为：

$$V = \pi \int_{-b}^{b} \left(\frac{a}{b}\sqrt{b^2 - y^2} \right)^2 \mathrm{d}y = \frac{\pi a^2}{b^2} \int_{-b}^{b} (b^2 - y^2)\,\mathrm{d}y = \frac{4}{3}\pi a^2 b$$

当 $a = b$ 时，得半径为 a 的球体体积为 $V = \dfrac{4}{3}\pi a^3$。

例 23B　试求抛物线 $y = x^2$ 与其在点 $(1，1)$ 出的切线及 x 轴所围成的图形绕 x 轴旋转一周所得旋转体的体积。

解　由图 5-26 知，所求体积应是曲线 $y = x^2$ 绕 x 轴旋转一周所得旋转体的体积 V_1 与点 $(1，1)$ 出的切线绕 x 轴旋转一周所得旋转体的体积 V_2 之差。

由题意得　　　$V_1 = \displaystyle\int_0^1 \pi(x^2)^2 \mathrm{d}x = \dfrac{\pi}{5}$

由于抛物线 $y = x^2$ 在点 $(1，1)$ 出的切线方程为 $y - 1 = 2(x - 1)$，即 $y = 2x - 1$，切线与 x 轴的交点是 $\left(\dfrac{1}{2},0 \right)$。

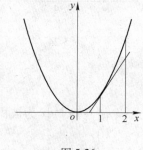

图 5-26

所以　　$V_2 = \displaystyle\int_{\frac{1}{2}}^1 \pi(2x - 1)^2 \mathrm{d}x = \pi\left(\frac{4}{3}x^3 - 2x^2 + x \right)\Big|_{\frac{1}{2}}^1 = \dfrac{\pi}{6}$

所以　　　　$V = V_1 - V_2 = \dfrac{\pi}{5} - \dfrac{\pi}{6} = \dfrac{\pi}{30}$

3. 功的计算（B 级）

由初中物理知道，如果一个物体在常力 F 的作用下作直线运动，且这力的方向与物体的运动方向一致，那么当物体移动了距离 s 时，力 F 对物体所做的功为 $W = F \cdot s$。

如果物体在运动过程中所受到的力是变化的，即 $F(x)$，此时就不能利用常力情况下功的公式了。

下面说明如何用元素法求变力沿直线所做的功。

设物体在变力 $F(x)$ 作用下，由 x 轴上点 a 移动到点 b，且 $F(x)$ 在 $[a,b]$ 上连续。在 $[a,b]$ 上任取一小区间 $[x,x + \mathrm{d}x]$，那么物体在由 x 移到 $x + \mathrm{d}x$ 时所做的功的近似值为 $F(x)\mathrm{d}x$，于是把功的元素 $\mathrm{d}W = F(x)\mathrm{d}x$ 在 $[a,b]$ 上积分，便得物体在变力 $F(x)$ 作用下由 a 移动到 b 时沿直线所做的功为 $W = \displaystyle\int_a^b F(x)\mathrm{d}x$。

例 24B　把一个带 $+q$ 电量的点电荷放在 r 轴上坐标原点处，它产生一个电场。这个电场对周围的电荷有作用力。由物理学知道，如果有一个单位正电荷放在 r 轴上点 r 处，那么电场对它的作用力的大小为

$$F(r) = k\frac{q}{r^2} \quad (k \text{ 为常数})$$

当这个单位正电荷在电场中从 $r = a$ 处沿 r 轴移动到 $r = b$（$a < b$）处时，计算电场力 F 对它所做的功。

解 在上述移动过程中，电场对这个单位正电荷的作用力是变的。取 r 为积分变量，当单位正电荷从 r 沿直线移动到 $r + dr$ 时，电场力对它所做的功的近似值为

$$dW = F \cdot dr = k \frac{q}{r^2} dr$$

把功的元素 $dW = F \cdot dr = k \dfrac{q}{r^2} dr$ 在 $[a, b]$ 上积分，于是所求的功为

$$W = \int_a^b \frac{kq}{r^2} dr = kq\left(-\frac{1}{r}\right)\Big|_a^b = kq\left(\frac{1}{a} - \frac{1}{b}\right)$$

4. 经济应用举例

在经济活动中，对总成本、总收益、总利润等经济总量的研究，也可以用定积分计算。特别是已知经济量的变化率，计算经济函数的增加量时，用定积分计算更为简便。

如在某项经济活动中，设边际收益函数为 $R'(x)$，其中 x 为产量。则当产量为 a 时，总收益可以表示为 $\int_0^a R'(x) dx = R(x)\big|_0^a = R(a) - R(0)$；当产量为 x 时，总收益可表示为 $R(x) - R(0) = \int_0^x R'(x) dx$。

这里的 $R(0)$ 是当产量 $x = 0$ 时的总收益，一般应为 0，它表示的是初始收益（但在研究成本问题时，初始成本即是固定成本；在研究费用问题时，初始费用表示的是生产准备费用。它们一般在具体的经济活动中，事先可以确定）。当产量从 a 变到 b，即增加（$b - a$）时，总收益增加的数量为

$$\int_a^b R'(x) dx = R(x)\big|_a^b = R(b) - R(a)$$

例25 已知生产某种产品 x 个单位时总收益 R 的变化率为

$$R' = R'(x) = 100 - \frac{x}{20} \quad (x \geq 0)$$

求：（1）生产 100 个单位时的总收益；（2）产量从 100 个单位到 200 个单位时总收益的增加量。

解 （1）生产 100 个单位时的总收益 R 就是 $R'(x)$ 从 0 到 100 的定积分，即

$$R_1 = \int_0^{100}\left(100 - \frac{x}{20}\right)dx = \left(100x - \frac{x^2}{40}\right)\Big|_0^{100} = 9750$$

（2）产量从 100 个单位到 200 个单位时总收益的增加量 R_2 为

$$R_2 = \int_{100}^{200}\left(100 - \frac{x}{20}\right)dx = \left(100x - \frac{x^2}{40}\right)\Big|_{100}^{200} = 9250$$

答：生产 100 个单位时的总收益为 9750，产量从 100 个单位到 200 个单位时总收益的增加量为 9250。

例26 某建筑材料厂生产 x 吨水泥的边际成本为 $C'(x) = 5 + \dfrac{25}{\sqrt{x}}$，若固定成本为 10（百万），求当产量从 64 吨增加到 100 吨时需增加多少成本投资？

解　$\int_{64}^{100}\left(5+\dfrac{25}{\sqrt{x}}\right)\mathrm{d}x=\int_{64}^{100}\left(5+25x^{-\frac{1}{2}}\right)\mathrm{d}x=\left(5x+50\sqrt{x}\right)\big|_{64}^{100}=280\,(百万)$

因此产量从 64 吨增加到 100 吨时需增加 280 百万投资。

5. 空间立体体积（B）

（1）$z=f(x,y)\,(z\geqslant0)$ 为曲顶，xoy 平面上的有界区域 D 为底，母线平行于 z 轴的曲顶柱体为

$$V=\iint\limits_{D}f(x,y)\,\mathrm{d}\delta$$

（2）若立体有上、下两面，上曲面 $z=f_1(x,y)$，下曲面 $z=f_2(x,y)$，则立体体积为

$$V=\iint\limits_{D}\left[f_1(x,y)-f_2(x,y)\right]\mathrm{d}\delta$$

6. 平面薄板质量（A）

平面薄板 D 的质量 $m=\iint\limits_{D}\mathrm{d}m=\iint\limits_{D}\rho(x,y)\,\mathrm{d}\delta$，其中 $\rho(x,y)\geqslant0$ 为面密度。

7. 平面薄板重心（A）

平面薄板 D 的面密度 $\rho(x,y)$，则重心坐标公式为

$$\bar{x}=\frac{M_y}{M}=\frac{\iint\limits_{D}x\rho(x,y)\,\mathrm{d}\delta}{\iint\limits_{D}\rho(x,y)\,\mathrm{d}\delta},\quad\bar{y}=\frac{M_x}{M}=\frac{\iint\limits_{D}y\rho(x,y)\,\mathrm{d}\delta}{\iint\limits_{D}\rho(x,y)\,\mathrm{d}\delta}$$

例 27A　计算半径为 R 的圆的面积。

解　设圆的面积为 S，圆域为 $D:x^2+y^2\leqslant R^2$，D 的极坐标方程范围为：

$$0\leqslant r\leqslant R,\quad 0\leqslant\theta\leqslant2\pi$$

$$S=\iint\limits_{D}\mathrm{d}\delta=\iint\limits_{D}r\mathrm{d}r\mathrm{d}\theta=\int_0^{2\pi}\int_0^R r\mathrm{d}r\mathrm{d}\theta\xrightarrow{simplify}\pi R^2$$

例 28A　求区域 $D:x^2+y^2\leqslant2,x\leqslant y^2$ 的重心。

解　可令 $\rho(x,y)=1$，由对称性可得：

$\bar{y}=0$

$$\bar{x}=\frac{\iint\limits_{D}x\mathrm{d}\delta}{\iint\limits_{D}\mathrm{d}\delta}=\frac{\int_{-\sqrt{2}}^{2}\int_{-\sqrt{2-x^2}}^{\sqrt{2-x^2}}x\mathrm{d}y\mathrm{d}x+2\int_0^1\int_{\sqrt{x}}^{\sqrt{2-x^2}}x\mathrm{d}y\mathrm{d}x}{\int_{-\sqrt{2}}^{0}\int_{-\sqrt{2-x^2}}^{\sqrt{2-x^2}}\mathrm{d}y\mathrm{d}x+2\int_0^1\int_{\sqrt{x}}^{\sqrt{2-x^2}}\mathrm{d}y\mathrm{d}x}\xrightarrow{simplify}-\frac{44}{45\pi-1}\xrightarrow{float,3}0.335$$

例 29A　xoy 的右半平面内有一钢板 D，其边界曲线由 $x^2+4y^2=12$ 及 $x=4y^2$ 组成，区域 D 内部 X 处的面密度与横坐标 x 成正比，比例系数为 2，求钢板质量。

解　如图 5-27 所示，Mathcad 方程求解器可求得交点为 $A\left(3,-\dfrac{\sqrt{3}}{2}\right),B\left(3,\dfrac{\sqrt{3}}{2}\right)$。视 D 为 Y 型区域。

$$D:4y^2\leqslant x\leqslant\sqrt{12-4y^2},\quad-\frac{\sqrt{3}}{2}\leqslant y\leqslant\frac{\sqrt{3}}{2}$$

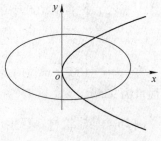

图 5-27

则　　$m = \iint\limits_{D} \mathrm{d}m = \iint\limits_{D} 2x\mathrm{d}\delta = \int_{-\frac{\sqrt{3}}{2}}^{\frac{\sqrt{3}}{2}} \int_{4y^2}^{\sqrt{12-4y^2}} 2x\mathrm{d}x\mathrm{d}y \xrightarrow{simplify} \frac{46}{5}\sqrt{3} \xrightarrow{float,3} 15.9$

例30B　求球体 $x^2 + y^2 + z^2 \leqslant 4a^2$ 被圆柱面 $x^2 + y^2 = 2ax\,(a > 0)$ 所截得的（含在柱面内的）立体的体积（如图 5-28 所示）。

解　设 $D: 0 \leqslant r \leqslant 2a\cos\theta,\ \ 0 \leqslant \theta \leqslant \dfrac{\pi}{2}$ 由对称性可知

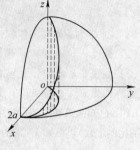

$$V = 4\iint\limits_{D} \sqrt{4a^2 - r^2}\, r\mathrm{d}r\mathrm{d}\theta$$

$$= 4\int_0^{\frac{\pi}{2}} \int_0^{2a\cos\theta} \sqrt{4a^2 - r^2}\, r\mathrm{d}r\mathrm{d}\theta$$

$$= \frac{32}{3}a^3 \int_0^{\frac{\pi}{2}} (1 - \sin^3\theta)\mathrm{d}\theta = \frac{32}{3}a^3 \left(\frac{\pi}{2} - \frac{2}{3} \right)$$

图 5-28

Mathcad 计算：$V = 4\int_0^{\frac{\pi}{2}} \int_0^{2a\cos\theta} \sqrt{4a^2 - r^2}\, r\mathrm{d}r\mathrm{d}\theta \xrightarrow{simplify} \frac{32}{3}a^3 \left(\frac{\pi}{2} - \frac{2}{3} \right)$

习题　5-4

1. 用换元积分法计算下列各定积分，并用 Mathcad 计算验证：

（1）$\displaystyle\int_0^{\frac{\pi}{2}} \cos x \sin^3 x \mathrm{d}x$；

（2）$\displaystyle\int_4^9 \frac{\sqrt{x}}{\sqrt{x} - 1}\mathrm{d}x$；

（3）$\displaystyle\int_0^1 \frac{1}{\sqrt{4 + 5x} - 1}\mathrm{d}x$；

（4）$\displaystyle\int_0^2 \sqrt{4 - x^2}\mathrm{d}x$；

（5）$\displaystyle\int_{-1}^1 \frac{x\mathrm{d}x}{\sqrt{5 - 4x}}$；

（6）$\displaystyle\int_1^{e^2} \frac{\mathrm{d}x}{x\sqrt{1 + \ln x}}$；

（7）$\displaystyle\int_0^4 \sqrt{x^2 + 9}\mathrm{d}x$；

（8）$\displaystyle\int_1^{\sqrt{2}} \frac{\sqrt{x^2 - 1}}{x}\mathrm{d}x$。

2. 用分部积分法计算下列各定积分，并用 Mathcad 计算验证：

（1）$\displaystyle\int_1^e x\ln x \mathrm{d}x$；

（2）$\displaystyle\int_0^\pi x\sin x \mathrm{d}x$；

（3）$\displaystyle\int_0^{\sqrt{3}} x\arctan x \mathrm{d}x$；

（4）$\displaystyle\int_0^{\frac{\pi}{2}} \mathrm{e}^{2x}\sin x \mathrm{d}x$；

（5）$\displaystyle\int_{\frac{1}{e}}^e |\ln x|\mathrm{d}x$；

（6）$\displaystyle\int_1^4 \frac{\ln x}{\sqrt{x}}\mathrm{d}x$。

3. 利用函数的奇偶性计算下列积分并用 Mathcad 计算验证：

（1）$\displaystyle\int_{-\pi}^\pi t^2\sin 2t\mathrm{d}t$；

（2）$\displaystyle\int_{-\frac{\pi}{2}}^{\frac{\pi}{2}} 4\cos^4 x\mathrm{d}x$；

（3）$\displaystyle\int_{-\frac{1}{2}}^{\frac{1}{2}} \frac{(\arcsin x)^2}{\sqrt{1 - x^2}}\mathrm{d}x$；

（4）$\displaystyle\int_{-3}^3 \frac{x^3\sin^2 x}{3x^2 + 1}\mathrm{d}x$。

4. 证明：（1）$\displaystyle\int_0^1 x^m (1 - x)^n \mathrm{d}x = \int_0^1 x^n (1 - x)^m \mathrm{d}x$；（2）$\displaystyle\int_x^1 \frac{\mathrm{d}x}{x^2 + 1} = \int_1^{\frac{1}{x}} \frac{\mathrm{d}x}{1 + x^2}$。

5. 求由下列各曲线所围成的图形的面积：

（1）$y = \dfrac{1}{x}$ 与直线 $y = x$ 及 $x = 2$；

（2）$y = \mathrm{e}^x$，$y = \mathrm{e}^{-x}$ 与直线 $x = 1$；

（3）$y = \dfrac{x^2}{2}$ 与 $x^2 + y^2 = 4$（两部分都要计算）；

（4）$y = \ln x$，y 轴与直线 $y = \ln a$，$y = \ln b$（$b > a > 0$）。

6（BT）．求下列旋转体的体积：

（1）曲线 $y = x^2$，$x = y^2$ 所围的平面图形绕 y 轴旋转而得的旋转体；

（2）曲线 $y = \arcsin x$，$x = 1$，$y = 0$ 所围的平面图形绕 x 轴旋转而得的旋转体；

（3）曲线 $x^2 + (y - 5)^2 = 16$ 绕 x 轴旋转而得的旋转体。

7（BT）．已知弹簧在拉伸过程中，需要的力 F（单位：N）与伸长量 s（单位：cm）成正比，即 $F = ks$（k 是比例常数）。已知 1N 的力能使某弹簧拉长 1cm，求使弹簧拉长 5cm 所做的功。

8．某厂某产品产量为 x 吨，总成本函数为 $C(x)$，已知边际成本函数 $C'(x) = 4 + \dfrac{4}{\sqrt{x}}$，固定成本 $C(0) = 100$（单位：百元）。

求：（1）产量 $x = 49$ 吨时的总成本；

　　　（2）产量从 25 吨增加到 81 吨，总成本增加多少？

9（BT）．估计下列积分的值：

（1）$I = \iint\limits_{D} xy(x + y)\mathrm{d}\delta$，其中 $D = \{(x,y) \mid 0 \leqslant x \leqslant 1, 0 \leqslant y \leqslant 1\}$；

（2）$I = \iint\limits_{D} \sin^2 x \sin^2 y \,\mathrm{d}\delta$，其中 $D = \{(x,y) \mid 0 \leqslant x \leqslant \pi, 0 \leqslant y \leqslant \pi\}$；

（3）$I = \iint\limits_{D} (x + y + 1)\mathrm{d}\delta$，其中 $D = \{(x,y) \mid 0 \leqslant x \leqslant 1, 0 \leqslant y \leqslant 2\}$；

（4）$I = \iint\limits_{D} (x^2 + 4y^2 + 9)\mathrm{d}\delta$，其中 $D = \{(x,y) \mid x^2 + y^2 \leqslant 4\}$。

10．计算下列二重积分并用 Mathcad 验证结果。

（1）（BT）$I = \iint\limits_{D} (x^2 + 4y^2 + 9)\mathrm{d}\delta$，其中 $D = \{(x,y) \mid |x| \leqslant 1, |y| \leqslant 1\}$。

（2）（BT）$I = \iint\limits_{D} (3x + 2y)\mathrm{d}\delta$，其中 D 是由两坐标轴及直线 $x + y = 2$ 所围成的闭区域。

（3）（BT）$I = \iint\limits_{D} (x^3 + 3x^2 y + y^3)\mathrm{d}\delta$，其中 $D = \{(x,y) \mid 0 \leqslant x \leqslant 1, 0 \leqslant y \leqslant 1\}$。

（4）（AT）$I = \iint\limits_{D} x\cos(x + y)\mathrm{d}\delta$，其中 D 是顶点分别为 $(0,0)$，$(\pi,0)$，(π,π) 的三角形闭区域。

（5）（BT）$I = \iint\limits_{D} x\sqrt{y}\,\mathrm{d}\delta$，其中 D 是由两条抛物线 $y = \sqrt{x}$，$y = x^2$ 所围成。

（6）（BT）$I = \iint\limits_{D} (x^2 + y^2 - x)\mathrm{d}\delta$，其中 D 是由直线 $y = 2$，$y = x$，$y = 2x$ 围成的闭区域。

（7）（AT）$I = \iint\limits_{D} \dfrac{\sin \sqrt{x^2 + y^2}}{\sqrt{x^2 + y^2}}\mathrm{d}\delta$，其中 $D = \{(x,y) \mid \dfrac{\pi^2}{4} x^2 + y^2 \leqslant \pi^2\}$。

（8）（AT）$I = \iint\limits_{D} \ln(1 + 2x^2 + 2y^2)\mathrm{d}\delta$，其中 D 由 $y = x$，$y = -x$，$x^2 + y^2 = 1$ 围成在 x 轴上方的扇形。

11（AT）．计算由四个平面 $x = 0$，$y = 0$，$x = 1$，$y = 1$ 所围成的柱体被平面：$z = -1$ 及 $2x + 3y + z = 6$ 所截得的立体体积。

12(AT). 设平面薄板 D 由曲线 $y = x^2$，$x = y^2$ 围成，其上质量分布均匀，求其重心。

13(AT). 设圆盘的圆心在原点，半径为 R，面密度为 $\rho(x,y) = x^2 + y^2$，求圆盘的质量。

14(AT). 求三个坐标平面与平面 $x + 2y + z = 1$ 围成的立体体积。

*第五节 广义积分（A）

前面讨论的定积分都是指积分区间是有限的，且被积函数在该区间上为连续的。但在实际问题中，常会遇到积分区间为无穷区间或被积函数在积分区间上有无穷间断点的情况。因此，有必要把定积分的概念加以推广，推广后的积分称为广义积分。为了区别，前面讲的积分称为常义积分。在此，我们只讨论无穷区间上的广义积分。

一、广义积分的概念

定义 设函数 $f(x)$ 在无穷区间 $[a, +\infty)$ 上连续，且 $b > a$。如果极限 $\lim\limits_{b \to +\infty} \int_a^b f(x)\mathrm{d}x$ 存在，则称此极限值为 $f(x)$ 在无穷区间 $[a, +\infty)$ 上的**广义积分**，记作 $\int_a^{+\infty} f(x)\mathrm{d}x$，即

$$\int_a^{+\infty} f(x)\mathrm{d}x = \lim\limits_{b \to +\infty} \int_a^b f(x)\mathrm{d}x$$

并称广义积分 $\int_a^{+\infty} f(x)\mathrm{d}x$ **收敛**。

如果上述极限不存在，则称广义积分 $\int_a^{+\infty} f(x)\mathrm{d}x$ **发散**，这时记号 $\int_a^{+\infty} f(x)\mathrm{d}x$ 不再表示数值了。

类似地，设函数 $f(x)$ 在区间 $(-\infty, b]$ 上连续，且 $a < b$。如果极限 $\lim\limits_{a \to -\infty} \int_a^b f(x)\mathrm{d}x$ 存在，则称此极限值为 $f(x)$ 在无穷区间 $(-\infty, b]$ 上的**广义积分**，记作 $\int_{-\infty}^b f(x)\mathrm{d}x$，即

$$\int_{-\infty}^b f(x)\mathrm{d}x = \lim\limits_{a \to -\infty} \int_a^b f(x)\mathrm{d}x$$

这时也称广义积分 $\int_{-\infty}^b f(x)\mathrm{d}x$ **收敛**；如果上述极限不存在，就称广义积分 $\int_{-\infty}^b f(x)\mathrm{d}x$ **发散**。

对于函数 $f(x)$ 在 $(-\infty, +\infty)$ 上的广义积分，定义为

$$\int_{-\infty}^{+\infty} f(x)\mathrm{d}x = \int_{-\infty}^c f(x)\mathrm{d}x + \int_c^{+\infty} f(x)\mathrm{d}x$$

其中 a 与 b 各自独立地趋于无穷大，并且仅当右端两个极限都存在时，广义积分才收敛；否则，广义积分发散。

二、广义积分的计算

1. $\int_a^{+\infty} f(x)\mathrm{d}x$ 情形

例 1A 求 $\int_1^{+\infty} \dfrac{\mathrm{d}x}{x^2}$。

解　$I(x) = \int_1^{+\infty} \dfrac{\mathrm{d}x}{x^2} = \lim\limits_{b \to +\infty} \int_1^b \dfrac{1}{x^2}\mathrm{d}x = \lim\limits_{b \to +\infty}\left(-\dfrac{1}{x}\right)\Big|_1^b = \lim\limits_{b \to +\infty}\left(-\dfrac{1}{b}+1\right) = 1$

Mathcad 计算：输入表达式 $I(x) = \lim\limits_{b \to +\infty}\int_1^b \dfrac{1}{x^2}\mathrm{d}x \xrightarrow{\;simplify\;} 1$，其中等号输入法为
"Shift + ："

例 2A　求 $\int_0^{+\infty} \dfrac{\mathrm{d}x}{1+x^2}$。

解　$\int_0^{+\infty} \dfrac{\mathrm{d}x}{1+x^2} = \lim\limits_{b \to +\infty}\int_0^b \dfrac{1}{1+x^2}\mathrm{d}x = \lim\limits_{b \to +\infty} \arctan x\,\big|_0^b$

$$= \lim\limits_{b \to +\infty}(\arctan b - \arctan 0) = \dfrac{\pi}{2} - 0 = \dfrac{\pi}{2}$$

Mathcad 计算：输入表达式 $I(x) = \lim\limits_{b \to +\infty}\int_0^b \dfrac{1}{1+x^2}\mathrm{d}x \xrightarrow{\;simplify\;} \dfrac{\pi}{2}$，其中等号输入法为
"Shift + ："

在 Mathcad 中 $+\infty$ 的 $+$ 号输入 ∞ 右上方的位置。

例 3A　求 $\int_2^{+\infty} \dfrac{\mathrm{d}x}{x\ln x}$。

解　$\int_2^{+\infty} \dfrac{\mathrm{d}x}{x\ln x} = \lim\limits_{b \to +\infty}\int_2^b \dfrac{1}{x\ln x}\mathrm{d}x = \lim\limits_{b \to +\infty} \ln|\ln x|\;\Big|_2^b$

$$= \lim\limits_{b \to +\infty}(\ln|\ln b| - \ln|\ln 2|) = \infty$$

2. $\int_{-\infty}^b f(x)\mathrm{d}x$ 情形

例 4A　求 $\int_{-\infty}^0 \dfrac{\mathrm{d}x}{1+x^2}$。

解　$\int_{-\infty}^0 \dfrac{\mathrm{d}x}{1+x^2} = \lim\limits_{a \to -\infty}\int_a^0 \dfrac{1}{1+x^2}\mathrm{d}x = \lim\limits_{a \to -\infty} \arctan x\,\Big|_a^0$

$$= \lim\limits_{a \to -\infty}(\arctan 0 - \arctan a) = 0 + \dfrac{\pi}{2} = \dfrac{\pi}{2}$$

Mathcad 计算：输入表达式 $I(x) = \lim\limits_{a \to -\infty}\int_a^0 \dfrac{1}{1+x^2}\mathrm{d}x \xrightarrow{\;simplify\;} \dfrac{\pi}{2}$，其中等号输入法为
"Shift + ："

在 Mathcad 中 $-\infty$ 的负号 "$-$" 输入在 ∞ 的前面。

例 5A　求 $\int_{-\infty}^1 t^{-5}\mathrm{d}t$。

解　$\lim\limits_{a \to -\infty}\int_a^1 t^{-5}\mathrm{d}t = \lim\limits_{a \to -\infty}\left(-\dfrac{1}{4t^4}\Big|_a^1\right) = \lim\limits_{a \to -\infty}\left(-\dfrac{1}{4}+\dfrac{1}{4a^4}\right) = -\dfrac{1}{4}$

Mathcad 计算：输入表达式 $I(x) = \lim\limits_{a \to -\infty}\int_a^1 t^{-5}\mathrm{d}x \xrightarrow{\;simplify\;} -\dfrac{1}{4}$，其中等号输入法为 "Shift
+ ："

3. $\int_{-\infty}^{+\infty} f(x)\mathrm{d}x$ 情形

例 6A　求 $\displaystyle\int_{-\infty}^{+\infty}\frac{\mathrm{d}x}{1+x^2}$。

解　$\displaystyle\int_{-\infty}^{+\infty}\frac{\mathrm{d}x}{1+x^2}=\int_{-\infty}^{0}\frac{1}{1+x^2}\mathrm{d}x+\int_{0}^{+\infty}\frac{1}{1+x^2}\mathrm{d}x$

$\displaystyle\qquad=\lim_{a\to-\infty}\int_{a}^{0}\frac{1}{1+x^2}\mathrm{d}x+\lim_{b\to+\infty}\int_{0}^{b}\frac{1}{1+x^2}\mathrm{d}x$

$\displaystyle\qquad=\lim_{a\to-\infty}(\arctan0-\arctan a)+\lim_{b\to+\infty}(\arctan b-\arctan0)$

$\displaystyle\qquad=-\left(-\frac{\pi}{2}\right)+\frac{\pi}{2}=\pi$

Mathcad 计算：输入表达式 $I(x)=\displaystyle\lim_{a\to-\infty}\int_{a}^{0}\frac{1}{1+x^2}\mathrm{d}x+\lim_{b\to+\infty}\int_{0}^{b}\frac{1}{1+x^2}\mathrm{d}x\xrightarrow{simplify}\pi$，其中等号输入法为"Shift + :"

例 7A　求 $\displaystyle\int_{-\infty}^{+\infty}\frac{2x+3}{x^2+2x+2}\mathrm{d}x$。

解　$\displaystyle\int_{-\infty}^{+\infty}\frac{2x+3}{x^2+2x+2}\mathrm{d}x=\int_{-\infty}^{+\infty}\left[\frac{2x+2}{x^2+2x+2}+\frac{1}{(x+1)^2+1}\right]\mathrm{d}x$

$\displaystyle\qquad=\left[\ln(x^2+2x+2)+\arctan(x+1)\right]\Big|_{-\infty}^{+\infty}$

因为　$\displaystyle\lim_{x\to+\infty}\left[\ln(x^2+2x+2)+\arctan(x+1)\right]=+\infty$

所以　$\displaystyle\int_{-\infty}^{+\infty}\frac{2x+3}{x^2+2x+2}\mathrm{d}x$ 发散

注意　在计算广义积分时，也可以用换元积分法和分布积分法。

例 8A　求 $\displaystyle\int_{1}^{+\infty}\frac{1}{x\sqrt{1+x^2}}\mathrm{d}x$。

解　令 $x=\tan t,t=\arctan x,x=1$ 时，$t=\dfrac{\pi}{4},x\to+\infty,t\to\dfrac{\pi}{2}$

于是　$\displaystyle\int_{1}^{+\infty}\frac{1}{x\sqrt{1+x^2}}\mathrm{d}x=\int_{\frac{\pi}{4}}^{\frac{\pi}{2}}\frac{1}{\tan t\sec t}\mathrm{d}t=\int_{\frac{\pi}{4}}^{\frac{\pi}{2}}\csc t\mathrm{d}t$

$\displaystyle\qquad=\ln|\csc t-\cot t|\ \Big|_{\frac{\pi}{4}}^{\frac{\pi}{2}}=-\ln(\sqrt{2}-1)=\ln(\sqrt{2}+1)$

$\displaystyle\qquad\approx0.881$

Mathcad 计算：输入表达式 $I(x)=\displaystyle\lim_{b\to+\infty}\int_{1}^{b}\frac{1}{x\cdot\sqrt{1+x^2}}\mathrm{d}x\xrightarrow{simplify}\ln(\sqrt{2}+1)\xrightarrow{float,3}$

0.881，其中等号输入法为"Shift + :"

习题　5-5

判断下列各广义积分的收敛性，如果收敛，计算广义积分的值并用 Mathcad 验证计算结果：

(1) $\displaystyle\int_{1}^{+\infty}\frac{\mathrm{d}x}{x^2}$;

(2) $\displaystyle\int_{5}^{+\infty}\frac{1}{x(x+15)}\mathrm{d}x$;

(3) $\int_{-\infty}^{+\infty} \dfrac{\mathrm{d}x}{x^2 + 2x + 1}$;　　　　　　　(4) $\int_{0}^{+\infty} x\mathrm{e}^{-x^2}\mathrm{d}x$;

(5) $\int_{0}^{+\infty} \sin x\mathrm{d}x$;　　　　　　　　(6) $\int_{1}^{+\infty} \dfrac{1}{x\sqrt{x^2 - 1}}\mathrm{d}x$。

复习题五

1. 判断题:

(1) 积分中值定理 $\int_{a}^{b} f(x)\mathrm{d}x = f(\xi)(b - a)$ 中的 ξ 是 $[a,b]$ 内的任意点。　　　　　　（　　）

(2) $\lim\limits_{x \to 0} \dfrac{\int_{0}^{x^2} \cos t\mathrm{d}t}{\mathrm{e}^x - \sin x - 1} = 2$。　　　　　　　　　　　（　　）

(3) $\int_{-\pi}^{\pi} x^2 \sin 2x\mathrm{d}x = 2\int_{0}^{\pi} x^2 \sin 2x\mathrm{d}x$。　　　　　（　　）

(4) $\varphi(x) = \int_{0}^{x} \dfrac{2t - 1}{t^2 - t + 1}\mathrm{d}t$ 在区间 $[0,2]$ 上的最大值是 $\ln 3$。　　（　　）

(5) 若 $\int_{a}^{b} g(x)\mathrm{d}x = 0$，则一定有 $g(x) = 0$。　　　　　（　　）

(6) 设 $D = \{(x,y) \mid x^2 + y^2 \leqslant 2\}$，则 $\iint\limits_{D}\mathrm{d}x\mathrm{d}y = 4\pi$。　　　（　　）

(7) $\iint\limits_{D}(x + 1)^3\mathrm{d}\delta \leqslant \iint\limits_{D}(x + 1)^5\mathrm{d}\delta$，其中 D：由 x 轴、y 轴与直线 $x + y = 1$ 围成的闭区域。　（　　）

(8) 交换积分次序 $\int_{0}^{1}\int_{x}^{1} f(x,y)\mathrm{d}y\mathrm{d}x = \int_{0}^{1}\int_{0}^{y} f(x,y)\mathrm{d}x\mathrm{d}y$。　（　　）

(9) 矩形铁板 $D: 0 \leqslant x \leqslant a, 0 \leqslant y \leqslant b$，其中面密度为 $\rho(x,y) = 3x^2$，则铁板的质量为 $\int_{0}^{b}\int_{0}^{a} 3x^2\mathrm{d}x\mathrm{d}y$。　（　　）

(10) 二元函数的定积分表示的曲顶柱体的体积。　　　　　　（　　）

2. 填空题:

(1) 如果函数 $f(x)$ 在区间 $[a,b]$ 上连续，则函数＿＿＿＿＿＿就是 $f(x)$ 在区间 $[a,b]$ 上的一个原函数。

(2) $\int_{0}^{a} x^2\mathrm{d}x = 9$，则 $a = $ ＿＿＿＿＿＿。

(3) $\dfrac{\mathrm{d}}{\mathrm{d}x}\int_{a}^{b} \arctan x\mathrm{d}x = $ ＿＿＿＿＿＿，　　$\int_{0}^{b} 0\mathrm{d}x = $ ＿＿＿＿＿＿，

　　$\dfrac{\mathrm{d}}{\mathrm{d}x}\int_{0}^{x} \arctan t\mathrm{d}t = $ ＿＿＿＿＿＿，　　$\int_{b}^{b} f(x)\mathrm{d}x = $ ＿＿＿＿＿＿。

(4) $\int_{-100}^{100} \left(\ln \dfrac{1 - x}{1 + x}\right)\arcsin\sqrt{1 - x^2}\mathrm{d}x = $ ＿＿＿＿＿＿。

(5) $f(x) = \begin{cases} x & (x \geqslant 0) \\ \mathrm{e}^x & (x < 0) \end{cases}$，则 $\int_{-1}^{2} f(x)\mathrm{d}x = $ ＿＿＿＿＿＿。

(6) 若 $b \neq 0, \int_{1}^{b} \ln x\mathrm{d}x = 1$，则 $b = $ ＿＿＿＿＿＿。

(7) 设 D 是由 $|x + y| = 1, |x - y| = 1$ 所围成的区域，则 $\iint\limits_{D}\mathrm{d}x\mathrm{d}y = $ ＿＿＿＿＿＿。

(8) 交换积分 $\int_0^1 \int_0^{1-x} f(x,y)\,dy\,dx$ 的次序为 _____。

(9) 设 D 是由直线 $x+y=1$，$x-y=1$，$x=0$ 所围成的区域，则 $\iint\limits_D dx\,dy =$ _____。

(10) 设 $D = \{(x,y)\,|\,2 \leqslant x^2+y^2 \leqslant 4\}$ 所围成的区域，则 $\iint\limits_D dx\,dy =$ _____。

3. 选择题

(1) 如果 $f(x)$ 在 $[a,b]$ 上可积，则 $\int_a^b f(x)\,dx$ 与 $\int_a^b f(t)\,dt$ 的大小关系为（　　）

    A. 前者大　　　　　B. 相等　　　　　C. 后者大　　　　　D. 无法确定

(2) 如果 $f(x)$ 在 $[a,b]$ 上可积，$\int_a^b f(x)\,dx - \int_b^a f(x)\,dx$ 的值必定等于（　　）

    A. 0　　　　B. $-2\int_a^b f(x)\,dx$　　　　C. $2\int_a^b f(x)\,dx$　　　　D. $2\int_B^A f(x)\,dx$

(3) 变上限积分函数 $\int_a^x f(x)\,dx$ 是（　　）

    A. $f'(x)$ 的原函数　　　　　　　　B. $f'(x)$ 的全体原函数

    C. $f(x)$ 的原函数　　　　　　　　D. $f(x)$ 的全体原函数

(4) 下列等式中不正确的是（　　）

    A. $\dfrac{d}{dx}\int_a^b f(x)\,dx = 0$　　　　　　　　B. $\dfrac{d}{dx}\int_a^x f(t)\,dt = f(x)$

    C. $\dfrac{d}{dx}\int_0^{-x} f(t)\,dt = -f(-x)$　　　　D. $\dfrac{d}{dx}\int_a^x F'(t)\,dt = f(x)$

(5) $\int_1^e \dfrac{1+\ln x}{x}\,dx = （\quad）$

    A. $\dfrac{3}{2}$　　　　　B. $-\dfrac{3}{2}$　　　　　C. $\dfrac{2}{3}$　　　　　D. e

(6) 极限 $\lim\limits_{x\to 0} \dfrac{\int_0^{x^2} e^{-t^2}\,dt}{e^{-x^2}-1}$ 的值等于（　　）

    A. 1　　　　　B. 0　　　　　C. -1　　　　　D. ∞

(7) 定积分 $\int_a^b dx\,(a<b)$ 在几何上表示（　　）

    A. 线段长 $b-a$　　　　　　　　B. 线段长 $a-b$

    C. 矩形面积 $a-b$　　　　　　　D. 矩形面积 $b-a$

(8) 如果 $\iint\limits_D dx\,dy = 1$，其中 D 是由（　　）所围成的区域。

    A. $y=x+1$，$x=0$，$x=1$ 及 x 轴　　　　B. $|x|=1$，$|y|=1$

    C. $2x+y=2$，及 x 轴，y 轴　　　　　　D. $|x+y|=1$，$|x-y|=1$

(9) 设 D 是由 $|x|=2$，$|y|=1$ 所围成的区域，$\iint\limits_D xy^2\,dx\,dy = （\quad）$

    A. $\dfrac{4}{3}$　　　　　B. $\dfrac{8}{3}$　　　　　C. $\dfrac{16}{3}$　　　　　D. 0

(10) 设 D 是由 $0 \leqslant x \leqslant 1$，$0 \leqslant y \leqslant \pi$ 所围成的区域，则 $\iint\limits_D y\cos(xy)\,dx\,dy = （\quad）$

    A. 2　　　　　B. 2π　　　　　C. $\pi+1$　　　　　D. 0

4. 计算下列定积分，并用 Mathcad 验证

(1) $\int_1^9 \dfrac{1}{x+\sqrt{x}}\mathrm{d}x$;　　　　(2) $\int_1^3 \dfrac{1}{1+x^2}\mathrm{d}x$;　　　　(3) $\int_0^1 (e^x-1)^4 e^x \mathrm{d}x$;

(4) (AT) $\int_1^{+\infty} \dfrac{1}{x^2(1+x^2)}\mathrm{d}x$;　　(5) (AT) $\int_0^{+\infty} \dfrac{x}{(1+x)^3}\mathrm{d}x$;　　(6) (AT) $\int_0^{\ln 5} \dfrac{e^x\sqrt{e^x-1}}{e^x+3}\mathrm{d}x$;

(7) (BT) $\int_0^{\pi} x\cos x\,\mathrm{d}x$;　　(8) (BT) $\int_0^1 (1+x^2)^{-\frac{3}{2}}\mathrm{d}x$;　　(9) (BT) $\int_0^{\frac{\pi}{2}} \dfrac{x+\sin x}{1+\cos x}\mathrm{d}x$。

5. 应用题

(1) 求曲线 $y=2x$ 与 $y=x^3$ 围成的图形面积。

(2) 求由 $y=e^x$, $y=e^{-x}$, $x=1$ 围成的平面图形的面积及该平面绕 x 轴旋转产生的旋转体的体积。

(3) 已知某产品的总产量的变化率为 $Q'(t)=40+12t-\dfrac{3}{2}t^2$ (单位: 天)。求从第二天到第 10 天产品的总产量。

6. 估计二重积分 $\iint\limits_D e^{-x^2-y^2}\mathrm{d}\delta$ 的值，其中 D 是由 $x^2+y^2\leqslant 1$ 围成的闭区域。

7. 求下列二重积分

(1) $\iint\limits_D xy\,\mathrm{d}x\mathrm{d}y$，其中 D 是由 $x=\sqrt{y}$, $x=3-y^2$, $y=0$ 围成的闭区域;

(2) $\iint\limits_D y\,\mathrm{d}x\mathrm{d}y$，其中 D 是由 $x^2+y^2=a^2$ 和两个坐标轴围成的第一象限的闭区域。

8. 交换二次积分 $\int_1^e \int_0^{\ln x} f(x,y)\,\mathrm{d}y\mathrm{d}x$ 的次序。

第六章 线 性 代 数

本章导读

　　线性代数是代数学的一个分支，线性代数学科和矩阵理论是伴随着线性系统方程系数研究而引入和发展的。在线性代数中，行列式和矩阵是两个重要的概念，是从许多问题抽象出来的一个数学工具，在自然科学、工程技术和经济管理的许多学科中有广泛的应用。本章主要是介绍行列式的概念、性质、计算；矩阵的概念、运算、初等变换、矩阵的秩与逆以及线性方程组的解法；并在此基础上介绍线性代数在国民经济、生产和管理中的应用，即用线性规划模型解决经济中的问题。线性规划问题是运筹学的一个重要分支，在许多方面有广泛应用。

　　通过本章的学习，希望大家：

● 理解行列式的概念，掌握行列式的性质，会计算行列式的值。

● 理解矩阵的概念，掌握矩阵的计算、矩阵的秩、矩阵的初等变换以及逆矩阵。

● 掌握线性方程组解的存在性判定方法，会求线性方程组的解。

● 理解线性规划的基本问题、数学模型及求解线性规划问题的图解法、单纯形法。

　　值得一提的是 Mathcad 计算应该引起大家的重视。Mathcad 基本上以自然输入的方式就可以解决线性代数的计算问题。Rref 函数可以把矩阵化为行简化阶梯型矩阵，完全可以解决线性方程组的求解问题。

第一节 行 列 式

一、行列式的概念

1. 二阶行列式

　　在平面解析几何中，每一个一元一次方程代表一条直线，所以一次方程（不论其有几个未知数）称为**线性方程**。由线性方程构成的方程组称为**线性方程组**。

　　设二元线性方程组

$$\begin{cases} a_{11}x_1 + a_{12}x_2 = b_1 \\ a_{21}x_1 + a_{22}x_2 = b_2 \end{cases} \tag{6.1.1}$$

　　若 $a_{11}a_{22} - a_{12}a_{21} \neq 0$，则方程组解为

$$x_1 = \frac{b_1 a_{22} - a_{12} b_2}{a_{11} a_{22} - a_{12} a_{21}}, \quad x_2 = \frac{a_{11} b_2 - b_1 a_{21}}{a_{11} a_{22} - a_{12} a_{21}} \tag{6.1.2}$$

　　为了研究和记忆的方便，引入二阶行列式的概念。

定义 1　由 2^2 个数组成的记号 $\begin{vmatrix} a_{11} & a_{12} \\ a_{21} & a_{22} \end{vmatrix}$ 来表示代数和 $a_{11}a_{22} - a_{12}a_{21}$，称其为**二阶行列式**，用 D 来表示，即

$$D = \begin{vmatrix} a_{11} & a_{12} \\ a_{21} & a_{22} \end{vmatrix} = a_{11}a_{22} - a_{12}a_{21} \tag{6.1.3}$$

式（6.1.3）右端称为**二阶行列式的展开式**，$a_{ij}(i,j = 1,2)$ 称为行列式的**元素**，共有 2^2 个，横排称为**行**，竖排称为**列**；元素 a_{ij} 的第一下标 i 表示它所在的行数，第二下标 j 表示它所在的列数。

$a_{11}a_{22} - a_{12}a_{21}$ 可用如图 6-1 所示的方法记忆，即实线上的两个元素的乘积减去虚线上的两个元素的乘积，这种方法称为对角线法则。

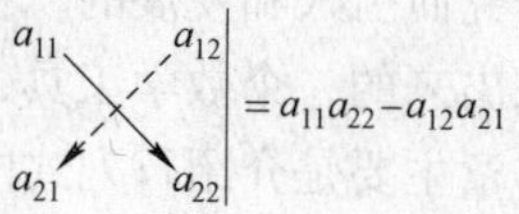

与上述二阶行列式相仿，表达式（6.1.2）的分子部分可分别表示为

图 6-1

$$b_1a_{22} - a_{12}b_2 = \begin{vmatrix} b_1 & a_{12} \\ b_2 & a_{22} \end{vmatrix} = D_1, \qquad a_{11}b_2 - b_1a_{21} = \begin{vmatrix} a_{11} & b_1 \\ a_{21} & b_2 \end{vmatrix} = D_2$$

于是，当方程组（6.1.1）的所有未知数的系数组成的行列式 $D \neq 0$ 时，其解可表示为：

$$x_1 = \frac{D_1}{D}, x_2 = \frac{D_2}{D} \tag{6.1.4}$$

例 1　解二元一次方程组 $\begin{cases} 2x_1 + x_2 = 5 \\ x_1 - 3x_2 = -1 \end{cases}$。

解　**法一**　因为系数行列式 $D = \begin{vmatrix} 2 & 1 \\ 1 & -3 \end{vmatrix} = 2 \times (-3) - 1 \times 1 = -7 \neq 0$，且

$$D_1 = \begin{vmatrix} 5 & 1 \\ -1 & -3 \end{vmatrix} = -14, D_2 = \begin{vmatrix} 2 & 5 \\ 1 & -1 \end{vmatrix} = -7$$

由公式（6.1.4）知，方程组的解为

$$x_1 = \frac{D_1}{D} = \frac{-14}{-7} = 2, x_2 = \frac{D_2}{D} = \frac{-7}{-7} = 1$$

法二　由行列式的性质 $D = \begin{vmatrix} 2 & 1 \\ 1 & -3 \end{vmatrix}$，$D_1 = \begin{vmatrix} 5 & 1 \\ -1 & -3 \end{vmatrix}$，$D_2 = \begin{vmatrix} 2 & 5 \\ 1 & -1 \end{vmatrix}$，$x_1 = \frac{D_1}{D}$

$\rightarrow 2, x_2 = \frac{D_2}{D} \rightarrow 1$（由 Mathcad 计算可得。方法：启动 Mathcad →输入表达式 $\dfrac{\begin{vmatrix} 5 & 1 \\ -1 & -3 \end{vmatrix}}{\begin{vmatrix} 2 & 1 \\ 1 & -3 \end{vmatrix}}$ 点击

simplify 或 Ctrl + · →2；在 Mathcad 工作区输入表达式 $\begin{vmatrix} 2 & 5 \\ 1 & -1 \\ 2 & 1 \\ 1 & -3 \end{vmatrix}$ 点击 simplify 或 Ctrl + · →1)

2. 三阶行列式

与二阶行列式类似，三阶行列式定义如下：

定义 2　由 3^2 个数组成的记号 $\begin{vmatrix} a_{11} & a_{12} & a_{13} \\ a_{21} & a_{22} & a_{23} \\ a_{31} & a_{32} & a_{33} \end{vmatrix}$ 表示数值 $a_{11}\begin{vmatrix} a_{22} & a_{23} \\ a_{32} & a_{33} \end{vmatrix} - a_{12}\begin{vmatrix} a_{21} & a_{23} \\ a_{31} & a_{33} \end{vmatrix} +$

$a_{13}\begin{vmatrix} a_{21} & a_{22} \\ a_{31} & a_{32} \end{vmatrix}$，称其为三阶行列式。

三阶行列式的一般形式为：

$$D = \begin{vmatrix} a_{11} & a_{12} & a_{13} \\ a_{21} & a_{22} & a_{23} \\ a_{31} & a_{32} & a_{33} \end{vmatrix} = a_{11}\begin{vmatrix} a_{22} & a_{23} \\ a_{32} & a_{33} \end{vmatrix} - a_{12}\begin{vmatrix} a_{21} & a_{23} \\ a_{31} & a_{33} \end{vmatrix} + a_{13}\begin{vmatrix} a_{21} & a_{22} \\ a_{31} & a_{32} \end{vmatrix}$$

$$= a_{11}a_{22}a_{33} - a_{11}a_{23}a_{32} - a_{12}a_{21}a_{33} + a_{12}a_{23}a_{31} + a_{13}a_{21}a_{32} - a_{13}a_{22}a_{31}$$

三阶行列式含有三行三列共 9 个元素，它表示代数和，它由六项组成，其记忆方法仍用对角线法，即实线上三个元素之和，减去虚线上三个元素之和。

首先写出一个有六条对角线的表，如图 6-2 所示。

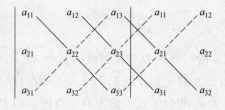

图 6-2

例 2　计算三阶行列式：

$(1)\ D = \begin{vmatrix} 1 & -4 & 2 \\ 3 & 0 & -3 \\ -2 & 4 & 5 \end{vmatrix}$；$\qquad (2)\ D = \begin{vmatrix} 1 & 1 & 1 \\ x & 2x & 3x \\ x^2 & 2x^2 & 3x^2 \end{vmatrix}$。

解　(1) **法一**　$D = 1 \times 0 \times 5 + (-4) \times (-3) \times (-2) + 2 \times 3 \times 4 - [2 \times 0 \times (-2) + (-4) \times 3 \times 5 + 1 \times (-3) \times 4] = 72$

法二　$D := \begin{vmatrix} 1 & -4 & 2 \\ 3 & 0 & -3 \\ -2 & 4 & 5 \end{vmatrix} \rightarrow 72$（由 Mathcad 计算可得。方法：启动

Mathcad→输入表达式 $\begin{vmatrix} 1 & -4 & 2 \\ 3 & 0 & -3 \\ -2 & 4 & 5 \end{vmatrix}$ 点击 simplify 或 Ctrl + · →72)

（2）**法一**　$D = 1 \cdot 2x \cdot 3x^2 + 1 \cdot 3x \cdot x^2 + x \cdot 2x^2 \cdot 1 - (1 \cdot 2x \cdot x^2 + 1 \cdot x \cdot 3x^2 + 1 \cdot 3x \cdot 2x^2) = 0$

法二　$D(x) := \begin{vmatrix} 1 & 1 & 1 \\ x & 2x & 3x \\ x^2 & 2x^2 & 3x^2 \end{vmatrix} \to 0$（由 Mathcad 计算可得。方法：启动 Mathcad

→输入表达式 $\begin{vmatrix} 1 & 1 & 1 \\ x & 2x & 3x \\ x^2 & 2x^2 & 3x^2 \end{vmatrix}$ 点击 simplify 或 Ctrl + · →0)

注意　这里一定要用赋值号"$:=$"，并且 $D(x)$ 中的小括弧和变量 x 不能省略。

3. n 阶行列式

定义 3　由 n^2 个元素 $a_{ij}(i,j = 1,2,\cdots,n)$ 组成的记号 $D = \begin{vmatrix} a_{11} & a_{12} & \cdots & a_{1n} \\ a_{21} & a_{22} & \cdots & a_{2n} \\ \vdots & \vdots & & \vdots \\ a_{n1} & a_{n2} & \cdots & a_{nn} \end{vmatrix}$ 称为 n

阶行列式，简称**行列式**，简记为 $|a_{ij}|_n$。行列式 $|a_{ij}|_n$ 表示代数和 $a_{11}A_{11} + a_{12}A_{12} + \cdots + a_{1n}A_{1n}$，即

$$D = \begin{vmatrix} a_{11} & a_{12} & \cdots & a_{1n} \\ a_{21} & a_{22} & \cdots & a_{2n} \\ \vdots & \vdots & & \vdots \\ a_{n1} & a_{n2} & \cdots & a_{nn} \end{vmatrix} = a_{11}A_{11} + a_{12}A_{12} + \cdots + a_{1n}A_{1n} \tag{6.1.5}$$

式（6.1.5）右端称为 n 阶行列式 D 的展开式，其中 $A_{ij}(i,j = 1,2,\cdots,n)$ 称为元素 a_{ij} 的**代数余子式**。一般地，划去元素 $a_{ij}(i,j = 1,2,\cdots,n)$ 所在行与所在列上的所有元素后得到的 $(n-1)$ 阶行列式，称为 a_{ij} 的余子式，记为 D_{ij}，而称 $(-1)^{i+j}D_{ij}$ 为元素 a_{ij} 的代数余子式，记为 A_{ij}。

例如，n 阶行列式元素 a_{11} 的代数余子式为

$$A_{11} = (-1)^{1+1}D_{11} = (-1)^{1+1} \begin{vmatrix} a_{22} & a_{23} & \cdots & a_{2n} \\ a_{32} & a_{33} & \cdots & a_{3n} \\ \vdots & \vdots & & \vdots \\ a_{n2} & a_{n3} & \cdots & a_{nn} \end{vmatrix}$$

元素 a_{23} 的代数余子式为

$$A_{23} = (-1)^{2+3}D_{23} = (-1)^{2+3} \begin{vmatrix} a_{11} & a_{12} & a_{14} & \cdots & a_{1n} \\ a_{31} & a_{32} & a_{34} & \cdots & a_{3n} \\ \vdots & \vdots & \vdots & & \vdots \\ a_{n1} & a_{n2} & a_{n4} & \cdots & a_{nn} \end{vmatrix}$$

根据定义，n 阶行列式可降为 $n-1$ 阶行列式来计算。于是可以用二阶行列式计算三阶行列式的值，用三阶行列式计算四阶行列式，依次类推，便可计算出任意阶行列式的值。

当 $n=1$ 时，规定 $D = |a_{11}| = a_{11}$。

例 3 设行列式

$$D = \begin{vmatrix} 3 & 4 & 1 \\ 1 & 2 & 5 \\ 4 & 7 & -1 \end{vmatrix}$$

（1）求代数余子式 A_{21} ；（2）求 D 的值。

解 （1）$A_{21} = (-1)^{2+1} \begin{vmatrix} 4 & 1 \\ 7 & -1 \end{vmatrix} = -[4 \times (-1) - 1 \times 7] = 11$

（2）$D = a_{11}A_{11} + a_{12}A_{12} + a_{13}A_{13}$

$$= 3 \times (-1)^{1+1} \begin{vmatrix} 2 & 5 \\ 7 & -1 \end{vmatrix} + 4 \times (-1)^{1+2} \begin{vmatrix} 1 & 5 \\ 4 & -1 \end{vmatrix} + 1 \times (-1)^{1+3} \begin{vmatrix} 1 & 2 \\ 4 & 7 \end{vmatrix}$$

$$= 3 \times (-2 - 35) - 4 \times (-1 - 20) + (7 - 8) = -111 + 84 - 1 = -28$$

例 4 计算行列式 $D = \begin{vmatrix} a_{11} & 0 & \cdots & 0 \\ a_{21} & a_{22} & \cdots & 0 \\ \vdots & \vdots & & \vdots \\ a_{n1} & a_{n2} & \cdots & a_{nn} \end{vmatrix}$ 的值。

解 根据定义有

$$D = (-1)^{1+1} a_{11} \begin{vmatrix} a_{22} & 0 & \cdots & 0 \\ a_{32} & a_{33} & \cdots & 0 \\ \vdots & \vdots & & \vdots \\ a_{n2} & a_{n3} & \cdots & a_{nn} \end{vmatrix} = a_{11} \cdot (-1)^{1+1} a_{22} \begin{vmatrix} a_{33} & 0 & \cdots & 0 \\ a_{43} & a_{44} & \cdots & 0 \\ \vdots & \vdots & & \vdots \\ a_{n3} & a_{n4} & \cdots & a_{nn} \end{vmatrix}$$

$$= \cdots = a_{11} a_{22} \cdots a_{nn}$$

例 4 所示的行列式，其主对角线上方的元素都是 0，称为**下三角形行列式**；同样，主对角线下方的元素全是 0 的行列式称为**上三角形行列式**，其形式为

$$\begin{vmatrix} a_{11} & a_{12} & \cdots & a_{1n} \\ 0 & a_{22} & \cdots & a_{2n} \\ \vdots & \vdots & & \vdots \\ 0 & 0 & \cdots & a_{nn} \end{vmatrix}$$

由上例可知，上三角行列式的值也等于主对角线元素之积。

二、行列式的基本性质

定义 4　将行列式 $D = \begin{vmatrix} a_{11} & a_{12} & \cdots & a_{1n} \\ a_{21} & a_{22} & \cdots & a_{2n} \\ \vdots & \vdots & & \vdots \\ a_{n1} & a_{n2} & \cdots & a_{nn} \end{vmatrix}$ 中的行与列按原来的顺序互换，得到的新

行列式 $D^{\mathrm{T}} = \begin{vmatrix} a_{11} & a_{21} & \cdots & a_{n1} \\ a_{12} & a_{22} & \cdots & a_{n2} \\ \vdots & \vdots & & \vdots \\ a_{1n} & a_{2n} & \cdots & a_{nn} \end{vmatrix}$，称为 **$D$ 的转置行列式**，显然 D 也是 D^{T} 的转置行列式。

下面不加证明地引入行列式的基本性质。

性质 1　行列式 D 与它的转置行列式 D^{T} 相等，即 $D = D^{\mathrm{T}}$。

性质 1 说明，行列式中行与列所处的地位是一样的，所以，凡是对行成立的性质，对列也同样成立。

性质 2　行列式 D 等于它的任意一行或列中所有元素与它们各自的代数余子式乘积之和，即

$$D = \sum_{k=1}^{n} a_{ik} A_{ik} \quad \text{或} \quad D = \sum_{k=1}^{n} a_{kj} A_{kj} (i,j = 1,2,\cdots,n)$$

换句话说，行列式可以按任意一行或列展开。

例 5　计算四阶行列式 $D = \begin{vmatrix} 3 & 2 & 0 & 8 \\ 2 & -9 & 2 & 10 \\ -1 & 6 & 0 & -7 \\ 0 & 0 & 0 & 5 \end{vmatrix}$

解　法一　因为第三列中有三个零元素，由性质 2，按第三列展开，得

$$D = 2 \times (-1)^{2+3} \begin{vmatrix} 3 & 2 & 8 \\ -1 & 6 & -7 \\ 0 & 0 & 5 \end{vmatrix}$$

再按第三行展开，得 $D = -2 \times 5 \times (-1)^{3+3} \begin{vmatrix} 3 & 2 \\ -1 & 6 \end{vmatrix} = -200$。

法二　$D = \begin{vmatrix} 3 & 2 & 0 & 8 \\ 2 & -9 & 2 & 10 \\ -1 & 6 & 0 & -7 \\ 0 & 0 & 0 & 5 \end{vmatrix} \rightarrow -200$（由 Mathcad 计算可得。方法：启动

Mathcad→输入表达式 $\begin{vmatrix} 3 & 2 & 0 & 8 \\ 2 & -9 & 2 & 10 \\ -1 & 6 & 0 & -7 \\ 0 & 0 & 0 & 5 \end{vmatrix}$ 点击 simplify 或 Ctrl + · → -200）

由性质 2，可以证明下列结论成立。

性质 3 常数 k 乘某一行（列）的元素相当于用数 k 乘此行列式，即

$$
\begin{vmatrix}
a_{11} & a_{12} & \cdots & a_{1n} \\
\vdots & \vdots & & \vdots \\
ka_{i1} & ka_{i2} & \cdots & ka_{in} \\
\vdots & \vdots & & \vdots \\
a_{n1} & a_{n2} & \cdots & a_{nn}
\end{vmatrix}
= k
\begin{vmatrix}
a_{11} & a_{12} & \cdots & a_{1n} \\
\vdots & \vdots & & \vdots \\
a_{i1} & a_{i2} & \cdots & a_{in} \\
\vdots & \vdots & & \vdots \\
a_{n1} & a_{n2} & \cdots & a_{nn}
\end{vmatrix}
$$

推论 1 如果行列式中有一行（或列）的全部元素都是零，那么这个行列式的值是零。

同样，由性质 2 可以证明下列结论成立。

性质 4 如果行列式的某一行（或某一列）的元素都是两数的和，那么这个行列式等于相应的两个行列式的和，即

$$
\begin{vmatrix}
a_{11} & a_{12} & \cdots & a_{1n} \\
\vdots & \vdots & & \vdots \\
b_{i1}+c_{i1} & b_{i2}+c_{i2} & \cdots & b_{in}+c_{in} \\
\vdots & \vdots & & \vdots \\
a_{n1} & a_{n2} & \cdots & a_{nn}
\end{vmatrix}
=
\begin{vmatrix}
a_{11} & a_{12} & \cdots & a_{1n} \\
\vdots & \vdots & & \vdots \\
b_{i1} & b_{i2} & \cdots & b_{in} \\
\vdots & \vdots & & \vdots \\
a_{n1} & a_{n2} & \cdots & a_{nn}
\end{vmatrix}
+
\begin{vmatrix}
a_{11} & a_{12} & \cdots & a_{1n} \\
\vdots & \vdots & & \vdots \\
c_{i1} & c_{i2} & \cdots & c_{in} \\
\vdots & \vdots & & \vdots \\
a_{n1} & a_{n2} & \cdots & a_{nn}
\end{vmatrix}
$$

性质 5 如果行列式中两行（或列）对应元素全部相同，那么行列式的值为零。

例如，三阶行列式 $\begin{vmatrix} a_1 & a_2 & a_3 \\ b_1 & b_2 & b_3 \\ a_1 & a_2 & a_3 \end{vmatrix} = a_1b_2a_3 + a_2b_3a_1 + a_3b_1a_2 - a_1b_3a_2 - a_2b_1a_3 - a_3b_2a_1$

$= 0$。

由性质 3 和性质 5，可以得到下列推论：

推论 2 行列式中如果两行（或列）对应元素成比例，那么行列式的值为零。

推论 3 行列式中任意一行（或列）的元素与另一行（或列）对应元素的代数余子式乘积之和等于零，即当 $i \neq j$ 时，$\sum_{k=1}^{n} a_{ik}A_{jk} = 0$ 或 $\sum_{k=1}^{n} a_{ki}A_{kj} = 0$。

综合性质 2 和推论 3，可以得到

$$
\sum_{k=1}^{n} a_{ik}A_{jk} = \begin{cases} D, \text{当 } i = j \\ 0, \text{当 } i \neq j \end{cases}, \quad
\sum_{k=1}^{n} a_{ki}A_{kj} = \begin{cases} D, \text{当 } i = j \\ 0, \text{当 } i \neq j \end{cases}
$$

由性质 4 和推论 2，可以得到下列结论：

性质 6 在行列式中，把某一行（或列）的倍数加到另一行（或列）对应的元素上去，那么行列式的值不变。

性质 6 在行列式的计算中起着重要的作用，逐项选择适当的 k 运用该性质，可以使行列式的一些元素变为零，以减少行列式运算过程中的计算次数。

性质7　如果将行列式的任意两行（或列）互换，那么行列式的值改变符号，即

$$
\begin{vmatrix}
a_{11} & a_{12} & \cdots & a_{1n} \\
\vdots & \vdots & & \vdots \\
a_{i1} & a_{i2} & \cdots & a_{in} \\
\vdots & \vdots & & \vdots \\
a_{j1} & a_{j2} & \cdots & a_{jn} \\
\vdots & \vdots & & \vdots \\
a_{n1} & a_{n2} & \cdots & a_{nn}
\end{vmatrix}
= -
\begin{vmatrix}
a_{11} & a_{12} & \cdots & a_{1n} \\
\vdots & \vdots & & \vdots \\
a_{j1} & a_{j2} & \cdots & a_{jn} \\
\vdots & \vdots & & \vdots \\
a_{i1} & a_{i2} & \cdots & a_{in} \\
\vdots & \vdots & & \vdots \\
a_{n1} & a_{n2} & \cdots & a_{nn}
\end{vmatrix}
\tag{6.1.6}
$$

前面我们介绍了行列式的七条性质和三个推论，下面举例说明如何利用这些性质计算行列式。

例6　计算下面行列式的值：

$$
(1)\ D_1 = \begin{vmatrix} 3 & 1 & 2 \\ 290 & 106 & 196 \\ 5 & -3 & 2 \end{vmatrix};\quad (2)\ D_2 = \begin{vmatrix} a-b & a & b \\ -a & b-a & a \\ b & -b & -a-b \end{vmatrix}\ (a,b \neq 0)。
$$

解　（1）把 D_1 的第二行的元素分别看成 $300-10$，$100+6$，$200-4$，由性质4，得

$$
D_1 = \begin{vmatrix} 3 & 1 & 2 \\ 300-10 & 100+6 & 200-4 \\ 5 & -3 & 2 \end{vmatrix} = \begin{vmatrix} 3 & 1 & 2 \\ 300 & 100 & 200 \\ 5 & -3 & 2 \end{vmatrix} + \begin{vmatrix} 3 & 1 & 2 \\ -10 & 6 & -4 \\ 5 & -3 & 2 \end{vmatrix}
$$

而由推论2和性质3、性质5，得第一个行列式为0，第二个行列式将第二行提出 (-2) 后也为0，所以 $D_1 = 0$。

Mathcad 计算：在 Mathcad 工作区输入 D_1：$= \begin{vmatrix} 3 & 1 & 2 \\ 300-10 & 100+6 & 200-4 \\ 5 & -3 & 2 \end{vmatrix}$

选择面板中的箭头命令或 simplify 命令 $D_1 \to 0$

（2）利用性质6，在第一行上加上第二行，则第一行与第三行对应元素成比例，再由推论2得

$$
D_2 = \begin{vmatrix} -b & b & a+b \\ -a & b-a & a \\ b & -b & -a-b \end{vmatrix} = 0
$$

三、行列式的计算

1. 行列式的按行（列）展开法——降阶法

计算行列式的基本方法之一是选择零元素最多的行（或列），按这一行（或列）展开；也可以先利用性质把某一行（或列）的元素化为仅有一个非零元素，然后再按这一行（或列）展开，这种方法一般称为"降阶法"。

例7　计算下列行列式：

$$(1)\ D_1 = \begin{vmatrix} 3 & 1 & -1 & 0 \\ 5 & 1 & 3 & -1 \\ 2 & 0 & 0 & 1 \\ 0 & -5 & 3 & 1 \end{vmatrix} ; \quad (2)\ D_2 = \begin{vmatrix} 0 & a & b & a \\ a & 0 & a & b \\ b & a & 0 & a \\ a & b & a & 0 \end{vmatrix}$$

解　（1）因为行列式中第三行有较多的零元素，我们可以将行列式按第三行展开，第三行中有两个非零元素，如果把其中一个也化为零，就能使计算更简便，即

$$D_1 \underset{①列 + (-2) \times ④列}{=\!=\!=\!=} \begin{vmatrix} 3 & 1 & -1 & 0 \\ 7 & 1 & 3 & -1 \\ 0 & 0 & 0 & 1 \\ -2 & -5 & 3 & 1 \end{vmatrix} = (-1)^{3+4} \times 1 \times \begin{vmatrix} 3 & 1 & -1 \\ 7 & 1 & 3 \\ -2 & -5 & 3 \end{vmatrix}$$

$$\underset{③行 + 3 \times ①行}{\overset{②行 + 3 \times ①行}{=\!=\!=\!=}} - \begin{vmatrix} 3 & 1 & -1 \\ 16 & 4 & 0 \\ 7 & -2 & 0 \end{vmatrix} = -(-1)^{1+3} \times (-1) \times \begin{vmatrix} 16 & 4 \\ 7 & -2 \end{vmatrix} = -60$$

（2）因为该行列式中各行（或列）的元素之和都是 $2a+b$，所以，可把各列元素都加到第 1 列上，然后提取公因子 $2a+b$，再利用性质 6，把第一列的元素尽量化为零，并按第一列展开，即

$$D_2 = \begin{vmatrix} 2a+b & a & b & a \\ 2a+b & 0 & a & b \\ 2a+b & a & 0 & a \\ 2a+b & b & a & 0 \end{vmatrix} = (2a+b) \begin{vmatrix} 1 & a & b & a \\ 1 & 0 & a & b \\ 1 & a & 0 & a \\ 1 & b & a & 0 \end{vmatrix}$$

$$\underset{④行 + (-1) \times ①行}{\overset{②行 + (-1) \times ①行}{\underset{③行 + (-1) \times ①行}{=\!=\!=\!=}}} (2a+b) \begin{vmatrix} 1 & a & b & a \\ 0 & -a & a-b & b-a \\ 0 & 0 & -b & 0 \\ 0 & b-a & a-b & -a \end{vmatrix}$$

$$= (2a+b) \begin{vmatrix} -a & a-b & b-a \\ 0 & -b & 0 \\ b-a & a-b & -a \end{vmatrix}$$

$$= (2a+b)(-b) \begin{vmatrix} -a & b-a \\ b-a & -a \end{vmatrix} = (2a+b)(-b)[a^2 - (b-a)^2] = b^2(b^2 - 4a^2)$$

2. 化三角形法

计算行列式的另一种基本方法是根据行列式的特点，利用行列式的性质，把它逐步化为上（或下）三角形行列式，由前面的结论可知，这时行列式的值就是主对角线上元素的乘积，这种方法一般称为"**化三角形法**"。

例8　计算四阶行列式：

$$(1)\ D_1 = \begin{vmatrix} 1 & 2 & 0 & 1 \\ 1 & 3 & 5 & 0 \\ 0 & 1 & 5 & 6 \\ 1 & 2 & 3 & 4 \end{vmatrix};\ (2)\ D_2 = \begin{vmatrix} 2 & -5 & 1 & 2 \\ -3 & 7 & -1 & 4 \\ 5 & -9 & 2 & 7 \\ 0 & -7 & 1 & 2 \end{vmatrix}$$

解　利用行列式性质，把 D 化为上三角形行列式，再求值。

$$(1)\ D_1 \xrightarrow[\text{④行}+(-1)\times\text{①行}]{\text{②行}+(-1)\times\text{①行}} \begin{vmatrix} 1 & 2 & 0 & 1 \\ 0 & 1 & 5 & -1 \\ 0 & 1 & 5 & 6 \\ 0 & 0 & 3 & 3 \end{vmatrix} \xrightarrow{\text{③行}+(-1)\times\text{②行}} \begin{vmatrix} 1 & 2 & 0 & 1 \\ 0 & 1 & 5 & -1 \\ 0 & 0 & 0 & 7 \\ 0 & 0 & 3 & 3 \end{vmatrix}$$

$$\xrightarrow{\text{③④行交换}} - \begin{vmatrix} 1 & 2 & 0 & 1 \\ 0 & 1 & 5 & -1 \\ 0 & 0 & 3 & 3 \\ 0 & 0 & 0 & 7 \end{vmatrix} = -21$$

Mathcad 计算：　$D_1 := \begin{vmatrix} 1 & 2 & 0 & 1 \\ 1 & 3 & 5 & 0 \\ 0 & 1 & 5 & 6 \\ 1 & 2 & 3 & 4 \end{vmatrix} \rightarrow -21$（由 Mathcad 计算可得。方法：启动 Mathcad

$\rightarrow$输入表达式 $\begin{vmatrix} 1 & 2 & 0 & 1 \\ 1 & 3 & 5 & 0 \\ 0 & 1 & 5 & 6 \\ 1 & 2 & 3 & 4 \end{vmatrix}$ 点击 simplify 或 Ctrl + · $\rightarrow -21$）

$$(2)\ \textbf{法一}\quad D_2 \xrightarrow{\text{①③列交换}} - \begin{vmatrix} 1 & -5 & 2 & 2 \\ -1 & 7 & -3 & 4 \\ 2 & -9 & 5 & 7 \\ 1 & -7 & 0 & 2 \end{vmatrix} \begin{matrix} \text{②行}+1\times\text{①行} \\ \text{③行}+(-2)\times\text{①行} \\ \text{④行}+(-1)\times\text{①行} \end{matrix} -$$

$$\begin{vmatrix} 1 & -5 & 2 & 2 \\ 0 & 2 & -1 & 6 \\ 0 & 1 & 1 & 3 \\ 0 & -2 & -2 & 0 \end{vmatrix} \xrightarrow{\text{②③行交换}} \begin{vmatrix} 1 & -5 & 2 & 2 \\ 0 & 1 & 1 & 3 \\ 0 & 2 & -1 & 6 \\ 0 & -2 & -2 & 0 \end{vmatrix} \begin{matrix} \text{③行}+(-2)\times\text{②行} \\ \text{④行}+2\times\text{②行} \end{matrix} \begin{vmatrix} 1 & -5 & 2 & 2 \\ 0 & 1 & 1 & 3 \\ 0 & 0 & -3 & 0 \\ 0 & 0 & 0 & 6 \end{vmatrix} = -18$$

$$\textbf{法二}\quad D_2 := \begin{vmatrix} 2 & -5 & 1 & 2 \\ -3 & 7 & -1 & 4 \\ 5 & -9 & 2 & 7 \\ 0 & -7 & 1 & 2 \end{vmatrix} \rightarrow -18$（由 Mathcad 计算可得。方法：启动

Mathcad$\rightarrow$输入表达式 $\begin{vmatrix} 2 & -5 & 1 & 2 \\ -3 & 7 & -1 & 4 \\ 5 & -9 & 2 & 7 \\ 0 & -7 & 1 & 2 \end{vmatrix}$ 点击 simplify 或 Ctrl + · $\rightarrow -18$）

四、克莱姆（Cramer）法则

与二元、三元线性方程组相类似，对于多元线性方程组，有下述法则（本节只讨论未知数个数与方程数相等的情形）：

定理1 （**克莱姆法则**）如果 n 元线性方程组

$$\begin{cases} a_{11}x_1 + a_{12}x_2 + \cdots + a_{1n}x_n = b_1 \\ a_{21}x_1 + a_{22}x_2 + \cdots + a_{2n}x_n = b_2 \\ \qquad\qquad\qquad \vdots \\ a_{n1}x_1 + a_{n2}x_2 + \cdots + a_{nn}x_n = b_n \end{cases} \tag{6.1.7}$$

的系数行列式 $D = \begin{vmatrix} a_{11} & a_{12} & \cdots & a_{1n} \\ a_{21} & a_{22} & \cdots & a_{2n} \\ \vdots & \vdots & & \vdots \\ a_{n1} & a_{n2} & \cdots & a_{nn} \end{vmatrix} \neq 0$，则它有唯一解

$$x_1 = \frac{D_1}{D}, x_2 = \frac{D_2}{D}, \cdots, x_n = \frac{D_n}{D}$$

其中行列式 $D_j(j = 1, 2, \cdots, n)$ 是把行列式 D 的第 j 列元素 a_{1j}，a_{2j}，$\cdots$，a_{nj} 换成式（6.1.7）的常数项 b_1，b_2，$\cdots$，b_n 得到的行列式。

例9 解线性方程组 $\begin{cases} x_1 & -x_2 & +x_3 & -2x_4 & = 2 \\ 2x_1 & & -x_3 & +4x_4 & = 4 \\ 3x_1 & +2x_2 & +x_3 & & = -1 \\ -x_1 & +2x_2 & -x_3 & +2x_4 & = -4 \end{cases}$

解 因为方程组的系数行列式

$$D = \begin{vmatrix} 1 & -1 & 1 & -2 \\ 2 & 0 & -1 & 4 \\ 3 & 2 & 1 & 0 \\ -1 & 2 & -1 & 2 \end{vmatrix} = \begin{vmatrix} 0 & 1 & 0 & 0 \\ 2 & 0 & -1 & 4 \\ 3 & 2 & 1 & 0 \\ -1 & 2 & -1 & 2 \end{vmatrix} = - \begin{vmatrix} 2 & -1 & 4 \\ 3 & 1 & 0 \\ -1 & -1 & 2 \end{vmatrix} = -2 \neq 0$$

所以方程组有唯一解，又因为

$$D_1 = \begin{vmatrix} 2 & -1 & 1 & -2 \\ 4 & 0 & -1 & 4 \\ -1 & 2 & 1 & 0 \\ -4 & 2 & -1 & 2 \end{vmatrix} = -2, \qquad D_2 = \begin{vmatrix} 1 & 2 & 1 & -2 \\ 2 & 4 & -1 & 4 \\ 3 & -1 & 1 & 0 \\ -1 & -4 & -1 & 2 \end{vmatrix} = 4,$$

$$D_3 = \begin{vmatrix} 1 & -1 & 2 & -2 \\ 2 & 0 & 4 & 4 \\ 3 & 2 & -1 & 0 \\ -1 & 2 & -4 & 2 \end{vmatrix} = 0, \qquad D_4 = \begin{vmatrix} 1 & -1 & 1 & 2 \\ 2 & 0 & -1 & 4 \\ 3 & 2 & 1 & -1 \\ -1 & 2 & -1 & -4 \end{vmatrix} = -1$$

所以方程组的解为

$$x_1 = \frac{D_1}{D} = 1, \quad x_2 = \frac{D_2}{D} = -2, \quad x_3 = \frac{D_3}{D} = 0, \quad x_4 = \frac{D_4}{D} = \frac{1}{2}$$

用克莱姆法则解线性方程组时有两个前提条件，一是方程个数与未知量个数相等；二是方程组的系数行列式不等于零。由于用克莱姆法则解 n 元线性方程组时，需要计算 $n+1$ 个 n 阶行列式，计算量很大，所以实际解线性方程组时一般不用克莱姆法则。但是，克莱姆法则在理论上是相当重要的，它告诉我们方程组在什么情况下有解，解是什么，从而可以看出方程组的解与它的系数、常数项的依赖关系。

定义5　如果式（6.1.7）中的常数项全部为0，即

$$\begin{cases} a_{11}x_1 + a_{12}x_2 + \cdots + a_{1n}x_n = 0 \\ a_{21}x_1 + a_{22}x_2 + \cdots + a_{2n}x_n = 0 \\ \qquad\qquad\qquad\vdots \\ a_{n1}x_1 + a_{n2}x_2 + \cdots + a_{nn}x_n = 0 \end{cases} \tag{6.1.8}$$

则称其为 n 元齐次线性方程组，而式（6.1.7）称为 n 元非齐次线性方程组。

由克莱姆法则推出如下的结论。

推论4　如果 n 元齐次线性方程组（式（6.1.8））的系数行列式 $D \neq 0$，则其只有零解。

换句话说，即 n 元齐次线性方程组（式（6.1.8））有非零解，那么其系数行列式 D 必等于0。

例10　λ 取何值时，方程组 $\begin{cases} (1-\lambda)x - 2y = 0 \\ -3x + (2-\lambda)y = 0 \end{cases}$ 有非零解。

解　这是一个二元齐次线性方程组，因为其系数行列式

$$D = \begin{vmatrix} (1-\lambda) & -2 \\ -3 & (2-\lambda) \end{vmatrix} = (1-\lambda)(2-\lambda) - 6$$

要使该方程组有非零解，必须有 $D = 0$，即

$$(1-\lambda)(2-\lambda) - 6 = 0$$

解得　$\lambda = -1$ 或 $\lambda = 4$

所以当 $\lambda = -1$ 或 $\lambda = 4$ 时，方程组必有非零解。

思考题：

1. n 阶行列式 $\begin{vmatrix} 0 & \cdots & 0 & a_{1n} \\ 0 & \cdots & a_{2,n-1} & 0 \\ \vdots & & \vdots & \vdots \\ a_{n1} & \cdots & 0 & 0 \end{vmatrix}$ 的值是否为 $a_{1n}a_{2,n-1}\cdots a_{n1}$？为什么？

2. 设 n 阶行列式的值为 D，将所有元素变号后，值等于多少？

3. 任意两个行列式都能比较大小吗？

习题 6-1

1. 求下列二阶、三阶行列式的值并由 Mathcad 计算验证。

(1) $\begin{vmatrix} \cos75° & \sin75° \\ \sin15° & \cos15° \end{vmatrix}$ $\quad(2)$ $\begin{vmatrix} 3 & 4 & -5 \\ 11 & 6 & -1 \\ 2 & 3 & 6 \end{vmatrix}$ $\quad(3)$ $\begin{vmatrix} 3 & 2 & 1 \\ 4 & 4 & 4 \\ 1 & 2 & 3 \end{vmatrix}$

2. 设行列式 $D = \begin{vmatrix} a_{11} & a_{12} & a_{13} \\ a_{21} & a_{22} & a_{23} \\ a_{31} & a_{32} & a_{33} \end{vmatrix} = \begin{vmatrix} 1 & 1 & 1 \\ a & b & c \\ a^2 & b^2 & c^2 \end{vmatrix}$

则（1）a_{22} 的代数余子式 $A_{22} =$ _____;

（2）a_{23} 的余子式 $D_{23} =$ _____;

（3）a_{23} 的代数余子式 $A_{23} =$ _____;

（4）D 的值 = _____。

3. 用行列式性质证明并由 Mathcad 计算验证:

(1) $\begin{vmatrix} a_1+b_1 & b_1+c_1 & c_1+a_1 \\ a_2+b_2 & b_2+c_2 & c_2+a_2 \\ a_3+b_3 & b_3+c_3 & c_3+a_3 \end{vmatrix} = 2\begin{vmatrix} a_1 & b_1 & c_1 \\ a_2 & b_2 & c_2 \\ a_3 & b_3 & c_3 \end{vmatrix}$ $\quad(2)$ $\begin{vmatrix} a^2 & ab & b^2 \\ 2a & a+b & 2b \\ 1 & 1 & 1 \end{vmatrix} = (a-b)^3$

4. 计算下列行列式并由 Mathcad 计算验证:

(1) $\begin{vmatrix} a-1 & -2 & 4 \\ -2 & a-2 & 2 \\ 4 & 2 & a-5 \end{vmatrix}$ $\quad(2)$ $\begin{vmatrix} 0 & 1 & 1 & 1 \\ 1 & 0 & 1 & 1 \\ 1 & 1 & 0 & 1 \\ 1 & 1 & 1 & 1 \end{vmatrix}$

(3) $\begin{vmatrix} 0 & a_1 & 0 & 0 & 0 \\ 0 & 0 & a_2 & 0 & 0 \\ 0 & 0 & 0 & a_3 & 0 \\ 0 & 0 & 0 & 0 & a_4 \\ a_5 & b & c & d & e \end{vmatrix}$ $\quad(4)$ $\begin{vmatrix} 0 & 0 & 0 & 5 & 5 \\ 0 & 0 & 4 & 1 & 0 \\ 0 & 3 & 2 & 0 & 0 \\ 2 & 3 & 0 & 0 & 0 \\ 4 & 0 & 0 & 0 & 1 \end{vmatrix}$

5. 计算下列 n 阶行列式并由 Mathcad 计算验证:

(1) $\begin{vmatrix} -a_1 & a_1 & 0 & \cdots & 0 & 0 \\ 0 & -a_2 & a_2 & \cdots & 0 & 0 \\ \cdots & \cdots & \cdots & \cdots & \cdots & \cdots \\ 0 & 0 & 0 & \cdots & -a_n & a_n \\ 1 & 1 & 1 & \cdots & 1 & 1 \end{vmatrix}$ $\quad(2)$ $\begin{vmatrix} x+1 & 2 & 3 & \cdots & n \\ 1 & x+2 & 3 & \cdots & n \\ 1 & 2 & x+3 & \cdots & n \\ \cdots & \cdots & \cdots & \cdots & \cdots \\ 1 & 2 & 3 & \cdots & x+n \end{vmatrix}$

6. 用克莱姆法则解下列线性方程组并由 Mathcad 计算验证:

(1) $\begin{cases} 2x_1 + 3x_2 + 11x_3 + 5x_4 = 2 \\ x_1 + x_2 + 5x_3 + 2x_4 = 1 \\ -x_2 - 7x_3 = -5 \\ -2x_3 + 2x_4 = -4 \end{cases}$ $\quad(2)$ $\begin{cases} x_1 + x_2 + x_3 + x_4 = 5 \\ x_1 + 2x_2 - x_3 + x_4 = -2 \\ 2x_1 + 3x_2 - x_3 - 5x_4 = -2 \\ 3x_1 + x_2 + 2x_3 + 3x_4 = 4 \end{cases}$

7. λ 取何值时，齐次线性方程组

$$
\begin{cases}
x_1 - x_2 + 2x_3 = 0 \\
x_1 + x_2 + \lambda x_3 = 0 \\
-x_1 + \lambda x_2 + x_3 = 0
\end{cases}
$$

（1）只有零解；（2）有非零解。

第二节　矩阵的概念和运算

矩阵是线性代数的一个基本内容，是线性代数的主要研究对象之一，在应用数学和社会经济管理中有着广泛的应用，是解决许多实际问题的有力工具。

一、矩阵的概念

1. 矩阵

我们从研究一般的线性方程组的问题来引出矩阵。例如，考察线性方程组

$$
\begin{cases}
3x_1 + 5x_2 + 6x_3 + 7x_4 = 2 \\
2x_1 + x_2 - 3x_3 = -1 \\
9x_1 - 6x_2 + x_3 - 2x_4 = 2
\end{cases}
$$

这是一个未知数个数大于方程个数的线性方程组。从求解角度来看，这个方程组的特性完全由未知数的 12 个系数和 3 个常数所确定。如果我们把这些系数和常数按原来的行列次序排出一张矩形数表，即

$$
\begin{bmatrix}
3 & 5 & 6 & 7 & 2 \\
2 & 1 & -3 & 0 & -1 \\
9 & -6 & 1 & -2 & 2
\end{bmatrix}
$$

那么，线性方程组就完全由这张矩形数表所确定。

在经济工作中，也常需要把问题的数据汇总成矩形数表。例如，假定一个企业有甲、乙、丙 3 种产品和一、二、三、四 4 个销售地区，所考察期间累计的销售状况见表 6-1。

表 6-1

货运地　销售地 产地	一	二	三	四
甲	10	11	12	13
乙	7	8	9	10
丙	12	10	8	6

将上面表中的数字取出，用矩形数表 $\begin{bmatrix} 10 & 11 & 12 & 13 \\ 7 & 8 & 9 & 10 \\ 12 & 10 & 8 & 6 \end{bmatrix}$ 表示。

总之，矩形数表是从实际中抽象出来的一个新的数学对象，为进一步研究起见，给出下面的定义。

定义 1　有 $m \times n$ 个数 $a_{ij}(i = 1,2,\cdots,m; j = 1,2,\cdots,n)$ 排列成一个 m 行 n 列的数表

$$\begin{bmatrix} a_{11} & a_{12} & \cdots & a_{1n} \\ a_{21} & a_{22} & \cdots & a_{2n} \\ \vdots & \vdots & & \vdots \\ a_{m1} & a_{m2} & \cdots & a_{mn} \end{bmatrix} \qquad (6.2.1)$$

称为 m 行 n 列矩阵，简称 $m \times n$ 矩阵。矩阵通常用大写字母 A，B，C，$\cdots$ 表示。例如上述矩阵可以记作 A 或 $A_{m \times n}$，有时也记作 $A = (a_{ij})_{m \times n}$。其中 a_{ij} 称为**矩阵 A 的第 i 行第 j 列元素**。

特别地，当 $m = n$ 时，称 A 为 n **阶矩阵**或 n **阶方阵**。

当 $m = 1$ 或 $n = 1$ 时，矩阵只有一行或只有一列，即

$$A = \begin{bmatrix} a_{11} & a_{12} & \cdots & a_{1n} \end{bmatrix} \text{ 或 } A = \begin{bmatrix} a_{11} \\ a_{21} \\ \vdots \\ a_{m1} \end{bmatrix}$$

分别称为**行矩阵**或**列矩阵**。

元素都是零的矩阵称为**零矩阵**，记为 0 或 $0_{m \times n}$。

在 n 阶矩阵中，从左上角到右下角的对角线称为**主对角线**，从右上角到左下角的对角线称为**次对角线**。关于主对角线对称的元素都相等的方阵称为**对称矩阵**。

在矩阵 $A = (a_{ij})_{m \times n}$ 中各个元素的前面都添加上负号（即取相反数）得到的矩阵，称为 A 的**负矩阵**，记作 $-A$，即 $-A = (-a_{ij})_{m \times n}$。

定义 2　若两个矩阵 $A = (a_{ij})_{s \times n}$，$B = (b_{ij})_{r \times m}$ 满足（1）行数相等 $s = r$；（2）列数相等 $m = n$；（3）所有对应元素相等，即

$$a_{ij} = b_{ij}(i = 1,2,\cdots,s; j = 1,2,\cdots,n)$$

则称**矩阵 A 与 B 相等**，记作 $A = B$。

定义 3　方阵 A 的元素按其在矩阵中的位置所构成的行列式，称为方阵 A 的行列式，

记为 $|A|$，即若 $A = \begin{bmatrix} a_{11} & a_{12} & \cdots & a_{1n} \\ a_{21} & a_{22} & \cdots & a_{2n} \\ \vdots & \vdots & & \vdots \\ a_{n1} & a_{n2} & \cdots & a_{nn} \end{bmatrix}$，则 $|A| = \begin{vmatrix} a_{11} & a_{12} & \cdots & a_{1n} \\ a_{21} & a_{22} & \cdots & a_{2n} \\ \vdots & \vdots & & \vdots \\ a_{n1} & a_{n2} & \cdots & a_{nn} \end{vmatrix}$

注意：矩阵与行列式是有本质区别的，行列式是一个算式，一个数字行列式通过计算可求得其值，而矩阵仅仅是一个数表，它的行数和列数可以不同。

2. 转置矩阵

定义 4　将一个矩阵 $A = \begin{bmatrix} a_{11} & a_{12} & \cdots & a_{1n} \\ a_{21} & a_{22} & \cdots & a_{2n} \\ \vdots & \vdots & & \vdots \\ a_{m1} & a_{m2} & \cdots & a_{mn} \end{bmatrix}$ 的行和列按顺序互换得到的 $n \times m$ 矩阵，

称为 A 的**转置矩阵**，记作 A^{T}，即

$$A^{\mathrm{T}} = \begin{bmatrix} a_{11} & a_{21} & \cdots & a_{m1} \\ a_{12} & a_{22} & \cdots & a_{m2} \\ \vdots & \vdots & & \vdots \\ a_{1n} & a_{2n} & \cdots & a_{mn} \end{bmatrix}$$

由定义 4 可知，转置矩阵 A^{T} 的第 i 行第 j 列的元素等于矩阵 A 的第 j 行第 i 列的元素，简记为 A^{T} 的 (i, j) 元素 $= A$ 的 (j, i) 元素。

对于转置矩阵，有以下结论成立：

（1）若 A 是 m 行 n 列的矩阵，则 A^{T} 是一个 n 行 m 列的矩阵；

（2）$(A^{\mathrm{T}})^{\mathrm{T}} = A$；

（3）任何一个对称矩阵的转置矩阵就是本身。

Mathcad 求矩阵转置：如在 Mathcad 工作区赋值 $A := \begin{bmatrix} 4 & 9 & 2 \\ 3 & 5 & 7 \\ 8 & 1 & 6 \end{bmatrix}$ 自然输入 $A^{\mathrm{T}} \rightarrow$ 即刻得

$$A^{\mathrm{T}} \rightarrow \begin{bmatrix} 4 & 3 & 8 \\ 9 & 5 & 1 \\ 2 & 7 & 6 \end{bmatrix}$$

3. 几种特殊矩阵

下面介绍几类常见的特殊矩阵，它们是单位矩阵、数量矩阵、对角矩阵和三角矩阵，这些矩阵都是方阵。

1）单位矩阵

主对角线上的元素全都是 1，其余元素全是 0 的 n 阶矩阵，即

$$\begin{bmatrix} 1 & 0 & \cdots & 0 \\ 0 & 1 & \cdots & 0 \\ \vdots & \vdots & & \vdots \\ 0 & 0 & \cdots & 1 \end{bmatrix}$$

称为 **n 阶单位矩阵**，记作 E 或 E_n。

2）数量矩阵

主对角线上元素都是非零常数，其余元素全部是零的 n 阶矩阵，称为 **n 阶数量矩阵**。当 $n = 2$，3 时，有

$$A = \begin{bmatrix} a & 0 \\ 0 & a \end{bmatrix}, \quad B = \begin{bmatrix} b & 0 & 0 \\ 0 & b & 0 \\ 0 & 0 & b \end{bmatrix} (a, b \neq 0)$$

就是二阶、三阶数量矩阵。

3）三角矩阵

主对角线下（或上）方的元素全都为零的 n 阶矩阵，称为 **n 阶上（或下）三角矩阵**，上、下三角矩阵统称为**三角矩阵**。

例如，$A = \begin{bmatrix} -2 & 4 & 0 \\ 0 & 1 & -3 \\ 0 & 0 & 5 \end{bmatrix}$，$B = \begin{bmatrix} 1 & 0 & 0 & 0 \\ 5 & 3 & 0 & 0 \\ 0 & 4 & 0 & 0 \\ 7 & 0 & 2 & 6 \end{bmatrix}$ 分别是一个三阶上三角矩阵和一个四

阶下三角矩阵。值得注意的是，上（或下）三角矩阵的主对角线下（或上）方的元素一定是零，而其他元素可以是零也可以不是零。

4）对角矩阵

如果一个矩阵 A 既是上三角矩阵，又是下三角矩阵，则称其为 **n 阶对角矩阵**，如 $A =$

$\begin{bmatrix} 2 & 0 \\ 0 & -1 \end{bmatrix}$，$B = \begin{bmatrix} 2 & 0 & 0 \\ 0 & 1 & 0 \\ 0 & 0 & 5 \end{bmatrix}$ 分别为二阶、三阶对角矩阵。

二、矩阵的运算

1. 矩阵的加法和减法

定义 5　设由矩阵 $A = (a_{ij})_{m \times n}$ 与 $B = (b_{ij})_{m \times n}$ 的对应元素相加（减）而得到的 $m \times n$ 矩阵，称为矩阵 A 与 B 的和（或差），记作 $A + B$（或 $A - B$），即

$$A \pm B = (a_{ij} \pm b_{ij}) \tag{6.2.2}$$

由定义 5 可知，矩阵的加（减）法就是矩阵对应元素相加（减），而且只有行数、列数分别相同的两个矩阵，才能作加（减）运算。

例 1　设矩阵 $A = \begin{bmatrix} 3 & 0 & -4 \\ -2 & 5 & -1 \end{bmatrix}$，$B = \begin{bmatrix} -2 & 3 & 4 \\ 0 & -3 & 1 \end{bmatrix}$，求：$A + B$，$A - B$。

解　法一　$A + B = \begin{bmatrix} 3-2 & 0+3 & -4+4 \\ -2+0 & 5-3 & -1+1 \end{bmatrix} = \begin{bmatrix} 1 & 3 & 0 \\ -2 & 2 & 0 \end{bmatrix}$

$A - B = \begin{bmatrix} 3+2 & 0-3 & -4-4 \\ -2-0 & 5+3 & -1-1 \end{bmatrix} = \begin{bmatrix} 5 & -3 & -8 \\ -2 & 8 & -2 \end{bmatrix}$

法二　Mathcad 计算：Ctrl + l 输入表达式 $\begin{bmatrix} 3 & 0 & -4 \\ -2 & 5 & -1 \end{bmatrix} + \begin{bmatrix} -2 & 3 & 4 \\ 0 & -3 & 1 \end{bmatrix}$ 箭头

命令上面输入 simplify 可得 $\begin{bmatrix} 3 & 0 & -4 \\ -2 & 5 & -1 \end{bmatrix} + \begin{bmatrix} -2 & 3 & 4 \\ 0 & -3 & 1 \end{bmatrix} \rightarrow \begin{bmatrix} 1 & 3 & 0 \\ -2 & 2 & 0 \end{bmatrix}$

Ctrl + l 输入表达式 $\begin{bmatrix} 3 & 0 & -4 \\ -2 & 5 & -1 \end{bmatrix} - \begin{bmatrix} -2 & 3 & 4 \\ 0 & -3 & 1 \end{bmatrix}$ 箭头命令上面输入 simplify 可得

$\begin{bmatrix} 3 & 0 & -4 \\ -2 & 5 & -1 \end{bmatrix} - \begin{bmatrix} -2 & 3 & 4 \\ 0 & -3 & 1 \end{bmatrix} \rightarrow \begin{bmatrix} 5 & -3 & -8 \\ -2 & 8 & -2 \end{bmatrix}$

以下例题可以此验证。

设 A，B，C 都是 $m \times n$ 矩阵，不难验证矩阵的加减法满足以下运算规则：

（1）加减交换律 $A + B = B + A$；

（2）加减结合律 $(A + B) + C = A + (B + C)$；

（3）$A - B = A + (-B)$。

2. 数与矩阵相乘

定义 6　数 k 乘以矩阵 $A = (a_{ij})_{m \times n}$ 的每个元素所得的矩阵 $(ka_{ij})_{m \times n}$ 称为 k 与矩阵 A 的数乘矩阵，记作 kA，即 $kA = (ka_{ij})_{m \times n}$。

容易验证，对于数 k，l 和矩阵 A，满足以下运算规则：

（1）数对矩阵的分配律 $k(A + B) = kA + kB$；

（2）矩阵对数的分配律 $(k + l)A = kA + lA$；

（3）数与矩阵的结合律 $(kl)A = k(lA) = l(kA)$。

例 2　已知 $A = \begin{bmatrix} 2 & 1 & -2 \\ 3 & 2 & 1 \end{bmatrix}$，$B = \begin{bmatrix} 0 & -1 & 2 \\ 3 & 2 & -1 \end{bmatrix}$，求：$2\left(A + \dfrac{1}{2}B\right)$。

解　$2\left(A + \dfrac{1}{2}B\right) = 2A + B = \begin{bmatrix} 4 & 2 & -4 \\ 6 & 4 & 2 \end{bmatrix} + \begin{bmatrix} 0 & -1 & 2 \\ 3 & 2 & -1 \end{bmatrix} = \begin{bmatrix} 4 & 1 & -2 \\ 9 & 6 & 1 \end{bmatrix}$

Mathcad 计算：Ctrl + 1 输入表达式 $2\left(\begin{bmatrix} 2 & 1 & -2 \\ 3 & 2 & 1 \end{bmatrix} + \dfrac{1}{2}\begin{bmatrix} 0 & -1 & 2 \\ 3 & 2 & -1 \end{bmatrix}\right)$ 箭头命令上面输入 simplify 可得 $2\left(\begin{bmatrix} 2 & 1 & -2 \\ 3 & 2 & 1 \end{bmatrix} + \dfrac{1}{2}\begin{bmatrix} 0 & -1 & 2 \\ 3 & 2 & -1 \end{bmatrix}\right) \rightarrow \begin{bmatrix} 4 & 1 & -2 \\ 9 & 6 & 1 \end{bmatrix}$

例 3　已知矩阵 $A = \begin{bmatrix} 3 & -1 & 2 \\ 1 & 5 & 7 \\ 5 & 4 & -3 \end{bmatrix}$，$B = \begin{bmatrix} 7 & 5 & -4 \\ 5 & 1 & 9 \\ 3 & -2 & 1 \end{bmatrix}$ 且 $A + 2X = B$，求矩阵 X。

解　由 $A + 2X = B$，得 $X = \dfrac{1}{2}(B - A)$。

因为 $B - A = \begin{bmatrix} 7 & 5 & -4 \\ 5 & 1 & 9 \\ 3 & -2 & 1 \end{bmatrix} - \begin{bmatrix} 3 & -1 & 2 \\ 1 & 5 & 7 \\ 5 & 4 & -3 \end{bmatrix} = \begin{bmatrix} 4 & 6 & -6 \\ 4 & -4 & 2 \\ -2 & -6 & 4 \end{bmatrix}$

所以 $X = \dfrac{1}{2}(B - A) = \dfrac{1}{2}\begin{bmatrix} 4 & 6 & -6 \\ 4 & -4 & 2 \\ -2 & -6 & 4 \end{bmatrix} = \begin{bmatrix} 2 & 3 & -3 \\ 2 & -2 & 1 \\ -1 & -3 & 2 \end{bmatrix}$

Mathcad 计算：在 Mathcad 工作区赋值，$A := \begin{bmatrix} 3 & -1 & 2 \\ 1 & 5 & 7 \\ 5 & 4 & -3 \end{bmatrix}$　$B := \begin{bmatrix} 7 & 5 & -4 \\ 5 & 1 & 9 \\ 3 & -2 & 1 \end{bmatrix}$

$$X := \dfrac{1}{2}(B - A) \rightarrow \begin{bmatrix} 2 & 3 & -3 \\ 2 & -2 & 1 \\ -1 & -3 & 2 \end{bmatrix}$$

3. 矩阵与矩阵的乘法

若用矩阵 A 表示文具车间三个班组一天的产量，用矩阵 D 表示铅笔和钢笔的单位售价和单位利润，即

$$A = \begin{bmatrix} 3000 & 1000 \\ 2500 & 1100 \\ 2000 & 1000 \end{bmatrix} \begin{matrix} \text{一班} \\ \text{二班}, \\ \text{三班} \end{matrix} \qquad B = \begin{bmatrix} 0.5 & 0.2 \\ 10 & 2 \end{bmatrix} \begin{matrix} \text{铅笔} \\ \text{钢笔} \end{matrix}$$

铅笔　钢笔　　　　　　　　单价(元)　利润(元)

若用矩阵 C 表示三个班组一天创造的总产值和总利润,则有

总产值　　总利润

$$C = \begin{bmatrix} c_{11} & c_{12} \\ c_{21} & c_{22} \\ c_{31} & c_{32} \end{bmatrix} \begin{matrix} \text{一班} \\ \text{二班} \\ \text{三班} \end{matrix} = \begin{bmatrix} 3000 \times 0.5 + 1000 \times 10 & 3000 \times 0.2 + 1000 \times 2 \\ 2500 \times 0.5 + 1100 \times 10 & 2500 \times 0.2 + 1100 \times 2 \\ 2000 \times 0.5 + 1000 \times 10 & 2000 \times 0.2 + 1000 \times 2 \end{bmatrix} = \begin{bmatrix} 11500 & 2600 \\ 12250 & 2700 \\ 11000 & 2400 \end{bmatrix}$$

可见,C 的元素 c_{11} 正是矩阵 A 的第 1 行与矩阵 B 的第 1 列所有对应元素的乘积之和,c_{12} 是 A 的第 1 行与 B 的第 2 列所有对应元素的乘积之和等。我们称矩阵 C 为矩阵 A 与 B 的乘积。

定义 7　设 $A = (a_{ij})_{m \times s}$,$B = (b_{ij})_{s \times n}$,则称 $m \times n$ 矩阵 $C = (c_{ij})_{m \times n}$ **为矩阵 A 与 B 的乘积**,其中,$c_{ij} = a_{i1}b_{1j} + a_{i2}b_{2j} + \cdots + a_{is}b_{sj} = \sum\limits_{k=1}^{s} a_{ik}b_{kj}(i = 1,2,\cdots,m;j = 1,2,\cdots,n)$,记作 $C = AB$。

由定义 7 知:

(1) 只有当左矩阵 A 的列数等于右矩阵 B 的行数时,A,B 才能作乘法运算;

(2) 两个矩阵的乘积 $C = AB$ 亦是矩阵,它的行数等于左矩阵 A 的行数,它的列数等于右矩阵 B 的列数;

(3) 乘积矩阵 $C = AB$ 中的第 i 行第 j 列的元素等于 A 的第 i 行元素与 B 的第 j 列对应元素的乘积之和,故简称**行乘列法则**。

例 4　设矩阵 $A = \begin{bmatrix} 2 & -1 \\ -4 & 0 \\ 3 & 1 \end{bmatrix}$,$B = \begin{bmatrix} 7 & -9 \\ -8 & 10 \end{bmatrix}$,计算 AB。

解　$AB = \begin{bmatrix} 2 \times 7 + (-1) \times (-8) & 2 \times (-9) + (-1) \times 10 \\ -4 \times 7 + 0 \times (-8) & -4 \times (-9) + 0 \times 10 \\ 3 \times 7 + 1 \times (-8) & 3 \times (-9) + 1 \times 10 \end{bmatrix} = \begin{bmatrix} 22 & -28 \\ -28 & 36 \\ 13 & -17 \end{bmatrix}$

显然 BA 是无意义的。

例 5　设 $A = \begin{bmatrix} 1 & -1 \\ -1 & 1 \end{bmatrix}$,$B = \begin{bmatrix} 1 & 1 \\ -1 & -1 \end{bmatrix}$,计算 AB,BA。

解　$AB = \begin{bmatrix} 1 & -1 \\ -1 & 1 \end{bmatrix}\begin{bmatrix} 1 & 1 \\ -1 & -1 \end{bmatrix} = \begin{bmatrix} 2 & 2 \\ -2 & -2 \end{bmatrix}$,$BA = \begin{bmatrix} 1 & 1 \\ -1 & -1 \end{bmatrix}\begin{bmatrix} 1 & -1 \\ -1 & 1 \end{bmatrix} = \begin{bmatrix} 0 & 0 \\ 0 & 0 \end{bmatrix}$

Mathcad 计算:在 Mathcad 工作区赋值 $A := \begin{bmatrix} 1 & -1 \\ -1 & 1 \end{bmatrix} B := \begin{bmatrix} 1 & -1 \\ -1 & 1 \end{bmatrix}$

$$A \cdot B \rightarrow$$

$$B \cdot A \rightarrow$$

由例 4，例 5 可以看到：

（1）两个矩阵相乘，AB 有意义，但 BA 可能无意义，即使 BA 有意义，也不一定 $AB = BA$，所以，矩阵的乘法一般不满足交换律；

（2）矩阵 $A \neq 0$，$B \neq 0$，然而 $BA = 0$，即两个非 0 矩阵的乘积为 0 矩阵，这也是与数的乘法不同的地方，由此说明，若 $AB = 0$，一般不能推出 $A = 0$ 或 $B = 0$，也就是一般地，不能在矩阵乘积等式两边消去相同的矩阵。

矩阵乘法有如下运算规律：

（1）结合律 $(AB)C = A(BC)$；

（2）数乘结合律 $k(AB) = (kA)B = A(kB)$（k 为常数）；

（3）分配律 $A(B + C) = AB + AC$（左分配律），$(B + C)A = BA + CA$（右分配律）。

为了方便，常把 k 个方阵 A 相乘，记为 A^k，称为 A 的 k 次幂。

思考题：

1. 是否所有的零矩阵都相等，为什么？

2. 矩阵和行列式是完全不同的两个概念，两者有本质的差异，请说说它们之间的不同。

3. 设 A 是 n 阶方阵，则 $|A|$ 与 $|-A|$ 的关系是什么？

习题　6-2

1. 已知 $A = \begin{bmatrix} 3 & 6 & 2 \\ 2 & 4 & 7 \\ -1 & 2 & 5 \end{bmatrix}$，求 $A + A^T$ 及 $A - A^T$ 并用 Mathcad 验证。

2. 设 $A = \begin{bmatrix} 3 & 7 & 4 \\ -3 & 4 & 4 \\ -2 & 0 & 3 \end{bmatrix}$，$B = \begin{bmatrix} 3 & x_1 & x_2 \\ x_1 & 4 & x_3 \\ x_2 & x_3 & 3 \end{bmatrix}$，$C = \begin{bmatrix} 0 & y_1 & y_2 \\ -y_1 & 0 & y_3 \\ -y_2 & -y_3 & 0 \end{bmatrix}$，且 $A = B + C$，求 B 和 C 中未知数 x_1，x_2，x_3 和 y_1，y_2，y_3。

3. 设 $A = \begin{bmatrix} 3 & 2 & 5 \\ 1 & 6 & 1 \\ 4 & 5 & 7 \end{bmatrix}$，$B = \begin{bmatrix} 4 & 3 & 7.5 \\ 1.5 & 8.5 & 1.5 \\ 6 & 7.5 & 10 \end{bmatrix}$，求 $3A + 2B$ 及 $3A - 2B$ 并用 Mathcad 验证。

4. 计算下列各题并用 Mathcad 验证：

（1）$\begin{bmatrix} 1 & -2 & 3 \end{bmatrix} \begin{bmatrix} 1 \\ 2 \\ 3 \end{bmatrix}$　　（2）$\begin{bmatrix} 1 \\ -2 \\ 3 \end{bmatrix} \begin{bmatrix} -1 & 2 & 3 \end{bmatrix}$

（3）$\begin{bmatrix} -2 & 3 \\ 5 & -4 \end{bmatrix} \begin{bmatrix} 3 & 4 \\ 2 & 5 \end{bmatrix}$　　（4）$\begin{bmatrix} -1 & 2 & 3 \\ 3 & -1 & 0 \end{bmatrix} \begin{bmatrix} 2 & 5 & 0 \\ -4 & 3 & -2 \\ 3 & -1 & 1 \end{bmatrix}$

5. 求下列各方阵的幂（n 为正整数）并用 Mathcad 验证：

（1）$\begin{bmatrix} 1 & -1 \\ 1 & -1 \end{bmatrix}^2$　　　（2）$\begin{bmatrix} 1 & 1 \\ 1 & 1 \end{bmatrix}^n$　　　（3）$\begin{bmatrix} 0 & 1 & 0 \\ 0 & 0 & 1 \\ 1 & 0 & 0 \end{bmatrix}^3$

第三节　矩阵的初等变换与矩阵的秩

一、矩阵的初等变换

线性方程组的主要求解方法是消元法，在用消元法求解过程中，运用了 3 种变化方法：

（1）交换两个方程的位置；

（2）用一个非零数乘方程；

（3）用一个非零的数乘某个方程后加到另一个方程上去。

将方程组进行上述 3 种变换后所得到的新方程组与原方程组是同解的。这 3 种变换称为线性方程组的初等变换。所以初等变换不改变线性方程组的解。

由于对方程组作初等变换时，只是对方程组的系数和常数项进行运算，而未知量并未参与运算。因此，对方程组进行初等变换，实质上就是对方程组的系数与常数项构成的矩阵进行相应的变换。于是有下面矩阵初等变换的定义。

定义 1　对矩阵的行（列）作以下 3 种变换，称为矩阵的行（列）**初等变换**。

（1）位置变换：交换矩阵的任意两行（或两列）；

（2）倍乘变换：用一个非零常数乘以矩阵的某一行（或一列）；

（3）倍加变换：用一个常数乘矩阵的某一行（或某一列），加到另一行（或另一列）上去。

矩阵行与列的初等变换统称为矩阵的初等变换。

定义 2　矩阵 A 经过有限次初等变换化为矩阵 B，则称**矩阵 A 与矩阵 B 等价**，记为 $A \backsim B$。

定义 3　满足以下条件的矩阵称为**阶梯形矩阵**：

（1）矩阵的零行（若存在）在矩阵的最下方；

（2）各个非零行的第一个非零元素的列标随着行标的增大而严格增大。

例如

$$A = \begin{bmatrix} 1 & 2 & -1 \\ 0 & 1 & 1 \\ 0 & 0 & 0 \end{bmatrix}, B = \begin{bmatrix} 4 & 1 & 2 & 3 \\ 0 & 0 & 3 & 0 \\ 0 & 0 & 0 & 2 \end{bmatrix}$$

都是阶梯形矩阵。

例 1　用矩阵的初等行变换将矩阵 $A = \begin{bmatrix} 2 & 4 & 0 \\ 3 & 5 & 2 \\ 1 & 0 & 3 \end{bmatrix}$ 化为阶梯形矩阵。

解　$A = \begin{bmatrix} 2 & 4 & 0 \\ 3 & 5 & 2 \\ 1 & 0 & 3 \end{bmatrix} \xrightarrow{\frac{1}{2} \times ①行} \begin{bmatrix} 1 & 2 & 0 \\ 3 & 5 & 2 \\ 1 & 0 & 3 \end{bmatrix} \xrightarrow[③行 + (-1) \times ①行]{②行 + (-3) \times ①行} \begin{bmatrix} 1 & 2 & 0 \\ 0 & -1 & 2 \\ 0 & -2 & 3 \end{bmatrix}$

$$\xrightarrow{\text{③行} + (-2) \times \text{②行}} \begin{bmatrix} 1 & 2 & 0 \\ 0 & -1 & 2 \\ 0 & 0 & -1 \end{bmatrix}$$

如果阶梯形矩阵还满足以下条件：

（1）各非零行的第一个非零元素都是1；

（2）所有第一个非零元素所在列的其余都是零，那么该矩阵称为行**简化阶梯形矩阵**或**简化阶梯形矩阵**，例如：

$$C = \begin{bmatrix} 1 & 0 & -1 \\ 0 & 1 & 1 \\ 0 & 0 & 0 \end{bmatrix}, D = \begin{bmatrix} 1 & 1 & 0 & 0 \\ 0 & 0 & 1 & 0 \\ 0 & 0 & 0 & 1 \end{bmatrix}$$

我们对例1所得到的阶梯形矩阵，再进行初等行变换，就可将其化为简化阶梯形矩阵，即：

$$\begin{bmatrix} 1 & 0 & 0 \\ 0 & -1 & 2 \\ 0 & 0 & -1 \end{bmatrix} \xrightarrow{\text{②行} + 2 \times \text{③行}} \begin{bmatrix} 1 & 0 & 0 \\ 0 & -1 & 0 \\ 0 & 0 & -1 \end{bmatrix} \xrightarrow[\;(-1) \times \text{②行}\;]{(-1) \times \text{③行}} \begin{bmatrix} 1 & 0 & 0 \\ 0 & 1 & 0 \\ 0 & 0 & 1 \end{bmatrix} = E$$

关于矩阵的初等变换有如下定理：

定理1　任意一个矩阵都可以通过一系列行初等变换化为与其等价的阶梯形矩阵和简化阶梯形矩阵。

Mathcad 初等行变换命令：$rref(A)$，该命令可以把一个矩阵 A 化为行简化阶梯形矩阵。

例如：在 Mathcad 工作区赋值矩阵　$A := \begin{bmatrix} 2 & 4 & 0 \\ 3 & 5 & 2 \\ 1 & 0 & 3 \end{bmatrix} rref(A) \rightarrow \begin{bmatrix} 1 & 0 & 0 \\ 0 & 1 & 0 \\ 0 & 0 & 1 \end{bmatrix}$

二、矩阵的秩

定义4　在 m 行 n 列的矩阵 A 中，任取 k 行 k 列，位于这些行、列相交处的元素所构成的 k 阶行列式，叫做 A 的 k 阶子式。例如，矩阵 $A = \begin{bmatrix} 1 & 2 & 2 & 11 \\ 1 & -3 & -3 & -14 \\ 3 & 1 & 1 & 8 \end{bmatrix}$ 中，第1，2 两行和第2，3 两列相交处的元素构成一个二阶子式 $\begin{vmatrix} 2 & 2 \\ -3 & -3 \end{vmatrix}$，第1，2，3 三行和第2，3，4 三列相交处的元素构成一个三阶子式 $\begin{vmatrix} 2 & 2 & 11 \\ -3 & -3 & -14 \\ 1 & 1 & 8 \end{vmatrix}$

显然，一个 n 阶方阵 A 的 n 阶子式，就是方阵 A 的行列式 $|A|$。

定义5　若矩阵 A 中至少有一个 r 阶子式不为零，而所有高于 r 阶的子式都为零，则数 r 叫做矩阵 A 的秩，记作 $r(A)$，即 $r(A) = r$。

例2　求矩阵 A 的秩，其中 $A = \begin{bmatrix} 1 & 2 & 2 & 11 \\ 1 & -3 & -3 & -14 \\ 3 & 1 & 1 & 8 \end{bmatrix}$

解　矩阵 A 共有四个三阶子式，不难验证这四个三阶子式全为零，但在 A 中至少有一个二阶子式不为零。例如，$\begin{vmatrix} 1 & 2 \\ 1 & -3 \end{vmatrix} \neq 0$，所以矩阵 A 的秩为2，即 $r(A) = 2$。

由例2看出，根据定义求矩阵的秩，要计算许多行列式，而且矩阵的行数、列数越高，计算量就越大。下面引入利用初等变换求矩阵秩的方法，它可以简化计算。

定理2　矩阵的初等变换不改变矩阵的秩。

运用这个定理，可以将矩阵 A 经过适当的初等变换，变成一个求秩较方便的矩阵 B，从而通过求 $r(B)$ 得到 $r(A)$。

阶梯形矩阵的秩等于其非零行的个数。

例3　求矩阵 A 的秩，其中 $A = \begin{bmatrix} 1 & 1 & 2 & 2 & 1 \\ 0 & 2 & 1 & 5 & -1 \\ 2 & 0 & 3 & -1 & 3 \\ 1 & 1 & 0 & 4 & -1 \end{bmatrix}$

解　$A = \begin{bmatrix} 1 & 1 & 2 & 2 & 1 \\ 0 & 2 & 1 & 5 & -1 \\ 2 & 0 & 3 & -1 & 3 \\ 1 & 1 & 0 & 4 & -1 \end{bmatrix} \xrightarrow[④行+(-1)×①行]{③行+(-2)×①行} \begin{bmatrix} 1 & 1 & 2 & 2 & 1 \\ 0 & 2 & 1 & 5 & -1 \\ 0 & -2 & -1 & -5 & 1 \\ 0 & 0 & -2 & 2 & -2 \end{bmatrix}$

$\xrightarrow{③行+②行} \begin{bmatrix} 1 & 1 & 2 & 2 & 1 \\ 0 & 2 & 1 & 5 & -1 \\ 0 & 0 & 0 & 0 & 0 \\ 0 & 0 & -2 & 2 & -2 \end{bmatrix} \xrightarrow{③行、④行交换} \begin{bmatrix} 1 & 1 & 2 & 2 & 1 \\ 0 & 2 & 1 & 5 & -1 \\ 0 & 0 & -2 & 2 & -2 \\ 0 & 0 & 0 & 0 & 0 \end{bmatrix} = B$

因为 $r(B) = 3$，所以 $r(A) = 3$。

Mathcad 求矩阵秩的命令：$rank(A) \rightarrow$；或 $rref(A)$ 查看阶梯形矩阵非零行的个数。例如：在 Mathcad 工作区 $A := \begin{bmatrix} 1 & 1 & 2 & 2 & 1 \\ 0 & 2 & 1 & 5 & -1 \\ 0 & 0 & 0 & 0 & 0 \\ 0 & 0 & -2 & 2 & -2 \end{bmatrix}$，$rank(A) \rightarrow 3$。

思考题：

1. 矩阵的初等变换和方程组的初等变换一样吗？
2. 求矩阵的秩，可以交叉使用矩阵的行、列初等变换吗？

习题　6-3

1. 用初等变换将下列矩阵化为阶梯形矩阵：

(1) $\begin{bmatrix} 1 & 2 \\ 2 & 5 \end{bmatrix}$　　(2) $\begin{bmatrix} 1 & -1 & 2 \\ 3 & -3 & 1 \end{bmatrix}$　　(3) $\begin{bmatrix} 1 & 3 \\ 2 & 1 \\ 3 & -1 \end{bmatrix}$　　(4) $\begin{bmatrix} 1 & 2 & 3 \\ 3 & 7 & 1 \\ 1 & 0 & 2 \end{bmatrix}$

2. 把下列矩阵化为简化阶梯形矩阵:

(1) $\begin{bmatrix} 1 & 2 & -1 & 1 \\ 2 & -3 & 1 & 0 \\ 4 & 1 & -1 & 1 \end{bmatrix}$　　(2) $\begin{bmatrix} 0 & 1 & 1 & -1 & 2 \\ 0 & 2 & 2 & 2 & 0 \\ 0 & -1 & -1 & 1 & 1 \\ 1 & 1 & 0 & 0 & -1 \end{bmatrix}$

3. 求下列矩阵的秩:

(1) $\begin{bmatrix} 2 & 0 & 8 & 4 \\ 3 & 0 & -1 & 7 \end{bmatrix}$　　(2) $\begin{bmatrix} 1 & 2 & 3 & 4 \\ 1 & 10 & 2 & 1 \\ -2 & -4 & -6 & -8 \end{bmatrix}$

第四节 逆 矩 阵

一、逆矩阵的概念

代数方程 $ax = b$,当 $a \neq 0$ 时,其解为 $x = a^{-1}b$。那么,线性方程组 $AX = B$(其中,A 是一个 n 阶方阵,X 与 B 是有 n 个元素的列矩阵),当 $A \neq 0$ 时,其解是否也可以写成 $X = A^{-1}B$ 呢?如果可以,A^{-1} 的含义是什么呢?

定义1　对于一个 n 阶方阵 A,如果存在一个 n 阶方阵 C,使 $CA = AC = E$,那么矩阵 C 称为矩阵 A 的**逆矩阵**。矩阵 A 的逆矩阵记为 A^{-1},即 $C = A^{-1}$。

如果矩阵 A 存在逆矩阵,则称矩阵 A 是可**逆矩阵**。

二、逆矩阵的性质

根据逆矩阵的定义及矩阵有关性质,可推得逆矩阵有如下的性质。

(1) 如果矩阵 A 是可逆矩阵,则:

① A 的逆矩阵 A^{-1} 是唯一的;

② A^{-1} 是可逆的,且 $(A^{-1})^{-1} = A$;

③ A^{T} 是可逆的,且 $(A^{T})^{-1} = (A^{-1})^{T}$;

④ 如果常数 $k \neq 0$,则矩阵 kA 也可逆,且有 $(kA)^{-1} = \dfrac{1}{k}A^{-1}$。

(2) 若两个同阶方阵 A 和 B 都可逆,则 AB,BA 也可逆,且 $(AB)^{-1} = B^{-1}A^{-1}$,$(BA)^{-1} = A^{-1}B^{-1}$。

证　因为　$(B^{-1}A^{-1})(AB) = B^{-1}(A^{-1}A)B = B^{-1}EB = B^{-1}B = E$

$$AB(B^{-1}A^{-1}) = A(BB^{-1})A^{-1} = AEA^{-1} = AA^{-1} = E$$

所以 $B^{-1}A^{-1}$ 为 AB 的逆矩阵。

同理,可证 $(BA)^{-1} = A^{-1}B^{-1}$。

三、逆矩阵的求法

定义2　如果 n 阶矩阵 A 的行列式 $|A| \neq 0$,则称 A 是非**奇异矩阵**,否则称 A 为**奇异矩**

阵。

在这里，我们以三阶方阵为例说明逆矩阵的求法。

设 $A = \begin{bmatrix} a_{11} & a_{12} & a_{13} \\ a_{21} & a_{22} & a_{23} \\ a_{31} & a_{32} & a_{33} \end{bmatrix}$，作一矩阵 $A^* = \begin{bmatrix} A_{11} & A_{21} & A_{31} \\ A_{12} & A_{22} & A_{32} \\ A_{13} & A_{23} & A_{33} \end{bmatrix}$，其中 A_{ij} 表示行列式 $|A|$ 中元

素 a_{ij} 的代数余子式，矩阵 A^* 称为 A 的**伴随矩阵**。

由矩阵乘法可得

$$AA^* = \begin{bmatrix} a_{11} & a_{12} & a_{13} \\ a_{21} & a_{22} & a_{23} \\ a_{31} & a_{32} & a_{33} \end{bmatrix} \begin{bmatrix} A_{11} & A_{21} & A_{31} \\ A_{12} & A_{22} & A_{32} \\ A_{13} & A_{23} & A_{33} \end{bmatrix} = \begin{bmatrix} |A| & 0 & 0 \\ 0 & |A| & 0 \\ 0 & 0 & |A| \end{bmatrix} = |A|E$$

同理可得 $A^*A = |A|E$，即 $AA^* = A^*A = |A|E$。

如果 $|A| \neq 0$，作矩阵 $C = \dfrac{1}{|A|}A^*$，那么

$$AC = A\left(\frac{1}{|A|}A^*\right) = \frac{1}{|A|}AA^* = \frac{1}{|A|} \cdot |A|E = E$$

$$CA = \left(\frac{1}{|A|}A^*\right)A = \frac{1}{|A|}A^*A = \frac{1}{|A|} \cdot |A|E = E$$

即矩阵 C 是矩阵 A 的逆矩阵。

这就证明了，如果 $|A| \neq 0$，则 A 可逆，且 $A^{-1} = \dfrac{1}{|A|}A^*$，也就是说 $|A| \neq 0$ 是矩阵 A 有逆矩阵的充分条件，可以进一步证明它也是必要条件。

定理1 n 阶矩阵 A 可逆的充要条件是 A 为非奇异矩阵，并且 $A^{-1} = \dfrac{1}{|A|}A^*$。其中 A^* 为 A 的伴随矩阵，有

$$A^* = \begin{bmatrix} A_{11} & A_{21} & \cdots & A_{n1} \\ A_{12} & A_{22} & \cdots & A_{n2} \\ \vdots & \vdots & & \vdots \\ A_{1n} & A_{2n} & \cdots & A_{nn} \end{bmatrix}$$

其中，$A_{ij}(i,j = 1,2,\cdots,n)$ 是 A 的元素 a_{ij} 的代数余子式。

例1 已知 $A = \begin{bmatrix} 1 & 2 & 3 \\ 2 & 2 & 1 \\ 3 & 4 & 3 \end{bmatrix}$，求 A^{-1}。

解 由 $|A| = 2 \neq 0$，知 A^{-1} 存在，而 $A_{11} = 2$，$A_{21} = 6$，$A_{31} = -4$，$A_{12} = -3$，$A_{22} = -6$，$A_{32} = 5$，$A_{13} = 2$，$A_{23} = 2$，$A_{33} = -2$。

所以　$A^* = \begin{bmatrix} 2 & 6 & -4 \\ -3 & -6 & 5 \\ 2 & 2 & -2 \end{bmatrix}$，$A^{-1} = \dfrac{1}{|A|}A^* = \begin{bmatrix} 1 & 3 & -2 \\ -\dfrac{3}{2} & -3 & \dfrac{5}{2} \\ 1 & 1 & -1 \end{bmatrix}$

例2　求对角矩阵 $A = \begin{bmatrix} 2 & 0 & 0 \\ 0 & 3 & 0 \\ 0 & 0 & -4 \end{bmatrix}$ 的逆矩阵。

解　由 $|A| = -24 \neq 0$，知 A^{-1} 存在，而 $A_{11} = -12$，$A_{22} = -8$，$A_{33} = 6$，$A_{12} = A_{13} = A_{21} = A_{23} = A_{31} = A_{32} = 0$。

所以　$A^{-1} = \dfrac{1}{-24} \begin{bmatrix} -12 & 0 & 0 \\ 0 & -8 & 0 \\ 0 & 0 & 6 \end{bmatrix} = \begin{bmatrix} \dfrac{1}{2} & 0 & 0 \\ 0 & \dfrac{1}{3} & 0 \\ 0 & 0 & -\dfrac{1}{4} \end{bmatrix}$

一般地，对角矩阵 $A = \begin{bmatrix} a_{11} & 0 & \cdots & 0 \\ 0 & a_{22} & \cdots & 0 \\ \vdots & \vdots & & \vdots \\ 0 & 0 & \cdots & a_{nn} \end{bmatrix}$（其中 $a_{ii} \neq 0$　$i = 1, 2, \cdots n$）都是可逆的，

并且 $A^{-1} = \begin{bmatrix} \dfrac{1}{a_{11}} & 0 & \cdots & 0 \\ 0 & \dfrac{1}{a_{22}} & \cdots & 0 \\ \vdots & \vdots & & \vdots \\ 0 & 0 & \cdots & \dfrac{1}{a_{nn}} \end{bmatrix}$

　　　一般来说，对三阶及其以上可逆矩阵，用伴随矩阵求逆矩阵的话，计算量非常大，计算起来也不方便。因此，在求三阶及其以上的可逆矩阵的逆矩阵时，常常采用初等变换的方法来求矩阵的逆，可使计算简单快捷。

　　　利用矩阵的初等变换可以求方阵的逆矩阵，方法是把 n 阶方阵 A 和 n 阶单位矩阵 E 合写成一个 $n \times 2n$ 的矩阵，中间用竖线分开，即写成 $[A \mid E]$。然后对它施行初等行变换，可以证明当左边的矩阵变成单位矩阵时，右边的矩阵 E 就变成矩阵 A^{-1}，即 $[A \mid E] \xrightarrow{\text{初等行变换}} [E \mid A^{-1}]$。

　　　Mathcad 计算：$rref[A]$ 为初等变化函数，它实在是太有用了。

例3　求矩阵 $\begin{bmatrix} 1 & 3 & 3 \\ 1 & 4 & 3 \\ 1 & 3 & 4 \end{bmatrix}$ 的逆矩阵。

解　$[A \mid E] = \left[\begin{array}{ccc|ccc} 1 & 3 & 3 & 1 & 0 & 0 \\ 1 & 4 & 3 & 0 & 1 & 0 \\ 1 & 3 & 4 & 0 & 0 & 1 \end{array}\right] \xrightarrow[\text{③行} + (-1) \times \text{①行}]{\text{②行} + (-1) \times \text{①行}} \left[\begin{array}{ccc|ccc} 1 & 3 & 3 & 1 & 0 & 0 \\ 0 & 1 & 0 & -1 & 1 & 0 \\ 0 & 0 & 1 & -1 & 0 & 1 \end{array}\right]$

$\xrightarrow{\text{①行} + (-3) \times \text{②行}} \left[\begin{array}{ccc|ccc} 1 & 0 & 3 & 4 & -3 & 0 \\ 0 & 1 & 0 & -1 & 1 & 0 \\ 0 & 0 & 1 & -1 & 0 & 1 \end{array}\right] \xrightarrow{\text{①行} + (-3) \times \text{③行}} \left[\begin{array}{ccc|ccc} 1 & 0 & 0 & 7 & -3 & -3 \\ 0 & 1 & 0 & -1 & 1 & 0 \\ 0 & 0 & 1 & -1 & 0 & 1 \end{array}\right]$

$= [E \mid A^{-1}]$

所以 $A^{-1} = \begin{bmatrix} 7 & -3 & -3 \\ -1 & 1 & 0 \\ -1 & 0 & 1 \end{bmatrix}$

Mathcad 计算 A^{-1}：矩阵 A 赋值，赋值符号为 Shift + ：输入 A^{-1} 按 = 或箭头命令即得，即

$$A: = \begin{bmatrix} 1 & 3 & 3 \\ 1 & 4 & 3 \\ 1 & 3 & 4 \end{bmatrix} A^{-1} \rightarrow \begin{bmatrix} 7 & -3 & -3 \\ -1 & 1 & 0 \\ -1 & 0 & 1 \end{bmatrix}$$

思考题：

1. 如何判断 n 阶方阵 A 是否可逆？

2. 求逆矩阵和求某一个具体数的倒数是否一样？有何区别？

3. $|A^*| = ?$

习题　6-4

1. 证明下列各对矩阵互为逆矩阵：

(1) $\begin{bmatrix} 3 & 4 \\ 2 & 5 \end{bmatrix}$ 与 $\begin{bmatrix} \dfrac{5}{7} & -\dfrac{4}{7} \\ -\dfrac{2}{7} & \dfrac{3}{7} \end{bmatrix}$　(2) $\begin{bmatrix} \cos\alpha & \sin\alpha & 0 \\ -\sin\alpha & \cos\alpha & 0 \\ 0 & 0 & 1 \end{bmatrix}$ 与 $\begin{bmatrix} \cos\alpha & -\sin\alpha & 0 \\ \sin\alpha & \cos\alpha & 0 \\ 0 & 0 & 1 \end{bmatrix}$

2. 求下列矩阵的逆矩阵：

(1) $\begin{bmatrix} 1 & 2 \\ 2 & 5 \end{bmatrix}$　(2) $\begin{bmatrix} 2 & 2 & 3 \\ 1 & -1 & 0 \\ -1 & 2 & 1 \end{bmatrix}$　(3) $\begin{bmatrix} 1 & 2 & -3 \\ 0 & 1 & 2 \\ 0 & 0 & 1 \end{bmatrix}$　(4) $\begin{bmatrix} 2 & 1 & 0 & 0 \\ 0 & 2 & 1 & 0 \\ 0 & 0 & 2 & 1 \\ 0 & 0 & 0 & 2 \end{bmatrix}$

3. 设 $|A| \neq 0$，且 $AB = BA$，求证：$A^{-1}B = BA^{-1}$。

4. 设 $|A| \neq 0$，且 $AX = AY$，求证：$X = Y$。

5. 求下列矩阵方程中的未知矩阵：

(1) $\begin{bmatrix} 2 & 5 \\ 1 & 3 \end{bmatrix} X = \begin{bmatrix} 4 & -6 \\ 2 & 1 \end{bmatrix}$　(2) $X \begin{bmatrix} 1 & 1 & -1 \\ 2 & 1 & 0 \\ 1 & -1 & 1 \end{bmatrix} = \begin{bmatrix} 1 & -1 & 3 \\ 4 & 3 & 2 \\ 1 & -2 & 5 \end{bmatrix}$

第五节　线性方程组

一、线性方程组的矩阵形式

设线性方程组的一般形式为

$$\begin{cases} a_{11}x_1 + a_{12}x_2 + \cdots + a_{1n}x_n = b_1 \\ a_{21}x_2 + a_{22}x_2 + \cdots + a_{2n}x_n = b_2 \\ \qquad\qquad\qquad \vdots \\ a_{m1}x_1 + a_{m2}x_2 + \cdots + a_{mn}x_n = b_m \end{cases} \qquad (6.5.1)$$

其中，$x_1, x_2, \cdots, x_n$ 表示未知量，$a_{ij}(i = 1,2,\cdots,m; j = 1,2,\cdots,n)$ 表示未知量的系数，$b_1, b_2,$ $\cdots, b_m$ 表示常数项。

当 $b_i(i = 1,2,\cdots,m)$ 不全为零时，方程组（6.5.1）称为**非齐次线性方程组**或**一般线性方程组**。当 $b_i(i = 1,2,\cdots,m)$ 全为零时，方程组（6.5.1）称为**齐次线性方程组**。

若令：

$$A = \begin{bmatrix} a_{11} & a_{12} & \cdots & a_{1n} \\ a_{21} & a_{22} & \cdots & a_{2n} \\ \vdots & \vdots & & \vdots \\ a_{m1} & a_{m2} & \cdots & a_{mn} \end{bmatrix}, X = \begin{bmatrix} x_1 \\ x_2 \\ \vdots \\ x_n \end{bmatrix}, B = \begin{bmatrix} b_1 \\ b_2 \\ \vdots \\ b_n \end{bmatrix}$$

根据矩阵乘法，方程组（6.5.1）可以表示为矩阵方程，即：

$$AX = B \tag{6.5.2}$$

其中 A 称为方程组（6.5.1）的系数矩阵，X 称为未知矩阵，B 称为常数项矩阵。方

程组（6.5.1）的系数与常数项组成的矩阵 $\tilde{A} = \begin{bmatrix} a_{11} & a_{12} & \cdots & a_{1n} & b_1 \\ a_{21} & a_{22} & \cdots & a_{2n} & b_2 \\ \vdots & \vdots & & \vdots & \vdots \\ a_{m1} & a_{m2} & \cdots & a_{mn} & b_n \end{bmatrix}$ 称为方程组

（6.5.1）或（6.5.2）的增广矩阵。

二、一般线性方程组的解的讨论

1. 一般线性方程组解的判定

定理 1　设 A、$\tilde{A}$ 分别是方程组（6.5.1）的系数矩阵和增广矩阵，那么：

① 线性方程组（6.5.1）有唯一解的充要条件是 $r(A) = r(\tilde{A}) = n$；

② 线性方程组（6.5.1）有无穷多解的充要条件是 $r(A) = r(\tilde{A}) < n$。

显然，线性方程组（6.5.1）无解的充要条件是 $r(A) \neq r(\tilde{A})$（或 $r(A) < r(\tilde{A})$）。

例 1　判断线性方程组 $\begin{cases} 2x_1 - x_2 + 4x_3 = 0 \\ 4x_1 - 2x_2 + 5x_3 = 4 \\ 2x_1 - x_2 + 3x_3 = 1 \end{cases}$ 是否有解。

解　设方程组系数矩阵为 A，增广矩阵为 $\tilde{A}$。

因为　$\tilde{A} = \begin{bmatrix} 2 & -1 & 4 & 0 \\ 4 & -2 & 5 & 4 \\ 2 & -1 & 3 & 1 \end{bmatrix} \xrightarrow[\text{③行} + (-1) \times \text{①行}]{\text{②行} + (-2) \times \text{①行}} \begin{bmatrix} 2 & -1 & 4 & 0 \\ 0 & 0 & -3 & 4 \\ 0 & 0 & -1 & 1 \end{bmatrix} \xrightarrow{\text{②行与③行互换}}$

$\begin{bmatrix} 2 & -1 & 4 & 0 \\ 0 & 0 & -1 & 1 \\ 0 & 0 & -3 & 4 \end{bmatrix} \xrightarrow{\text{③行} + (-3) \times \text{②行}} \begin{bmatrix} 2 & -1 & 4 & 0 \\ 0 & 0 & -1 & 1 \\ 0 & 0 & 0 & 1 \end{bmatrix}$

显然 $r(A) = 2$，$r(\tilde{A}) = 3$，二者不等，所以方程组无解。

例2 讨论方程组 $\begin{cases} 2x_1 - x_2 + 3x_3 = 1 \\ x_1 + x_3 = 3 \\ 2x_1 + x_2 + x_3 = 11 \end{cases}$ 是否有解？若有解，有多少个？

解 因为 $\tilde{A} = \begin{bmatrix} 2 & -1 & 3 & 1 \\ 1 & 0 & 1 & 3 \\ 2 & 1 & 1 & 11 \end{bmatrix} \xrightarrow{①行与②行互换} \begin{bmatrix} 1 & 0 & 1 & 3 \\ 2 & -1 & 3 & 1 \\ 2 & 1 & 1 & 11 \end{bmatrix} \xrightarrow[③行 + (-2) \times ①行]{②行 + (-2) \times ①行}$

$\begin{bmatrix} 1 & 0 & 1 & 3 \\ 0 & -1 & 1 & -5 \\ 0 & 1 & -1 & 5 \end{bmatrix} \xrightarrow{③行 + ②行} \begin{bmatrix} 1 & 0 & 1 & 3 \\ 0 & -1 & 1 & -5 \\ 0 & 0 & 0 & 0 \end{bmatrix}$

显然 $r(A) = r(\tilde{A}) = 2 < 3$（未知量个数），所以该方程组有解，且有无穷多解。

例3 当 a、b 分别为何值时，方程组 $\begin{cases} x_1 + 2x_3 = -1 \\ -x_1 + x_2 - 3x_3 = 2 \\ 2x_1 - x_2 + ax_3 = b \end{cases}$ 无解，有唯一解，或有无穷解？

解 因为 $\tilde{A} = \begin{bmatrix} 1 & 0 & 2 & -1 \\ -1 & 1 & -3 & 2 \\ 2 & -1 & a & b \end{bmatrix} \xrightarrow[③行 + (-2) \times ①行]{②行 + ①行} \begin{bmatrix} 1 & 0 & 2 & -1 \\ 0 & 1 & -1 & 1 \\ 0 & -1 & a-4 & b+2 \end{bmatrix}$

$\xrightarrow{③行 + ②行} \begin{bmatrix} 1 & 0 & 2 & -1 \\ 0 & 1 & -1 & 1 \\ 0 & 0 & a-5 & b+3 \end{bmatrix}$ 则有 $r(A) = \begin{cases} 2 & a = 5 \\ 3 & a \neq 5 \end{cases}$, $r(\tilde{A}) = \begin{cases} 2 & a = 5 \text{ 且 } b = -3 \\ 3 & \text{其他} \end{cases}$

因此，当 $a = 5$ 且 $b \neq -3$ 时，方程组无解；当 $a \neq 5$ 时，方程组有唯一解；当 $a = 5$ 且 $b = -3$ 时，方程组有无穷多解。

2. 线性方程组解的求法

定理2 如果用初等变换将方程组 $AX = B$ 的增广矩阵 $[A \mid B]$ 化成 $[C \mid D]$，那么方程组 $AX = B$ 与 $CX = D$ 是同解方程组。

为了求线性方程组（6.5.1）的解，可用矩阵的初等行变换将增广矩阵 $\tilde{A} = [A \mid B]$ 化为简化阶梯形矩阵，再求由简化阶梯形矩阵所确定的方程组的解，也就得到了线性方程组（6.5.1）的解。这种利用方程组的增广矩阵求解线性方程组的方法称为高斯-约当消元法，它的优点在于既可讨论方程组的存在性，同时又能把解求出来。

例4 用初等变换解方程组 $\begin{cases} 2x_1 - 3x_2 + x_3 - x_4 = 3 \\ 3x_1 + x_2 + x_3 + x_4 = 0 \\ 4x_1 - x_2 - x_3 - x_4 = 7 \\ -2x_1 - x_2 + x_3 + x_4 = -5 \end{cases}$

解 对 $\tilde{A}$ 施行初等行变换

$\tilde{A} = \begin{bmatrix} 2 & -3 & 1 & -1 & 3 \\ 3 & 1 & 1 & 1 & 0 \\ 4 & -1 & -1 & -1 & 7 \\ -2 & -1 & 1 & 1 & -5 \end{bmatrix} \xrightarrow{①行 ②行互换} \begin{bmatrix} 3 & 1 & 1 & 1 & 0 \\ 2 & -3 & 1 & -1 & 3 \\ 4 & -1 & -1 & -1 & 7 \\ -2 & -1 & 1 & 1 & -5 \end{bmatrix}$

$$\xrightarrow{\text{①行} + \text{③行}} \begin{bmatrix} 7 & 0 & 0 & 0 & 7 \\ 2 & -3 & 1 & -1 & 3 \\ 4 & -1 & -1 & -1 & 7 \\ -2 & -1 & 1 & 1 & -5 \end{bmatrix} \xrightarrow{\frac{1}{7} \times \text{①行}} \begin{bmatrix} 1 & 0 & 0 & 0 & 1 \\ 2 & -3 & 1 & -1 & 3 \\ 4 & -1 & -1 & -1 & 7 \\ -2 & -1 & 1 & 1 & -5 \end{bmatrix}$$

$$\xrightarrow[\substack{\text{②行} - 2 \times \text{①行} \\ \text{③行} - 4 \times \text{①行} \\ \text{④行} + 2 \times \text{①行}}]{} \begin{bmatrix} 1 & 0 & 0 & 0 & 1 \\ 0 & -3 & 1 & -1 & 1 \\ 0 & -1 & -1 & -1 & 3 \\ 0 & 1 & -1 & -1 & 3 \end{bmatrix} \xrightarrow{\text{②行 ④行互换}} \begin{bmatrix} 1 & 0 & 0 & 0 & 1 \\ 0 & 1 & -1 & -1 & 3 \\ 0 & -1 & -1 & -1 & 3 \\ 0 & -3 & 1 & -1 & 1 \end{bmatrix}$$

$$\to \cdots \to \begin{bmatrix} 1 & 0 & 0 & 0 & 1 \\ 0 & 1 & 0 & 0 & 0 \\ 0 & 0 & 1 & 0 & -1 \\ 0 & 0 & 0 & 1 & -2 \end{bmatrix}$$

因此方程组的解为 $x_1 = 1$，$x_2 = 0$，$x_3 = -1$，$x_4 = -2$。

Mathcad 计算：$rref(A \mid E) \to [E \mid X]$ 进行初等行变化可得。

例 5　求解方程组 $\begin{cases} x_1 + x_2 + x_3 + x_4 = 0 \\ x_1 + 3x_2 + 2x_3 + 4x_4 = -6 \\ 2x_1 + x_3 - x_4 = 6 \end{cases}$

解　方程组的增广矩阵为 $\tilde{A} = \begin{bmatrix} 1 & 1 & 1 & 1 & 0 \\ 1 & 3 & 2 & 4 & -6 \\ 2 & 0 & 1 & -1 & 6 \end{bmatrix}$ 经过一系列初等行变换，可得到

简化阶梯形矩阵 $\begin{bmatrix} 1 & 0 & \dfrac{1}{2} & -\dfrac{1}{2} & 3 \\ 0 & 1 & \dfrac{1}{2} & \dfrac{3}{2} & -3 \\ 0 & 0 & 0 & 0 & 0 \end{bmatrix}$

与原方程组同解的方程组为

$$\begin{cases} x_1 + \dfrac{1}{2}x_3 - \dfrac{1}{2}x_4 = 3 \\ x_2 + \dfrac{1}{2}x_3 + \dfrac{3}{2}x_4 = -3 \end{cases}$$

令 $x_3 = c_1$，$x_4 = c_2$

即得原方程组的解为

$$\begin{cases} x_1 = -\dfrac{1}{2}c_1 + \dfrac{1}{2}c_2 + 3 \\ x_2 = -\dfrac{1}{2}c_1 - \dfrac{3}{2}c_2 - 3 \\ x_3 = c_1 \\ x_4 = c_2 \end{cases}$$

其中 c_1，c_2 为任意选取的常数。所以它给出了方程组的无穷多组解，这种解的形式为方程组的通解或一般解。

Mathcad 计算：$rref(\ )$ 进行初等行变化，可得，根据初等变换得到的矩阵对应的方程组等价可以得到解。

高斯-约当消元法适用于任意的线性方程组，而当方程组中未知量的个数与所含方程个数相等时，即方程组的系数矩阵 A 是方阵时，还可以用逆矩阵法来求解方程组。此时方程组的矩阵表示为 $AX = B$，故当 A^{-1} 存在时，用 A^{-1} 左乘矩阵方程，得到 $A^{-1}AX = A^{-1}B$，从而得到方程组的解 $X = A^{-1}B$。

例6 用逆矩阵法求解线性方程组 $\begin{cases} x_1 + 2x_2 + 3x_3 = -6 \\ 2x_1 + x_3 = 0 \\ -x_1 + x_2 = 9 \end{cases}$

解 设

$$A = \begin{bmatrix} 1 & 2 & 3 \\ 2 & 0 & 1 \\ -1 & 1 & 0 \end{bmatrix}, X = \begin{bmatrix} x_1 \\ x_2 \\ x_3 \end{bmatrix}, B = \begin{bmatrix} -6 \\ 0 \\ 9 \end{bmatrix}$$

可求得

$$A^{-1} = \begin{bmatrix} -\dfrac{1}{3} & 1 & \dfrac{2}{3} \\ -\dfrac{1}{3} & 1 & \dfrac{5}{3} \\ \dfrac{2}{3} & -1 & -\dfrac{4}{3} \end{bmatrix}$$

于是

$$X = A^{-1}B = \begin{bmatrix} -\dfrac{1}{3} & 1 & \dfrac{2}{3} \\ -\dfrac{1}{3} & 1 & \dfrac{5}{3} \\ \dfrac{2}{3} & -1 & -\dfrac{4}{3} \end{bmatrix} \begin{bmatrix} -6 \\ 0 \\ 9 \end{bmatrix} = \begin{bmatrix} 8 \\ 7 \\ -16 \end{bmatrix}$$

即方程组有唯一解 $x_1 = 8$，$x_2 = 17$，$x_3 = -16$。

Mathcad 计算方法一：可以直接书写 $X = A^{-1}B$ 按 = 即得。

Mathcad 计算方法二：$rref(\ )$ 进行初等行变化可得。

三、齐次线性方程组解的讨论

设有齐次线性方程组 $\begin{cases} a_{11}x_1 + a_{12}x_2 + \cdots + a_{1n}x_n = 0 \\ a_{21}x_1 + a_{22}x_2 + \cdots + a_{2n}x_n = 0 \\ \quad\quad\quad\quad\vdots \\ a_{m1}x_1 + a_{m2}x_2 + \cdots + a_{mn}x_n = 0 \end{cases}$ (6.5.3)

由于齐次线性方程组（6.5.3）的系数矩阵 A 与它的增广矩阵 $\tilde{A}$ 的秩总是相等，所以齐次线性方程组（6.5.3）总是有解，而且零解一定是它的解。于是有下面的定理。

定理 3　齐次线性方程组（6.5.3）有非零解的充要条件是它的系数矩阵 A 的秩 k 小于它的未知量个数 n。

事实上，当 $k = n$ 时，方程组（6.5.3）只有零解；当 $k < n$ 时，方程组（6.5.3）有无穷多解，所以除零解外，还有非零解。

推论 1　（1）如果 $m = n$，齐次线性方程组（6.5.3）有非零解的充要条件是它的系数行列式 $|A| = 0$；

　　　　　　（2）如果 $m = n$，齐次线性方程组（6.5.3）只有零解的充要条件是它的系数行列式 $|A| \neq 0$；

　　　　　　（3）如果 $m < n$，则齐次线性方程组（6.5.3）必有非零解。

例 7　讨论 m 取何值时，方程组 $\begin{cases}(1-m)x_1 + 2x_2 + 3x_3 = 0 \\ 2x_1 + (1-m)x_2 + 3x_3 = 0 \\ 3x_1 + 3x_2 + (6-m)x_3 = 0\end{cases}$ 有非零解。

解　该方程组有非零解的充要条件是其系数矩阵 A 的行列式 $|A| = 0$，即

$$|A| = \begin{vmatrix} 1-m & 2 & 3 \\ 2 & 1-m & 3 \\ 3 & 3 & 6-m \end{vmatrix} = -m(m+1)(m-9) = 0$$

解得　$m = 0$ 或 $m = -1$ 或 $m = 9$

即当 $m = 0$ 或 $m = -1$ 或 $m = 9$，原方程组有非零解。

例 8　求解齐次线性方程组 $\begin{cases} x_1 - x_2 + 5x_3 - x_4 = 0 \\ x_1 + x_2 - 2x_3 + 3x_4 = 0 \\ 3x_1 - x_2 + 8x_3 + x_4 = 0 \\ x_1 + 3x_2 - 9x_3 + 7x_4 = 0 \end{cases}$

解　由于齐次线性方程组是一般线性方程组的特例，所以高斯-约当消元法对它仍然适用。

因为 $A = \begin{bmatrix} 1 & -1 & 5 & -1 \\ 1 & 1 & -2 & 3 \\ 3 & -1 & 8 & 1 \\ 1 & 3 & -9 & 7 \end{bmatrix}$ $\xrightarrow[\substack{③行+(-3)\times①行 \\ ④行+(-1)\times①行}]{②行+(-1)\times①行}$ $\begin{bmatrix} 1 & -1 & 5 & -1 \\ 0 & 2 & -7 & 4 \\ 0 & 2 & -7 & 4 \\ 0 & 4 & -14 & 8 \end{bmatrix}$ $\xrightarrow[④行+(-2)\times②行]{③行+(-1)\times②行}$

$\begin{bmatrix} 1 & -1 & 5 & -1 \\ 0 & 2 & -7 & 4 \\ 0 & 0 & 0 & 0 \\ 0 & 0 & 0 & 0 \end{bmatrix}$ $\xrightarrow{②行\times\frac{1}{2}}$ $\begin{bmatrix} 1 & -1 & 5 & -1 \\ 0 & 1 & -\frac{7}{2} & 2 \\ 0 & 0 & 0 & 0 \\ 0 & 0 & 0 & 0 \end{bmatrix}$ $\xrightarrow{①行+②行}$ $\begin{bmatrix} 1 & 0 & \frac{3}{2} & 1 \\ 0 & 1 & -\frac{7}{2} & 2 \\ 0 & 0 & 0 & 0 \\ 0 & 0 & 0 & 0 \end{bmatrix} = B$

由矩阵 B 可知，$r(A) = 2 < 4$（未知量个数），所以该齐次方程有无穷多解，其中 x_3，

x_4 为自由未知量，设其分别取任意常数 c_1，c_2，于是得到方程组的解为

$$x_1 = -\frac{3}{2}c_1 - c_2, x_2 = \frac{7}{2}c_1 - 2c_2, x_3 = c_1, x_4 = c_2$$

Mathcad 计算方法 2：$rref(A)$ 进行初等行变化可得。由此，可以看出 $rref$ 函数可以驾驭线性方程组的求解问题。

当然，Mathcad 计算线性方程组还有其他办法。

思考题：

1. 在求解线性方程组时，可否交叉使用行、列初等变化简化方程组的增广矩阵？为什么？

2. 求线性方程组时，高斯-约当法、逆矩阵法以及克莱姆法则的适应范围？

习题　6-5

1. 判别下列方程组解的情况：

(1) $\begin{cases} x_1 + 2x_2 - 3x_3 = -1 \\ 2x_1 - x_2 + x_3 = 1 \\ x_1 + x_2 + x_3 = 3 \end{cases}$　　(2) $\begin{cases} 3x_1 - x_2 + x_3 = 0 \\ -x_1 + 2x_2 - x_3 = 0 \end{cases}$

(3) $\begin{cases} 2x_1 + x_2 - x_3 + x_4 = 1 \\ 3x_1 - 2x_2 + 2x_3 - 3x_4 = 0 \\ 5x_1 + x_2 - x_3 + 2x_4 = -1 \\ 2x_1 - x_2 + x_3 - x_4 = 4 \end{cases}$

2. 用高斯－约当法求解下列线性方程组：

(1) $\begin{cases} x_1 + 2x_2 + 3x_3 = -7 \\ 2x_1 - x_2 + 2x_3 = -8 \\ x_1 + 3x_2 = 7 \end{cases}$　　(2) $\begin{cases} x_1 - 2x_2 + 3x_3 - 4x_4 = 4 \\ x_2 - x_3 + x_4 = -3 \\ x_1 + 3x_2 - 3x_4 = 1 \\ -7x_2 + 3x_3 + x_4 = -1 \end{cases}$

3. 用逆矩阵法及克莱姆法则求解下列线性方程组：

(1) $\begin{cases} 3x_1 + 2x_2 = 1 \\ 3x_1 + x_2 = 5 \end{cases}$　　(2) $\begin{cases} 2x_1 + x_3 = 5 \\ x_1 - 2x_2 - x_3 = 1 \\ -x_1 + 3x_2 + 2x_3 = 1 \end{cases}$

4. 设齐次线性方程组 $\begin{cases} (m-2)x_1 + x_2 = 0 \\ x_1 + (m-2)x_2 + x_3 = 0 \\ (m-2)x_1 + x_3 = 0 \end{cases}$ 只有零解，求 m 的值。

5. 设线性方程组 $\begin{cases} 4x_1 + 3x_2 + x_3 = mx_1 \\ 3x_1 - 4x_2 + 7x_3 = mx_2 \\ x_1 + 7x_2 - 6x_3 = mx_3 \end{cases}$ 有非零解，求 m 的值。

6. 求解下列线性方程组：

(1) $\begin{cases} x_1 + x_2 + x_3 = 0 \\ x_1 + x_3 = 0 \\ -x_1 - x_2 = 0 \end{cases}$　　(2) $\begin{cases} x_1 + 3x_2 - x_3 + 2x_4 = 0 \\ -3x_1 + x_2 + 2x_3 - 5x_4 = 0 \\ -4x_1 + 16x_2 + x_3 + 3x_4 = 0 \end{cases}$

第六节　线性规划

在现代工农业生产、交通运输以及经营管理工作中，经常遇到在人力、物力、运输力等各种资源一定的前提下，如何合理调配才能获得最大经济效益的问题。线性规划是运筹学的一个重要分支，专门研究某个整体指标最优的问题，是进行科学管理的一种数学方法。

本节主要介绍线性规划问题的基本概念、数学模型以及求解线性规划问题的图解法和单纯形法。

一、线性规划问题的数学模型

1. 线性规划问题的实例和数学模型

（1）物资调运问题

例1　设有 A_1，A_2，A_3 三个羊毛衫厂，年产量分别为 70 千件，40 千件，20 千件。现有 B_1，B_2，B_3 三个纺织品站年销量分别为 20 千件，30 千件，80 千件。从产地 A_1，A_2，A_3 运输到销地 B_1，B_2，B_3 的运价表见表6-2。问怎样制定调运方案，才能使总运费最省。

表 6-2　　　　　　　　　　　　　　　　　　（元/千件）

销 地 产 地	B_1	B_2	B_3
A_1	10	2	5
A_2	9	3	6
A_3	2	1	2

解　设 $x_{ij}(i = 1,2,3, j = 1,2,3)$ 为由羊毛衫厂 A_i 调运到纺织品站 B_i 的商品数量（千件），列产销平衡表见表6-3。

表 6-3

调运量　　纺织站 羊毛衫厂	B_1	B_2	B_3	产 量
A_1	x_{11}	x_{12}	x_{13}	70
A_2	x_{21}	x_{22}	x_{23}	40
A_3	x_{31}	x_{32}	x_{33}	20
采购量	20	30	80	130

这一问题的数学模型是：

求一组变量 $x_{ij}(i = 1,2,3; j = 1,2,3)$ 的值，使它满足下列条件：

$$\begin{cases} x_{11} + x_{12} + x_{13} = 70 \\ x_{21} + x_{22} + x_{23} = 40 \\ x_{31} + x_{32} + x_{33} = 20 \\ x_{11} + x_{21} + x_{31} = 20 \\ x_{12} + x_{22} + x_{32} = 30 \\ x_{13} + x_{23} + x_{33} = 80 \\ x_{ij} \geqslant 0 \, (i,j = 1,2,3) \end{cases}$$

且使总运费 $S = 10x_{11} + 2x_{12} + 5x_{13} + 9x_{21} + 3x_{22} + 6x_{23} + 2x_{31} + x_{32} + 2x_{33}$ 的值最小。

（2）资源利用问题

例2 某工厂生产 A、B 两种产品。生产 1 吨 A 产品需耗煤 9 吨，电力 4 千瓦，劳动日 3 个；而生产 1 吨 B 产品需耗煤 4 吨，电力 5 千瓦，劳动日 10 个。已知 A、B 产品的吨利润分别为 700 元和 1200 元，现有可供使用的煤 360 吨，电力 200 千瓦，劳动日 300 个。问 A、B 产品各生产多少吨才能获得最大利润。

解 现在编制每生产 1 吨产品所需资源及每吨产品的利润明细表见表 6-4。

表 6-4

消耗量　　产品　　资源	A	B	现存量
煤/吨	9	4	360
电力/千瓦	4	5	200
劳动力/日	3	10	300
吨利润/百元	7	12	

设计划生产 A、B 产品各为 x_1 和 x_2 吨时获得的利润为 S，则该问题的数学模型是：x_1、x_2 取什么值时，$S = 7x_1 + 12x_2$（百元）取最大值。其中 x_1、x_2 满足：

$$\begin{cases} 9x_1 + 4x_2 \leqslant 360 \\ 4x_1 + 5x_2 \leqslant 200 \\ 3x_1 + 10x_2 \leqslant 300 \\ x_j \geqslant 0 \, (j = 1,2) \end{cases}$$

上述两个例子，虽然有着不同的实际内容，但是它们的共同点都是求一组变量的值，在用线性方程或线性不等式表示的条件下，使某个指标达到最大或最小，而这种指标又都可以用一个线性函数来表示，具有这种特征的问题，叫做线性规划问题。

2. 建立线性规划数学模型

数学模型是描述实际问题共性的一种抽象的数学形式。线性规划问题数学模型的一般形式是：求一组变量 $x_j (j = 1,2,\cdots n)$ 的值，使其满足

$$\begin{cases} a_{11}x_1 + a_{12}x_2 + \cdots + a_{1n}x_n \geqslant (\text{或} \leqslant) b_1 \\ a_{21x}x_1 + a_{22}x_2 + \cdots + a_{2n}x_n \geqslant (\text{或} \leqslant) b_2 \\ \qquad\qquad\qquad \vdots \\ a_{m1}x_1 + a_{m2}x_2 + \cdots + a_{mn}x_n \geqslant (\text{或} \leqslant) b_m \\ x_j \geqslant 0 (j = 1,2,\cdots,n) \end{cases} \tag{6.6.1}$$

且使
$$S = c_1x_1 + c_2x_2 + \cdots + c_nx_n \tag{6.6.2}$$

取得最小值（或最大值）。

上述模型也可简写成：求 $x_j(j = 1,2,\cdots,n)$ 的值，满足条件（1）

$$\begin{cases} \sum_{j=1}^{n} a_{ij}x_j \geqslant (\text{或} \leqslant) b_i & (i = 1,2,\cdots,m) \\ x_j \geqslant 0 & (j = 1,2,\cdots,n) \end{cases}$$

并且使函数 $S = \sum_{j=1}^{n} c_jx_j$ 的值最小或最大。其中 a_{ij}，b_i，c_j 都是已知常数。条件(1)称为约束条件，记作 $S \cdot T$，函数 S 称为目标函数。

例 3 设用 $A_i(i = 1,2,\cdots,m)$ 种原料，生产 $B_j(j = 1,2,\cdots,n)$ 种产品，现有原料数，每单位产品所需原料数和单位产品的利润数见表 6-5。问应如何组织生产，使利润最大？

表 6-5

单位产品所需原料数　　产 品　　原 料	B_1　B_2　$\cdots$　B_n	现存原料
A_1	c_{11}　c_{12}　$\cdots$　c_{1n}	a_1
A_2	c_{21}　c_{22}　$\cdots$　c_{2n}	a_2
$\vdots$	$\vdots$　$\vdots$　　$\vdots$	$\vdots$
A_m	c_{m1}　c_{m2}　$\cdots$　c_{mn}	a_m
单位产品利润	b_1　b_2　$\cdots$　b_n	

解 设 $x_j(j = 1,2,\cdots,n)$ 为产品 B_j 的计划生产数，那么这一问题的数学模型为：求 x_j $(j = 1,2,\cdots,n)$ 的值，满足条件

$$S \cdot T \begin{cases} \sum_{j=1}^{n} c_{ij}x_j \leqslant a_i & (i = 1,2,\cdots,m) \\ x_j \geqslant 0 & (j = 1,2,\cdots,n) \end{cases}$$

并且使函数（总利润）$S = \sum_{j=1}^{n} b_jx_j$ 的值最大。

二、线性规划问题的图解法

对于两个变量的线性规划问题，可以用图解法求解。图解法不但简单直观，而且有助

于我们理解一般线性规划问题求解的基本原理。

例 4　用图解法解线性规划问题：$S \cdot T \begin{cases} -x_1 + x_2 \leqslant 6 \\ 4x_1 + x_2 \leqslant 11 \\ x_1 - x_2 \leqslant 1 \\ x_1, x_2 \geqslant 0 \end{cases}$　$\min(S) = x_1 - 8x_2$。

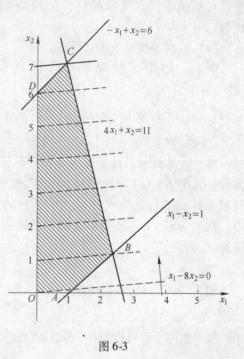

图 6-3

解　以 x_1，x_2 为坐标轴建立直角坐标系，如图 6-3 所示，那么满足约束条件中每一个不等式的点集就是一个半平面。例如，直线 $-x_1 + x_2 = 6$ 把平面分成两个半平面，由选点代入的方法容易确定满足 $-x_1 + x_2 \leqslant 6$ 的点集是直线 $-x_1 + x_2 = 6$ 和这条直线右下方的半平面。因为约束条件是由五个不等式组成的，所以满足约束条件的点集是 5 个半平面的相交部分。如图 6-3 所示，凸五边形区域 $OABCD$ 是该线性规划问题的可行解集（或称可行域）。

对于可行域内的任一点 (x_1, x_2)，都对应一个目标函数值 $S = x_1 - 8x_2$。而对于不同的 S 值，$x_1 - 8x_2 = S$ 表示斜率 $k = \dfrac{1}{8}$ 的平行直线族 $x_2 = \dfrac{1}{8}x_1 - \dfrac{1}{8}S$，且对每一条直线来说，其上的任何一点都使目标函数 S 取同一个常数值。于是，使线性规划问题取得最优解的点应在过可行域 $OABCD$ 且使 S 取最小值的直线上，为此，令 S 的值分别为 0，-7，-15，23，…可以看出，随着直线沿箭头所指的方向平行移动，对应的目标函数值越来越小，在点 C 处达到最小。

解方程组 $\begin{cases} -x_1 + x_2 = 6 \\ 4x_1 + x_2 = 11 \end{cases}$ 得点 $C(1,7)$，故 $\min S = 1 - 8 \times 7 = -55$。

例 5　解线性规划问题：$S \cdot T \begin{cases} -x_1 + x_2 \leqslant 6 \\ 4x_1 + x_2 \leqslant 11 \\ x_1 - x_2 \leqslant 1 \\ x_1, x_2 \geqslant 0 \end{cases}$　$\max(S) = 4x_1 + x_2$。

解　由于约束条件和例 4 相同，可行域仍为凸多边形 $OABCD$ 的内部或边界上的点集。作平行直线族 $4x_1 + x_2 = h$ 沿箭头所指的方向移动，由图 6-4 可以看出，等值线与 BC 平行，并且 BC 边上每一点，都使目标函数 S 取得最大值 11。因此，最优解有无穷多个，而它们对应的目标函数值都是 11。

一般地，用图解法解两个变量的线性规划问题的步骤是：

（1）在直角坐标系中依约束条件作出约束直线，确定出可行解区域；

（2）对于目标函数，取 $S = 0$，并作出目标函数线（等值线）；

（3）确定最优解：把目标函数线向上向右平移到可行解区域的不能再移动位置（临界位置），其临界点即为目标函数最大值的最优解，若反向平移目标函数线，可求得目标函数最小值的最优解；

（4）根据最优解求出最优值。

例 6　用图解法解下面线性规划问题：

$$S \cdot T \begin{cases} x_1 - x_2 \geqslant 1 \\ -x_1 + 2x_2 \leqslant 0 \quad \max(S) = x_1 + x_2。 \\ x_1, x_2 \geqslant 0 \end{cases}$$

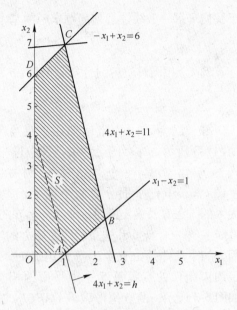

图 6-4

解　满足约束条件的点为如图 6-5 所示阴影部分，其中 BA 和 CD 可延伸到无穷远，所以可行域无界。在与直线 $x_1 + x_2 = 0$ 平行的直线族中，从 $x_1 + x_2 = 1$ 直线开始远离原点时都与可行域相交。显然，该问题有可行解但无最优解。

例 7　用图解法解线性规划问题：$S \cdot T \begin{cases} -x_1 + x_2 \geqslant 1 \\ x_1 + x_2 \leqslant -2 \quad \max(S) = 2x_1 + x_2。 \\ x_1, x_2 \geqslant 0 \end{cases}$

解　由图 6-6 可以看出，同时满足约束条件的点集是空集，因此无最优解。

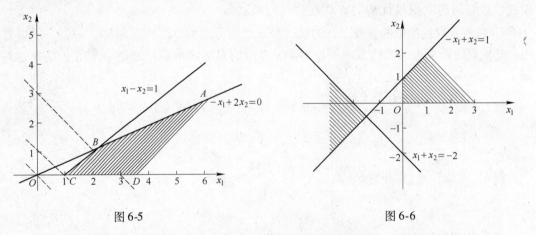

图 6-5　　　　　　　　　　　　　　图 6-6

由以上几个例子可以看出，两个变量的线性规划问题的解有以下四种情况：

（1）有唯一的最优解，这时最优解一定在可行域的某个顶点上取得；

（2）有最优解，但是不唯一，这时最优解一定充满一条线段，而这条线段是可行域的一条边；

（3）有可行解，但是没有最优解，这时可行域上的点使目标函数趋向无穷大；

（4）没有可行解。

三、单纯形法

单纯形法是解线性规划问题的一般方法，它运用矩阵变换来求一组满足线性约束条件的可行解，并使目标函数逐步达到最小值。

首先介绍几个基本概念。

1. 线性规划问题的标准形式

前面我们讨论了线性规划问题数学模型的一般形式，为讨论与计算方便，可把线性规划问题的一般形式化为标准形式。即若约束条件为线性不等式，则可将每个不等式左端加上或减去一个新变量，将原不等式化为等式。这个新变量叫**松弛变量**。在目标函数中松弛变量的系数为零，在约束条件中常数项均非负。

如果是求目标函数最大值，则可用（–1）乘目标函数转化为求最小值。故线性规划问题的标准形式为求一组变量 $x_j(j = 1,2,\cdots,n)$ 使其满足约束条件

$$\begin{cases} a_{11}x_1 + a_{12}x_2 + \cdots + a_{1n}x_n = b_1 \\ a_{21}x_2 + a_{22}x_2 + \cdots + a_{2n}x_n = b_2 \\ \qquad\qquad\vdots \\ a_{m1}x_1 + a_{m2} + \cdots a_{mn}x_n = b_m \\ x_j \geqslant 0(1,2,\cdots,n) \end{cases}$$

且使目标函数 $S = c_1x_1 + c_2x_2 + \cdots + c_nx_x$ 的值最小。

上述标准形式简记为

$$S \cdot T \begin{cases} \sum_{j=1}^{n} a_{ij}x_j = b_i \quad (i = 1,2,\cdots,m) \\ x_j \geqslant 0 \quad (j = 1,2,\cdots,n) \end{cases}$$

$$\min(S) = \sum_{j=1}^{n} c_jx_j$$

线性规划问题的数学模型的标准形式利用矩阵可表示为

$$S \cdot T \begin{cases} AX = B \\ x_j \geqslant 0 \quad (j = 1,2,\cdots,n) \end{cases}$$

$$\min(S) = CX = \sum_{j=1}^{n} c_jx_j, C = (c_1,c_2,\cdots,c_n)$$

其中 $A = \begin{bmatrix} a_{11} & a_{12} & \cdots & a_{1n} \\ a_{21} & a_{22} & \cdots & a_{2n} \\ \vdots & \vdots & & \vdots \\ a_{m1} & a_{m2} & \cdots & a_{mn} \end{bmatrix}, X = \begin{bmatrix} x_1 \\ x_2 \\ \vdots \\ x_n \end{bmatrix}, B = \begin{bmatrix} b_1 \\ b_2 \\ \vdots \\ b_n \end{bmatrix}$

例8 将下列线性规划问题化为标准形式，并写出矩阵形式：

$$S \cdot T \begin{cases} 9x_1 + 4x_2 \leqslant 360 \\ 4x_1 + 5x_2 \leqslant 200 \\ 3x_1 + 10x_2 \leqslant 200 \\ x_j \geqslant 0 (j = 1,2) \end{cases}$$

且使线性函数 $S = 7x_1 + 12x_2$ 的值最大。

解　引进松弛变量 x_3，x_4，x_5，则有

$$S \cdot T \begin{cases} 9x_1 + 4x_2 + x_3 = 360 \\ 4x_1 + 5x_2 + x_4 = 200 \\ 3x_1 + 10x_2 + x_5 = 200 \\ x_j \geqslant 0 (j = 1,2,3,4,5) \end{cases}$$

$$\min(S') = -S = -7x_1 - 12x_2 + 0x_3 + 0x_4 + 0x_5$$

目标函数的矩阵形式为

$$\min(S') = \begin{bmatrix} -7, & -12,0,0,0 \end{bmatrix} \begin{bmatrix} x_1 \\ x_2 \\ x_3 \\ x_4 \\ x_5 \end{bmatrix}$$

约束方程的矩阵形式为

$$\begin{bmatrix} 9 & 4 & 1 & 0 & 0 \\ 4 & 5 & 0 & 1 & 0 \\ 3 & 10 & 0 & 0 & 1 \end{bmatrix} \begin{bmatrix} x_1 \\ x_2 \\ x_3 \\ x_4 \\ x_5 \end{bmatrix} = \begin{bmatrix} 360 \\ 200 \\ 200 \end{bmatrix}$$

2. 基本可行解与基变量

（1）基、基变量

A 中任意一个 m 阶的非奇异的子矩阵 D，叫做**线性规划的一个基**。为了不失一般性，

不妨设 $D = (p_1, p_2, \cdots, p_m) = \begin{bmatrix} a_{11} & a_{12} & \cdots & a_{1m} \\ a_{21} & a_{22} & \cdots & a_{2m} \\ \vdots & \vdots & & \vdots \\ a_{m1} & a_{m2} & \cdots & a_{mn} \end{bmatrix}$

那么，构成基阵的列向量 $P_j(j = 1,2,\cdots,m)$ 为**基向量**，其余的列向量 P_{m+1}，P_{m+2}，$\cdots$，P_n 称为**非基向量**；P_j 所对应的变量 $x_j(j = 1,2,\cdots,m)$ 称为**基变量**，而其余的变量 x_{m+1}，x_{m+2}，$\cdots$，x_n 称为**非基变量**。

（2）基本解、基本可行解和可行基

对于基 $D = (p_1, p_2, \cdots, p_m)$ 在 $AX = B$ 中，令非基变量为零，可唯一地确定一个解。$x = (x_1, x_2, \cdots, x_m, 0\cdots, 0)^{\mathrm{T}}$ 称为线性规划的一个基本解。

满足非负条件 $x \geqslant 0$ 的基本解，称为基本可行解。

对应于基本可行解的基，称为可行基。

3. 单纯形法的基本思路

现以例 4 为例，来说明单纯形法的基本思想方法和计算步骤。

原问题的标准形式为：

$$S \cdot T \begin{cases} -x_1 + x_2 + x_3 = 6 \\ 4x_1 + x_2 + x_4 = 11 \\ x_1 - x_2 + x_5 = 1 \\ x_j \geqslant 0 (j = 1,2,3,4,5) \end{cases} \tag{6.6.3}$$

$$\min(S) = x_1 - 8x_2 \tag{6.6.4}$$

约束方程组的系数矩阵 $A = [p_1, p_2, p_3, p_4, p_5] = \begin{bmatrix} -1 & 1 & 1 & 0 & 0 \\ 4 & 1 & 0 & 1 & 0 \\ 1 & -1 & 0 & 0 & 1 \end{bmatrix}$

可以看出

$$B = (P_3, P_4, P_5) = \begin{bmatrix} 1 & 0 & 0 \\ 0 & 1 & 0 \\ 0 & 0 & 1 \end{bmatrix}$$

B 是线性规划的一个基，对应于基 B 的基变量为 x_3，x_4，x_5；非基变量为 x_1，x_2。

令 $x_1 = x_2 = 0$，由方程组 （6.6.1） 可以看到 $x^{(0)} = (0, 0, 6, 11, 1)^{\mathrm{T}}$。

因为基本解 $x^{(0)}$ 满足非负限制条件，所以 $x^{(0)}$ 是一个基本可行解，相应的目标函数值 $S(x^{(0)}) = 0 - 8 \times 0 = 0$。从 （2） 式 $S = x_1 - 8x_2$ 可以看出，如果不取 $x_2 = 0$，而增大 x_2 的值，目标函数值可以减小。为此，把非基变量 x_2 换成基变量（称 x_2 为入基变量），但是，基变量只能有三个，必须在 x_3，x_4，x_5 中换出一个作为非基变量（称为离基变量），并要保证所有的变量都满足非负限制条件，把方程组 （6.6.3） 化为

$$\begin{cases} x_3 = 6 + x_1 - x_2 \\ x_4 = 11 - 4x_1 + x_2 \\ x_5 = 1 - x_1 + x_2 \end{cases} \tag{6.6.5}$$

注意到 x_2 入基时，x_1 仍是非基变量，所以 x_1 取零值，由式 （6.6.5） 可知，只有选择 $x_2 = \min\left\{\frac{6}{1}, \frac{11}{1}\right\}$ 才能使 $x_3 \geqslant 0$，$x_4 \geqslant 0$，$x_5 \geqslant 0$。而当 $x_2 = 6$ 时，基变量 $x_3 = 0$，由此确定 x_3 为离基变量，得新基 $B_1 = (p_2, p_4, p_5)$。

从方程组 （6.6.5） 得

$$\begin{cases} x_2 = 6 + x_1 - x_3 \\ x_4 = 5 - 5x_1 + x_3 \\ x_5 = 7 - x_3 \end{cases} \tag{6.6.6}$$

相应的目标函数为 $\qquad\qquad S = -48 - 7x_1 + 8x_3 \tag{6.6.7}$

令 $x_1 = x_3 = 0$，由式（6.6.6）、式（6.6.7）得基本可行解和相应的目标函数值 $S(x^{(1)}) = -48 - 7 \times 0 + 8 \times 0 = -48$。

再从目标函数式（6.6.7）中可知，不取 $x_1 = 0$，而增大 x_1 的值，目标函数值还可以减小，重复上述方法，将 x_1 与 x_4 互换，得到新基 $B_2 = (p_2, p_1, p_5)$ 和相应的方程

$$\begin{cases} x_1 = 1 + \dfrac{1}{5}x_3 - \dfrac{1}{5}x_4 \\[2mm] x_2 = 7 - \dfrac{4}{5}x_3 - \dfrac{1}{5}x_4 \\[2mm] x_5 = 7 - x_3 \end{cases} \tag{6.6.8}$$

相应的目标函数 $\qquad\qquad S = -55 + \dfrac{33}{5}x_3 + \dfrac{7}{5}x_4 \tag{6.6.9}$

令 $x_3 = x_4 = 0$，得基本可行解 $x^{(2)} = (1,7,0,0,7)^{\mathrm{T}}$ 和相应的目标函数值 $S(x^{(2)}) = -55 + \dfrac{33}{5} \times 0 + \dfrac{7}{5} \times 0 = -55$。

由式（6.6.9）可以看出，非基变量 x_3，x_4 的系数都是正数，因此，目标函数值 -55 已是最小值，$x^{(2)}$ 为最优解。

将上例与例4对比起来看，不难发现：可行解 $x^{(0)}$ 对应顶点 $O(0,0)$，相应的 $S = 0$；可行解 $x^{(1)}$ 对应的顶点 $D(0,6)$，相应的 $S = -48$；可行解 $x^{(2)}$ 对应顶点 $C(1,7)$，相应的 $S = -55$。

由此看出，线性规划问题的求解，就是从一个顶点转换到另一个顶点，相应的目标函数值一次比一次好，从而取得最优解，这就是单纯形法的基本思路。

4. 单纯形法及单纯形法的步骤

单纯形法分为两大步：（1）求一个可行基；（2）从一个可行基出发，通过换基而得到最优基和相应的最优解。为了便于计算和检验，单纯形法可在表上进行，这种表称为单纯形表。现仍以上例题为例，把单纯形法的计算步骤简单归纳如下：

设线性规划问题

$$S \cdot T \begin{cases} -x_1 + x_2 + x_3 = 6 \\ 4x_1 + x_2 + x_4 = 11 \\ x_1 - x_2 + x_5 = 1 \\ x_1, x_2 \geqslant 0 \end{cases}$$

$$\min(S) = x_1 - 8x_2$$

（1）确定初始可行基

$$B = (P_3, P_4, P_5) = \begin{bmatrix} 1 & 0 & 0 \\ 0 & 1 & 0 \\ 0 & 0 & 1 \end{bmatrix}$$

（2）填写单纯形表

如表6-6所示，表中第一列（x_B 列）填写基变量；第二列（b 列）填写约束方程组右端的常数项；第一行依次填写所有基变量；最后一行填写目标函数的系数（非基变量的系数填写0）；第一列与最后一行的相交处填写 C；第二列与最后一行的相交处填写0；其余部分是约束方程组的系数矩阵。

表 6-6

x_B	b	x_1	x_2	x_3	x_4	x_5
x_3	6	-1	1	1	0	0
x_4	11	4	1	0	1	0
x_5	1	1	-1	0	0	1
C	0	1	-8	0	0	0

只要令非基变量为零，即 $x_1 = x_2 = 0$，便可得到对应于基的基本可行解 $x^{(0)} = (0, 0, 6, 11, 1)^{\mathrm{T}}$。

（3）检验

为了检验 $x^{(0)}$ 是不是最优解，利用行的初等变换，将最后一行目标函数的基变量的系数化为零，如果非基变量的系数（称为检验数，记作 λ_j）皆非负，则 $x^{(0)}$ 为最优解，计算终止；否则，$x^{(0)}$ 不是最优解，转入下一步，由于 $\lambda_2 = -8 < 0$，所以 $x^{(0)}$ 不是最优解。

（4）换基

1）确定入基变量和离基变量，选定主元素。

因为 $\lambda_2 = -8 < 0$，而且 λ_2 所在列中有正数，所以 x_2 为入基变量。如果 $\lambda_2 < 0$，而且 λ_2 所在列中的元素皆非正数，那么目标函数无下界，线性规划无最优解。

在入基变量 x_2 所在列中，找出所有正元素 1 和 1，然后分别去除 b 列中对应的元素 6 和 11，所得商中最小者，即

$$\min\left\{\frac{6}{1}, \frac{11}{1}\right\} = 6$$

其所在的行对应的基变量 x_3 为离基变量。

入基变量 x_2 和离基变量 x_3 相交处的元素 1 称为主元素，记上"□"，见表6-7。

表 6-7

x_B	b	x_1	x_2	x_3	x_4	x_5
x_3	6	-1	$\boxed{1}$	1	0	0
x_4	11	4	1	0	1	0
x_5	1	1	-1	0	0	1
C	0	1	-8	0	0	0
λ_j	0	1	-8	0	0	0

2）根据主元素进行旋转运算。将主元素所在行的离基变量 x_3 改为入基变量 x_2，并且利用行初等变换，将入基变量 x_2 所在列化为单位向量，使主元素为1，见表6-8中"迭代一"。

表 6-8

轮　次	x_B \ b \ x_j		x_1	x_2	x_3	x_4	x_5
迭代一	x_2	6	-1	1	1	0	0
	x_4	5	5	0	-1	1	0
	x_5	7	0	0	1	0	1
	λ_j	48	-7	0	8	0	0
迭代二	x_2	7	0	1	4/5	1/5	0
	x_1	1	1	0	-1/5	1/5	0
	x_5	7	0	0	1	0	1
	λ_j	55	0	0	33/5	7/5	0

于是，得到新的可行基

$$B_1 = (P_2, P_4, P_5) = \begin{bmatrix} 1 & 0 & 0 \\ 0 & 1 & 0 \\ 0 & 0 & 1 \end{bmatrix}$$

对应于基 B_1 的基本可行解为 $x^{(1)} = (0,6,0,5,7)'$，相应的目标函数值 $S[x^{(1)}] = -48$。

由于 $\lambda_1 = -7 < 0$，所以 $x^{(1)}$ 不是最优解，重复上述方法，确定 x_1 为入基变量，x_4 为离基变量，主元素为5，根据主元素进行旋转运算，得新可行基 $B_2 = (P_2, P_1, P_5)$ 和基本可行解 $x^{(2)} = (1,7,0,0,7)^T$ 及相应的目标函数值 $S[x^{(2)}] = -55$，见表6-8中"迭代二"。

因为检验数皆非负，所以 $x^{(2)}$ 为最优解，$S[x^{(2)}] = -55$ 为最优值。

例9 用单纯形法求解线性规划问题：$S \cdot T \begin{cases} x_1 + x_2 - 3x_3 = 5 \\ -2x_1 + x_3 + x_4 = 2 \\ 2x_1 - x_3 + x_5 = 1 \\ x_j \geq 0 (j = 1,2,3,4,5) \end{cases}$ $\min(S) = x_1 - 2x_2 + 3x_3 - x_4$。

解 因为 $B = (P_2, P_4, P_5)$ 为单位矩阵，所以 B 为可行基。列出对应的单纯形表，并在表上进行换基迭代，见表6-9。

表 6-9

轮次	x_B \ x_j	b	x_1	x_2	x_3	x_4	x_5
初始	x_2	5	1	1	-3	0	0
	x_4	2	-2	0	$\boxed{1}$	1	0
	x_5	1	2	0	-1	0	1
	C	0	1	-2	3	-1	
	λ_j	12	1	0	-2	0	0
迭代	x_2	11	-5	1	0	3	0
	x_4	2	-2	0	1	1	0
	x_5	3	0	0	0	1	1
	λ_j	16	-3	0	0	2	0

由于检验数 $\lambda_1 = -3 < 0$ 对应的一列无正元素，故该问题无最优解。

例 10 用单纯形法求解线性规划问题 $S \cdot T \begin{cases} 2x_1 + 2x_2 \leqslant 12 \\ x_1 + 2x_2 \leqslant 8 \\ 4x_1 \leqslant 16 \\ 4x_2 \leqslant 12 \\ x_1, x_2 \geqslant 0 \end{cases}$ $\quad \max(S) = 2x_1 + 3x_2$。

解 引进松弛变量 x_3，x_4，x_5，x_6，将原问题化为标准形式

$$S \cdot T \begin{cases} 2x_1 + 2x_2 + x_3 = 12 \\ x_1 + 2x_2 + x_4 = 8 \\ 4x_1 + x_5 = 16 \\ 4x_2 + x_6 = 16 \\ x_j \geqslant 0(j = 1,2,3,4,5,6) \end{cases}$$

$$\min(S') = -2x_1 - 3x_2$$

因为 $B = (P_3, P_4, P_5, P_6)$ 为单位矩阵，所以 B 是一个可行基，列出对应的单纯形表，并在表上进行换基迭代，见表 6-10，最优解是 $x = (4,2,0,0,0,4)^T$ 相应的最优值 $S' = -14$，所以原问题的最优解是 $x = (4,2)^T$，最优值 $S = 14$。

如果对一个基本可行解有多个负检验数时（如表 6-10 中的初始栏的 $\lambda_1 = -2$，$\lambda_2 = -3$），一般要选其中最小者（$\lambda_2 = -3$）对应的非基变量为（x_2）入基变量。

表 6-10

轮次	x_B	b	x_1	x_2	x_3	x_4	x_5	x_6
初　始	x_2	12	2	2	1	0	0	0
	x_4	8	1	2	0	1	0	0
	x_5	16	4	0	0	0	1	0
	x_6	12	0	4	0	0	0	1
	C	0	−2	−3	0	0	0	0
	λ_j	0	−2	−3	0	0	0	0
迭代一	x_3	6	2	0	1	0	0	−1/2
	x_4	2	1	0	0	1	0	−1/2
	x_5	16	4	0	0	0	1	0
	x_2	3	0	1	0	0	0	1/4
	λ_j	9	−2	0	0	0	0	3/4
迭代二	x_3	2	0	0	1	−2	0	1/2
	x_1	2	1	0	0	1	0	−1/2
	x_5	8	0	0	0	−4	1	2
	x_2	3	0	1	0	0	0	1/4
	λ_j	13	0	0	0	2	0	−1/4
迭代三	x_6	4	0	0	2	−4	0	1
	x_1	4	1	0	1	−1	0	0
	x_5	0	0	0	−4	4	1	0
	x_2	2	0	1	−1/2	1	0	0
	λ_j	14	0	0	1/2	1	0	0

思考题：

1. 是不是任何一个线性规划问题都可以用单纯性法来解？

2. 解线性规划问题时，图解法的主要步骤？

习题　6-6

1. 阳光食品厂生产葱油饼干（简记为 A）和蛋奶饼干（简记为 B）。三种关键性设备，搅拌机、成形机、烘箱，制约着全厂的饼干生产。各种饼干每生产一吨所需要的加工时间以及每吨饼干的单位利润见表 6-11。问怎样安排生产，才能使每天获得的利润最大？

表 6-11

A	B	每天可用工时
3	5	15
2	1	5
2	2	11
5	4	

、B、C 三种构件。已知这两种机械每天的安装能力见表 6-12。而工程
300 根 B 构件和 700 根 C 构件；又知机械甲每天租赁费为 250 元，机
赁机械甲和乙各多少天，才能使总租赁费最少？试建立线性规划数学

表 6-12

A	B	C
5	8	10
6	6	2

(2) $\max(f) = 2x_1 + 2x_2$

$$S.T \begin{cases} x_1 - x_2 \geq 1 \\ -x_1 + 2x_2 \leq 0 \\ x_1 \geq 0, x_2 \geq 0 \end{cases}$$

(2) $\max(f) = -x_2 - 2x_3 - x_4$

$$S.T \begin{cases} x_1 + 2x_2 + x_3 = 11 \\ 2x_1 - 2x_2 + x_4 = 4 \\ x_j \geq 0 (j = 1,2,3,4) \end{cases}$$

复习题六

1. 判断题

(1) 知 $AB = 0$ 必有 $A = 0$ 或 $B = 0$。 （ ）

(2) A 与阵，则有 $(A + B)^2 = A^2 + 2AB + B^2$。 （ ）

(3) 若 $AX = AY$ 必有 $X = Y$。 （ ）

(4) 若矩阵 C 满足 $AB = AC$，且 $A \neq 0$，则 $B = C$。 （ ）

(5) 若 $A = _{m \times m}$，$B = (b_{ij})_{m \times m}$，且 $|A| = |B|$，则 $A = B$。 （ ）

(6) 一个秩为 r 的矩阵，它的所有 $r+1$ 阶子式都为零。

(7) 线性方程组都能用克莱姆法则求解。

(8) 方程 $AX=0$ 的唯一解是零解。

(9) n 阶方阵可逆的充要条件是 $A \neq \mathbf{0}$。

(10) $\begin{vmatrix} 1 & 3 \\ 2 & 4 \end{vmatrix} + \begin{vmatrix} 1 & 2 \\ -2 & 3 \end{vmatrix} = \begin{vmatrix} 2 & 5 \\ 0 & 7 \end{vmatrix}$

2. 填空题

(1) $\begin{vmatrix} 1 & \log_a b \\ \log_b a & 1 \end{vmatrix} = $ _____ 。

(2) 当 $k = $ _____ 时，$\begin{vmatrix} k & 3 & 4 \\ -1 & k & 0 \\ 0 & k & 1 \end{vmatrix} = 0$。

(3) $\begin{vmatrix} 1-x & 2 & 3 \\ 2 & 1-x & 3 \\ 3 & 3 & 6-x \end{vmatrix} = 0$ 的解是 _____ 。

(4) 设 $A = \begin{bmatrix} 1 & 2 \\ 2 & 1 \\ 3 & 0 \end{bmatrix}$，则 $AA^{\mathrm{T}} = $ _____ 。

(5) 设 $AXB = C$，其中 $|A| \neq \mathbf{0}$，$|B| \neq \mathbf{0}$，则 $X = $ _____ 。

(6) 设 $A = \begin{bmatrix} \cos\alpha & -\sin\alpha \\ \sin\alpha & \cos\alpha \end{bmatrix}$ 则 $A^* = $ _____ ，$|A| = $ _____ ，$A^{-1} = $ _____

(7) 已知 $A = \begin{bmatrix} 1 & 2 \\ 0 & 1 \end{bmatrix}$，则 $2A + A^{\mathrm{T}} = $ _____ 。

(8) 设矩阵 $A = \begin{bmatrix} 1 & 2 & -3 \\ -1 & -3 & 4 \\ 1 & 1 & -2 \end{bmatrix}$，则 $r(A) = $ _____ 。

(9) 设 $A = \begin{bmatrix} 3 & 1 & 0 \\ -1 & 2 & 1 \\ 3 & 4 & 2 \end{bmatrix}$，$B = \begin{bmatrix} 1 & -1 & 2 \\ -1 & 1 & 1 \\ 3 & 0 & 2 \end{bmatrix}$ 满足 $3A - 2X = B$，则 $X = $ _____

(10) 当 λ _____ 时，$\begin{cases} \lambda x_1 + x_2 = \lambda^2 \\ x_1 + \lambda x_2 = 1 \end{cases}$ 有唯一解。

3. 选择题

(1) 若 $D = \begin{vmatrix} a_{11} & a_{12} & a_{13} \\ a_{21} & a_{22} & a_{23} \\ a_{31} & a_{32} & a_{33} \end{vmatrix} = 1$，则 $D_1 = \begin{vmatrix} 3a_{11} & 3a_{11} - 4a_{12} & a_{13} \\ 3a_{21} & 3a_{21} - 4a_{22} & a_{23} \\ 3a_{31} & 3a_{31} - 4a_{32} & a_{33} \end{vmatrix} = (\quad)$

 A. 9   B. -3 C. -12 D. -36

(2) $\begin{vmatrix} 0 & 0 & 0 & -1 \\ 0 & 0 & 2 & 0 \\ 0 & 3 & 0 & 0 \\ 4 & 0 & 0 & 0 \end{vmatrix} = (\quad)$

 A. 0   B. 8   C. $-4!$ D. $4!$

(3) 设 $D = |a_{ij}|$ 中元素 a_{ij} 的代数余子式是 A_{ij}，则 $\sum\limits_{j=1}^{n} a_{ij}A_{ij} = ($　　$)$

　　A. 0　　　　　　　　B. 1　　　　　　　　C. D　　　　　　　　D. na_{ij}

(4) 若有矩阵 $A_{3\times 2}$，$B_{2\times 3}$，$C_{3\times 3}$，下列运算成立的是（　　）

　　A. AC　　　　　　B. ABC　　　　　　C. CB　　　　　　D. $AB - AC$

(5) 若 A 为三阶矩阵，则 $|2A| = ($　　$)$

　　A. $3^2|A|$　　　　　B. $2|A|$　　　　　　C. $3|A|$　　　　　　D. $2^3|A|$

(6) 若线性方程组的系数行列式不等于零，则方程组有（　　）

　　A. 唯一解　　　　　B. 无解　　　　　　　C. 有无数组解　　　　D. 都不对

(7) 设矩阵 $A = \begin{bmatrix} 1 & 3 \\ 3 & 6 \end{bmatrix}$，$B = \begin{bmatrix} 6 & -3 \\ -3 & 1 \end{bmatrix}$，则 B 是 A 的（　　）

　　A. 转置矩阵　　　　B. 伴随矩阵　　　　　C. 负矩阵　　　　　　D. 逆矩阵

(8) 设 λ 是常数，A 是矩阵，则 $(\lambda A)^{\mathrm{T}} = ($　　$)$

　　A. λA^{T}　　　　　　B. $\dfrac{1}{\lambda}A^{\mathrm{T}}$　　　　　C. $-\lambda A^{\mathrm{T}}$　　　　　D. $-\dfrac{1}{\lambda}A^{\mathrm{T}}$

(9) 方阵 A 与其伴随矩阵 A^* 的关系是（　　）

　　A. $AA^* \neq A^*A$　　B. $AA^* = A^*A = E$　　C. $AA^* = E$　　D. $AA^* = A^*A = |A|E$

(10) 设 A，B，C 是 n 阶方阵且都可逆，则 $AB = C$ 时，$B = ($　　$)$

　　A. CA^{-1}　　　　　B. AC　　　　　　C. $A^{-1}C$　　　　　D. CA

4. 计算下列行列式：

(1) $\begin{vmatrix} 1 & 4 & 9 & 16 \\ 4 & 9 & 16 & 25 \\ 9 & 16 & 25 & 36 \\ 16 & 25 & 36 & 49 \end{vmatrix}$

(2) $\begin{vmatrix} 1 & 2 & 3 & 4 & 5 \\ -1 & 0 & 3 & 4 & 5 \\ -1 & -2 & 0 & 4 & 5 \\ -1 & -2 & -3 & 0 & 5 \\ -1 & -2 & -3 & -4 & 0 \end{vmatrix}$

(3) $\begin{vmatrix} 1 & 1 & 1 & 1 \\ a & a & b & b \\ b & b & a & c \\ c & c & c & a \end{vmatrix}$

(4) $\begin{vmatrix} 1 & 2 & 2 & \cdots & 2 \\ 2 & 2 & 2 & \cdots & 2 \\ 2 & 2 & 3 & \cdots & 2 \\ \vdots & \vdots & \vdots & & \vdots \\ 2 & 2 & 2 & \cdots & n \end{vmatrix}$

5. 解下列各线性方程组：

(1) $\begin{cases} x + 3y + z = 5 \\ x + y + 5z = -7 \\ 2x + 3y - 3z = 14 \end{cases}$

(2) $\begin{cases} x + y + z = a + b + c \\ ax + by + cz = a^2 + b^2 + c^2 \\ bcx + cay + abz = 3abc \end{cases}$

6. λ，a，b 应取什么值时，才能使下列方程组有解，并求出它们的解：

(1) $\begin{cases} \lambda x_1 + x_2 + x_3 = 1 \\ x_1 + \lambda x_2 + x_3 = \lambda \\ x_1 + x_2 + \lambda x_3 = \lambda^2 \end{cases}$

(2) $\begin{cases} ax_1 + x_2 + x_3 = 4 \\ x_1 + bx_2 + x_3 = 3 \\ x_1 + 2bx_2 + x_3 = 4 \end{cases}$

第七章 概率与数理统计初步

概率与数理统计是一门研究随机现象的量的规律性的数学学科，是近代数学的重要组成部分，同时也是近代经济理论应用与研究的重要数学工具。随着科学技术的飞速发展，概率与数理统计在工农业生产和科学技术研究等国民经济的各个部门中都得到广泛的应用。本章分为两部分：第一至第五节为概率初步；第六至第九节为数理统计初步。值得一提的是 Mathcad 可用于数理统计中的计算。

第一节 随机事件

一、随机现象

在自然现象和社会现象中，存在着两种不同类型的现象。

（1）在一定条件下，必然发生或必然不发生的现象叫做确定性现象。例如：

①向上抛一枚硬币，必然会落下；

②同性电荷，必然相斥；

③从一批全是合格品的商品中，任取一件，取到的必然不是次品。

以上这些现象都是确定性现象，其特点是：每次试验或观察只有一个结果。在数学、物理、化学等学科中，我们已经研究过大量的确定性现象。

（2）在一定条件下，具有多种可能结果，事先不能确定哪一种结果将会发生的现象叫做**随机现象**。例如：

①向上抛一枚硬币，落下后可能正面向上，也可能正面向下，事先是不能确定的；

②从一批含有次品的产品中任取一件，可能是正品，也可能是次品，事先是不能确定的；

③某战士进行射击，可能中靶，也可能不中靶，事先是不能确定的。

以上这些现象都是随机现象，其特点是：事先不能预言其结果，具有一定的偶然性。随机现象是概率与数理统计研究的主要对象。

二、随机事件

对随机现象的一次观察或实验，称为一次**随机试验**，简称**试验**。随机试验的每一种可能结果称为**随机事件**，简称**事件**。事件通常用大写字母 A、B、C 等来表示。例如，某射手每进行一次射击，并观察命中的环数，就是一次试验。"命中的环数为 i"（$i = 0, 1, \cdots$, 10）；"至少命中 7 环"；"至多命中 8 环"等，这些可能观察到的结果都是随机事件。

为了简洁地表述试验的可能结果，可设 $A = \{$命中的环数$\}$，$A_i = \{$命中 i 环$\}$（$i = 0, 1, 2, \cdots, 10$），$A = \{$至少命中 7 环$\}$，$C = \{$至多命中 6 环$\}$ 等。

1. 基本事件

就上述观察射手一次射击的试验而言，容易看出：当且仅当事件 A_7，A_8，A_9，A_{10} 中有一个发生，事件 B 就会发生，我们称事件 B 是由 A_7，A_8，A_9，A_{10} 组合而成的，或者称事件 B 是可以分解的；而 A_0，A_1，$\cdots$，A_{10} 都是不可分解的。

一般地，在随机试验中，把不可分解的事件称为**基本事件**；由两个及两个以上基本事件组合而成的事件称为**复合事件**。

显然，在一次试验中，基本事件有且只有一个发生。

2. 事件的集合表示法

研究事件间的关系和运算，应用集合的概念和图示方法比较容易理解，也比较直观。

对于随机试验的每一个基本事件，用只包含一个元素 ω 的单元素集 $\{\omega\}$ 表示；由若干个基本事件复合而成的事件，用包含若干个相应元素的集合表示；由所有基本事件对应的全部元素组成的集合称为**样本空间**（也称为**基本事件全集**），用 Ω 来表示；每一个基本事件所对应的元素称为样本空间的**样本点**。这样，随机试验的每一个事件都可表示为某些样本点的集合，即可以用 Ω 的子集来表示；基本事件为 Ω 的单元素子集。

如上例中的射击试验，样本空间 $\Omega = \{0,1,2,\cdots,10\}$，基本事件 $A_1 = \{1\}$，复合事件 $B = \{7,8,9,10\}$，$C = \{0,1,2,3,4,5,6\}$。

例 1B 将一枚硬币随机地抛掷两次，观察向上的一面（正面或反面），试用集合表示：

（1）样本空间 Ω；

（2）事件 $A = \{$两次出现的面互不相同$\}$。

解 用 (i,j) 表示基本事件 $\{$第一次出现 i 面，第二次出现 j 面$\}$（$i,j = $ 正，反）所对应的元素，则：

（1）$\Omega = \{($正，正$)$，$($正，反$)$，$($反，正$)$，$($反，反$)\}$；

（2）$A = \{($正，反$)$，$($反，正$)\}$。

如果我们把样本空间 Ω 也看成事件的话，由于每次试验必有一个事件发生，因此 Ω 在试验中必然发生。于是我们把在每次试验中一定发生的事件称为**必然事件**，仍记作 Ω。在每次试验中不可能发生的事件称为**不可能事件**，记作 $\varnothing$。这样 Ω 的任何子集都表示某一个事件。

运用集合的图示法，可用平面上某一个方（或矩）形区域表示样本空间，即必然事件；用该区域内的圆（或椭圆）表示事件，如图 7-1 所示。

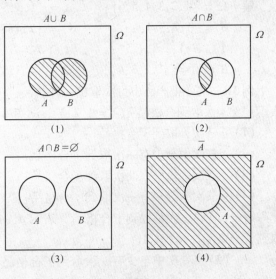

图 7-1

三、事件间的关系及其运算

1. 事件间的关系及集合解释

用集合表示事件后，我们可以用集合论的观点来描述、解释和论证事件之间的关系和事件的运算，见表 7-1。

表 7-1

符　号	表示的事件	意　义	集合解释
Ω	必然事件	所有基本事件组合成的事件	全集
$\varnothing$	不可能事件	不可能发生的事件	空集
$\{\omega\}$	基本事件	不可分解的事件	单元素集
$A \subset \Omega$	事件 A	试验的可能结果	全集 Ω 的子集
$A \subset B$	包含关系	事件 A 发生必然导致 B 发生	A 中的元素必属于 B
$A = B$	相等关系	组成 A、B 的基本事件一样	集合相等
$A \cup B$ 或 $A + B$	事件的并（和）	A 与 B 至少有一个发生的事件	并集
$A \cap B$ 或 AB	事件的交（积）	A、B 同时发生的事件	交集
$A \cap B = \varnothing$	互不相容	A、B 不能同时发生	A 与 B 没有公共元素
$\overline{A}$	事件 A 的逆（对立事件）	事件 A 不发生，A 与 $\overline{A}$ 互逆	A 的补集

事件间的关系可用平面上的阴影部分表示（如图 7-1 所示），集合的运算律均适于事件的运算。

2. 完备事件组

若事件 A_1，A_2，$\cdots$，A_n 为两两互不相容的事件，并且 $A_1 \cup A_2 \cup \cdots \cup A_n = \Omega$（或记作 $\overset{n}{\underset{i=1}{\cup}}$ $A_i = \Omega$），则称事件组 A_1，A_2，$\cdots$，A_n 为**完备事件组**。

显然，任意 n 个基本事件是两两互不相容的事件；所有基本事件构成一个完备事件组。

例 2B　掷一枚骰子的试验，观察出现的点数。事件 A 表示"出现奇数点"；B 表示"出现的点数小于 5"；C 表示"出现小于 5 的偶数点"。用集合的列举法表示下列事件：Ω，A，B，C，$A \cup B$，$A \cap B$，$B \cup C$，$\overline{C}$。

解　$\Omega = \{1,2,3,4,5,6\}$；　　　$A = \{1,3,5\}$；

$B = \{1,2,3,4\}$；　　　　　$C = \{2,4\}$；

$A \cup B\{1,2,3,4,5\}$；　　　$A \cap B = \{1,3\}$；

$B \cup C = \{1,2,3,4\}$；　　　$\overline{C} = \{1,3,5,6\}$。

例 3B　从一批产品中每次取出一件产品进行检验（每次取出的产品不放回），事件 A_i 表示"第 i 次取到合格品"（$i = 1,2,3$）。试用事件的运算符号表示下列事件：

（1）$\{$三次都取到了合格品$\}$；

（2）$\{$三次中至少有一次取到了合格品$\}$；

（3）$\{$三次中恰好有两次取到了合格品$\}$；

（4）$\{$三次中最多有一次取到了合格品$\}$。

解　（1）"三次都取到了合格品"表示 A_1，A_2，A_3 这三个事件同时发生，所以 $\{$三次都取到了合格品$\} = A_1 A_2 A_3$；

（2）"三次中至少有一次取到了合格品"表示 A_1，A_2，A_3 这三个事件至少有一个发生，所以 $\{$三次中至少有一次取到了合格品$\} = A_1 \cup A_2 \cup A_3$；

（3）"三次中恰好有两次取到了合格品"说明，A_1、A_2 合格 A_3 不合格或 A_1、A_3 合格 A_2 不合格或 A_2、A_3 合格 A_1 不合格，所以 $\{$三次中恰好有两次取到了合格品$\}$ = $A_1 A_2 \overline{A_3} \cup A_1 \overline{A_2} A_3 \cup \overline{A_1} A_2 A_3$；

（4）"三次中最多有一次取到了合格品"是指三次中只有一次取到合格品或全取到非合格品，也就是至少有两次取到非合格品，所以，$\{$三次中最多有一次取到了合格品$\}$ = $\overline{A_1}\,\overline{A_2} \cup \overline{A_1}\,\overline{A_3} \cup \overline{A_2}\,\overline{A_3}$。

习题 7-1

1. 判别下列事件中哪些是必然事件、不可能事件、随机事件？

  （1）$\{$如果 $x \in A \cap B$，则 $x \in A\}$；

  （2）$\{$没有水分，种子会发芽$\}$；

  （3）$\{$向上抛掷一枚硬币，落下后正面向上$\}$；

  （4）$\{$某战士进行一次射击，中 10 环$\}$；

  （5）$\{$未来的 10 天中有 2 天是阴天$\}$。

2. 掷一枚骰子，观察出现的点数，设事件 $A = \{$不超过 3 点$\}$，$B = \{$不小于 4 点$\}$，$C = \{6$ 点$\}$，$D = \{$不超过 5 点$\}$，$E = \{4$ 点$\}$。试问，哪些事件是对立事件？哪些事件是互不相容事件？

3. 试述下列事件的逆事件：

  （1）$A = \{$抽到的三件产品都是正品$\}$；　　（2）$B = \{$甲、乙两人下棋，甲胜$\}$；

  （3）$C = \{$抛掷一枚骰子，出现奇数点$\}$；　　（4）$D = \{$三件产品中至少有一件次品$\}$。

4. 设 A、B、C 是三个事件，试用 A、B、C 的关系式表示下列事件：

  （1）A、B、C 都不发生；　　　　　　　（2）A、B、C 中至少有一个发生；

  （3）A、B、C 至多有一个发生；　　　　（4）A 发生，B、C 不发生。

5. 从一批产品中，每次任取一件，取后不放回，共取 3 件，设 A_i 表示"第 i 次取到正品"（$i = 1,2,3$）。试用 A_i 表示下列事件：

  （1）$\{$恰有一件正品$\}$；　　　　　　　　（2）$\{$次品不多于两件$\}$；

  （3）$\{$全是次品$\}$；　　　　　　　　　　（4）$\{$恰有一件次品$\}$。

6. 从红、黄、蓝三种颜色的球中任取一球，取后不放回，共取两次，试用适当的方法写出样本空间，并用集合表示下列事件：

  （1）"第一次取出的是红球"；　　　　　　（2）"两次均取得蓝球"。

7. 从 100 件产品中任意抽取 5 件产品，设 $A_i = \{$含有 i 件次品$\}$。

  （1）试求 i 的可能取值的集合；

  （2）用 A_i 表示事件 $A = \{$至多有两件次品$\}$；

  （3）试判断所有 A_i 能否构成完备事件组。

第二节　概率的定义

　　研究随机现象不仅要知道它可能发生哪些事件，更重要的是研究各种事件发生的可能性大小。概率论就是要对这种可能性的大小给以定量分析，研究其内在的规律。

一、概率的统计定义

　　我们知道事件 A 在一次试验中，可能发生也可能不发生，具有偶然性，表面上似乎杂乱无章，其实不然。在相同的条件下进行大量的重复试验，就会发现有些事件发生的多一些，有些事件发生的少一些，或者说，事件发生的可能性大小有一定的规律性可循，我们把这种从大量观察中得到的规律性叫做**随机事件的统计规律性**。

1. 事件的频率

定义　在一定条件下的 n 次重复试验中，事件 A 发生的次数 m 叫做事件 A 的**频数**；频数 m 与试验次数 n 的比值叫做事件 A 的**频率**，记作 f，即

$$f = \frac{m}{n}$$

从下面的例子来看事件发生的频率的规律。

例 1　历史上曾有很多人作过投掷硬币的试验，他们的试验记录见表 7-2。

表 7-2

试验者	投掷次数 n	正面向上次数频数 m	正面出现频率 m/n
德·摩尔根	2048	1061	0.518
蒲　丰	4040	2048	0.5069
皮尔逊	12000	6019	0.5016
	24000	12012	0.5005
维　尼	30000	14994	0.4998

可以看出，随着投掷次数的不断增大，正面出现的频率越趋近于 0.5。

例 2　某工厂生产某种产品，为了检查产品质量，抽检了一部分产品，记录见表 7-3。

表 7-3

抽检件数（n）	10	50	100	200	500	1000	2000
次品数（m）	1	3	4	9	27	52	98
次品率（m/n）	0.10	0.06	0.04	0.045	0.054	0.052	0.049

可以看出，次品率在 0.05 左右摆动，并且随着抽检件数的增多，逐渐趋近于 0.05。

以上两个例子说明，当试验次数 n 增大时，事件 A 发生的频率常常稳定在一个常数附近，而且试验次数越多，事件 A 的频率越趋近于那个确定的常数，通常把这一规律叫做**频率的相对稳定性**。

2. 概率的统计定义

定义　在一定条件下，重复作 n 次试验，当 n 充分大时，如果事件 A 的频率稳定在某一个确定的常数 p 附近，就把数值 p 叫做随机事件 A 的概率，记作

$$P(A) = p$$

它描述了在一次试验中，事件 A 发生的可能性的大小。如例 1 中，事件 $A = \{$正面向上$\}$ 的频率稳定在 0.5 附近，所以 $p = 0.5$ 就是事件 A 发生的概率，即 $P(A) = 0.5$，也就是说，把一枚质量均匀的硬币投掷后，出现"正面向上"的可能性是 50%；在例 2 中，事件 $B = \{$次品$\}$ 的频率稳定在 0.05 附近，所以 $P(B) = 0.05$。

由于事件的概率是在统计的基础上，通过频率来描述事件发生的可能性大小，所以上

述定义叫做概率的**统计定义**。

但在一般情况下，我们不可能进行无限次试验来寻求频率的稳定值，实际应用中，当 n 充分大时，就用频率作为概率的近似值，即 $P(A) \approx \dfrac{m}{n}$。

用频率来描述事件的概率，通常可有两种方法：一种是通过大量实验，用频率作为概率的近似值。如在例 2 中，一次抽取 2000 件产品，测得不合格品为 98 件，那么就可用其频率 $\dfrac{98}{2000} = 0.049$，或者 0.05 作为概率的近似值。另一种方法是取一系列频率的平均值作为概率的近似值。

二、概率的古典定义

我们从频率的稳定性引出了概率的统计定义，用频率来估算事件的概率，从而提供了找出事件概率近似值的一般方法。但频率的计算，必须通过大量的重复试验才能得到稳定的常数，这是比较困难的。在某些特殊情况下，并不需要进行大量的重复试验，只需要根据事件的特点，对事件及其相互关系进行分析对比，就可以直接计算出它的概率。

例如，在投掷硬币的试验中，每次试验发生的结果只有两种："正面向上"和"正面向下"。如果硬币是均匀的，投掷是任意的，显然这两种试验结果发生的可能性是相同的，即各占二分之一，所以可以认为事件"正面向上"和"正面向下"的概率都等于 0.5。

1. 古典概率

如果随机试验具有如下特征：

（1）只有 n 个基本事件；

（2）每个基本事件在一次试验中发生的可能性是相同的。

那么，规定任意事件 A 的概率为

$$P(A) = \frac{\text{事件 } A \text{ 包含的基本事件数}(m)}{\text{基本事件总数}(n)}$$

并把 $P(A)$ 称为**古典概率**。

古典概率只适用于满足上述两个特征的随机试验，这种试验是概率论发展初期的主要研究对象，故称之为古典概型，其概率的定义称为**古典定义**。

2. 古典概率的计算

在实际问题中，如果所研究的随机现象具有某种特性（如物理或几何的对称性），且随机试验结果具有任意性（或随机性），从而使得基本事件发生的可能性均等或近似相等，这时我们就可以用古典概率来处理。定义本身给出了概率的计算方法。

例 3B　袋内装有五个白球，三个黑球，从中任取两个球，计算取出的两个球都是白球的概率。

解　从 8 个球中任取 2 个球，则基本事件总数为

$$n = C_8^2 = 28$$

设事件 $A = \{\text{取出的两个球都是白球}\}$，组成事件 A 的基本事件数

$$m = C_5^2 = 10$$

于是事件 A 的概率为

$$P(A) = \frac{m}{n} = \frac{10}{28} = \frac{5}{14}$$

例 4A 已知 6 个零件中有 3 个次品，3 个正品，按下列三种方法检测 2 个零件。试分别求出事件 $A = \{2 \text{ 个中恰有 1 个是次品}\}$ 的概率。

（1）每次任意抽取 1 个，测试后放回，然后再抽一个（称为有返回抽样）；

（2）每次任意抽取 1 个，测试后不放回，然后再抽一个（称为无返回抽样）；

（3）一次抽取 2 个。

解　（1）由于有返回抽样，每次抽取都有 6 种可能结果，故其基本事件总数为

$$n = 6^2 = 36$$

"2 个中恰有 1 个次品"包含两类情况：一类是先抽得正品后抽得次品，所含的基本事件数为 $C_3^1 C_3^1$；另一类是先抽得次品后抽得正品，所含的基本事件数仍为 $C_3^1 C_3^1$。所以事件 A 所包含的基本事件数为

$$m = 2C_3^1 C_3^1 = 18$$

于是事件 A 的概率为

$$P(A) = \frac{18}{36} = \frac{1}{2}$$

（2）由于无返回抽样，第一次抽取有 6 种可能，第二次只能从余下的 5 个中抽取，有 5 种可能，是排列问题，故其基本事件总数为

$$n = P_6^2 = 30$$

事件 A 所包含的基本事件数为

$$m = 2C_3^1 C_3^1 = 18$$

于是事件 A 的概率为

$$P(A) = \frac{18}{30} = \frac{3}{5}$$

（3）一次从 6 个中抽取 2 个，是组合问题，故其基本事件总数为

$$n = C_6^2 = 15$$

事件 A 所包含的基本事件数为

$$m = C_3^1 C_3^1 = 9$$

于是事件 A 的概率为

$$P(A) = \frac{9}{15} = \frac{3}{5}$$

一般地，有返回抽样，每次抽取的条件相同；而无返回抽样，每次抽取的条件都改变了，所得到的某事件的概率是不相同的。但当抽取的个数与产品总数的比值很小时，两者的概率相差不大，这时无返回抽样可当有返回抽样处理。在实际工作中这样处理问题就方便多了。

习题 7-2

1. 表7-4表示某地10万个男子中活到 x 岁的统计表，A、B、C 分别表示一个新生男婴活到40岁、50岁、60岁。

表7-4

年龄 x	0	10	20	30	40	50	60	70
活到 x 的人数	100000	93601	92293	90092	86880	80521	67787	46739

试由表7-4估计 $P(A)$、$P(B)$、$P(C)$。

2. 从1、2、3三个数字中任取一个，取后放回，连续取2次，排成一个十位数。

(1) 该随机试验中，基本事件的总个数是多少？并列出所有基本事件。

(2) {第一次取出的数字是1} 这一事件是由哪些基本事件组合而成的？

(3) {至少有一个数字是3} 这一事件是由哪些基本事件组合而成的？

(4) {小于25的数} 这一事件是由哪些基本事件组合而成的？

3. 在20件产品中，有18件一等品，2件二等品，从中任取3件，求下列事件的概率：

(1) {恰有一件二等品}；

(2) {都是一等品}。

4(A). 一批产品共分四个等级，其中一、二、三等品率分别为0.80、0.10、0.06，若规定一、二等品为合格品，求该批产品的四等品率及不合格品率。

5(A). 某班级组织一次活动，现从10名男生、5名女生中任意指定三名同学负责领队工作，问这三名同学中有两名女生的概率是多少？

6(A). 10把外形相同的钥匙中有3把能打开门，今从中任取2把，求能打开门的概率。

7(A). 100件产品中有3件次品，任取5件，求其次品数分别为0、1、2、3的概率。

8. 一个袋内有5个红球，3个白球，2个黑球，计算任取3个球恰为一红、一白、一黑的概率。

9(A). 从一副扑克牌（52张）中任取4张，求下列事件的概率：

(1) A、K、Q、J各有一张；

(2) 4张牌的花色各不相同。

10. 一批产品有50件，其中45件合格，5件不合格，从这批产品中任取3件，求其中有两件为不合格品的概率。

第三节　概率的运算公式

前面介绍了概率的两种定义，但用定义计算事件的概率对一些较复杂的问题，往往是不方便的，有时甚至是不可能的，所以有必要介绍一些概率的运算公式。

一、概率的加法公式

(1) 如果事件 A、B 互不相容，那么

$$P(A \cup B) = P(A) + P(B) \tag{7.3.1}$$

在图7-2中，矩形的面积为1，表示必然事件 Ω 的概率。阴影部分面积分别表示任意两事件 A、B 的概率，由 $A \cup B$ 界定的面积表示事件 $A \cup B$ 的概率，从而有

$$P(A \cup B) = P(A) + P(B)$$

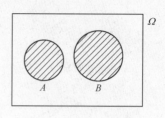

图 7-2

式（7.3.1）表达了概率的一个很重要的特性——可加性。

式（7.3.1）可以推广如下：

如果有限个事件 A_1，A_2，$\cdots$，A_n 互不相容，则有

$$P(A_1 \cup A_2 \cup \cdots \cup A_n) = P(A_1) + P(A_2) + \cdots + P(A_n)$$

$$(7.3.2)$$

式（7.3.2）表明了概率的有限可加性。

根据逆事件的概念，可知事件 A 及其逆事件 $\overline{A}$ 满足

$$A \cup \overline{A} = \Omega, \quad A \cap \overline{A} = \varnothing$$

则 　　　　　　　$P(A \cup \overline{A}) = P(A) + P(\overline{A}) = 1$

于是 　　　　　　　$P(\overline{A}) = 1 - P(A)$ 　　　　　　　　　　　　（7.3.3）

式（7.3.3）常给概率的计算带来一些方便。

例 1B　如果在一万张有奖储蓄的奖券中只有一、二、三等奖，其中有一个一等奖，五个二等奖，十个三等奖，买一张奖券，试问中奖的概率是多少？

解　法一　设事件 $A = \{中奖\}$，$A_1 = \{中一等奖\}$，$A_2 = \{中二等奖\}$，$A_3 = \{中三等奖\}$。

则 $P(A_1) = \dfrac{1}{10000}$，$P(A_2) = \dfrac{5}{10000} = \dfrac{1}{2000}$，$P(A_3) = \dfrac{10}{10000} = \dfrac{1}{1000}$

又根据题意知，$A = A_1 \cup A_2 \cup A_3$，且 A_1、A_2、A_3 互不相容

所以 　　　　　　　$P(A) = P(A_1) + P(A_2) + P(A_3)$

$$= \frac{1}{10000} + \frac{1}{2000} + \frac{1}{1000}$$

$$= \frac{16}{10000} = 0.16\%$$

法二　设 $A = \{中奖\}$，则其逆事件 $\overline{A} = \{不中奖\}$

于是 　　　$P(A) = 1 - P(\overline{A}) = 1 - \dfrac{10000 - 16}{10000} = \dfrac{16}{10000} = 0.16\%$

（2）对于任意两个事件 A、B，有

$$P(A \cup B) = P(A) + P(B) - P(AB)$$ 　　　　　　（7.3.4）

由图 7-3 可直观得出式（7.3.4）。

对于任意三个事件 A、B、C，有

$$P(A \cup B \cup C) = P(A) + P(B) + P(C) - P(AB) - P(AC) - P(BC) + P(ABC)$$

$$(7.3.5)$$

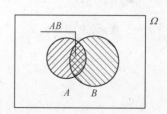

图 7-3

例 2B　一个电路上装有甲、乙两根保险丝，当电流强度超过一定数值时，甲被烧断的概率为 0.85，乙被烧断的概率

为 0.74，两根保险丝同时被烧断的概率为 0.63，问至少有一根被烧断的概率为多少？

解　设事件 $A = \{$甲保险丝被烧断$\}$，$B = \{$乙保险丝被烧断$\}$。

由已知，$P(A) = 0.85$，$P(B) = 0.74$，$P(AB) = 0.63$

则甲、乙两根保险丝至少有一根被烧断的概率为

$$P(A \cup B) = P(A) + P(B) - P(AB)$$
$$= 0.85 + 0.74 - 0.63 = 0.96$$

二、概率的乘法公式

1. 条件概率

先看一个实际问题。

已知 100 件产品中有 5 件不合格品，而 5 件不合格品中又有 3 件次品、2 件废品，现从 100 件产品中任意抽取 1 件。设 $A = \{$废品$\}$，$B = \{$不合格品$\}$，由古典概率计算得 $P(A) = \dfrac{2}{100} = \dfrac{1}{50}$。如果考虑 B 已经发生的条件下，A 发生的概率，也就是相当于从 5 件不合格品中抽得一件废品的概率，即为 $\dfrac{2}{5}$。

定义　如果事件 A、B 是同一试验下的两个事件，那么在事件 A 已发生的条件下事件 B 发生的概率叫做**条件概率**，记作 $P(B \mid A)$。

如图 7-4 所示，如果事件 A 的概率可看成是事件 A 界定的面积相对于 Ω 界定的面积所占的份额，那么 A 发生后，B 发生的概率可看成是 AB 界定的面积在 A 界定的面积中的份额，即

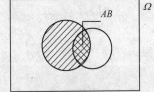

$$P(B \mid A) = \frac{P(AB)}{P(A)}, \; P(A) \neq 0 \qquad (7.3.6)$$

图 7-4

类似地还可得到

$$P(A \mid B) = \frac{P(AB)}{P(B)}, \quad P(B) \neq 0 \qquad (7.3.7)$$

例 3B　设在一袋中装有质地相同的 4 个红球，6 个白球。从中任取一个，取后不放回，连取两只。已知第一次取得白球，问第二次取得白球的概率是多少？

解　设 $A_i = \{$第 i 次取得白球$\}$（$i = 1,2$），根据题意，所求的概率应为 $P(A_2 \mid A_1)$。

法一　由于 A_1 已发生，袋中只有 9 个球，其中有 5 只白球

因此
$$P(A_2 \mid A_1) = \frac{5}{9}$$

法二　因为　$P(A_1) = \dfrac{6}{10} = \dfrac{3}{5}$，$P(A_1 A_2) = \dfrac{C_6^2}{C_{10}^2} = \dfrac{1}{3}$

所以
$$P(A_2 \mid A_1) = \frac{P(A_1 A_2)}{P(A_1)} = \frac{\frac{1}{3}}{\frac{3}{5}} = \frac{5}{9}$$

2. 乘法公式

由条件概率的计算公式得

$$P(AB) = P(A)P(B \mid A) = P(B)P(A \mid B) \tag{7.3.8}$$

式（7.3.8）叫做概率的乘法公式。

对于三个事件交的情形，有

$$P(A_1 A_2 A_3) = P(A_1)P(A_2 \mid A_1)P(A_3 \mid A_1 A_2) \tag{7.3.9}$$

例 4A　100 台电视机中有 3 台次品，其余都是正品，无放回地连续取出 2 台，试求：

（1）两次都取得正品的概率；

（2）第二次才取得正品的概率。

解　设事件 $A_i = \{$第 i 次取得正品$\}$（$i = 1,2$）。

（1）两次都取得正品，意味着 A_1、A_2 同时发生，故所求的概率为 $P(A_1 A_2)$

因为　　　　　　　$P(A_1) = \dfrac{97}{100}$,　$P(A_2 \mid A_1) = \dfrac{96}{99}$

所以　　　　$P(A_1 A_2) = P(A_1)P(A_2 \mid A_1) = \dfrac{97}{100} \times \dfrac{96}{99} \approx 0.94$

（2）第二次才取得正品，意味着第一次取得的是次品，第二次取得的是正品，即事件 $\overline{A_1}$、A_2 同时发生，故所求的概率为 $P(\overline{A_1} A_2)$

因为　　　　　　　$P(\overline{A_1}) = \dfrac{3}{100}$,　$P(A_2 \mid \overline{A_1}) = \dfrac{97}{99}$

所以　　　　$P(\overline{A_1} A_2) = P(\overline{A_1})P(A_2 \mid \overline{A_1}) = \dfrac{3}{100} \times \dfrac{97}{99} \approx 0.029$

三、全概率公式

设 H_1，H_2，$\cdots$，H_n 是一个完备事件组，任一事件 $A(A \subset \Omega)$ 能且只能和事件组 $H_i(i = 1,2,\cdots,n)$ 之一同时发生，那么事件 A 就可以分解为一组互不相容事件的并，即

$$A = AH_1 \cup AH_2 \cup \cdots \cup AH_n = \sum_{i=1}^{n} AH_i$$

例 5B　某工厂三个车间共同生产一批产品，三个车间 I，II，III 所生产的产品占该批产品的 $\dfrac{1}{2}$，$\dfrac{1}{3}$，$\dfrac{1}{6}$。各车间的不合格品率分别为 0.02，0.03，0.04。试求从该批产品中任取一件为不合格品的概率。

解　设 $H_i = \{$取到第 i 个车间的产品$\}$（$i = 1,2,3$），$A = \{$取到不合格品$\}$。

可以看出，事件 H_1，H_2，H_3 构成完备事件组，并且事件 A 能且只能与事件 H_1，H_2，H_3 之一同时发生，即 $A = AH_1 \cup AH_2 \cup AH_3$。

根据题意　　　$P(H_1) = \dfrac{1}{2}$,　$P(H_2) = \dfrac{1}{3}$,　$P(H_3) = \dfrac{1}{6}$

$$P(A \mid H_1) = 0.02,　P(A \mid H_2) = 0.03,　P(A \mid H_3) = 0.04$$

由概率的有限可加性和条件概率公式，得

$$P(A) = P(AH_1) + P(AH_2) + P(AH_3)$$

$$= P(H_1)P(A \mid H_1) + P(H_2)P(A \mid H_2) + P(H_3)P(A \mid H_3)$$

$$= \frac{1}{2} \times 0.02 + \frac{1}{3} \times 0.03 + \frac{1}{6} \times 0.04 \approx 0.027$$

一般地，如果事件 H_1，H_2，$\cdots$，H_n 是一个完备事件组，那么对于任一事件 A 都有

$$P(A) = \sum_{i=1}^{n} P(H_i)P(A \mid H_i) \tag{7.3.10}$$

式（7.3.10）叫做**全概率公式**。

例 6A 一筐中装有乒乓球 8 只，其中 4 只新球，4 只旧球，每次用一只，用后放回，用过后就视为旧球，试求第二次用球是新球的概率。

解 设 $H = \{$第一次用新球$\}$，$\overline{H} = \{$第一次用旧球$\}$，$A = \{$第二次新球$\}$。显然 H 与 $\overline{H}$ 是完备事件组。

根据题意

$$P(H) = \frac{4}{8} = \frac{1}{2}, \quad P(\overline{H}) = \frac{4}{8} = \frac{1}{2}, \quad P(A \mid H) = \frac{3}{8}, P(A \mid \overline{H}) = \frac{4}{8} = \frac{1}{2}$$

由全概率公式得

$$P(A) = P(H)P(A \mid H) + P(\overline{H})P(A \mid \overline{H})$$

$$= \frac{1}{2} \times \frac{3}{8} + \frac{1}{2} \times \frac{1}{2} = \frac{7}{16}$$

四、事件的独立性

先看一个返回抽样问题。

10 件产品中有 2 件次品，连续返回抽取，每次抽一件，设 $A = \{$第一次抽得正品$\}$，$B = \{$第二次抽得正品$\}$，可以得到

$$P(B) = \frac{4}{5}, \quad P(B \mid A) = \frac{4}{5}, \quad P(B \mid \overline{A}) = \frac{4}{5}$$

所以

$$P(B) = P(B \mid A) = P(B \mid \overline{A})$$

也就是说，事件 B 发生的概率和事件 A 发生与否无关。

定义 如果事件 B 发生的概率不受事件 A 发生与否的影响，即

$$P(B \mid A) = P(B)$$

则称**事件 B 对事件 A 是独立的**，否则就是不独立的。

由独立性的定义，可推出下列结论：

（1）若事件 B 独立于 A，则事件 A 也独立于 B，也就是说两事件的独立性是相互的；

（2）若事件 A 与 B 相互独立，则三对事件 A 与 $\overline{B}$，$\overline{A}$ 与 B，$\overline{A}$ 与 $\overline{B}$ 也分别相互独立；

（3）事件 A 与 B 相互独立的充要条件是

$$P(AB) = P(A)P(B) \tag{7.3.11}$$

式（7.3.11）可由乘法公式推得。

事件的相互独立性的直观意义是两事件的发生与否互不影响。在实际问题中，并不是用定义或充要条件来检验独立性的，而是根据问题的性质来判断，只要事件之间没有明显的联系或联系甚微，我们就可以认为他们是相互独立的。

事件的相互独立性可推广到有限个事件的情形：

如果事件 A_1，A_2，$\cdots$，A_n 中任一事件发生的概率不受其他事件发生的影响，那么事件 A_1，A_2，$\cdots$，A_n 叫做是相互独立的，并且有

$$P(A_1 A_2 \cdots A_n) = P(A_1)P(A_2)\cdots P(A_n) \tag{7.3.12}$$

例7B 有 100 件产品，其中有 5 件不合格品，从中任取一件，连续抽取两次。

（1）若取后不放回，求两次都取得合格品的概率；

（2）若取后放回，求两次都取得合格品的概率。

解 设事件 $A_i = \{$第 i 次取得正品$\}$ $(i = 1,2)$。

（1）若取后不放回，则两事件 A_1、A_2 不是独立的，由乘法公式得

$$P(A_1 A_2) = P(A_1)P(A_2 \mid A_1) = \frac{95}{100} \times \frac{94}{99} \approx 0.9020$$

（2）若取后放回，则两事件 A_1、A_2 是相互独立的，且有

$$P(A_1) = P(A_2) = \frac{95}{100}$$

所以

$$P(A_1 A_2) = P(A_1)P(A_2) = \frac{95}{100} \times \frac{95}{100} \approx 0.9025$$

例8A 甲、乙两飞机独立地轰炸同一目标，它们击中目标的概率分别为 0.9 和 0.8，求在一次轰炸中，目标被击中的概率。

解 设 $A = \{$甲击中目标$\}$，$B = \{$乙击中目标$\}$。依题意，$P(A) = 0.9$，$P(B) = 0.8$。令 $C = \{$目标被击中$\}$，则 $C = A \cup B$。

法一 因为 A、B 相互独立，但是相容的，故

$$P(C) = P(A \cup B) = P(A) + P(B) - P(AB)$$
$$= P(A) + P(B) - P(A)P(B)$$
$$= 0.9 + 0.8 - 0.9 \times 0.8 = 0.98$$

法二

$$P(C) = 1 - P(\bar{C}) = 1 - P(\overline{A \cup B}) = 1 - P(\bar{A} \cap \bar{B})$$
$$= 1 - P(\bar{A})P(\bar{B}) = 1 - 0.1 \times 0.2 = 0.98$$

习题 **7-3**

1. 盒中有 3 个白球，2 个红球，从中任取 2 个球，试求至少有 1 个白球的概率。

2. 由长期的统计资料得知，某地区九月份下雨（记作事件 A）的概率是 $\frac{4}{15}$，刮风（记作事件 B）的概率为 $\frac{7}{15}$，既刮风又下雨的概率是 $\frac{1}{10}$，求 $P(A \cup B)$、$P(A \mid B)$ 和 $P(B \mid A)$。

3. 三个人独立地破译一份密码，他们译出的概率分别为 $\frac{1}{5}$、$\frac{1}{3}$、$\frac{1}{4}$，问能将此密码译出的概率是多少？

4. 一筐中装有新旧乒乓球各 4 只，每次用 1 只，新球用过后就视为旧球，求：
   (1) 两次用球中恰有一次用新球的概率；
   (2) 第二次用旧球的概率。

5. 100 件商品中有 10 件不合格品，每次抽取一件，无放回地连续抽取两次，试求第二次取到合格品的概率。

6(A). 某工厂由四条流水线生产同一种产品，这四条流水线的产量分别为总产量的15%、20%、30% 和 35%，它们的不合格品率依次为 0.05、0.04、0.03 和 0.02。现在从出厂产品中任取一件，问恰好抽到不合格品的概率为多少？

7(A). 某单位订阅甲、乙、丙三种报纸，据调查，职工中读甲、乙、丙报的分别为 40%、26%、24%，兼读甲、乙报的为 8%，兼读甲、丙报的为 5%，兼读乙、丙报的为 4%。现从职工中随机抽检一人，问该职工至少读一种报纸的概率、不读报的概率各是多少？

8. 50 件商品中有 3 件次品，其余都是正品，每次取一件，无放回地从中抽取 3 件，试求：
   (1) 3 件商品都是正品的概率；
   (2) 第 3 次才抽到次品的概率。

9. 零件 100 个，其中 92 个直径合格，95 个光洁度合格，两个指标都合格的 90 个。从 100 个零件中任抽一个，结果此零件光洁度合格，试求零件直径也合格的概率。

10. 一个口袋内装有 5 个白球，3 个黑球，从中任取两次，取后放回，试求取出的两个球都是白球的概率。

11(A). 甲乙两人射击，甲击中的概率为 0.8，乙击中的概率为 0.7，两人同时射击，并假定中靶与否是独立的，求：
   (1) 两人都中靶的概率；
   (2) 甲中乙不中的概率；
   (3) 甲不中乙中的概率。

第四节　随机变量及其分布

本节将在随机事件及概率的基础上，引进随机变量的概念，进一步研究随机现象。

一、随机变量的概念

1. 随机变量的定义

前面我们已经讨论了随机事件及其概率。可以看到，随机试验的结果往往可以取不同的数值，这些数值在试验之前是不能确定的，它是随着试验的不同结果随机地取各种不同数值的变量。

例如，从含有 5 件次品的 100 件商品中，任取 5 件，则次品数可以随机地取 0，1，2，3，4，5 六个数值，这些数值在抽取前是不能确定的；又如，某商店共有 100kg 水果，在一天中的销售量，可以是从 0 到 100 中的任意数值，在销售前是不能确定的。

这种用来描述随机试验结果的变量叫做**随机变量**。随机变量通常用字母 ξ，η 或 X，Y，Z 等来表示。

例如，在上例中，设任取 5 件商品中的次品数为随机变量 ξ，则事件"没有次品"可以记作"$\xi = 0$"；"有两件次品"可记作"$\xi = 2$"；"次品少于三件"可记作"$\xi < 3$"等。又如，设某商店在一天中的水果销售量为随机变量 η，则有"$0 \leqslant \eta \leqslant 100$"。

由随机变量和随机事件的概念可以看出，"随机变量是描述随机事件的变量"，或者说"随机变量满足某一等式或不等式时，即构成一个事件"。通过随机变量的取值，我们就可以把随机现象的各种可能结果和数一一对应起来；有些随机事件与数之间虽然并没有自然的联系，但我们常常可以给它们规定一个对应关系。

例如，掷一枚硬币，可以规定：出现"正面向上"为"$\xi = 1$"，出现"正面向下"为"$\xi = 0$"；又如试验一个电路时，可以规定："电路畅通"为"$\xi = 1$"，"电路不通"为"$\xi = 0$"。

2. 随机变量的类型

随机变量按其取值情况可以分为两大类，即离散型随机变量和连续型随机变量。

（1）离散型随机变量

如果随机变量所能取的值可以一一列举（有限个或无限个），就称这类随机变量为**离散型随机变量**。

离散型随机变量所能取的值在经济管理中叫做计数值。例如：某商店每天销售某种商品的件数；某车站在一小时内的候车人数；平板玻璃每单位面积上的气泡数等，都是离散型随机变量。

（2）连续型随机变量

如果随机变量所能取的值，充满某个区间（有限区间或无限区间），不能一一列举，就称这类随机变量为**连续型随机变量**。

连续型随机变量所能取的值在经济管理中叫做计量值。例如：测量某种零件的长度所能得到的数值；出售一批西瓜时每个西瓜所能取的重量；到火车站乘车的每一位旅客可能的候车时间等，都是连续型随机变量。

二、离散型随机变量的分布列

为了能够比较完整地描述随机变量，我们不仅要了解随机变量所能取的值，更重要的是要知道随机变量的概率及其分布状况。

例1B　从装有 3 个红球，2 个白球的袋中任取 3 个球，试写出所取 3 个球中红球数的取值范围及取每个值的概率。

解　（1）设所取 3 个球中红球数为随机变量 ξ，则 ξ 的可能取值范围为 $\{1, 2, 3\}$。

（2）按古典概率计算得

$$P(\xi = 1) = \frac{C_3^1 C_2^2}{C_5^3} = \frac{3}{10}, \quad P(\xi = 2) = \frac{C_3^2 C_2^1}{C_5^3} = \frac{3}{5}, \quad P(\xi = 3) = \frac{C_3^3}{C_5^3} = \frac{1}{10}$$

我们把 ξ 的可能取值及其取各个值的概率用表格列举出来，这样更为直观。

ξ	1	2	3
$P(\xi = k)$	$\dfrac{3}{10}$	$\dfrac{3}{5}$	$\dfrac{1}{10}$

定义　离散型随机变量 ξ 的取值 $x_k(k = 1,2,\cdots)$ 及其相对应的概率值的全体 $P(\xi = x_k) = p_k(k = 1,2,\cdots)$，或叫做**离散型随机变量 ξ 的分布列**。

ξ	x_1	x_2	$\cdots$	x_n	$\cdots$
$P(\xi = x_k)$	p_1	p_2	$\cdots$	p_n	$\cdots$

如果用横坐标表示离散型随机变量 ξ 的可能取值 x_k，纵坐标表示 ξ 取这些值的概率 p_k，所得的图形叫做离散型随机变量的**概率分布图**（如图 7-5 所示）。分布列或概率分布图全面地描述了随机变量的概率分布规律。

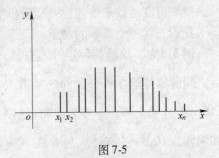

图 7-5

随机变量的分布列显然具有下列性质：

(1) $p_k \geq 0(k = 1,2,\cdots,n,\cdots)$；

(2) $\sum\limits_{k=1}^{\infty} p_k = 1$。

例 2B　一篮球运动员在某定点一次投篮的命中率为 0.8，假定每次投篮条件相同，且结果互不影响。

(1) 求到投中为止所需次数的分布列；

(2) 求投篮不超过两次就能命中的概率。

解　设随机变量 η 表示到投中为止运动员所需投篮的次数，则 η 的取值范围是 $\{1,2,\cdots,k,\cdots\}$。

(1) 设 $A_i = \{$ 第 i 次投中 $\}(i = 1,2,\cdots,k,\cdots)$，根据题意，$A_1,A_2,\cdots,A_k,\cdots$ 是相互独立的，且 $P(A_i) = 0.8$，$P(\bar{A}_i) = 0.2$。

因为　　$P(\eta = 1) = P(A_1) = 0.8$

$$P(\eta = 2) = P(\bar{A}_1 A_2) = P(\bar{A}_1)P(A_2) = 0.2 \times 0.8$$

$$P(\eta = 3) = P(\bar{A}_1 \bar{A}_2 A_3) = P(\bar{A}_1)P(\bar{A}_2)P(A_3) = 0.2^2 \times 0.8$$

$\vdots$

$$P(\eta = k) = P(\bar{A}_1 \bar{A}_2 \cdots \bar{A}_{k-1} A_k)$$

$$= P(\bar{A}_1)P(\bar{A}_2)\cdots P(\bar{A}_{k-1})P(A_k) = 0.2^{k-1} \times 0.8$$

$\vdots$

所以 η 的分布列为

η	1	2	3	$\cdots$	k	$\cdots$
$P(\eta = k)$	0.8	0.2×0.8	$0.2^2 \times 0.8$	$\cdots$	$0.2^{k-1} \times 0.8$	$\cdots$

(2) 根据题意，$A = \{$ 不超过两次就能命中 $\} = \{\eta \leq 2\} = \{\eta = 1\} \cup \{\eta = 2\}$。所以

$$P(\eta \leq 2) = P(\eta = 1) + P(\eta = 2) = 0.8 + 0.2 \times 0.8 = 0.96。$$

由上例看出，知道了离散型随机变量的分布列，也就掌握了它在各部分内取值的概率。

三、连续型随机变量的密度函数

离散型随机变量在每一个可取值处的概率可以用分布列来表示，但对于连续性随机变量来说，由于它的取值充满了某一区间，不可能像离散型随机变量一样，把它的取值一一列举。所以，一般来说，我们只讨论它在某一区间的概率，这就需要引进一个新的概念——概率密度函数来描述连续型随机变量的概率分布。

我们先看一个具体的例子。

例3　为了检验某种零件的质量，共抽检了 100 个零件，经统计其实际长度与规定长度之间的偏差落在各个区间的频数（m）、频率$\left(\dfrac{m}{n}\right)$ 及频率密度见表 7-5，其中每个区间（即每组）的上界与下界之差叫做组距，并且规定每一组的下界值包含端点处的取值。例如偏差为 $10\mu m$ 的零件应包含在 $10\sim20$ 的一组内。其中组距为 $10\mu m$，频率密度 $=\dfrac{\text{频率}}{\text{组距}}=\dfrac{m}{10n}$。

表 7-5　　　　　　　　　　　　　　　　($n=100$)

组　序	偏差区间/μm	频数（m）	频率$\left(\dfrac{m}{n}\right)$	频率密度$\left(\dfrac{m}{10n}\right)$
1	$-50\sim-40$	1	0.01	0.001
2	$-40\sim-30$	3	0.03	0.003
3	$-30\sim-20$	7	0.07	0.007
4	$-20\sim-10$	14	0.14	0.014
5	$-10\sim0$	24	0.24	0.024
6	$0\sim10$	25	0.25	0.025
7	$10\sim20$	15	0.15	0.015
8	$20\sim30$	8	0.08	0.008
9	$30\sim40$	2	0.02	0.002
10	$40\sim50$	1	0.01	0.001
总　计		100	1.00	0.100

以组距为底、各组的频率密度为高作一系列小矩形，这种由一系列小矩形所组成的统计图叫做**频率直方图**，简称**直方图**，如图 7-6 所示。

图 7-6 中每一个小矩形的面积 $S=$ 频率密度×组距 = 频率/组距×组距 = 频率。显然，所有小矩形的面积之和等于 1。

如果把任取一个零件进行测量看作是一次试验，并且设随机变量 ξ 为任取一个零件所得的实际长度与规定长度之间的偏差，那么每一个小矩形的面积就是 ξ 落在某个区间 $[a,b)$ 的频率，记作 $f_n(a\leqslant\xi<b)$。于是有

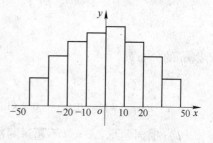

图 7-6

$$f_n(-50 \leqslant \xi < -40) = 0.01$$

$$f_n(-40 \leqslant \xi < -30) = 0.03$$

$$\vdots$$

由概率的统计定义可知，当 n 充分大时有

$$f_n(a \leqslant \xi < b) \approx P(a \leqslant \xi < b)$$

把图 7-6 中各个小矩形的上底中点用折线连接起来，如图 7-7 所示，不难设想，如果当试验的次数 n 不断增加，并且分组越来越细时，频率直方图顶部的折线便转化为一条确定的曲线 $y = f(x)$（如图 7-8 所示）。从而随机变量 ξ 落在某一区间的频率也稳定于 ξ 落在该区间的概率，即该区间内曲边梯形的面积。

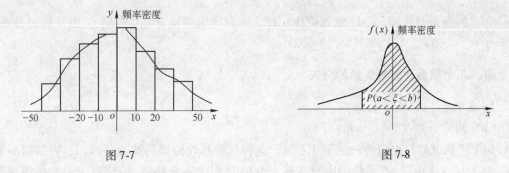

图 7-7　　　　　　　　　　　　　　　图 7-8

定义　设 ξ 为连续型随机变量，如果存在非负函数 $y = f(x)$，使 ξ 在任一区间 $[a, b]$ 内取值的概率都有

$$P(a \leqslant \xi < b) = \int_a^b f(x)\mathrm{d}x$$

那么 $f(x)$ 就叫做 ξ 的**概率密度函数**，简称**密度函数**或**分布密度**。

连续型随机变量在给定区间内某一点处的概率可以说等于零，正如一个曲边梯形在某一点处的面积为零一样。所以一般来说，$P(a < \xi < b) = P(a \leqslant \xi < b) = P(a < \xi \leqslant b) = P(a \leqslant \xi \leqslant b)$。于是对于连续型随机变量，我们常常把 $P(a \leqslant \xi < b)$ 写成 $P(a < \xi < b)$。

密度函数具有以下两个性质：

(1) $f(x) \geqslant 0$；

(2) $\int_{-\infty}^{+\infty} f(x)\mathrm{d}x = 1$。

由概率密度函数的定义可知，如果已知密度函数 $f(x)$，只要积分 $\int_a^b f(x)\mathrm{d}x$ 存在，就可以求出随机变量 ξ 落在任何区间 (a, b) 内的概率。

例 4B　设 $f(x) = \begin{cases} \lambda \mathrm{e}^{-\lambda x} & x \geqslant 0 \\ 0 & x < 0 \end{cases}$（$\lambda > 0$）是晶体管寿命 ξ 的分布密度，当 $\lambda = \dfrac{1}{10000}$ 时，求晶体管寿命不超过 10000h 的概率。

解　由题意，所求概率为 $P(\xi \leqslant 10000)$。

$$P(\xi \leqslant 10000) = \int_{-\infty}^{10000} f(x)\,\mathrm{d}x = \int_0^{10000} \frac{1}{10000} \mathrm{e}^{-\frac{x}{10000}}\,\mathrm{d}x$$

$$= -\left.\mathrm{e}^{-\frac{x}{10000}}\right|_0^{10000} = 1 - \mathrm{e}^{-1} \approx 0.6321$$

例 4 中密度函数 $f(x)$ 的随机变量 ξ 称为服从参数 λ 的 **指数分布**，记为 $\xi \sim Z(\lambda)$。

例 5B　验证函数 $f(x) = \begin{cases} \dfrac{1}{b-a} & x \in [a,b] \\ 0 & x \notin [a,b] \end{cases}$ 是一随机变量 η 的密度函数。

解　显然 $f(x) \geqslant 0$，且 $\int_{-\infty}^{+\infty} f(x)\,\mathrm{d}x = \int_a^b \dfrac{1}{b-a}\,\mathrm{d}x = 1$，故 $f(x)$ 是 η 的密度函数。因为 $P(\eta > b) = P(\eta < a) = 0$，$[c,d] \subseteq [a,b]$ 时，$\int_c^d f(x)\,\mathrm{d}x = \dfrac{1}{b-a}(d-c)$，即 η 的取值落在 $[c,d]$ 的概率与区间 $[c,d]$ 的长度成正比，故称随机变量 η 在 $[a,b]$ 上服从 **均匀分布**。记作 $\eta \sim [a,b]$。

四、几个重要的随机变量的分布

1. 离散型随机变量的分布

（1）两点分布（0 – 1 分布）

如果随机试验只出现两种结果 A 和 $\bar{A}$，这种试验称为 **伯努利试验**。例如，投篮时只考虑"中"与"不中"；产品检验中只考虑"合格"和"不合格"。用随机变量 ξ 来描述伯努利试验时，可设 $A = \{\xi = 1\}$，$\bar{A} = \{\xi = 0\}$，$P(A) = p$，这样 ξ 的分布列为

ξ	0	1
p_k	q	p

其中，p，$q > 0$，$p + q = 1$。则称 ξ 服从 **两点分布**（或 **0 – 1 分布**）。

（2）二项分布

在相同条件下，对同一试验进行 n 次，且每次试验的结果互不影响，我们把这 n 次试验称为 n 次独立试验，n 次独立的伯努利试验简称为 **n 次伯努利试验**。

例 6B　某批产品的不合格品率为 p，现从中有返回地抽取 3 件，试求 3 件中恰有 2 件不合格品的概率。

解　如果每次抽取看作一次试验，每次试验的结果有两个，设 $A = \{$抽到不合格品$\}$，$\bar{A} = \{$抽到合格品$\}$。则 $P(A) = p$，$P(\bar{A}) = 1 - p = q$。

由于有返回抽取，三次抽取结果互不影响，因而三次抽取可看作是三次伯努利试验。我们用 ξ 表示抽取的三件产品中不合格品的件数，即 A 在三次伯努利试验中发生的次数。显然 ξ 是随机变量，可能取值为 $\{0,1,2,3\}$，且 $\{\xi = 2\} = \{$三件中恰有两件不合格品$\} = \{A$ 出现两次$\}$，所以 $P(\xi = 2) = C_3^2 p^2 q$。

一般地，在 n 次伯努利试验中，如果事件 A 在每次试验中发生的概率为 p，ξ 表示 A 在 n 次伯努利试验中发生的次数，则 ξ 的分布列为

$$P(\xi = k) = C_n^k p^k q^{n-k} \quad (k = 0,1,2,\cdots,n)$$

其中，p，$q > 0$，$p + q = 1$。则称 ξ 服从参数为 n，p 的**二项分布**，记作 $\xi \sim B(n,p)$。

二项分布中的各项正好是二项式 $(p + q)^n$ 展开式的各项，这就是二项分布名称的由来。

由例6可知，有返回抽样 n 件产品可看作是 n 次独立试验，如只考虑"合格"或"不合格"两种结果，就可看作是 n 次伯努利试验。实际工作中，抽取样品数 n 与产品总数 N 的比值 n/N 很小时，无返回抽样可看作有返回抽样。

例7B　一批出口商品共10000件，已知该批商品的不合格品率为2%。商检部门抽检方案是，从中抽取30件样品，如不合格品数不大于3，则判定该批商品合格，从而接受该批商品，否则拒绝。求该批商品被接受的概率。

解　商品数10000较样品数30很大，设 ξ 表示30件样品中不合格品的件数，则 $\xi \sim B(30,0.02)$。

依题意，该批商品被接受的概率为 $P(\xi \leqslant 3)$，即

$$P(\xi \leqslant 3) = \sum_{k=0}^{3} C_{30}^k (0.02)^k (0.98)^{30-k}$$

$$\approx 0.5455 + 0.3340 + 0.0098 + 0.0188 \approx 0.997$$

实际计算时，可查较完备的数学工具书中的《二项分布表》。

（3）泊松分布

法国数学家泊松在研究二项分布的近似计算时发现，当 n 较大，p 较小时，二项分布为：

$$P(\xi = k) = C_n^k p^k q^{n-k} \approx \frac{\lambda^k}{k!} e^{-\lambda} \quad (k = 0,1,2,\cdots,n)$$

其中，$\lambda = np$。实际计算时，只要 $n > 10$，$p < 0.1$ 这种近似程度就很高了，并有专门的《泊松分布表》可查。

如果随机变量 ξ 的分布列为

$$P(\xi = k) = \frac{\lambda^k}{k!} e^{-\lambda} \quad (\lambda > 0, k = 0,1,2,\cdots,n,\cdots)$$

则称 ξ 服从参数为 λ 的**泊松分布**，记作 $\xi \sim P(\lambda)$。

在例7中，$n = 30$，$p = 0.02$，$\lambda = np = 0.6$，故可用泊松分布近似。查泊松分布表，得 $P(\xi \geqslant 4) = 0.003358$，所以

$$P(\xi \leqslant 3) = 1 - P(\xi \geqslant 4) = 1 - 0.003358 = 0.996642 \approx 0.997$$

2. 连续型随机变量的分布——正态分布

（1）正态分布的概念

若随机变量 ξ 的密度函数为

$$f(x) = \frac{1}{\sqrt{2\pi}\sigma} e^{-\frac{(x-\mu)^2}{2\sigma^2}} \quad (-\infty < x < +\infty)$$

其中，μ，$\sigma(\sigma > 0)$ 为参数，则称随机变量 ξ 服从参数为 μ，σ 的**正态分布**，记作 $\xi \sim N(\mu, \sigma^2)$。

正态密度函数的图像称为**正态曲线**（如图 7-9 所示），它是以 $x = \mu$ 为对称轴的"钟形"曲线，在 $x = \mu$ 处取得极大值 $f(\mu) = \dfrac{1}{\sqrt{2\pi}\sigma} \approx \dfrac{0.4}{\sigma}$；参数 σ 决定正态曲线的形状，σ 较大，曲线扁平，σ 较小，曲线狭高。

参数 $\mu = 0$，$\sigma = 1$ 的正态分布叫做**标准正态分布**，记作 $N(0, 1)$。其密度函数为

$$f(x) = \frac{1}{\sqrt{2\pi}} e^{-\frac{x^2}{2}} \quad (-\infty < x < +\infty)$$

如图 7-10 所示左边的一条曲线（$\mu = 0$，$\sigma = 1$），即为标准正态曲线。

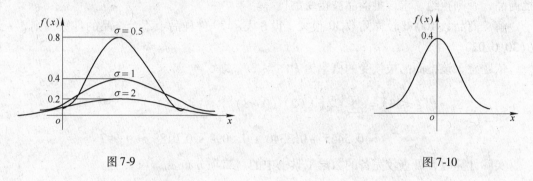

图 7-9 　　　　　　　　　　　　　　　　图 7-10

（2）正态分布的概率计算

为了方便地计算正态分布的概率，人们编制了标准正态分布表。如果随机变量 ξ 服从标准正态分布，可以直接利用标准正态分布表计算事件 $\{\xi < x\}$ 的概率，即

$$P(\xi < x) = \int_{-\infty}^{x} \frac{1}{\sqrt{2\pi}} e^{-\frac{t^2}{2}} dt = \Phi(x)$$

$\Phi(x)$ 如图 7-11 所示。

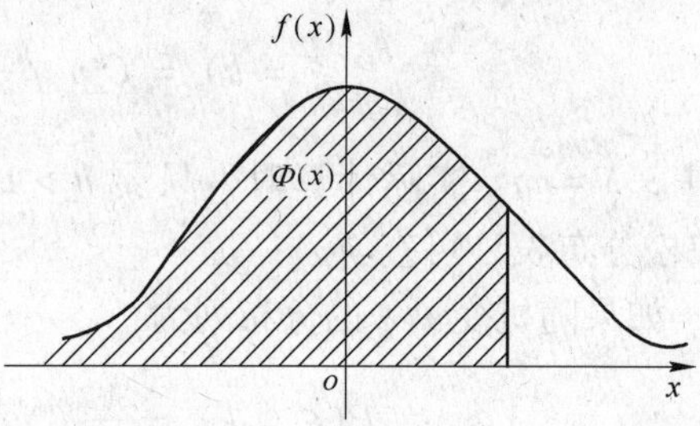

当 $x \geq 0$ 时，可从标准正态分布表中直接查 $\Phi(x)$ 的值。如

$$P(\xi < 1.2) = \Phi(1.2) = 0.8849$$

图 7-11

一般地，可用下列公式计算：

(1) $P(\xi < -x) = \Phi(-x) = 1 - \Phi(x)$；

(2) $P(a < \xi < b) = P(\xi < b) - P(\xi < a) = \Phi(b) - \Phi(a)$；

(3) $P(\xi > a) = 1 - P(\xi < a) = 1 - \Phi(a)$。

例 8B 设 $\xi \sim N(0, 1)$，求 (1) $P(\xi < -1)$；(2) $P(-2.32 < \xi < 1.2)$。

解 (1) $P(\xi < -1) = \Phi(-1) = 1 - \Phi(1) = 1 - 0.8413 = 0.1587$

(2) $P(-2.32 < \xi < 1.2) = \Phi(1.2) - \Phi(-2.32)$

$$= \Phi(1.2) - [1 - \Phi(2.32)] = \Phi(1.2) + \Phi(2.32) - 1$$
$$= 0.8849 + 0.9898 - 1 = 0.8747$$

例 9B 设 $\xi \sim N(0, 1)$，求下式中的 a：

(1) $P(\xi < a) = 0.1578$；　(2) $P(\xi > a) = 0.0228$。

解 （1）由于 $x \geqslant 0$ 时，$\Phi(x) \geqslant \dfrac{1}{2}$，即当 $P(\xi < a) < \dfrac{1}{2}$ 时，$a < 0$。此时不能从表中直接查出 a。因为 $P(\xi < a) = \Phi(a) = 0.1578$，所以 $\Phi(-a) = 1 - \Phi(a) = 1 - 0.1578 = 0.8413$，查表得 $-a = 1.0$，即 $a = -1$。

（2）$P(\xi > a) = 1 - \Phi(a) = 0.0228$，所以 $\Phi(a) = 0.9772$，查表得 $a = 2$。

对于任何一个正态分布 $\xi \sim N(\mu, \sigma^2)$，有

$$P(\xi < x) = \int_{-\infty}^{x} \frac{1}{\sqrt{2\pi}\sigma} e^{-\frac{(t-\mu)^2}{2\sigma^2}} dt$$

令 $u = \dfrac{t - \mu}{\sigma}$，则 $\displaystyle\int_{-\infty}^{\frac{x-\mu}{\sigma}} \frac{1}{\sqrt{2\pi}} e^{-\frac{u^2}{2}} du = \Phi\left(\frac{x - \mu}{\sigma}\right)$。

即
$$P(\xi < x) = \Phi\left(\frac{x - \mu}{\sigma}\right), \quad \xi \sim N(\mu, \sigma^2)$$

例 10A 若 $\xi \sim N(1, 2^2)$，求 （1）$P(\xi < 3)$；（2）$P(|\xi| < 2)$。

解 （1）$P(\xi < 3) = \Phi\left(\dfrac{3 - 1}{2}\right) = \Phi(1) = 0.8413$

（2）$P(|\xi| < 2) = P(-2 < \xi < 2) = P(\xi < 2) - P(\xi < -2)$

$$= \Phi\left(\frac{2 - 1}{2}\right) - \Phi\left(\frac{-2 - 1}{2}\right) = \Phi(0.5) - \Phi(-1.5)$$

$$= \Phi(0.5) + \Phi(1.5) - 1 = 0.6915 + 0.9332 - 1 = 0.6247$$

对于正态分布 $\xi \sim N(\mu, \sigma^2)$ 来说，由于 $P(|\xi - \mu| < 3\sigma) = 0.9974$，所以可以说 ξ 的取值几乎全部在 $(\mu - 3\sigma, \mu + 3\sigma)$ 中，或者说事件 $\{|\xi - \mu| > 3\sigma\}$ 几乎不发生。这就是统计学中的 **3σ 原则**。

习题　7-4

1. 某射手射击时中靶的环数为随机变量 ξ，试说明下列各式的意义：

（1）$P(\xi = 0)$；（2）$P(\xi = 3)$；（3）$P(0 < \xi < 5)$；（4）$P(\xi < 8)$。

2. 已知随机变量 ξ 的分布列为

ξ	0	1	2	3	4	5	6
$P(\xi = k)$	$\dfrac{1}{5}$	$\dfrac{1}{10}$	$\dfrac{1}{15}$	p_3	p_4	p_5	p_6

求：（1）$P(\xi \geqslant 3)$；（2）$P(\xi \leqslant 1)$。

3. 袋中装有编号为 1~3 的 3 个球，现从中任取 2 个球，ξ 表示取出的球中的最大号码，求 ξ 的分布列。

4. 从含有 3 件次品和 10 件正品的产品中每次任取 1 件，按下列两种情形分别求出直到取出正品所需次数的分布列：

（1）取后不放回；

（2）取后放回。

5(A). 在相同的条件下某射手独立地进行 5 次射击，每次击中目标的概率为 0.6，求：

（1）命中两次的概率；

（2）至少命中两次的概率；

（3）第三次命中的概率。

6(A). 从一大批产品中抽检 20 件，如发现多于 2 件次品，则判定该产品不合格。若该产品的次品率为 5% 时，被判为不合格的概率是多少？

7. 设 $\xi \sim N(0,1)$，查表求：

（1）$P(\xi < 1.48)$；（2）$P(\xi > 0.72)$；（3）$P(\xi < -1.52)$；（4）$P(\xi > -1.52)$。

第五节　随机变量的数字特征

和随机变量的分布列或密度函数相联系，并能反映随机变量的某些概率特征的数字，统称为随机变量的**数字特征**。

本节主要讨论随机变量的两种常用的数字特征——数学期望和方差。

一、数学期望和方差的概念

先看一个例子。

例 1B　为了测定某种铸件的质量，从一批铸件中任取 100 件进行检验，设每件上的缺陷数为随机变量 ξ，表 7-6 给出了 100 件铸件的缺陷数的频率分布情况，试求这 100 件铸件平均每件上有多少个缺陷。

表 7-6

缺陷数 ξ	0	1	2	3	4	5	6
铸件数	21	40	24	8	4	2	1
频　率	$\frac{21}{100}$	$\frac{40}{100}$	$\frac{24}{100}$	$\frac{8}{100}$	$\frac{4}{100}$	$\frac{2}{100}$	$\frac{1}{100}$

解　每个铸件上缺陷数的平均值记作 $\bar{\xi}$，则

$$\bar{\xi} = \frac{0 \times 21 + 1 \times 40 + 2 \times 24 + 3 \times 8 + 4 \times 4 + 5 \times 2 + 6 \times 1}{100} = 1.44$$

即每个铸件缺陷数的平均值为 1.44。

对上式稍作变化，得

$$\bar{\xi} = 0 \times \frac{21}{100} + 1 \times \frac{40}{100} + 2 \times \frac{24}{100} + 3 \times \frac{8}{100} + 4 \times \frac{4}{100} + 5 \times \frac{2}{100} + 6 \times \frac{1}{100} = 1.44$$

即每件铸件上缺陷数的平均值正好是缺陷数 ξ 的每一个可能取值与相应的频率乘积的总和。

由概率的统计定义知，通过大量的测定，铸件缺陷数的频率稳定于概率，设 ξ 的分布列为

$$\begin{array}{cccccccc} \xi & 0 & 1 & 2 & 3 & 4 & 5 & 6 \\ p_k & p_0 & p_1 & p_2 & p_3 & p_4 & p_5 & p_6 \end{array}$$

$0 \times p_0 + 1 \times p_1 + 2 \times p_2 + 3 \times p_3 + 4 \times p_4 + 5 \times p_5 + 6 \times p_6 = \sum\limits_{k=0}^{6} k \cdot p_k$ 所确定的数记为 $E(\xi)$，$E(\xi)$ 表示在概率意义下的铸件缺陷数的"平均值"。它反映了 ξ 取值"平均"意

义的数字特征。

我们还可以考虑铸件缺陷数的集中或离散程度。

铸件缺陷数的可能取值与 $E(\xi)$ 的偏离值的平方在概率意义下的"平均值",即 $\sum_{k=0}^{6}[k-E(\xi)]^2 p_k$,记为 $D(\xi)$。$D(\xi)$ 较小,表明铸件缺陷数集中 $E(\xi)$ 的程度较高;$D(\xi)$ 较大,表明铸件缺陷数偏离 $E(\xi)$ 的程度较大。

$D(\xi)$ 是描述 ξ 取值集中或分散程度的一个数字特征。

一般地,对随机变量的这两种数字特征给出下面的定义。

定义1 若离散型随机变量 ξ 的分布列为:

ξ	x_1	x_2	$\cdots$	x_n	$\cdots$
p_k	p_1	p_2	$\cdots$	p_n	$\cdots$

记 $E(\xi)=x_1 p_1 + x_2 p_2 + \cdots + x_n p_n + \cdots = \sum_{k=1}^{\infty} x_k p_k$,$D(\xi)=[x_1-E(\xi)]^2 p_1 + [x_2 - E(\xi)]^2 p_2 + \cdots + [x_n - E(\xi)]^2 p_n + \cdots = \sum_{k=1}^{\infty}[x_k - E(\xi)]^2 p_k$。则 $E(\xi)$ 称为随机变量 ξ 的**数学期望**(或均值);$D(\xi)$ 称为随机变量 ξ 的**方差**。

特别地,当 ξ 的取值只有有限个值时,$E(\xi)$、$D(\xi)$ 的值表现为有限项的和;ξ 取无穷可列个值时,$E(\xi)$、$D(\xi)$ 可能不存在。

定义2 设连续型随机变量 ξ 具有密度函数 $f(x)$,若广义积分 $\int_{-\infty}^{+\infty}|x|f(x)\mathrm{d}x$ 和 $\int_{-\infty}^{+\infty}x^2 f(x)\mathrm{d}x$ 收敛,记 $E(\xi)=\int_{-\infty}^{+\infty}xf(x)\mathrm{d}x$,$D(\xi)=\int_{-\infty}^{+\infty}[x-E(\xi)]^2 f(x)\mathrm{d}x=\int_{-\infty}^{+\infty}x^2 f(x)\mathrm{d}x-[E(\xi)]^2$。则 $E(\xi)$ 称为随机变量 ξ 的**数学期望**(或均值);$D(\xi)$ 称为随机变量 ξ 的**方差**。

例2B 有两个工厂生产同一种设备,设其寿命(单位:h)分别为随机变量 ξ、η,其概率分布如下所示:

ξ	800	900	1000	1100	1200
$P(\xi=k)$	0.1	0.2	0.4	0.2	0.1

η	800	900	1000	1100	1200
$P(\eta=k)$	0.2	0.2	0.2	0.2	0.2

试比较两厂的产品的质量。

解 两厂产品使用寿命的均值分别为

$E(\xi)=800\times 0.1 + 900\times 0.2 + 1000\times 0.4 + 1100\times 0.2 + 1200\times 0.1 = 1000$

$E(\eta)=800\times 0.2 + 900\times 0.2 + 1000\times 0.2 + 1100\times 0.2 + 1200\times 0.2 = 1000$

因为 $E(\xi)=E(\eta)$,从均值不能比较出两厂产品质量的优劣,故再分别求其使用寿命的方差。

$$D(\xi) = (800 - 1000)^2 \times 0.1 + (900 - 1000)^2 \times 0.2 + (1000 - 1000)^2 \times 0.4 +$$
$$(1100 - 1000)^2 \times 0.2 + (1200 - 1000)^2 \times 0.1 = 12000$$

$$D(\eta) = (800 - 1000)^2 \times 0.2 + (900 - 1000)^2 \times 0.2 + (1000 - 1000)^2 \times 0.2 +$$
$$(1100 - 1000)^2 \times 0.2 + (1200 - 1000)^2 \times 0.2 = 20000$$

因为 $D(\xi) < D(\eta)$，所以第一个工厂产品寿命的分散程度比较小，产品质量较稳定。
根据随机变量的数学期望和方差的定义，直接计算结果见表7-7。

表 7-7

名　称	概　率　分　布	$E(\xi)$	$D(\xi)$
两点分布	$P(\xi = k) = p^k q^{1-k}(k = 0,1)$	p	pq
二项分布	$P(\xi = k) = C_n^k p^k q^{n-k}(k = 0,1,\cdots,n)$	np	npq
泊松分布	$P(\xi = k) = \dfrac{\lambda^k}{k!} e^{-\lambda}(k = 0,1,2,\cdots)$	λ	λ
均匀分布	$f(x) = \begin{cases} \dfrac{1}{b-a} & x \in [a,b] \\ 0 & x \notin [a,b] \end{cases}$	$\dfrac{b+a}{2}$	$\dfrac{(b-a)^2}{12}$
指数分布	$f(x) = \begin{cases} \lambda e^{-\lambda x} & x \geq 0 \\ 0 & x < 0 \end{cases} \quad (\lambda > 0)$	$\dfrac{1}{\lambda}$	$\dfrac{1}{\lambda^2}$
正态分布	$f(x) = \dfrac{1}{\sqrt{2\pi}\sigma} e^{-\frac{(x-\mu)^2}{2\sigma^2}}$	μ	σ^2
标准正态分布	$f(x) = \dfrac{1}{\sqrt{2\pi}} e^{-\frac{x^2}{2}}$	0	1

二、数学期望和方差的性质

1. 数学期望的性质

（1）$E(c) = c$（c 为常数）；

（2）$E(c\xi) = cE(\xi)$（c 为常数）；

（3）$E(\xi + \eta) = E(\xi) + E(\eta)$，一般地，$E\left(\sum\limits_{i=1}^{n} \xi_i\right) = \sum\limits_{i=1}^{n} E(\xi_i)$；

（4）若随机变量 ξ_1，ξ_2，$\cdots$，ξ_n 相互独立，则 $E(\xi_1 \cdot \xi_2 \cdot \cdots \cdot \xi_n) = E(\xi_1) \cdot E(\xi_2) \cdot \cdots \cdot E(\xi_n)$；

（5）若 $g(\xi)$ 是 ξ 的函数，随机变量 $\eta = g(\xi)$ 的期望 $E(\eta)$ 可分别按下列情形计算：若 ξ 为离散型随机变量，具有分布列 $P(\xi = x_k) = p_k(k = 1,2,\cdots,n,\cdots)$，则

$$E(\eta) = g(x_1)p_1 + g(x_2)p_2 + \cdots + g(x_n)p_n + \cdots$$

若 ξ 为连续型随机变量，具有密度函数 $f(x)$，则 $E(\eta) = \displaystyle\int_{-\infty}^{+\infty} g(x)f(x)\mathrm{d}x$。

例 3A 设 ξ 的分布列为：

ξ	-2	-1	0	1	2
p_k	$\dfrac{1}{5}$	$\dfrac{1}{6}$	$\dfrac{1}{5}$	$\dfrac{1}{15}$	$\dfrac{11}{30}$

求 $E(\xi^2)$。

解 由性质（5），得

$$E(\xi^2) = (-2)^2 \times \frac{1}{5} + (-1)^2 \times \frac{1}{6} + 0^2 \times \frac{1}{5} + 1^2 \times \frac{1}{15} + 2^2 \times \frac{11}{30} = 2\frac{1}{2}$$

2. 方差的性质

（1）$D(\xi) = E[\xi - E(\xi)]^2 = E(\xi^2) - E^2(\xi)$；

（2）$D(c) = 0$（c 为常数）；

（3）$D(c\xi) = c^2 D(\xi)$（c 为常数）；

（4）若随机变量 ξ_1，ξ_2，$\cdots$，ξ_n 相互独立，则 $D(\sum\limits_{i=1}^{n} \xi_i) = \sum\limits_{i=1}^{n} D(\xi_i)$。

例 4A 设随机变量 ξ，η 相互独立，且 $\xi \sim N(1,2)$，$\eta \sim N(2,2)$。求随机变量 $\xi - 2\eta + 3$ 的数学期望和方差。

解 由已知 $E(\xi) = 1, D(\xi) = 2, E(\eta) = 2, D(\eta) = 2$，于是

$$E(\xi - 2\eta + 3) = E(\xi) - 2E(\eta) + E(3) = 1 - 2 \times 2 + 3 = 0$$

$$D(\xi - 2\eta + 3) = D(\xi) + 4D(\eta) + D(3) = 2 + 4 \times 2 + 0 = 10$$

三、随机变量的其他一些数字特征

除了数学期望和方差外，表示随机变量概率特征的数字还有：

（1）标准差 $\sqrt{D(\xi)}$；

（2）平均差 $M = E[\,|\xi - E(\xi)|\,]$；

（3）极差 $R = \max\{\xi\} - \min\{\xi\}$；

（4）中位数 M_e 满足 $P(\xi < M_e) = P(\xi \geqslant M_e) = \dfrac{1}{2}$。

习题 7-5

1. 设 ξ 的分布列为：

ξ	-1	0	$\dfrac{1}{2}$	1	2
p_k	$\dfrac{1}{3}$	$\dfrac{1}{6}$	$\dfrac{1}{6}$	$\dfrac{1}{12}$	$\dfrac{1}{4}$

求：（1）$E(\xi)$；（2）$E(-2\xi + 1)$；（3）$E(\xi^2)$；（4）$D(\xi)$。

2. 两台自动机床 A、B 生产同一种零件，已知生产 1000 只零件的次品数及概率见表 7-8。

表 7-8

次品数	0	1	2	3
概率（A）	0.7	0.2	0.06	0.04
概率（B）	0.8	0.06	0.04	0.10

问哪一台车床加工质量较好。

3(A). 已知 $\xi \sim N(1,2)$，$\eta \sim N(2,4)$，且 ξ 与 η 相互独立，求 $E(3\xi - \eta + 1)$ 和 $D(\eta - 2\xi)$。

4. 已知 40 件产品中有 3 件次品，从中任取 2 件，求被取中的 2 件中所含次品数的数学期望。

5. 一批零件中有 9 个正品，3 个次品，在安装机器时，从这批零件中任取一个，若取出次品，不再放回，继续抽取一个。求取得正品以前，已取出的次品数的数学期望与方差。

6(A). 一台仪器中的三个元件相互独立地工作，发生故障的概率分别是 0.2，0.3，0.4，求发生故障的元件数的数学期望和方差。

7(A). 射击比赛中每人可发四弹，规定全部不中的 0 分，命中弹数 1，2，3，4 得分各为 30 分，45 分，70 分，100 分。设某射手每发命中的概率为 $\dfrac{2}{3}$，问射手得分的数学期望是多少？得分的方差是多少？

第六节　统计特征数和统计量

一、总体和样本

在数理统计中，我们把研究对象的全体称为**总体**（或**母体**），而把构成总体的每一个对象称为**个体**；从总体中抽出的一部分个体称为**样本**（或**子样**），样本中所含个体的个数称为**样本容量**。

例如，研究一批灯泡的质量时，该批灯泡的全体就构成了总体，而其中的每一个灯泡就是个体；从该批灯泡中抽取 10 个进行检验或试验，则这 10 个灯泡就构成了样本容量为 10 的样本。

实际问题中，从数学角度研究总体时，所关心的是它的某些数量指标。如灯泡的使用寿命（小时），这时该批灯泡这个总体就成了联系于每个灯泡（个体）使用寿命数据的集合 Ω；设 ξ 表示灯泡寿命，在检测灯泡前，ξ 取什么值是不可预言的，即 ξ 是一随机变量。因此，一个总体可以看成是某个随机变量 ξ 可能取值的集合，习惯上说成是总体 ξ。这样对总体的某种规律的研究，就归结为讨论与这种规律相联系的一随机变量 ξ 的分布或其数字特征。

然而，在实际问题中，总体的分布或总体的数字特征是很难知道甚至是无法知道的。例如，灯泡的寿命试验是破坏性的，一旦灯泡寿命测试出来，灯泡也就坏了，因此寻求寿命 ξ 的分布是不现实的。只能从总体中抽取一定容量的样本，通过对样本的观测（或试验）结果，来对总体的特性进行估计和推断。数理统计就是基于这种思想，利用概率的理论而建立起来的数学方法。

从总体中抽取容量为 n 的样本进行观察（或试验），实质上就是对总体进行 n 次重复试验，试验结果用 ξ_1，ξ_2，…，ξ_n 表示，它们都是随机变量。样本就表现为 n 个随机变量，记为 $(\xi_1, \xi_2, \cdots, \xi_n)$。对样本进行一次观察所得到的一组确定的取值 $(x_1, x_2,$

…，x_n）称为**样本观察值**或**样本值**。

例如，从一批灯泡中抽取 10 个灯泡，得到样本（ξ_1，ξ_2，…，ξ_{10}），其中 ξ_i 表示第 i 个灯泡的寿命（$i=1$，2，…，10）；对抽出的 10 个灯泡进行测试后其寿命值（x_1，x_2，…，x_{10}）就是样本值，其中 x_i 是 ξ_i 的观察值（$i=1$，2，…，10）。

在相同的条件下，对总体进行 n 次独立的重复试验，相当于对样本提出如下要求：

（1）代表性。总体中每个个体被抽中的机会是相等的，即样本中每个 $\xi_i(i=1,2,\cdots,$ n) 都和总体 ξ 具有相同的分布；

（2）独立性。样本 ξ_1，ξ_2，…，ξ_n 是相互独立的随机变量。

满足要求（1）和（2）的样本称为**简单随机样本**，今后所指的样本均为简单随机样本。

如何得到简单随机样本呢？在实际工作中，可参照本行业所制定的方法。比如，理论上用有返回抽样的方法就可以得到；或者先把总体中的个体编上号，然后用抽签方法；或者查随机数表，把所得的数字从已编号的总体中抽取 n 个样品组成一个样本。在统计工作中，还有许多随机抽样方法，本书不再叙述。

二、统计量

设（ξ_1，ξ_2，…，ξ_n）是来自总体 ξ 的一个样本，我们把随机变量 ξ_1，ξ_2，…，ξ_n 的函数称为**样本函数**。若样本函数中不包含总体的未知参数，这样的样本函数称为**统计量**。

统计量是相对于样本而言，统计量是随机变量，它的取值依赖于样本值；总体参数通常是指总体分布中所含的参数或数字特征。

设（ξ_1，ξ_2，…，ξ_n）是来自总体的样本，样本值为（x_1，x_2，…，x_n），我们把 $Q(x_1,x_2,\cdots,x_n)$ 称为统计量 $Q(\xi_1,\xi_2,\cdots,\xi_n)$ 的**观察值**。

数理统计的中心任务就是针对问题的特征，构造一个"合适"的统计量，并找出它的分布规律，以便利用这种规律对总体的性质进行估计和推断。

三、统计特征数

能反映样本值分布的数字特征的统计量称为**统计特征数**（或**样本特征数**）。

设（ξ_1，ξ_2，…，ξ_n）是来自总体 ξ 的样本，观察值为（x_1，x_2，…，x_n）。

1. 样本均值

统计量 $\bar{\xi}=\dfrac{1}{n}\sum\limits_{i=1}^{n}\xi_i$ 称为**样本均值**，其观察值记为 $\bar{x}=\dfrac{1}{n}\sum\limits_{i=1}^{n}x_i$。它反映了样本值分布的平均状态，代表样本取值的平均水平。

2. 中位数

将样本观察值按大小排序后，居中间位置的数称为**中位数**，记为 M_e。但当 n 为偶数时，规定 M_e 取居中位置的两数的平均值。

显然 M_e 的值取决于样本值，它是随机变量，即为统计量。

获得样本值后，M_e 将样本值数据分成个数相等的两部分，M_e 与 $\bar{x}$ 相比较可确定样本值数据的分布情况。当 $M_e=\bar{x}$ 时，数据个数以 $\bar{x}$ 为对称中心成对称分布状态；当 $M_e>\bar{x}$ 时，大于 $\bar{x}$ 的数据个数偏多且偏离 $\bar{x}$ 的程度较小；当 $M_e<\bar{x}$ 时，小于 $\bar{x}$ 的数据偏多且偏离

$\bar{x}$ 的程度较大。

3. 样本方差

统计量 $S^2 = \dfrac{1}{n-1} \sum\limits_{i=1}^{n} (\xi_i - \bar{\xi})^2$ 称为**样本方差**，其观察值为 $S^2 = \dfrac{1}{n-1} \sum\limits_{i=1}^{n} (x_i - \bar{x})^2$。

4. 样本标准差

样本方差 S^2 的算术平方根称为**样本标准差**，记为 S。

5. 样本平均差

统计量 $M = \dfrac{1}{n} \sum\limits_{i=1}^{n} |\xi_i - \bar{\xi}|$ 称为样本**平均差**，其观察值为 $M = \dfrac{1}{n} \sum\limits_{i=1}^{n} |x_i - \bar{x}|$。

6. 样本极差

样本值中最大数与最小数之差称为**极差**，记为 R。

样本方差、标准差、平均差和极差均反映了样本值数据的集中（或离散）程度。极差计算最为方便，更直接地反映了样本取值的幅度和范围，但它忽略了其他样本数据偏离样本均值的程度。

样本均值、方差、标准差可以在计算器上直接计算，其他统计特征数可利用专门软件在微机上获得。

例1B　从某厂生产的一批轴中随机地抽取 12 根，测得轴直径数据如下（单位：毫米）：

13.30	13.38	13.40	13.43	13.51	13.32
13.48	13.50	13.35	13.47	13.44	13.40

试求 $\bar{x}$，S^2，S，M_e，R。

解　法一　由计算器直接计算得

$$\bar{x} \approx 13.4150, S^2 \approx 0.0048, S \approx 0.0691$$

将数据排序后可知

$$M_e = \frac{1}{2}(13.40 + 13.43) = 13.415, R = 13.51 - 13.30 = 0.21$$

法二　先创建一个空白的输入表"data"，并将数据输入

求数据点的个数：n: = rows(data)　　n = 12

输入标准偏差的公式　$SD(x): = stdev(x) \cdot \sqrt{\dfrac{n}{n-1}}$

求平均值：mean(data) = 13.4150

求中值：median(data) = 13.415

求标准差：SD(data) = 0.0691

求方差：SD(data) = 0.0048

四、统计量的分布

统计量的概率分布的概率，称为**统计量的分布**（或称为**抽样分布**）。

现介绍在参数估计和假设检验中常用统计量的分布。

1. 设 $(\xi_1, \xi_2, \cdots, \xi_n)$ 是来自总体 $\xi \sim N(\mu, \sigma^2)$ 的样本，则有下列结论：

(1) $\bar{\xi} = \dfrac{1}{n}\sum\limits_{i=1}^{n}\xi_i \sim N\left(\mu,\dfrac{\sigma^2}{n}\right)$，且 $\bar{\xi}$ 与 S^2 相互独立；

(2) $U = \dfrac{\bar{\xi} - \mu}{\sigma/\sqrt{n}} \sim N(0,1)$；

(3) $T = \dfrac{\bar{\xi} - \mu}{S}\sqrt{n} \sim t(n-1)$；

(4) $\chi^2 = \dfrac{(n-1)S^2}{\sigma^2} = \dfrac{\sum\limits_{i=1}^{n}(\xi_i - \bar{\xi})^2}{\sigma^2} \sim \chi^2(n-1)$；

(5) $\chi^2 = \sum\limits_{i=1}^{n}\left(\dfrac{\xi_i - \mu}{\sigma}\right)^2 \sim \chi^2(n)$。

2. 设 $(\xi_1,\ \xi_2,\ \cdots,\ \xi_n)$ 是来自正态总体 $\xi \sim N(\mu_1,\sigma_1^2)$ 的一个样本，$(\eta_1,\ \eta_2,\ \cdots,\ \eta_n)$ 是来自正态总体 $\eta \sim N(\mu_2,\sigma_2^2)$ 的一个样本，且 ξ 与 η 相互独立，则

$$\bar{\xi} = \frac{1}{n_1}\sum_{i=1}^{n_1}\xi_i \qquad S_1^2 = \frac{1}{n_1 - 1}\sum_{i=1}^{n_1}(\xi_i - \bar{\xi})^2$$

$$\bar{\eta} = \frac{1}{n_2}\sum_{i=1}^{n_2}\eta_i \qquad S_2^2 = \frac{1}{n_2 - 1}\sum_{i=1}^{n_2}(\eta_i - \bar{\eta})^2$$

则有下列结论：

(1) $U = \dfrac{(\bar{\xi} - \bar{\eta}) - (\mu_1 - \mu_2)}{\sqrt{\dfrac{\sigma_1^2}{n_1} + \dfrac{\sigma_2^2}{n_2}}} \sim N(0,1)$；

(2) $T = \dfrac{(\bar{\xi} - \bar{\eta}) - (\mu_1 - \mu_2)}{\sqrt{\dfrac{(n_1 - 1)S_1^2 + (n_2 - 1)S_2^2}{n_1 + n_2 - 2}\left(\dfrac{1}{n_1} + \dfrac{1}{n_2}\right)}} \sim t(n_1 + n_2 - 2)$；

(3) $F = \dfrac{S_1^2/\sigma_1^2}{S_2^2/\sigma_2^2} \sim F(n_1 - 1, n_2 - 1)$。

例 2A　设总体 $\xi \sim N(2,5^2)$，$(\xi_1,\xi_2,\cdots,\xi_n)$ 是来自总体 ξ 的样本，求：

(1) $\bar{\xi} = \dfrac{1}{10}\sum\limits_{i=1}^{n}\xi_i$ 的分布；

(2) $P(1 \leqslant \bar{\xi} \leqslant 3)$；

(3) 已知 $P(\bar{\xi} > \lambda) = 0.05$，求 λ 的值。

解　(1) 因为 $\xi \sim N(2,5^2)$，$\mu = 2$，$\sigma^2 = 5^2$，$n = 10$，所以 $\bar{\xi} \sim N\left(2,\dfrac{25}{10}\right)$，即 $\bar{\xi}$ 服从

$\mu = 2$，$\sigma = \sqrt{\dfrac{25}{10}} = 1.58$ 的正态分布。

　　(2) 因为 $\bar{\xi} \sim N(2,1.58)$，所以

$$P(1 \leqslant \bar{\xi} \leqslant 3) = \Phi\left(\frac{3-2}{1.58}\right) - \Phi\left(\frac{1-2}{1.58}\right) = \Phi(0.63) - \Phi(-0.63) = 2\Phi(0.63) - 1$$

查标准正态分布得　　　　　　$\Phi(0.63) = 0.7357$

于是　　　　　　　$P(1 \leq \bar{\xi} \leq 3) = 2 \times 0.7357 - 1 = 0.4714$

（3）因为 $P(\bar{\xi} > \lambda) = 0.05$，所以 $P(\bar{\xi} \leq \lambda) = 0.95$，于是 $\Phi\left(\dfrac{\lambda - 2}{1.58}\right) = 0.95$，查标准正态分布表知 $\dfrac{\lambda - 2}{1.58} = 1.645$，所以 $\lambda = 4.5991$。

如果总体 ξ 不服从正态分布，但 $E(\xi)$ 和 $D(\xi)$ 都存在，当 n 充分大时，可以证明上述结论 1 和结论 2 的统计量近似地服从相应的分布。这就确定了正态分布在诸分布中的重要地位。在今后的许多问题中，我们总是假定总体服从正态分布来讨论解决问题的办法。

习题　7-6

1. 若总体的分布为 $N(\mu, \sigma^2)$，其中 μ 已知，σ^2 未知，$(\xi_1, \xi_2, \cdots, \xi_n)$ 是来自总体的一个样本，指出下列各样本函数哪些是统计量，哪些不是统计量。

(1) $\dfrac{1}{n} \sum_{i=1}^{n} \xi_i^2$;　(2) $\sum_{i=1}^{n} |\xi_i - \mu|$;　(3) $\dfrac{1}{\sigma^2} \sum_{i=1}^{n} \xi_i^2$;　(4) $\min(\xi_1, \xi_2, \cdots, \xi_n)$。

2(A). 设 $(\xi_1, \xi_2, \cdots, \xi_{10})$ 是来自已知正态总体 $N(\mu, \sigma^2)$ 的一个样本，试指出下列统计量的分布：

(1) $\dfrac{1}{10} \sum_{i=1}^{10} \xi_i$;　　(2) $\dfrac{9S^2}{\sigma^2} = \dfrac{\sum_{i=1}^{10} (\xi_i - \bar{\xi})^2}{\sigma^2}$;　　(3) $\dfrac{\bar{\xi} - \mu}{S} \sqrt{10}$;

(4) $\dfrac{\bar{\xi} - \mu}{\sigma} \sqrt{10}$;　　(5) $\sum_{i=1}^{10} \left(\dfrac{\xi_i - \mu}{\sigma}\right)^2$。

3. 从一批轴中随机抽检 6 根，测得直径值（单位：毫米）分别为 52.00，51.96，51.98，52.06，52.04，51.96，求样本的均值、方差、标准差、中位数、极差。

4. 在总体 $\xi \sim N(28, 2.5^2)$ 中随机抽取一个容量为 25 的样本，求样本均值 $\bar{\xi}$ 在 27.2 和 28.2 之间取值的概率。（提示：$\bar{\xi} \sim N\left(\mu, \dfrac{\sigma^2}{n}\right)$）

5(A). 在总体 $\xi \sim N(2, 0.02^2)$ 中随机抽取容量为 100 的样本，求满足 $P(|\bar{\xi} - 2| < \lambda) = 0.95$ 的 λ 值。

6(A). 设 $(\xi_1, \xi_2, \cdots, \xi_n)$ 是来自正态总体 $\xi \sim N(0, 0.3^2)$ 的一个样本，求 $P\left(\sum_{i=1}^{8} \xi_i^2 > 1.80\right)$。（提示：利用

$$\chi^2 = \sum_{i=1}^{n} \left(\dfrac{\xi_i - \mu}{\sigma}\right)^2 \sim \chi^2(n)）$$

7(A). 设 $(\xi_1, \xi_2, \cdots, \xi_n)$ 是来自正态总体 $\xi \sim N(\mu, \sigma^2)$ 的一个样本，求 $E(\bar{\xi})$ 和 $D(\bar{\xi})$，并证明 $\lim_{n \to \infty} D(\bar{\xi}) = 0$。

第七节　参数估计

依据样本 $(\xi_1, \xi_2, \cdots, \xi_n)$ 所构成的统计量，来估计总体 ξ 分布中的未知参数或数字特征的值，这类统计方法称为**参数估计**。估计总体未知参数 θ 的统计量 $\hat{\theta}(\xi_1, \xi_2, \cdots, \xi_n)$ 称为**估计量**。

参数估计分为两种类型：一种从总体中抽取随机样本，利用统计量估计总体的参数值，叫做**点估计**；另一种是利用统计量求出总体参数的估计区间，叫做**区间估计**。

一、参数的点估计

点估计的基本思想是：先用一定的方法构造出一个估计量 $\hat{\theta}(\xi_1,\xi_2,\cdots,\xi_n)$，然后依据样本值 $(x_1,x_2,\cdots,x_n)$ 计算出估计量 $\hat{\theta}$ 的观察值 $\hat{\theta} = \hat{\theta}(x_1,x_2,\cdots,x_n)$，并以此值 $\hat{\theta}$ 作为总体参数 θ 的估计值。

1. 估计量的评价标准

由于总体参数 θ 的值未知，无法知其 θ 的真值，自然人们希望估计量的观察值与 θ 的真值的近似程度越高越好，这样估计的效果就比较理想。是不是理想的估计量，常用下列三种评价标准：无偏性、有效性、一致性。

（1）无偏性

设 $\hat{\theta}(\xi_1,\xi_2,\cdots,\xi_n)$ 是总体 ξ 未知参数 θ 的一个估计量，如果

$$E(\hat{\theta}) = \theta$$

那么，把 $\hat{\theta}$ 称为参数 θ 的**无偏估计量**。

其直观意义是：理论上多次用 $\hat{\theta}$ 的观察值作为 θ 的估计值，所得到的诸估计值的平均值与 θ 的真值相同。

（2）有效性

设 $\hat{\theta}_1(\xi_1,\xi_2,\cdots,\xi_n)$，$\hat{\theta}_2(\xi_1,\xi_2,\cdots,\xi_n)$ 是总体参数 θ 的两个无偏估计量，如果 $D(\hat{\theta}_1)$ $< D(\hat{\theta}_2)$，则称 $\hat{\theta}_1$ 比 $\hat{\theta}_2$ 更有效。θ 的无偏估计量中方差最小的估计量称为**有效估计量**；θ 的无偏估计量 $\hat{\theta}$ 的方差 $D(\hat{\theta})$ 如果满足 $\lim\limits_{n\to\infty} D(\hat{\theta}) = 0$，则称 $\hat{\theta}$ 为**渐近有效估计量**，渐近有效估计量 $\hat{\theta}$ 偏离 θ 真值的程度最小。

（3）一致性

一个 θ 的估计量 $\hat{\theta}$，如果样本容量逐渐增大时，由此计算出的估计值越来越接近于 θ 的真值，则称估计量 $\hat{\theta}$ 为 θ 的一个**一致估计量**。

在实际问题中，无偏性和有效性是常用的评价标准，一致性只有在样本容量很大时才起作用。

2. 均值和方差的点估计

（1）均值的点估计

由于总体的均值表示随机变量取值的平均状况，因此很自然会考虑到利用统计量 $\bar{\xi} = \frac{1}{n}\sum\limits_{i=1}^{n}\xi_i$（样本均值）来估计总体的均值 μ。可以证明：$E(\bar{\xi}) = E(\xi) = \mu$，即样本均值 $\bar{\xi}$ 是总体均值 μ 的无偏估计量。因此，样本均值的观察值 $\bar{x} = \frac{1}{n}\sum\limits_{i=1}^{n}x_i$ 就可以作为总体均值 μ 的估计值，记作 $\hat{\mu}$，即

$$\hat{\mu} = \bar{x} = \frac{1}{n} \sum_{i=1}^{n} x_i$$

（2）方差的点估计

同理可用统计量 $S^2 = \dfrac{1}{n-1} \sum\limits_{i=1}^{n} (\xi_i - \bar{\xi})^2$（样本方差）来估计总体方差 σ^2，可以证明：$E(S^2) = D(\xi) = \sigma^2$，即样本方差 S^2 是总体方差 σ^2 的无偏估计量。因此样本方差的观察值 $S^2 = \dfrac{1}{n-1} \sum\limits_{i=1}^{n} (x_i - \bar{x})^2$ 就可以作为总体方差 σ^2 的估计值，记作 $\hat{\sigma}^2$，即

$$\hat{\sigma}^2 = S^2 = \frac{1}{n-1} \sum_{i=1}^{n} (x_i - \bar{x})^2$$

例1B　从一批机床零件中，抽取 20 个，称得每个零件的重量如下（单位：克）：

215	227	216	192	207	207	214	218	205	200
187	185	202	218	195	215	206	202	208	210

试估计该批零件中每个零件重量的均值和方差。

解　由计算器直接计算得

$$\bar{x} \approx 206, S^2 \approx 119$$

因此该批零件中每个零件重量的均值 $\hat{\mu} = 206$，方差 $\hat{\sigma}^2 = 119$。

二、参数的区间估计

1. 置信区间的概念

在点估计中，未知参数 θ 的估计量 $\hat{\theta}$，虽然具有无偏性或有效性等优良性质，但 $\hat{\theta}$ 是一随机变量，$\hat{\theta}$ 的观察值只是 θ 的一个近似值。在实际问题中，我们往往还希望根据样本给出一个被估参数的范围，使它能以较大的概率包含被估参数的真值。

设 θ 为总体 ξ 分布中的一个未知参数，如果由样本确定两个统计量 $\theta_1, \theta_2 (\theta_1 < \theta_2)$，对于给定的 $\alpha(0 < \alpha < 1)$，能满足条件

$$P(\theta_1 < \theta < \theta_2) = 1 - \alpha$$

则区间 (θ_1, θ_2) 称为 θ 的 $1 - \alpha$ 置信区间，θ_1 和 θ_2 分别称为**置信下限**和**置信上限**；$1 - \alpha$ 称为**置信水平**（或置信度）；α 称为**显著性水平**（或信度），α 一般取 0.05，0.01 等。

在重复抽样下，区间 (θ_1, θ_2) 是一个随机区间，这个区间包含未知参数 θ 的概率为 $1 - \alpha$，例如当 $\alpha = 0.05$ 时，$1 - \alpha = 0.95$，就是说在 100 次抽样下，θ 大约有 95 次落在区间 (θ_1, θ_2) 内。

进行区间估计时，必须兼顾置信区间和置信水平两个方面。置信水平 $1 - \alpha$ 越大（α 越小），置信区间相应地也越大；可在一定的置信水平下，适当增加样本容量已获得较小的置信区间。

2. 正态总体均值和方差的置信区间

（1）构造置信区间的基本思想

设 $(\xi_1, \xi_2, \cdots, \xi_n)$ 是来自正态总体 $\xi \sim N(\mu, \sigma^2)$ 的一个样本，σ^2 已知，求 μ 的 $1-\alpha$ 置信区间。

选用统计量 $U = \dfrac{\bar{\xi} - \mu}{\sigma} \sqrt{n} \sim N(0,1)$；对于给定的置信水平 $1-\alpha$，由 $P(\lambda_1 < U < \lambda_2) = 1 - \alpha$ 且 $P(U < \lambda_1) = P(U > \lambda_2) = \dfrac{\alpha}{2}$，得到 $\lambda_2 = -\lambda_1 = \mu_{\frac{\alpha}{2}}$（见图 11-16），这样可在标准正态分布表中查表求得 λ_1，λ_2；这时

$$P\left(-\mu_{\frac{\alpha}{2}} < U < \mu_{\frac{\alpha}{2}}\right) = 1 - \alpha$$

即

$$P\left(-\mu_{\frac{\alpha}{2}} < \frac{\bar{\xi} - \mu}{\sigma} \sqrt{n} < \mu_{\frac{\alpha}{2}}\right) = 1 - \alpha$$

所以

$$P\left(\bar{\xi} - \frac{\sigma}{\sqrt{n}} \mu_{\frac{\alpha}{2}} < \mu < \bar{\xi} + \frac{\sigma}{\sqrt{n}} \mu_{\frac{\alpha}{2}}\right) = 1 - \alpha$$

于是

$$\theta_1 = \bar{\xi} - \frac{\sigma}{\sqrt{n}} \mu_{\frac{\alpha}{2}}, \quad \theta_2 = \bar{\xi} + \frac{\sigma}{\sqrt{n}} \mu_{\frac{\alpha}{2}}$$

即 μ 的 $1-\alpha$ 置信区间为 $\left(\bar{\xi} - \dfrac{\sigma}{\sqrt{n}} \mu_{\frac{\alpha}{2}}, \bar{\xi} + \dfrac{\sigma}{\sqrt{n}} \mu_{\frac{\alpha}{2}}\right)$。

若令 $\alpha = 0.05$，则 $P(\xi < \mu_{\frac{\alpha}{2}}) = 1 - \dfrac{\alpha}{2} = 0.975$，查正态分布表得 $\mu_{\frac{\alpha}{2}} = 1.96$。

于是

$$\theta_1 = \bar{\xi} - \frac{1.96\sigma}{\sqrt{n}}, \quad \theta_2 = \bar{\xi} + \frac{1.96\sigma}{\sqrt{n}}$$

即参数 μ 有 95% 的把握落在这个区间内。

一般地，构造总体 ξ 参数 θ 的置信区间的步骤如下：

1）选用已知分布的统计量 $\hat{\theta}$，$\hat{\theta}$ 应含被估参数 θ（θ 看作已知）。

2）由 $P(\lambda_1 < \hat{\theta} < \lambda_2) = 1 - \alpha$ 且 $P(\hat{\theta} < \lambda_1) = P(\hat{\theta} > \lambda_2) = \dfrac{\alpha}{2}$，查 $\hat{\theta}$ 的分布表求得 λ_1 和 λ_2。

3）由 $\lambda_1 < \hat{\theta} < \lambda_2$ 解出被估参数 θ，得到不等式 $\theta_1 < \theta < \theta_2$，于是 θ 的 $1-\alpha$ 置信区间为 (θ_1, θ_2)。

（2）正态总体均值和方差的置信区间公式

按照上述步骤，可推出正态总体 $\xi \sim N(\mu, \sigma^2)$ 的 μ 和 σ^2 的置信区间公式（见表 7-9）。

表 7-9 正态总体均值和方差的置信区间公式

被估参数	条 件	选用统计量	分 布	$1-\alpha$ 的置信区间
μ	σ^2 已知	$U = \dfrac{\bar{\xi} - \mu}{\sigma} \sqrt{n}$	$N(0,1)$	$\left(\bar{\xi} - \dfrac{\sigma}{\sqrt{n}} u_{\frac{\alpha}{2}}, \bar{\xi} + \dfrac{\sigma}{\sqrt{n}} u_{\frac{\alpha}{2}}\right)$
	σ^2 未知	$T = \dfrac{\bar{\xi} - \mu}{S} \sqrt{n}$	$t(n-1)$	$\left(\bar{\xi} - \dfrac{S}{\sqrt{n}} t_{\frac{\alpha}{2}}(n-1), \bar{\xi} + \dfrac{S}{\sqrt{n}} t_{\frac{\alpha}{2}}(n-1)\right)$

被估参数	条 件	选用统计量	分 布	$1-\alpha$ 的置信区间
σ^2	μ 未知	$\chi^2 = \dfrac{(n-1)S^2}{\sigma^2}$	$\chi^2(n-1)$	$\left(\dfrac{(n-1)S^2}{\chi^2_{\frac{\alpha}{2}}(n-1)}, \dfrac{(n-1)S^2}{\chi^2_{1-\frac{\alpha}{2}}(n-1)}\right)$
	μ 已知	$\chi^2 = \sum\limits_{i=1}^{n}\left(\dfrac{\xi_i-\mu}{\sigma}\right)^2$	$\chi^2(n)$	$\left(\dfrac{\sum\limits_{i=1}^{n}(\xi_i-\mu)^2}{\chi^2_{\frac{\alpha}{2}}(n)}, \dfrac{\sum\limits_{i=1}^{n}(\xi_i-\mu)^2}{\chi^2_{1-\frac{\alpha}{2}}(n)}\right)$

例2A 对某种飞机轮胎的耐磨性进行试验，8 只轮胎起落一次后测得磨损量（毫克）：

$$4900 \quad 5220 \quad 5500 \quad 6020 \quad 6340 \quad 7660 \quad 8650 \quad 4870$$

假定轮胎的磨损量服从正态分布 $N(\mu,\sigma^2)$，试求：

（1）平均磨损量的置信区间；（2）磨损量方差的置信区间（$\alpha=0.05$）。

解 根据题意，磨损量服从正态分布 $N(\mu,\sigma^2)$，μ，σ^2 未知，$n=8$，依据已知数据计算得

$$\bar{x} = 6145, S^2 = 1867314.286, S = 1366.497$$

（1）由 $\alpha=0.05$ 查 t 分布表得 $t_{0.025}(7) = 2.365$。

根据公式
$$\theta_1 = \bar{x} - \frac{S}{\sqrt{n}}t_{0.025}(7) = 6145 - \frac{1366.497}{\sqrt{8}} \times 2.365 = 5002.398$$

$$\theta_2 = \bar{x} + \frac{S}{\sqrt{n}}t_{0.025}(7) = 6145 + \frac{1366.497}{\sqrt{8}} \times 2.365 = 7287.600$$

于是平均磨损量 μ 的 0.95 置信区间为（5002.398，7287.600）。

（2）由 $\alpha=0.05$ 查 χ^2 分布表得 $\chi^2_{0.025}(7) = 16.013$，$\chi^2_{0.975}(7) = 1.690$。

根据公式
$$\theta_1 = \frac{(n-1)S^2}{\chi^2_{0.025}(7)} = \frac{7 \times 1867314.286}{16.013} = 816286.767$$

$$\theta_2 = \frac{(n-1)S^2}{\chi^2_{0.975}(7)} = \frac{7 \times 1867314.286}{1.690} = 7734437.87$$

于是磨损量方差 σ^2 的 0.95 置信区间为（816286.767，7734437.87）。

习题　7-7

1. 从某高职一年级的女生中，随机地抽查 10 人，测得身高如下（厘米）：

　　　155　158　161　156　153　151　154　157　159　163

试估计该年级女生身高的均值和方差。

2. 某工厂生产滚珠，从长期经验知道，滚珠直径服从正态分布 $N(\mu,0.05)$。为了估计近期内滚珠直径的均值，从产品中任抽 8 个，量得直径分别为（毫米）：

　　　14.8　14.6　15.1　15.0　14.9　15.1　14.9　15.0

试对该厂生产的滚珠直径的均值作出区间估计（$\alpha=0.05$）。

3. 有一批出口灯泡，从中随机抽取 45 个进行检验，测得平均寿命为 1000h，标准差为 200h，求这批灯泡

平均寿命的置信水平为95%的置信区间。

4. 某铁路货场新安装了一台起重机，为了对它的装卸能力进行测定，随机地抽取9次试验并记录，每百件集装箱的装卸时间分别是（s）:

$$148 \quad 151 \quad 147 \quad 160 \quad 162 \quad 149 \quad 154 \quad 163 \quad 155$$

试根据以上资料，计算平均每百件集装箱装卸时间的置信区间（$\alpha = 0.01$）。

5. 从一批保险丝中任取25根，测得其熔化时间为（h）:

$$42 \quad 65 \quad 75 \quad 78 \quad 87 \quad 42 \quad 45 \quad 68 \quad 72 \quad 90 \quad 19 \quad 24 \quad 80$$
$$81 \quad 81 \quad 36 \quad 54 \quad 69 \quad 77 \quad 84 \quad 42 \quad 51 \quad 57 \quad 59 \quad 78$$

试对这批保险丝的熔化时间的方差进行区间估计（$\alpha = 0.01$）。

6(A). 设某种型号的卡车每百公里耗油量 $\xi \sim N(\mu, \sigma^2)$，现随机地抽取14辆卡车做试验，其百公里耗油量如下（L）:

$$12.6 \quad 12.2 \quad 13.0 \quad 12.6 \quad 13.2 \quad 13.0 \quad 13.2$$
$$13.8 \quad 13.0 \quad 13.2 \quad 13.8 \quad 13.2 \quad 14.2 \quad 13.2$$

试在下列情况下，分别求 μ 或 σ^2 的置信度为0.95的置信区间。

(1) 已知 $\mu = 13$，求 σ^2 置信区间;

(2) 已知 $\sigma^2 = 0.6^2$，求 μ 的置信区间;

(3) μ，σ^2 均未知，求 μ 和 σ^2 的置信区间。

7(A). 设总体 $\xi \sim N(\mu, 1)$，样本为 (ξ_1, ξ_2, ξ_3)，试证明下述三个估计量都是 μ 的无偏估计量，并判定哪一估计量最有效。

(1) $\hat{\mu}_1 = \dfrac{1}{5}\xi_1 + \dfrac{3}{10}\xi_2 + \dfrac{1}{2}\xi_3$;　　　　　　(2) $\hat{\mu}_2 = \dfrac{1}{3}\xi_1 + \dfrac{1}{4}\xi_2 + \dfrac{5}{12}\xi_3$;

(3) $\hat{\mu}_3 = \dfrac{1}{3}\xi_1 + \dfrac{1}{6}\xi_2 + \dfrac{1}{2}\xi_3$。

第八节　假设检验

一、基本原理

1. 假设检验的基本思想

在上一节中，我们讨论了根据样本值用统计量来推断总体参数，但在生产实际和科学技术中，常常需要根据样本值来判断总体是否具有某种指定的特征，这就是统计推断中的另一类重要的问题，即**假设检验**。例如，已知总体 ξ 服从正态分布，设其均值 $\mu = \mu_0$，现根据样本值检验总体的均值是否为 μ_0，这样的一类问题就叫做假设检验问题。我们先从一个具体例子谈起。

例1B　某工厂生产一种铆钉，铆钉的直径 ξ 服从正态分布 $N(2, 0.02^2)$，现在为了提高产量，采用了一种新工艺。从新工艺生产的铆钉中抽取100个，测得其直径平均值 $\bar{x} = 1.978(\text{cm})$，它与原工艺中的 $\mu = 2$ 相差0.022。试问工艺改变后铆钉直径的均值 μ 有没有显著的改变？

解　假设"新工艺对铆钉直径没有影响"，即 $\mu = 2$，那么，从新工艺生产的铆钉中抽取样本，可以认为是从原工艺总体 ξ 中抽取的;由于 $\sigma^2 = 0.02^2$ 已知，可选用统计量

$U = \dfrac{\bar{\xi} - \mu}{\sigma}\sqrt{n} = \dfrac{\bar{\xi} - 2}{0.002} \sim N(0, 1)$;如给定 $\alpha = 0.05$，查标准正态分布表得 $U_{\frac{\alpha}{2}} = 1.96$，应有

$P(-1.96 < U < 1.96) = 1 - \alpha = 0.95$，也就是说从新工艺生产的铆钉中抽取容量为 100 的样本均值 $\bar{\xi}$ 能使 U 在 $(-1.96, 1.96)$ 内取值的概率为 0.95，而落在 $(-\infty, -1.96) \cup (1.96, +\infty)$ 内的概率为 0.05；现将 $\bar{\xi}$ 的观察值 $\bar{x} = 1.978$ 代入 U 得，$U = -11$，即 U 落在了 $(-\infty, -1.96)$ 内，表明概率为 0.05 的事件发生了，这是一种异常现象，因此有理由认为"假设"不正确，即新工艺对铆钉直径的均值 μ 没有显著的改变。

2. 判断"假设"的依据

上述拒绝接受"假设 $\mu = 2$"的依据，是在假设检验中广泛采用的一个原则——小概率原理。在一次试验中，如果事件 A 的概率 $P(A) = \alpha$，当 α 很小时，A 称为**小概率事件**。在一次试验中小概率事件几乎是不可能发生的，我们把小概率事件在一次试验中几乎不可能发生这一原理叫做**小概率原理**。例如上例中，令 $A = \{|U| > 1.96\}$，则 $P(A) = 0.05$，因为事件 A 发生了，则根据小概率原理，拒绝接受假设。

这种推理方法，有些类似"反证法"。可以首先假定某个"假设"是成立的，然后看看产生什么后果（这时就需要选择一个合适的统计量），如果导致不合理现象出现（小概率事件发生了），那就表明原来的假设是不正确的；如果没有导致不合理现象发生，就可以认为"假设"是可以接受的。

3. 假设检验的步骤

假设检验的步骤为：

（1）提出原假设 H_0，即明确所要检验的对象。

（2）选择一个合适的统计量 θ。

对统计量 θ 有两个要求：①它与原假设 H_0 有关，在 H_0 成立的条件下，不带有任何总体的未知参数；②在 H_0 成立的条件下，θ 的分布已知。正态总体的常用检验统计量为 U、T、χ^2、F，并称相应的检验为 U 检验法、T 检验法、χ^2 检验法、F 检验法。

（3）确定拒绝域。

在给定的信度 α 下，查分布表的统计量的临界值 $\theta_{\frac{\alpha}{2}}$，$\theta_{1-\frac{\alpha}{2}}$，由 $P(\theta > \theta_{\frac{\alpha}{2}}) + P(\theta < \theta_{1-\frac{\alpha}{2}}) = \alpha$，设定小事件 $A = \{\theta > \theta_{\frac{\alpha}{2}}\} \cup \{\theta < \theta_{1-\frac{\alpha}{2}}\}$ 为小概率事件，这时，$(-\infty, \theta_{1-\frac{\alpha}{2}}) \cup (\theta_{\frac{\alpha}{2}}, +\infty)$ 为拒绝域，$[\theta_{1-\frac{\alpha}{2}}, \theta_{\frac{\alpha}{2}}]$ 为接受域，如图 7-12 所示。

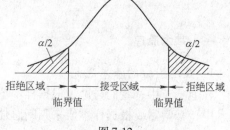

图 7-12

（4）根据样本观察值计算出统计量 θ 的观察值，并做出判断。

如果 A 发生则拒绝 H_0，否则接受原假设 H_0，并做出对实际问题的解释。

现将例 1 解答如下：

解　（1）提出原假设 H_0：$\mu = 2$。

（2）由于总体方差已知：$\sigma^2 = 0.02^2$，故选用统计量

$$U = \frac{\bar{\xi} - \mu}{\sigma}\sqrt{n} = \frac{\bar{\xi} - 2}{0.002} \sim N(0,1)$$

（3）给定 $\alpha = 0.05$，由 $P(|\mu| < \mu_{0.025}) = 1 - 0.05 = 0.95$，查正态分布表得 $\mu_{\frac{\alpha}{2}} = \mu_{0.025} = 1.96$，即拒绝域为 $(-\infty, -1.96) \cup (1.96, +\infty)$。

（4）由 $\bar{x}=1.978$，得 $U=\dfrac{1.978-2}{0.002}=-11<-1.96$，所以拒绝原假设 H_0，即采用新工艺后铆钉直径发生了显著变化。

二、一个正态总体均值和方差的检验

假设检验的关键是提出原假设 H_0，并选用合适的统计量，检验步骤完全相仿。现将正态总体的有关检验问题及方法列于表 7-10。

表 7-10

原假设	条 件	选用的统计量及其分布	拒 绝 域
$\mu=\mu_0$	σ^2 已知	$U=\dfrac{\bar{\xi}-\mu}{\sigma}\sqrt{n}\sim N(0,1)$	$(-\infty,-\mu_{\frac{\alpha}{2}})\cup(\mu_{\frac{\alpha}{2}},+\infty)$
	σ^2 未知	$T=\dfrac{\bar{\xi}-\mu}{S}\sqrt{n}\sim t(n-1)$	$(-\infty,-t_{\frac{\alpha}{2}}(n-1))\cup(t_{\frac{\alpha}{2}}(n-1),+\infty)$
$\sigma^2=\sigma_0^2$	μ 已知	$\chi^2=\sum\limits_{i=1}^{n}\left(\dfrac{\xi_i-\mu}{\sigma}\right)^2\sim\chi^2(n)$	$(0,\chi^2_{1-\frac{\alpha}{2}}(n))\cup(\chi^2_{\frac{\alpha}{2}}(n),+\infty)$
	μ 未知	$\chi^2=\dfrac{(n-1)S^2}{\sigma^2}\sim\chi^2(n-1)$	$(0,\chi^2_{1-\frac{\alpha}{2}}(n-1))\cup(\chi^2_{\frac{\alpha}{2}}(n-1),+\infty)$

例 2A 已知某厂生产的维尼纶纤度（纤度是表示纤维粗细的一个量），在正常情况下服从正态分布 $N(1.405,0.048^2)$。某天抽取 5 根纤维测得纤度为（1.36，1.40，1.44，1.32，1.55），问这天纤度的均值和方差是否正常（$\alpha=0.10$）？

解 （1）检验均值 μ。

①原假设 H_0：$\mu=1.405$。

②由于方差未知（当天总体纤度方差未知），选用统计量 $T=\dfrac{\bar{\xi}-\mu}{S}\sqrt{n}\sim t(4)$。

③由 $\alpha=0.10$，查表得 $t_{0.05}(4)=2.1318$。所以拒绝域为 $(-\infty,-2.1318)\cup(2.1318,+\infty)$。

④根据样本值计算得

$\bar{x}=1.414,S^2=0.00778,S=0.0882$

$T=\dfrac{\bar{x}-\mu}{S}\sqrt{n}=\dfrac{1.414-1.405}{0.0882}\times\sqrt{5}=0.2282$

由于 $|T|=0.2282<t_{0.05}(4)=2.1318$，所以接受原假设 H_0，即这一天纤度均值无显著变化。

（2）检验方差 σ^2。

①原假设 H_0：$\sigma^2=0.048^2$。

②由于 μ 未知，选用统计量 $\chi^2=\dfrac{(n-1)S^2}{\sigma^2}\sim\chi^2(4)$。

③由 $\alpha=0.10$，查表得 $\chi^2_{0.95}(4)=0.711$，$\chi^2_{0.05}(4)=9.488$，所以拒绝域为 $(0,0.711)\cup(9.488,+\infty)$。

④由（1）中数据得

$$\chi^2 = \frac{(n-1)S^2}{\sigma^2} = \frac{4 \times 0.00778}{0.048^2} = 13.507$$

由于 $\chi^2 = 13.507 > \chi^2_{0.05}(4) = 9.488$，所以拒绝原假设 H_0，即这一天纤度方差明显地变大。

三、双总体均值和方差检验

只介绍相互独立双正态总体 $\xi \sim N(\mu_1, \sigma_1^2)$，$\eta \sim N(\mu_2, \sigma_2^2)$ 均值和方差的检验，检验对象为 $\mu_1 = \mu_2$ 和 $\sigma_1^2 = \sigma_2^2$，此时选用双总体统计量 U、T、F。在原假设 H_0 成立的条件下，统计量的形式发生了变化。

1. 检验均值

原假设 H_0：$\mu_1 = \mu_2$。

（1）σ_1^2，σ_2^2 均已知，选用统计量

$$U = \frac{\bar{\xi} - \bar{\eta}}{\sqrt{\dfrac{\sigma_1^2}{n_1} + \dfrac{\sigma_2^2}{n_2}}} \sim N(0,1)$$

（2）σ_1^2，σ_2^2 均未知，但已知 $\sigma_1^2 = \sigma_2^2$，选用统计量

$$T = \frac{\bar{\xi} - \bar{\eta}}{\sqrt{\dfrac{(n_1-1)S_1^2 + (n_2-1)S_2^2}{n_1 + n_2 - 2}\left(\dfrac{1}{n_1} + \dfrac{1}{n_2}\right)}} \sim t(n_1 + n_2 - 2)$$

（3）σ_1^2，σ_2^2 均未知，但 $n_1 = n_2 = n$，令 $Z_i = \xi_i - \eta_i (i = 1,2,\cdots,n)$，$d = \mu_1 - \mu_2$。$Z_1$，$Z_2$，$\cdots$，$Z_n$ 为随机变量，记 $\bar{Z} = \dfrac{1}{n}\sum_{i=1}^{n} Z_i$，$S^2 = \dfrac{1}{n-1}\sum_{i=1}^{n}(Z_i - \bar{Z})^2$，此时原假设转化为 H_0：$d = 0$，选用统计量 $T = \dfrac{\bar{Z}}{S}\sqrt{n} \sim t(n-1)$。

此法称为配对试验的 **T 检验法**。

2. 检验方差

原假设 H_0：$\sigma_1^2 = \sigma_2^2$，选用统计量 $F = \dfrac{S_1^2}{S_2^2} \sim F(n_1 - 1, n_2 - 1)$。

例 3A　对两批轻纱进行强力试验，数据如下（单位：克）：

　　　　甲批　57　56　61　60　47　49　63　61
　　　　乙批　　65　69　54　60　52　62　57　60

假定轻纱的强力服从正态分布，试问两批轻纱的平均强力有无显著差异（$\alpha = 0.05$）？

解　法一　由于两批轻纱的方差未知，且也未知 $\sigma_1^2 = \sigma_2^2$，所以不能直接检验两批轻纱的平均强力是否相等，即 $\mu_1 = \mu_2$。因此必须先检验 $\sigma_1^2 = \sigma_2^2$。

（1）检验方差 $\sigma_1^2 = \sigma_2^2$。

①原假设 H_0：$\sigma_1^2 = \sigma_2^2$。

②选用统计量 $F = \dfrac{S_1^2}{S_2^2} \sim F(n_1 - 1, n_2 - 1)$。

③由 $\alpha = 0.05$，查分布表得

$F_{0.025}(7,7) = 4.99$，$F_{0.975}(7,7) = \dfrac{1}{F_{0.025}(7,7)} = \dfrac{1}{4.99} \approx 0.2$，即拒绝域为 $(0, 0.2) \cup (4.99, +\infty)$。

④由样本值计算得 $S_1^2 = 34.5$，$S_2^2 = 31.27$，所以 $F = \dfrac{34.5}{31.27} = 1.103$，从而 $0.2 < F < 4.99$，所以接受原假设 H_0，即两批轻纱的强度方差无显著差异。

(2) 检验平均强力 $\mu_1 = \mu_2$。

①原假设 $H_0: \mu_1 = \mu_2$。

②由 (1) 知，$\sigma_1^2 = \sigma_2^2$，故选用统计量

$$T = \frac{\bar{x} - \bar{y}}{\sqrt{\dfrac{(n_1 - 1)S_1^2 + (n_2 - 1)S_2^2}{n_1 + n_2 - 2}\left(\dfrac{1}{n_1} + \dfrac{1}{n_2}\right)}} \sim t(14)$$

③由 $\alpha = 0.05$，查分布表得 $t_{0.025}(14) = 2.1448$，即拒绝域为 $(-\infty, -2.1448) \cup (2.1448, +\infty)$。

④由样本值计算得 $\bar{x} = 56.75$，$\bar{y} = 59.875$，从而 $|T| = 1.09$。因为 $|T| < t_{0.025}(14)$，故接受原假设，即这两批轻纱的平均强力无显著差异。

法二 方差 σ_1^2，σ_2^2 未知，且不知道是否相等，但 $n_1 = n_2 = 8$。用配对 T 检验法，将数据配对得

| Z_i | -8 | -13 | 7 | 0 | -5 | -13 | 6 | 1 |

①原假设 $H_0: d = 0 (\mu_1 = \mu_2)$。

②选用统计量 $T = \dfrac{\bar{Z}}{S}\sqrt{n} \sim t(7)$。

③由 $\alpha = 0.05$，查表得 $t_{0.025}(7) = 2.365$，即拒绝域为 $(-\infty, -2.365) \cup (2.365, +\infty)$。

④计算得 $\bar{Z} = -3.125$，$S^2 = 73.286$，$S = 8.561$，从而

$$|T| = \left|\frac{-3.125}{80561} \times \sqrt{8}\right| = 1.0325 < 2.365$$

因此接受原假设 H_0，即两批轻纱的平均强力没有显著差异。

四、假设检验的两类错误

给定 α 后，参数 θ 的置信区间或假设检验中的拒绝域的确定，都是以小概率事件 A 几乎不可能发生为前提的。这就造成了在实际中，原假设 H_0 正确，但小概率事件 A 真的发生了，而错误地拒绝原假设 H_0，这类错误称为**弃真错误**（即以真为假的错误）。弃真错误的概率为 α。

另一类错误是：原假设 H_0 本来不正确，但小概率事件 A 真的没有发生，而错误地接受原假设 H_0，这类错误称为**存伪错误**（即以假为真的错误）。存伪错误的概率为

$P(\bar{A} \mid \bar{H}_0) = \beta$。

例如，某种产品一批共 10000 件，其中有 50 件不合格，不合格品率仅为 0.5%，显然是很小的，一般可认为质量是好的。从中随机抽取 50 件进行检验，如果恰好抽到不合格品的 50 件（显然这种可能性很微小），那么就会认为这批产品质量不好，而加以否定，这就犯了弃真错误。

又例如，有 100 件产品，其中只有 50 件是合格品，不合格品率已达 50%，显然这批产品质量是很差的。从中抽取 50 件进行检验，如果恰好抽到合格品的 50 件（虽然这种概率很微小），就会认为这批产品质量很好，而加以接受，这就犯了存伪错误。

一般来说，弃真错误的概率 α 减小，而存伪错误的概率可能增大，两者不能同时减小，通常的做法是根据问题实际，指定 α（一般定为 0.05 或 0.01），在控制 α 的前提下，尽可能地减小 β。

习题　7-8

1. 某车间的一台洗衣粉包装机，包装的每袋洗衣粉净重 ξ 服从正态分布 $N(\mu, \sigma^2)$，其方差 $\sigma^2 = 1.5^2$。现包装额定标准净重 500g 的洗衣粉，从包装线上随机抽取 9 袋洗衣粉，称其净重如下：

$$498 \quad 506 \quad 492 \quad 514 \quad 516 \quad 494 \quad 512 \quad 496 \quad 508$$

问在显著性水平为 0.05 的条件下，这台包装机是否正常？

2. 一种铆钉直径 ξ 服从正态分布 $N(\mu, \sigma^2)$，其生产标准为 $\mu = 25.27$，$\sigma^2 = 0.02^2$。现从该铆钉中抽取 10 个，测得直径如下（单位：mm）：

$$25.26 \quad 25.28 \quad 25.27 \quad 25.25 \quad 25.25 \quad 25.24 \quad 25.25 \quad 25.26 \quad 25.27 \quad 25.26$$

试问该种铆钉是否符合标准（$\alpha = 0.05$）？

3. 某种商品，以往平均每天销售约 200 件，为扩大销路，改进了商品包装，经 15 天统计，销售量为

$$202 \quad 205 \quad 198 \quad 204 \quad 197 \quad 210 \quad 224 \quad 218 \quad 212 \quad 214 \quad 192 \quad 208 \quad 218 \quad 216 \quad 209$$

已知商品销售量服从正态分布，试检验改进包装对扩大销售是否有效（$\alpha = 0.05$）？

4. 某车间加工机轴，机轴直径（mm）服从正态分布 $N(38, 0.01)$，由于车间最近增加了一批新工人，为了检验产品质量，抽取了 25 个样本，测得 $\bar{x} = 37.9$，$S^2 = 0.15^2$，给定 $\alpha = 0.1$，试比较产品质量与原有质量差异是否显著？

5(A). 已知某炼铁厂铁水含碳量服从正态分布 $N(4.48, 0.11^2)$，为了检验铁水平均含碳量，共测定了 8 炉铁水，其含碳量分别为：

$$4.47 \quad 4.49 \quad 4.50 \quad 4.47 \quad 4.45 \quad 4.42 \quad 4.51 \quad 4.44$$

如果方差没有显著变化，试检验铁水含碳量与原来有无显著差异（$\alpha = 0.05$）？

6(A). 一批保险丝，从中任取 25 根，测得其熔化时间分别为（单位：h）：

$$42 \quad 65 \quad 75 \quad 78 \quad 87 \quad 42 \quad 45 \quad 68 \quad 72 \quad 90 \quad 19 \quad 24 \quad 81$$
$$80 \quad 81 \quad 36 \quad 54 \quad 69 \quad 77 \quad 84 \quad 42 \quad 51 \quad 57 \quad 59 \quad 78$$

若熔化时间服从正态分布，方差 $\sigma^2 = 200$，试检验该批保险丝的方差与原来的差异是否显著（$\alpha = 0.05$）？

7(A). 对甲、乙两批同类型电子元件的电阻进行测试，各取 6 只，其数据如下（单位：Ω）：

$$\text{甲批} \quad 0.140 \quad 0.138 \quad 0.143 \quad 0.141 \quad 0.144 \quad 0.137$$
$$\text{乙批} \quad 0.135 \quad 0.140 \quad 0.142 \quad 0.136 \quad 0.138 \quad 0.140$$

根据经验，元件的电阻服从正态分布。且方差几乎相等，问能否认为两批元件的电阻均值无显著差异

（α = 0.05）？

8（A）. 羊毛加工处理前后的含脂率抽样分析如下：

$$处理前 \quad 0.19 \quad 0.18 \quad 0.21 \quad 0.30 \quad 0.41 \quad 0.12 \quad 0.27$$

$$处理后 \quad 0.15 \quad 0.12 \quad 0.07 \quad 0.24 \quad 0.19 \quad 0.06 \quad 0.08$$

假定处理前后的含脂率都服从正态分布，问处理前后含脂率的均值有无显著变化（α = 0.10）？

9（A）. 在漂白工艺中要考察温度对针织品断裂强力的影响，在70℃与80℃下分别重复做了 8 次与 10 次试验，测得断裂强力的数据如下（单位：N）：

$$70℃ \quad 20.5 \quad 18.8 \quad 19.8 \quad 20.9 \quad 21.5 \quad 19.5 \quad 21.0 \quad 21.2$$

$$80℃ \quad 17.6 \quad 20.3 \quad 20.1 \quad 18.8 \quad 19.0 \quad 20.2 \quad 19.8 \quad 19.2 \quad 19.4 \quad 19.6$$

设针织品断裂强力的数据服从正态分布，问70℃与80℃下的强力有无显著性差异（α = 0.10）？

第九节　一元线性回归

在许多实际问题中，都需要研究两个变量之间的关系，两个变量之间的关系大致可分为两类：一类是确定性的关系，常用函数关系来表达；另一类是非确定性关系，我们把它称为相关关系。例如，在某段时间内，某海域的海浪高度与时间之间的关系就是相关关系。回归分析就是处理相关关系的有力工具。

本节只研究一个随机变量 y 和一个普通变量 x 之间的相关关系。如果这种相关关系可以用一个线性方程来近似地加以描述，则将这种统计方法称为**一元线性回归**。下面我们结合具体问题的分析来说明如何建立一元线性回归的数学模型。

一、建立一元线性回归方程

把具有相关关系的两个变量之间的若干对实测数据在坐标系中描绘出来，所得的图叫做**散点图**，又叫**散布图**。

例1B 某工厂一年中每月产品的总成本 y（万元）与每月产量 x（万件）的统计数据如下：

x	1.08	1.12	1.19	1.28	1.36	1.48	1.59	1.68	1.80	1.87	1.98	2.07
y	2.25	2.37	2.40	2.55	2.64	2.75	2.92	3.03	3.14	3.26	3.36	3.50

试画出散点图。

解 由于每月产量 x 可以度量，故 x 是可以控制或精确观察的量，它不是随机变量。但由于总成本 y 的取值依赖于产量 x 及其他一些因素的影响，故 y 是一随机变量，它与 x 之间存在一定的相关关系。

将 x 和 y 的每对样本数据 $(x_i, y_i)(i = 1, 2, \cdots, 12)$ 描在坐标系中，构成了 12 个点，即为散点图，如图 7-13 所示。

初步分析散点图中点的分布可以看出，它们大致分布在一条直线的附近，即 x 和 y 之间的关系可

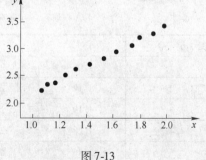

图 7-13

近似地看成是线性的。我们设想可以用线性方程 $\hat{y} = a + bx$ 来表达 y 与 x 之间的相关关系。怎样确定 a 和 b 的值呢？显然我们应该使直线 $\hat{y} = a + bx$ 从总体来看与这 12 个点都要尽量地"接近"，现在考虑"接近"的方式。

将试验所得的每对数据组 (x_i, y_i) 代入方程 $\hat{y} = a + bx$ 得

$$y_i = a + bx_i + \varepsilon_i \qquad (i = 1, 2, \cdots, 12)$$

其中 x_i，y_i 是已知值，a，b，ε_i 是未知的，ε_i 是 y_i 偏离 $\hat{y}$ 的误差，因此是随机变量。

令

$$\theta = \varepsilon_1^2 + \varepsilon_2^2 + \cdots + \varepsilon_{12}^2 = \sum_{i=1}^{12} \varepsilon_i^2$$

则 θ 表示了 y_i 偏离 $\hat{y}$ 的程度。

自然我们希望对于已知的 12 对数据 (x_i, y_i) 偏离直线 $\hat{y} = a + bx$ 的总的偏差平方和 θ 最小。按照这一要求可求出 a, b 的值，记为 $\hat{a}, \hat{b}$。

一般地，对于 n 对数据而言，利用最小二乘法可得

$$\begin{cases} \hat{a} = \overline{y} - \hat{b}\,\overline{x} \\[2mm] \hat{b} = \dfrac{L_{xy}}{L_{xx}} \end{cases}$$

其中

$$L_{xx} = \sum_{i=1}^{n} (x_i - \overline{x})^2 = \sum_{i=1}^{n} x_i^2 - n\overline{x}^2$$

$$L_{yy} = \sum_{i=1}^{n} (y_i - \overline{y})^2 = \sum_{i=1}^{n} y_i^2 - n\overline{y}^2 \quad (\text{留待后面使用})$$

$$L_{xy} = \sum_{i=1}^{n} (x_i - \overline{x})(y_i - \overline{y}) = \sum_{i=1}^{n} x_i y_i - n\overline{x}\,\overline{y}$$

从而得到直线方程

$$\hat{y} = \hat{a} + \hat{b}x$$

即为 x 与 y 的**一元线性回归方程**，它的图像称为**回归直线**，其中 $\hat{a}, \hat{b}$ 称为参数 a，b 的**最小二乘估计**。

下面来求例 1 的回归方程。

为方便起见，将计算列成表格，即回归分析计算表（见表 7-11）。

表 7-11　回归分析计算表

编　号	x_i	y_i	x_i^2	y_i^2	$x_i y_i$
1	1.08	2.25	1.166	5.063	2.430
2	1.12	2.37	1.254	5.617	2.654
3	1.19	2.40	1.416	5.760	2.856
4	1.28	2.55	1.638	6.503	3.264
5	1.36	2.64	1.850	6.970	3.590

编　号	x_i	y_i	x_i^2	y_i^2	$x_i y_i$
6	1.48	2.75	2.190	7.563	4.070
7	1.59	2.92	2.528	8.526	4.643
8	1.68	3.03	2.822	9.181	5.090
9	1.80	3.14	3.240	9.860	5.652
10	1.87	3.26	3.497	10.628	6.096
11	1.98	3.36	3.920	11.290	6.653
12	2.07	3.50	4.285	12.250	7.245
Σ	18.50	34.17	29.81	99.21	54.24

法一　由计算器可求得 $\bar{x} = 1.54, \bar{y} = 2.85$，又知 $n = 12$，所以

$$L_{yy} = 99.21 - 97.30 = 1.91, L_{xx} = 29.81 - 28.52 = 1.29$$

$$L_{xy} = 54.24 - 52.68 = 1.56$$

从而　　$\hat{b} = \dfrac{L_{xy}}{L_{xx}} = \dfrac{1.56}{1.29} = 1.21, \hat{a} = 2.85 - 1.21 \times 1.54 = 0.99$

故所求的一元线性回归方程为 $\hat{y} = 0.99 + 1.21x$。

法二　使用输入表，并输入例 1 中的数据"data"（data：＝　例 1 中二维列表）

然后输入　　X：＝ data1

Y：＝ data2

n：＝ rows(data)

n = 12

$$SD(X)：= stdev(x) \cdot \sqrt{\dfrac{n}{n-1}}$$

统计数据　X 坐标　Y 坐标

截距　b：＝ intercept(X, Y)

斜率　a：＝ slope(X, Y)

故所求的一元线性回归方程为 $\hat{y} = 0.99 + 1.21x$。

二、一元线性回归的相关性检验

从上面的回归直线方程的计算过程可以看出，只要给出 x 和 y 的 n 对数据，即使两变量之间根本就没有线性相关关系，也可以得到一个线性回归方程。显然这样的回归直线方程毫无意义，自然就要进一步去判定两变量之间是否确有密切的关系。我们可用假设检验的方法来解决，这类检验称为线性回归的**相关性检验**。检验的步骤与参数的假设检验相类似。

(1) 原假设 H_0：y 与 x 存在密切的线性相关关系。

(2) 选用统计量：$R \sim r(n-2)$。统计量 R 的密度函数十分复杂，当已知 x 和 y 的 n 对观察值 $(x_i, y_i)(i = 1, 2, \cdots, n)$ 后，R 的观察值 r 为

$$r = \frac{L_{xy}}{\sqrt{L_{xx}L_{yy}}}$$

并把它叫做 y 对 x 的**相关系数**，并且 $|r| \leqslant 1$。$|r|$ 越接近于 1，y 与 x 的线性关系越明显。当 $|r| = 0$ 时，称 y 与 x 不相关；$|r| \neq 0$ 时，称 y 与 x 是相关的；当 $|r| = 1$ 时，称 y 与 x 完全线性相关。

（3）按自由度 $f = n - 2$ 和检验水平 α，查相关系数表，求出临界值 $r_\alpha(n-2)$。

（4）由样本值按公式（1-22）计算 r 的值，并作出判断：

若 $|r| \geqslant r_\alpha(n-2)$，则可以认为 y 与 x 在水平 α 上线性关系显著；

若 $|r| < r_\alpha(n-2)$，则可以认为 y 与 x 在水平 α 上线性关系不显著。

例 2　试检验例 1 中总成本与产量之间的线性关系是否显著（$\alpha = 0.05$）？

解　（1）原假设 H_0：y 与 x 之间存在线性关系。

（2）选用统计量

$$r = \frac{L_{xy}}{\sqrt{L_{xx}L_{yy}}}$$

（3）按自由度 $f = 12 - 2 = 10$，$\alpha = 0.05$ 查相关系数表，求出临界值 $r_{0.05}(10) = 0.576$。

（4）由样本值按公式计算 r 的值，即

$$L_{xx} = 1.29, L_{xy} = 1.56, L_{yy} = 1.91, r = \frac{1.56}{\sqrt{1.29 \times 1.91}} = 0.99$$

由于 $0.99 > 0.576$，故原假设成立，即总成本 y 与产量 x 的线性关系是显著的。

需要说明的是，当 $|r|$ 接近于 0 时，虽然 y 与 x 之间的线性关系不显著，但并不等于说 y 与 x 之间不存在其他关系（例如抛物线、双曲线等）。

三、预测与控制

一元线性回归方程一经求得并通过相关性检验，便能用来进行预测和控制。

1. 预测

（1）点预测

所谓点预测，就是根据给定的 $x = x_0$，由回归方程求得 $\hat{y}_0 = \hat{a} + \hat{b}x_0$，作为 y_0 的预测值。

（2）区间预测

区间预测是在给定 $x = x_0$ 时，利用区间估计的方法求出 y_0 的置信区间。可以证明，对于给定的显著性水平 α，y_0 的置信区间为

$$\left[\hat{y}_0 - At_{\frac{\alpha}{2}}(n-2), \hat{y}_0 + At_{\frac{\alpha}{2}}(n-2) \right]$$

其中，$A = \sqrt{\dfrac{(1-r^2)L_{yy}}{n-2}\left[1 + \dfrac{1}{n} + \dfrac{(x_0 - \bar{x})^2}{L_{xx}}\right]}$，当 n 较大时，$A \approx \sqrt{\dfrac{(1-r^2)L_{yy}}{n-2}}$。

2. 控制

控制问题实质上是预测问题的反问题。具体地说，就是给出对于 y_0 的要求，反过来

求满足这种要求的相应的 x_0。

例3 某企业固定资产投资总额与实现利税的资料见表7-12。

表7-12 （万元）

年 份	1984	1985	1986	1987	1988	1989	1990	1991	1992	1993
投资总额 x	23.8	27.6	31.6	32.4	33.7	34.9	43.2	52.8	63.8	73.4
实现利税 y	41.4	51.8	61.7	67.9	68.7	77.5	95.9	137.0	155.0	175.0

求：（1）y 与 x 的线性回归方程；

（2）检验 y 与 x 的线性相关性；

（3）求固定资产投资为 85 万元时，实现利税总值的预测值及预测区间（$\alpha = 0.05$）；

（4）要使 1994 年的利税在 1993 年的基础上增长速度不超过 8%，问固定资产投资应控制在怎样的规模上？

解 （1）根据资料计算得

$$\overline{x} = 41.72, \overline{y} = 93.23, L_{xx} = 2436.72, L_{yy} = 19347.68, L_{xy} = 6820.66$$

从而 $\hat{b} = \dfrac{L_{xy}}{L_{xx}} = \dfrac{6820.66}{2436.72} = 2.799, \hat{a} = \overline{y} - \hat{b}\,\overline{x} = 93.23 - 2.799 \times 41.72 = -23.54$

故所求的回归直线方程为 $\hat{y} = -23.54 + 2.799x$。

（2）计算 $r = \dfrac{L_{xy}}{\sqrt{L_{xx}L_{yy}}} = \dfrac{6820.66}{\sqrt{2436.72 \times 19347.68}} = 0.9934$

由 $\alpha = 0.05$，$f = n - 2 = 10 - 2 = 8$，查相关系数临界值表得 $r_{0.05}(8) = 0.632$，因为 $|r| > r_{0.05}(8)$，所以 y 与 x 之间的线性相关性显著。

（3）因为 $\hat{y} = -23.54 + 2.799x$，当 $x_0 = 85$ 时，$\hat{y} = -23.54 + 2.799 \times 85 = 214.58$，又 $A = 7.7293, \alpha = 0.05, f = 8, t_{0.025}(8) = 2.306$，所以 $\theta_1 = \hat{y}_0 - At_{0.025}(8) = 196.76$，$\theta_2 = \hat{y}_0 + At_{0.025}(8) = 232.40$，于是当 $x_0 = 85$（万元）时，实现利税值的预测值为 214.58（万元），其信度 $\alpha = 0.05$ 的置信区间为 [196.76, 232.40]。

（4）由题意，$y_0 \leqslant 175 \times (1 + 8\%) = 189$（万元），故 $x_0 = \dfrac{1}{\hat{b}}(y_0 - \hat{a}) \leqslant \dfrac{1}{2.799} \times (189 + 23.54) = 75.93$（万元），即固定资产应控制在 75.93 万元以内。

习题 7-9

1. 某种商品的生产量 x 和单位成本 y 之间的数据统计见表7-13。

表7-13

产量 x（千件）	2	4	5	6	8	10	12	14
成本 y（元）	580	540	500	460	380	320	280	240

（1）试确定 y 对 x 的回归直线方程；

（2）检验 y 与 x 之间的线性相关关系的显著性（$\alpha_1 = 0.05$，$\alpha_2 = 0.10$）。

2. 有人认为，企业的利润水平和它的研究费用间存在着近似的线性关系，下面的资料能否证实这种论断（见表 7-14，$\alpha = 0.05$）？

表 7-14

年　份	1955	1956	1957	1958	1959	1960	1961	1962	1963	1964
研究费用	10	10	8	8	8	12	12	12	11	11
利　润	100	150	200	180	250	300	280	310	320	330

3. 炼钢是一个铁水氧化脱碳过程。x 表示全部炉料熔化完毕时铁水的含碳量，y 表示炉料熔化成铁水至出钢所需的冶炼时间。现检测某炼钢炉 34 炉钢含碳量 x 与冶炼时间 y 的数据（见表 7-15）。

表 7-15

编　号	含碳量 x/%	冶炼时间 y/min	编　号	含碳量 x/%	冶炼时间 y/min
1	1.80	200	18	1.16	100
2	1.04	100	19	1.23	110
3	1.34	135	20	1.51	180
4	1.41	125	21	1.10	130
5	2.04	235	22	1.08	110
6	1.50	170	23	1.58	130
7	1.20	125	24	1.07	115
8	1.51	135	25	1.80	240
9	1.47	155	26	1.27	135
10	1.45	165	27	1.15	120
11	1.41	135	28	1.91	205
12	1.44	160	29	1.90	220
13	1.90	190	30	1.53	145
14	1.90	210	31	1.55	160
15	1.61	145	32	1.77	185
16	1.65	195	33	1.77	205
17	1.54	150	34	1.43	160

（1）试建立 y 与 x 的回归直线方程，并做出线性相关性检验（$\alpha = 0.05$）；

（2）当 $x = 1.43$ 时，求 y 的预测值及预测区间（$\alpha = 0.05$）；

（3）冶炼时间为 180min 时，铁水含碳量应在什么范围内？

4. 据统计在一定时期内某种商品的价格 P 与供给量 S 之间有如表 7-16 所示的一组观测数据，试检验其线性关系是否显著，如果显著，试求出其线性回归方程（$\alpha = 0.05$）。

表 7-16

价格 P/元	2	3	4	5	6	7	8	9	10	11	12
供给量 S/吨	10	14	16	20	24	30	42	50	55	60	70

复习题七

1. 判断题

(1) 事件 {一个月有三十天} 是随机事件。 ( )

(2) 若 $A \cap B = \varnothing$，则称 A 与 B 相互独立。 ( )

(3) 事件 A 的概率 $P(A)$ 的取值范围是 $[0,1]$。 ( )

(4) $P(A \cup B) = P(A) + P(B) - P(AB)$。 ( )

(5) $D(c\xi) = cD(\xi)$。 ( )

2. 填空题

(1) 若 A_1，A_2，$\cdots$，A_n 为完备事件组，应满足①_____、②_____两个条件。

(2) 在一次试验中，A、B、C 表示三个事件，则事件 {A、B、C 至少有一个发生} 可表示为_____。

(3) 10 张奖券中含有 3 张中奖的奖券，每人购买一张，则前 3 个购买者恰有一人中奖的概率为_____。

(4) 袋中有 5 个黑球，3 个白球，大小相同，一次随机地摸出 4 个球，其中恰有 3 个白球的概率为_____。

(5) 事件 A、B 满足关系_____时，$P(A \cup B) = P(A) + P(B)$；满足关系_____时，$P(AB) = P(A)P(B)$。

(6) 设 $P(A) = \dfrac{1}{2}$，$P(B) = \dfrac{1}{3}$，$P(AB) = \dfrac{1}{4}$，则 $P(A \mid B) = $_____；$P(B \mid A) = $_____；$P(A \cup B) = $_____。

3. 选择题

(1) 事件 $\overline{A_1 A_2 A_3}$ 表示事件 A_1，A_2，A_3 ( )

　A. 恰有一个不发生　　B. 至少有一个不发生　　C. 至少有一个发生　　D. 都不发生

(2) 每次试验的成功率为 p，则在 3 次重复试验中至少失败一次的概率为 ( )

　A. $1 - p^3$ 　　　　　　B. $(1 - p)^3$

　C. $3(1 - p)$ 　　　　　D. $(1 - p)^3 + p(1 - p)^2 + p^2(1 - p)$

(3) 同时抛掷 3 枚均匀的硬币，则恰好有两枚正面向上的概率为 ( )

　A. 0.5 　　　　B. 0.25 　　　　C. 0.125 　　　　D. 0.375

(4) 若 $P(A) = \dfrac{1}{2}$，$P(B) = \dfrac{1}{3}$，$P(B \mid A) = \dfrac{2}{3}$，则 $P(A \mid B)$ 等于 ( )

　A. 1 　　　　　B. 0 　　　　　C. $\dfrac{1}{6}$ 　　　　D. $\dfrac{2}{3}$

(5) 若 $P(A) = \dfrac{1}{2}$，$P(B) = \dfrac{1}{3}$，$P(AB) = \dfrac{1}{6}$，则 A，B 之间的关系为 ( )

　A. 互不相容　　　B. 相互独立　　　C. 互逆　　　D. 以上都不对

(6) 若一批产品分为一、二等品及不合格品，其比例为 $5 : 3 : 2$，从中任取一件产品，检验合格，则该产品为一等品的概率是 ( )

　A. $\dfrac{1}{2}$ 　　　　B. $\dfrac{3}{10}$ 　　　　C. $\dfrac{5}{8}$ 　　　　D. $\dfrac{4}{5}$

4. 计算题

(1) 已知 $P(A) = x$，$P(B) = y$，$P(AB) = z$，用 x、y、z 分别表示下列概率：

①$P(A \cup B)$；　　　②$P(\overline{A})$；　　　③$P(\overline{B})$；　　　④$P(\overline{A} \cup \overline{B})$；　　　⑤$P(\overline{A}\,\overline{B})$。

(2) 5 个零件，已知其中混入了 2 个不合格品，现从中任取两个，求一个是合格品，另一个是不合格品的概率。

(3) 事件 A 在 n 次独立试验中每次发生的概率均为 0.3，当事件 A 发生的次数不少于 3 时事件 B 就会发生，求在 5 次独立试验中 B 发生的概率。

(4) 有 50 件产品，其中有 5 件不合格品，从中连续抽取两次。

①若取后不放回，求两次都取得合格品的概率；

②若取后放回，求两次都取得合格品的概率。

(5) 袋中有 2 个红球，13 个白球，从中任取 3 个，ξ 表示所取三个球中红球的个数，试求 ξ 的分布列。

(6)(A) 设 ξ，η 相互独立，且分布列分别为

ξ	0	1
p_k	$\dfrac{1}{2}$	$\dfrac{1}{2}$

η	0	1	2
p_k	$\dfrac{1}{2}$	$\dfrac{1}{3}$	$\dfrac{1}{6}$

求：①$\xi + \eta$ 的分布列；②$E(\xi \cdot \eta)$。

部分习题答案

第七章

习题　7-1

1. （1）必然事件；（2）不可能事件；（3）、（4）、（5）都为随机事件。

2. A 与 B 是对立事件；A 与 B、A 与 C、A 与 E、C 与 D、C 与 E 都是互不相容事件。

3. （1）$\bar{A}$ = {抽到的三件产品不都是正品}；（2）$\bar{B}$ = {甲、乙两人下棋，甲不胜}；
   （3）$\bar{C}$ = {抛掷一枚骰子，出现偶数点}；（4）$\bar{D}$ = {三件正品中没有一件次品}。

4. （1）$\bar{A}\bar{B}\bar{C}$；（2）$A \cup B \cup C$；（3）$\bar{A}\bar{B} \cup \bar{A}\bar{C} \cup \bar{B}\bar{C}$；（4）$A\bar{B}\bar{C}$。

5. （1）$A_1\bar{A_2}\ \bar{A_3} \cup \bar{A_1}A_2\ \bar{A_3} \cup \bar{A_1}\ \bar{A_2}A_3$；（2）$A_1 \cup A_2 \cup A_3$；（3）$\bar{A_1}\ \bar{A_2}\ \bar{A_3}$；
   （4）$\bar{A_1}A_2A_3 \cup A_1\ \bar{A_2}A_3 \cup A_1A_2\ \bar{A_3}$。

6. 样本空间 Ω = {（红，红），（红，黄），（红，蓝），（黄，黄），（黄，红），（黄，蓝），（蓝，蓝），
   （蓝，红），（蓝，黄）}。
   （1）{（红，红），（红，黄），（红，蓝）}；（2）{（蓝，蓝）}。

7. （1）{0，1，2，3，4，5}；（2）$A = A_0 \cup A_1 \cup A_2$；
   （3）所有 A_i 能够构成完备事件组。

习题　7-2

1. $P(A)$ = 0.8688，$P(B)$ = 0.80521，$P(C)$ = 0.67787。

2. （1）$n = 3^2 = 9$，其基本事件分别为
   {11}，{12}，{13}，{21}，{22}，{23}，{31}，{32}，{33}；
   （2）{11}，{12}，{13}；（3）{13}，{23}，{31}，{32}，{33}；
   （4）{11}，{12}，{13}，{21}，{22}，{23}。

3. （1）0.2684；（2）0.7158。

4. 四等品率为 0.04；不合格频率为 0.10。

5. 0.2198。

6. 0.5333。

7. 0.856；0.13806；0.00588；0.00006。

8. 0.25。

9. （1）0.00095；（2）0.1055。

10. 0.02296。

习题　7-3

1. 0.9。

2. $\dfrac{19}{30}$；$\dfrac{3}{14}$；$\dfrac{3}{8}$。

3. $\dfrac{47}{60}$。

4. （1）$\dfrac{9}{16}$；（2）$\dfrac{9}{16}$。

5. 0.891。

6. 0.0315。

7. 0.75496；0.24504。

8. 解：设事件 $A_i = \{$第 i 次取得正品 $(i = 1, 2, 3)\}$

(1) 0.8273；(2) 0.0552。

9. 0.9474。

10. 0.3906。

11. (1) 0.56；(2) 0.24；(3) 0.14。

习题　7-4

1. 略。

2. (1) $\dfrac{2}{5}$；(2) $\dfrac{3}{10}$。

3.

ξ	2	3
$P(\xi = k)$	$\dfrac{1}{3}$	$\dfrac{2}{3}$

4. (1)

ξ	1	2	3	4
$P(\xi = k)$	$\dfrac{10}{13}$	$\dfrac{5}{26}$	$\dfrac{5}{143}$	$\dfrac{1}{286}$

(2)

ξ	1	2	3	$\cdots$	k	$\cdots$
$P(\xi = k)$	$\dfrac{10}{13}$	$\dfrac{3}{13} \times \dfrac{10}{13}$	$\left(\dfrac{3}{13}\right)^2 \times \dfrac{10}{13}$	$\cdots$	$\left(\dfrac{3}{13}\right)^{k-1} \times \dfrac{10}{13}$	$\cdots$

5. (1) 0.2304；(2) 0.913；(3) 0.6。

6. 0.080301。

7. (1) 0.9306；(2) 0.2358；(3) 0.0643；(4) 0.9357。

习题　7-5

1. (1) $E(\xi) = \dfrac{1}{3}$；(2) $E(-2\xi + 1) = \dfrac{1}{3}$；(3) $E(\xi^2) = \dfrac{35}{24}$；

(4) $D(\xi) = E(\xi^2) - E^2(\xi) = \dfrac{97}{72}$。

2. 自动机床 A 的次品数分散程度较小，加工质量较好。

3. $E(3\xi - \eta + 1) = 2$；$D(\eta - 2\xi) = 12$。

4. $E(\xi) = \dfrac{39}{260}$。

5. $E(\xi) = \dfrac{3}{10}$；$E(\xi^2) = \dfrac{9}{22}$；$D(\xi) = \dfrac{351}{1100}$。

6. $E(\xi) = 0.9$；$E(\xi^2) = 1.42$；$D(\xi) = E(\xi^2) - E^2(\xi) = 0.61$。

7. $E(\xi) = 63.7$；$E(\xi^2) = 4600$；$D(\xi) = E(\xi^2) - E^2(\xi) = 542.31$。

复习题七

1. (1) $\sqrt{}$；(2) ×；(3) $\sqrt{}$；(4) $\sqrt{}$；(5) ×。

2. (1) $A_1, A_2, \cdots, A_n$ 为互不相容事件组，$\sum\limits_{i=1}^{n} A_i = \Omega$; (2) $A \cup B \cup C$; (3) $\dfrac{21}{40}$;

(4) $\dfrac{1}{14}$; (5) $AB = \varnothing$, A、B 相互独立; (6) $\dfrac{3}{4}$, $\dfrac{1}{2}$, $\dfrac{7}{12}$。

3. (1) B; (2) A; (3) D; (4) A; (5) B; (6) C。

4. (1) ①$x + y - z$, ②$1 - x$, ③$1 - y$, ④$1 - z$, ⑤$1 - x - y + z$; (2) $\dfrac{3}{5}$;

(3) 0.1631; (4) $\dfrac{198}{245}$, $\dfrac{81}{100}$;

(5)

ξ	0	1	2
p_k	$\dfrac{22}{35}$	$\dfrac{12}{35}$	$\dfrac{1}{35}$

(6) ①

$\xi + \eta$	0	1	2	3
p_k	$\dfrac{1}{4}$	$\dfrac{5}{12}$	$\dfrac{1}{4}$	$\dfrac{1}{12}$

② $\dfrac{1}{3}$。